工业和信息化部"十四五"规划教材

机电产品现代设计方法

金天国　张旭堂　杨延竹　编著

U0217760

电子工业出版社·

Publishing House of Electronics Industry

北京·**BEIJING**

内 容 简 介

本书依据 Top-Down 设计思想，将机电产品设计过程分为初步设计、详细设计、仿真分析、优化设计、可靠性设计和协同设计等几个阶段，不同设计阶段对应不同的设计方法。从设计问题框架、数学模型和软件实现三个方面讲述现代设计方法，包括公理化设计方法、系统建模方法、需求与概念设计方法、计算机辅助设计方法、有限元设计方法、优化设计方法、可靠性设计方法、基于知识的产品设计方法和网络化协同设计方法等。讲述了现代设计方法的支撑软件，如 QFD、SysML、CAD、CAE、MDO、PDM 等。

本书可以作为高等学校机械工程、机械电子工程等专业的教材，也可以作为相关研究人员的参考书。

图书在版编目（CIP）数据

机电产品现代设计方法 / 金天国，张旭堂，杨延竹编著. -- 北京：电子工业出版社，2024. 7. -- ISBN 978-7-121-48533-6

Ⅰ. TH122

中国国家版本馆 CIP 数据核字第 2024FT7245 号

责任编辑：张天运

印　　刷：三河市兴达印务有限公司

装　　订：三河市兴达印务有限公司

出版发行：电子工业出版社

　　　　　北京市海淀区万寿路 173 信箱　　邮编：100036

开　　本：787×1092　1/16　印张：17.5　　字数：532 千字

版　　次：2024 年 7 月第 1 版

印　　次：2024 年 7 月第 1 次印刷

定　　价：65.00 元

凡所购买电子工业出版社图书有缺损问题，请向购买书店调换。若书店售缺，请与本社发行部联系，联系及邮购电话：（010）88254888，88258888。

质量投诉请发邮件至 zlts@phei.com.cn，盗版侵权举报请发邮件至 dbqq@phei.com.cn。

本书咨询联系方式：（010）88254172，zhangty@phei.com.cn。

前　言

机电产品现代设计方法是领域知识、数学原理和软件实现三个方面结合的产物，单独讲述某个方面都不能准确表达设计方法的知识结构。机电产品设计过程是一个复杂的创造性活动，包括需求描述、结构建模、仿真分析、优化、综合评价等多个环节，涉及的数学原理包括以图论为主的系统建模方法、以几何为主的 CAD 建模、以微分方程求解为代表的有限元设计方法和以规划模型为主的优化设计方法，每个环节都有专门的软件工具。本书从设计问题框架、数学模型和软件实现三个方面讲解现代设计方法，使读者容易将工程问题、数学建模和软件应用结合起来。

本书从结构上包含三部分，共 9 章：第 1～2 章为设计基础，包括现代设计方法的基本过程和建模方法基础；第 3～6 章为阶段设计方法；第 7～9 章为综合设计方法。

本书的内容体现了现代设计方法的系统性、理论性和工具性。

现代设计方法的系统性：本书针对机电产品的设计过程，依据 Top-Down 设计和公理化设计思想，系统介绍了机电产品的需求设计、初步设计、详细设计、仿真分析、优化设计、可靠性设计和协同设计等几个阶段。

现代设计方法的理论性：体现数学建模和算法在现代设计方法中的重要作用。通过数学建模将工程问题转化成数学方程，通过算法求解数学方程。将数学分析、线性代数、概率论和计算方法与现代设计方法的原理结合起来，使读者更容易理解和掌握。

现代设计方法的工具性：现代设计方法已形成相应的软件工具，供设计人员使用，如 QFD、SysML、CAD、CAE、MDO、PDM 等一系列软件工具。通过给出软件结构和工作原理，使学生更好地理解软件和数学模型的关系。软件工具一方面使得设计过程、设计方法规范化，提高了效率；同时可以将设计知识、设计方法积累起来，提高产品的设计质量，减轻设计人员的工作强度。

本书阅读中需注意的问题：书中涉及的现代设计方法，如公理化设计方法、系统建模方法、需求与概念设计方法、计算机辅助设计方法、有限元设计方法、优化设计方法、可靠性设计方法、基于知识的产品设计方法和网络化协同设计方法等，都有独立的教材或专著讲述，本书将这些方法集中在一本书里，只能忽略部分细节，强调骨架，将每种方法的技术路线、关键模型与算法和软件尽量讲述清楚，为读者提供一条整体的、系统的思路，具体细节可以参考相关书籍。

本书第 1～5 章由哈尔滨工业大学金天国编写，第 6～7 章由哈尔滨工业大学张旭堂编写，第 8～9 章由东华大学杨延竹编写，研究生冯中澳、郭熙、刘潇乾、陈兴龙等参与了资料整理工作。由于作者水平有限，书中难免有疏漏或不当之处，敬请读者指正。

编著者

目　　录

第1章 绪论

机电产品现代设计方法与机电产品系统设计不同，后者是针对具体的产品（如机器人、无人机）设计，而前者是机电产品共性的设计方法，主要包括产品的建模、仿真、优化、评价等共性技术，是为了提高产品的质量和研发效率。本章讲述三个方面内容：①机电产品的组成、特点及发展；②设计方法的发展与一般设计理论；③机电产品的设计过程与方法。

1.1 机电产品的组成、发展趋势及研究内容

1.1.1 机电产品的组成

到今天为止，机械系统已经有几千年的历史，电机驱动也有 150 多年的历史，计算机已有 70 多年的历史，但是机电一体化概念只有 50 多年的历史，一个标志性的技术，即 20 世纪 70 年代的微处理器的出现，使机械系统与电控系统有效地结合起来。机电一体化系统的发展过程如图 1-1 所示。

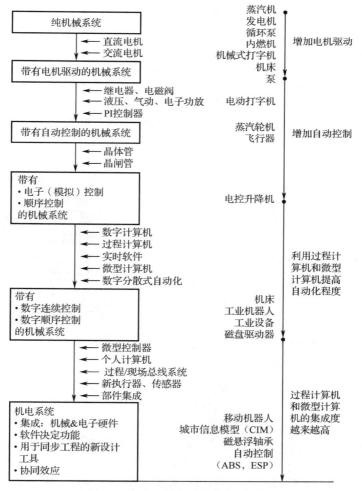

图 1-1 机电一体化系统的发展过程

微处理器是由一片或少数几片大规模集成电路组成的中央处理器，这些电路具有执行控制和算术逻辑的功能，微处理器能完成取指令、执行指令，以及与外界存储器和逻辑部件交换信息等操作，并可与存储器和外围电路芯片组成微型计算机。

以微处理器、A/D、D/A 等芯片为代表的电子系统，能够将机械系统和电机驱动系统有机地集成起来。1971 年，日本《机械设计》期刊首次提出了机械电子（Mechatrics）的概念，由"Mechanics"（机械学）的前半部分和"Electronics"（电子学）的后半部分组合而成。1996 年出版的韦氏大词典收录了这个日本造的英文单词，意味着"机电一体化"的思想被世人所接受。机械电子的本意是机械产品的电子化，也称"机电一体化"。早期的机电一体化主要将机械、电子和控制集成起来，随着电机驱动和计算机技术的发展，大量复杂的机械结构被电子系统取代，如凸轮和减速器等复杂的机械运动都被计算机算法和变频电机取代，真正实现了"以电化机"的思想，从而使现代机电一体化产品具有更好的自动化、智能化特性。

机电一体化是机械工程、电子工程、计算机工程、软件工程、控制工程和系统设计工程的结合，旨在设计和制造有用的产品。机电一体化是一个多学科集成的工程领域，也就是说，它不能拆分为单独的学科。最初机电一体化只是机械和电子的结合；然而，随着技术系统变得越来越复杂，近年来这个词已经被"更新"，包括了更多的技术领域。

机电一体化产品（简称机电产品）已经渗入国民经济和日常工作、生活中的各个领域。航空航天器、轨道交通设施、海洋工程装备等大型装备，数控机床、工业机器人、自动化物料搬运车等机械制造设备，打印机、磁盘储存器等办公自动化设备，电冰箱、全自动洗衣机、行车记录仪等民生设备，都是典型的机电一体化产品。

尽管机电产品很多，但真正有代表性的产品还是机器人和数控机床，如图 1-2 和图 1-3 所示。机器人学（Robotics）是与机器人设计、制造和应用相关的科学，又称为机器人技术或机器人工程学，主要研究机器人的控制与被处理物体之间的相互关系。机器人学的研究推动了许多人工智能思想的发展：感知技术用来建立世界状态模型和描述世界状态变化的过程；机器人动作规划生成、监督、执行等问题的研究推动了规划方法的发展。

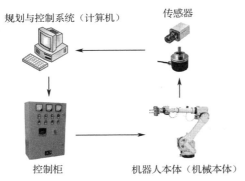

图 1-2 机器人系统的结构组成

图 1-3 数控机床

既然机电产品是机械、电子、计算机等技术的结合，那么典型机电一体化系统的结构是什么样的呢？从物理组成上看，一般如图 1-2 所示，由机械本体、控制柜、传感器和计算机组成。从技术角度看，机电一体化系统的技术组成如图 1-4 所示。机电一体化系统由两大部分构成：①信息系统部分，包括建模仿真、自动控制和优化；②机械电子部分，包括机械系统、电气系统和计算机系统。这里面容易产生困惑的地方是，信息系统和计算机系统两个模块同时存在，其实并不矛盾，这里的计算机系统一般指单片机，它实现运行控制，而信息系统主要实现系统的建模、分析、规划等功能。

在国内有很长一段时间，人们对信息系统部分在机电系统中的作用重视不够，人们更重视硬件部分，出现了图 1-5 所示的简化的机电一体化系统，这个系统由机械本体、执行机构、动力驱动、传感器和计算机控制组成，偏重硬件。其实机电一体化本来就是"以电化机"，更进一步是"以软化硬"，就是用软件算法实现原来由硬件实现的功能，机电产品的设计和应用不仅是简单的集成问题，还是系统设计方法的问题，在机电产品设计到应用的各个阶段中，都大量采用系统建模和仿真方法。因为这些模型由来自多个学科的工程师们使用或更改，所以将这些模型放在一个可视化的环境中进行编程处理就显得尤为重要。可视化的环境包括框图、流程图、状态变换图和键合图等。

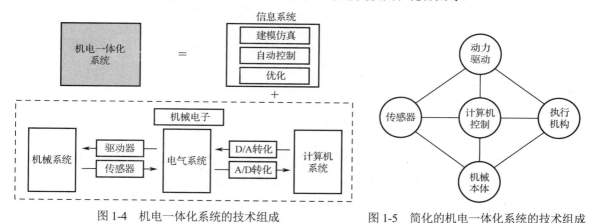

图 1-4 机电一体化系统的技术组成   图 1-5 简化的机电一体化系统的技术组成

1.1.2 机电产品的发展趋势

新的需求与新的技术，带来机电产品的快速发展，图 1-6 给出了机电产品的发展趋势，机电一体化向微型化、复杂化、智能化方向发展，系统表现出更多的软件特性和智能特性。

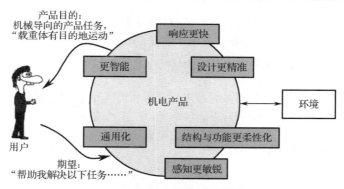

图 1-6 机电产品的发展趋势

为满足用户在特定环境下的使用需求，现代机电产品呈现出以下 6 个特点。

（1）更智能（More Intelligent）：通过各种现代智能化技术，如物联网、人工智能、云计算技术等，为机电产品增加更多智能化的功能，这些功能包括但不限于自动控制、远程监控、故障诊断、人机交互等。

（2）响应更快（Faster）：通过设计和优化机电产品的控制算法、传感器系统等，使机电产品在收到输入信号后，能够更快地对该信号做出响应，让用户更加方便、快捷地使用该产品。

（3）设计更精准（More Accurate）：在机械、电子、通信、计算机等多个领域，针对不同的技术特点和需求，对机电产品进行更加精准化的设计，提高产品的精度、效率、稳定性和可靠性。

（4）通用化（Ubiquitous）：现代机电产品比以前更普及和广泛地存在于各个方面的生产、服务和日常生活中。

（5）感知更敏锐（More Sensitive）：现代机电产品能够更快地察觉到外部环境的变化，也能对更加微小的变化做出响应。

（6）结构与功能更柔性化（Softer）：产品设计时采用模块化设计和机电一体化技术，针对用户不同的功能需求，只需要在结构和软件上做少量的重组和修改即可。

下面简单介绍机电产品微型化、复杂化和智能化的特点。

1.1.2.1　微型化

微型化一词兴起于 20 世纪 80 年代末，指的是机电一体化向微型机器和微观领域发展的趋势。在国外称此类产品为微电子机械系统（Micro-Electro-Mechanical Systems，MEMS），泛指几何尺寸不超过 1cm 的机电产品，并向微米、纳米级发展，即集微型机构、微型传感器、微型执行器及信号处理和控制电路、接口、通信和电源等于一体的微型器件或系统。MEMS（又称微机电系统）是随着半导体集成电路微细加工技术和超精密机械加工技术的发展而发展起来的。微机电一体化产品体积小、耗能少、运动灵活，在生物医疗、军事、信息等方面具有不可比拟的优势。微机电一体化发展的瓶颈在于微机械技术，微机电一体化产品的加工采用精细加工技术，即超精密机械加工技术，它包括光刻技术和蚀刻技术两类。

MEMS 技术的目标是通过系统的微型化、集成化来探索具有新原理、新功能的元件和系统。MEMS 技术是一种典型的多学科交叉的前沿性技术，几乎涉及自然及工程科学的所有领域，如电子技术、机械技术、物理学、化学、生物医学、材料科学、能源科学等。

1.1.2.2　复杂化

复杂机电系统将不同物理过程的单元模块，按照形成的科学演变逻辑，通过互联界面将物理过程融合成一个具有主体功能和协同效应的实体结构，在能量流、物质流和信息流等各个层面进行匹配、寻优和协同，形成合力的层次结构，如多轴数控中心、核能装备、空间站、高速轧机、光刻机等。复杂机电系统具有如下特性。

1．系统具有多尺度性、多粒度性

各子系统之间通过耦合构成结构复杂的有机整体。复杂机电系统具有多个层次子系统，其层次跨度大、规模大，表现为多尺度性。子系统由宏观、细观、微观的不同层次的基本元素构成，数量庞大，具有多粒度性。这些跨尺度、多粒度的子系统间存在巨大差异，难以相容匹配，给复杂机电系统的精准运行造成了困难。

例如，一台 8 万吨级模锻液压机有数百项单元技术和传感模块，通过数万个界面，按功能逻辑连接，由传感与信息传输系统指挥其中的若干能量单元，产生特定的运动状态和完成预定的做功过程。这是一个典型的具有多尺度性、多粒度性的复杂机电系统。

2．系统具有动态性和开放性

复杂机电系统与外部环境进行物质、能量、信息的互动交换，接受环境的动态输入和扰动，向环境提供时变输出，系统内部和系统与环境之间的耦合关系不仅复杂，而且随时间及作业状态的不同存在极大的易变性。为了实现系统更高的功能目标，要求系统具有主动适应和学习演化的能力，同时，动态、开放乃至于极端的复杂边界条件对系统的稳定性和可靠性提出了更高的要求。

3．系统的耦合关系具有复杂性

复杂机电系统的结构与功能的耦合关系复杂，系统的层次交互性强。系统中的非线性因素、关联和耦合关系使得各种同类、异类单元在相同层次或不同层次上集合而成的系统组织、集成界面和介质呈现显著的多样性，系统内按设定的原理逻辑形成某种有序关系，系统集成体具有明显的多层次交互效应。这些多层次、多过程的交互尚有诸多检测不到的盲点，无法予以控制，导致系统出现一些异常演变和事故风险。例如，燃气轮机设计是一个极为复杂的系统工程，涉及热、力、气动、结构、强度、振动、寿命、燃烧、机械传动、控制、润滑、电气、工艺、材料、可靠性、维修性、保障性、信息与计算机（软件工程、数据库技术、网络技术、可视化技术、虚拟现实技术）等诸多学科方向。燃气轮机设计的困难在于：系统设计要素之间存在复杂的多重耦合关系；系统设计指标要求存在严重冲突；设计周期长，经费投入多，研制风险大。

4．复杂机电系统具有集成性

在物质流、能量流和信息流层面，集成性强调"指挥与协调中心"，即集成平台的作用为组成系统的框架模式；在一体化系统层面，集成性体现为系统的层次性集成和复合性集成；在系统功能层面，集成性表现为功能的涌现性。

1.1.2.3　智能化

智能化是 21 世纪机电一体化技术的一个重要发展方向。人工智能技术越来越多地应用到机电系统中，比如，机器人与数控机床的智能化就是重要的应用。在控制理论的基础上，吸收人工智能、运筹学、计算机科学、模糊数学、混沌动力学等新思想、新方法，模拟人类智能，可使产品具有判断推理、逻辑思维、自主决策等能力，以求得到更高的控制目标。智能机器人所处的环境往往是未知和难以预测的，在研究这类机器人的过程中，主要涉及以下关键技术。

1．视觉与多传感器信息融合

视觉系统一般由摄像机、图像采集卡和计算机组成。机器人视觉系统的工作包括图像的获取、图像的处理和分析、输出和显示，核心任务是特征提取、图像分割和图像辨识。视觉信息处理逐步细化，包括视觉信息的压缩和滤波、环境和障碍物检测、环境标志的识别、三维信息感知与处理等。利用模糊逻辑推理进行图像边沿抽取，将机器人在室外运动时所需要的道路知识，如公路白线和道路边沿信息等，集成到模糊规则库中可提高道路识别效率和鲁棒性。

多传感器信息融合技术与控制理论、信号处理、人工智能、概率和统计相结合，为机器人在各种复杂、动态、不确定和未知的环境中执行任务提供了技术解决途径。机器人所用的传感器有很多种，根据不同用途分为内部测量传感器和外部测量传感器两大类。内部测量传感器用来检测机器人组成部件的内部状态，包括特定位置、角度传感器，任意位置、角度传感器，速度、角度传感器，加速度传感器、倾斜角传感器、方位角传感器等。外部传感器包括视觉传感器（测量、认识传感器）、触觉传感器（接触、压觉、滑动觉传感器）、力觉传感器（力、力矩传感器）、接近觉传感器（接近觉、距离传感器）及角度传感器（倾斜、方向、姿态传感器）。多传感器信息融合就是指综合来自多个传感器的感知数据，以产生更可靠、更准确或更全面的信息。经过融合的多传感器系统能够更加完善、精确地反映检测对象的特性，消除信息的不确定性，提高信息的可靠性。

2．导航与路径规划

自主导航的基本任务有三点，①基于环境理解的全局定位：通过环境中景物的理解，识别人为路标或具体的实物，以完成对机器人的定位，为路径规划提供素材；②目标识别和障碍物检测：实时对障碍物或特定目标进行检测和识别，提高控制系统的稳定性；③安全保护：能对机器人工作环境中出现的障碍和移动物体做出分析并避免对机器人造成的损伤。根据环境信息的完整程度、导航指示信号类型等因素的不同，导航系统可以分为基于地图的导航、基于创建地图的导航和无地图的导航三类。根据导航采用的硬件的不同，导航系统可以分为视觉导航和非视觉传感器组合导航。视觉导航是指利用摄像头进行环境探测和辨识，以获取场景中绝大部分信息。非视觉传感器组合导航是指采用多种传感器共同工作，如探针式传感器、电容式传感器、电感式传感器、力学传感器、雷达传感器、光电传感器等，用来探测环境，对机器人的位置、姿态、速度和系统内部状态等进行监控，感知机器人所处工作环境的静态信息和动态信息，使得机器人相应的工作顺序和操作内容能自然地适应工作环境的变化，从而有效地获取内、外部信息。

最优路径规划就是指依据某个或某些优化准则（如工作代价最小、行走路线最短、行走时间最短等），在机器人工作空间中找到一条从起始状态到目标状态，可以避开障碍物的最优路径。路径规划方法大致可以分为传统路径规划方法和智能路径规划方法两种。传统路径规划方法主要有以下几种：自由空间法、图搜索法、栅格解耦法、人工势场法等。大部分机器人路径规划中的全局规划都是基于上述几种方法进行的。智能路径规划方法是指将遗传算法、模糊逻辑及神经网络等人工智能方法应用到路径规划中，来提高机器人路径规划的避障精度，加快规划速度，满足实际应用的需要。

3．智能控制

对于无法精确解析建模的物理对象及信息不足的病态过程，传统控制理论暴露出缺点，近年来许多学者提出了各种不同的机器人智能控制系统。智能控制方法有模糊控制、神经网络控制、模糊控制和变结构控制的融合控制、神经网络和变结构控制的融合控制等。智能控制方法提高了机器人的速度及精度，但是也有其自身的局限性，例如，机器人模糊控制中的规则库如果很庞大，推理过程的时间就会过长；如果规则库很简单，控制的精确性又会受到限制。无论是模糊控制还是变结构控制，抖振现象都会存在，这将给控制带来严重的影响。

4．人机接口技术

人机接口技术是研究如何使人方便和自然地与计算机交流。机器人控制器除需要有友好、灵活的人机界面之外，还要求计算机能够看懂文字、听懂语言、说话表达，甚至能够进行不同语言之间的翻译，而这些功能的实现又依赖于知识表示方法的研究。人机接口技术已经在文字识别、语音合成与识别、图像识别与处理、机器翻译等方面开始实用化。另外，人机接口装置和交互技术、监控技术、远程操作技术、通信技术等也是人机接口技术的重要组成部分。

1.1.3　机电产品的研究内容

从机电产品设计的角度看，机电产品研究内容分为两个方面：①机电产品技术组成，如单片机技术、控制技术等；②机电产品设计方法，如 CAD 建模技术、仿真分析技术等。本书主要讲述第二个方面。

机电产品设计方法与基于模型的产品设计过程相适应，针对设计阶段，将涉及的机械、电子、软件知识进行建模，通过将设计方法与领域知识结合，形成专业的工业设计软件，支持复杂机电产品的设计、分析和制造。图 1-7 是基于模型的机电产品设计过程，左侧为机电产品设计过程所用到的领域知识，包括产品需求、电路、控制等；右侧为相应的模型，包括定性系统模型，特定领域的模型，数学、物理动力学模型和基于模型的行为预测等。

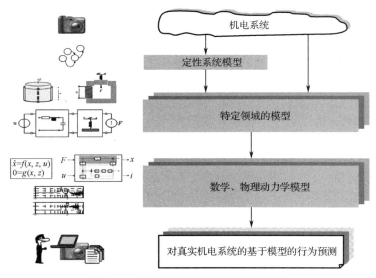

图 1-7　基于模型的机电产品设计过程

本书主要以机电产品的设计方法为核心，将机电产品的需求描述与设计不同阶段用到的领域知识相结合，形成具有针对性的专用设计方法和工业软件。如图 1-8 所示，机电产品是设计对象，机械工程、电子工程是领域知识，而设计方法和软件工具是主体，包括需求建模、CAD 建模、有限元分析等。

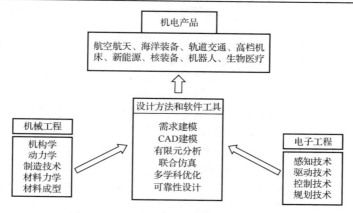

图 1-8　设计方法在机电产品设计中的定位

1.2　设计方法的发展与一般设计理论

1.2.1　设计方法的发展

1.2.1.1　设计方法发展的三个阶段

2005 年，美国国家航空航天局（NASA）技术委员会给出了设计方法发展的三个阶段，如图 1-9 所示。设计方法发展表现在三个方面：①在表达方式上，设计方法从文档描述发展到数学建模；②在分析方法上，从设计方法经验公式计算发展到基于物理模型的仿真；③在设计知识存储上，设计方法从设计手册发展到工程知识库。

图 1-9　设计方法发展阶段的示意图

在人类社会的不同发展阶段，设计有不同的表现形式和不同的发展水平。设计经历了三个阶段：经验设计阶段、半理论半经验设计阶段和现代设计阶段。三个设计阶段的特点如表 1-1 所示。

表 1-1　三个设计阶段的特点

经验设计阶段	半理论半经验设计阶段	现代设计阶段
反复尝试	分析加测试	基于物理模型的仿真
依赖实验	依赖测试	大规模仿真能力
理论受限	手册方法	由测试转为验证 综合产品团队
材料选择受限	初步计算能力	"精益"理念

1．经验设计阶段

在经验设计阶段，人们通过反复实验积累经验和知识。从哲学的角度来说，经验是人们在实践过程中，通过感官直接接触外界而获得的对客观事物的表面现象的认识。一般来说，经验是从已发生的事件中获取的知识或技能，它不仅是对事物表面现象的认识，还包括对事物的客观描述、系统分析和对其因果的解释。因此，经验对于设计师来说是十分重要的。

到了 17 世纪，随着人们对自然认识的深入与生产的发展，产品的复杂性增加，人们对产品的需求量也开始增大，单个手工艺人的经验或其头脑中的构思已难满足这些要求，人们逐渐开始利用设计信息的载体——图纸进行信息交流、设计及制造。另外，数学和力学得到了长足的发展，二者结合初步形成了机械设计理论的雏形，从而使工程设计有了一定的理论指导。

图纸的出现，既可使具有丰富经验的手工艺人通过图纸将其经验或构思记录下来，传于他人，便于用图纸对产品进行分析、改进和提高，推动设计工作向前发展；又可使更多的人同时参与同一产品的生产活动，从而满足社会对产品的需求及对生产率的要求。利用图纸进行设计，使人类设计活动由直觉设计阶段进步到经验设计阶段，但是其设计过程仍是建立在经验与技巧的积累之上的。

2．半理论半经验设计阶段

20 世纪以来，人类对自然的认识进一步深入，并不断地开发出新的产品实验技术和测试手段，并将其应用到产品设计当中，把局部实验、模拟实验等作为设计辅助手段。利用大量的实验和测试获取可靠的数据，选择较合适的结构，从而缩短试制周期，提高设计可靠性。这个阶段称为半理论半经验设计阶段。在该阶段，人们在设计技术方面取得了如下进展。

（1）加强了对设计基础理论和各种专业产品设计机理的研究，从而为设计提供了大量信息，如包含大量设计数据的图表、图册和设计手册等。

（2）加强了关键零件的设计研究，大大提高了设计速度和成功率。

（3）加强了"三化"研究，即零件标准化、部件通用化、产品系列化和研究设计组合化，进一步提高了设计的速度、质量，降低了产品的成本。

该阶段由于加强了设计理论和方法的研究，与经验设计阶段相比，设计的盲目性大大降低，设计效率和质量得到有效提高，设计成本有所降低。

3．现代设计阶段

计算机技术在设计中的应用和发展，对设计工作产生了深远的影响，提供了实现设计自动化的条件。例如，通过微分方程可以描述机电系统的物理原理，通过有限元求解可以得出机电产品的物理特性，利用 CAD 技术能够精确地得出设计所需的结果参数和生产图纸，利用一体化的 CAD/CAM 技术可将 CAD 的输出结果通过工程数据库及有关应用接口输入 CAM 系统，并生成数控加工程序，从而可利用数控机床直接加工出所设计的零件，实现无图纸化生产，使人类设计工作步入现代设计阶段。

设计内容不仅局限于产品，它还有多种形式，可以是产品，也可以是一个操作过程、一种材料、一个软件、一个系统、一个组织机构或者一种服务等。不同领域对设计内容的定义是不同的，机械工程师提到设计，往往指的是产品设计，制造工程师指的是工艺过程设计，材料工程师指的是新材料设计，软件工程师指的是软件设计，系统工程师指的是系统设计。值得注意的是，设计本身也可以是一项服务，但是设计所要遵循的基本规律是相同的。现代设计阶段具有如下特点。

（1）设计全周期建模，对用户需求、产品结构、物理特性、制造工艺、综合性能进行建模，而不用文档描述，减少了模糊性，提高了准确性，并为计算机自动分析提供基础；

（2）基于模型的仿真分析，改变传统的许用值的校核计算，采用物理方程与有限元技术进行仿真，可以得到所设计产品更多的物理特性和综合指标；

（3）基于模型的优化与评价，通过优化与评价模型，自动调整设计参数，从而得到最佳的设计结构；

（4）基于人工智能的设计知识的表达，改变传统手册知识的存储与表达方式，采用人工智能技术，形成设计知识库，支持产品设计自动化。

1.2.1.2　与传统设计方法的区别

在当前的教材中，产品设计还是以半理论半经验设计为主，处于设计发展的第二个阶段。以当前大部分高校减速器设计教学为例，设计过程包括查阅设计资料和手册、绘图、运用标准和规范、设计说明书的校核计算等，设计过程如下。

（1）设计准备：研究设计任务书，明确设计要求和工作条件；通过看实物、模型、录像及减速器拆装实验来了解设计对象；复习课程有关内容，熟悉有关零部件的设计方法和步骤；准备好设计所需要的图书、资料和用具；拟定设计计划。

（2）传动装置的总体设计：确定传动装置的传动方案；选定电机的类型和型号；计算传动装置的运动和动力参数，如确定总传动比，分配各级传动比，计算各轴的功率、转速和扭矩等。

（3）传动零件的设计计算：设计、计算各级传动件的参数和主要尺寸，如齿轮的模数 m、齿数 z、分度圆直径 d 和尺宽 b 等。

（4）装配图设计：装配草图设计，选择联轴器，初定轴的基本直径，选择轴承类型，确定减速器箱体结构方案和主要结构尺寸；通过草图设计，确定出轴上受力点位置和轴承支点间的跨距；校核轴、轴毂连接强度，校核轴承的额定寿命；完成传动件及轴承部件结构设计；完成机体及减速器附件的结构设计。完成装配图的其他要求，如标注尺寸、技术特性、技术要求、零件编号及其明细栏、标题栏等。

（5）零件图设计：零件图、公差、粗糙度等技术要求。

（6）编写设计计算说明书，给出设计示意图、运动分析过程、力学分析过程等。

传统设计方法以经验总结为基础，将经验、公式、图表、设计手册等作为设计依据，通过经验公式、近似系数或类比等方法进行设计，是一种以静态分析、近似计算、经验设计、手工劳动为特征的设计方法，在设计速度、设计质量、设计精度等方面存在不足。由于传统设计方法没有采用计算机技术，不能对设计的各个阶段进行严格建模，难以对设计的各个阶段进行精准分析和自动化处理。现代设计方法与传统设计方法在 7 个设计维度上有所不同，如表 1-2 所示。

表 1-2　传统设计方法与现代设计方法在 7 个设计维度上的区别

设计维度	传统设计方法	现代设计方法	支撑理论与工具
需求设计	文字、草图	QFD、SysML	建模软件
结构表达	手工绘图	CAD	数字样机（ADAMS）
特性分析	静力学	解微分方程（有限元）	有限元/CAE
性能指标	校核	优化设计	单学科（多学科）优化
产品质量	设计余量	可靠性设计	可靠性设计方法
设计模式	层次分解	网络化协同设计	并行协同工程
自动化程度	查手册，人工经验	智能设计	基于知识的工程

1.2.2　产品设计理论

在产品设计的具体阶段，如 CAD、有限元等有比较成熟的理论和方法，但在产品设计系统层面，即如何综合考虑产品设计生命周期的各个方面，确定产品设计中的演化和映射关系方面，还没有成熟的理论和方法，但也出现了一些初步的研究成果。

1.2.2.1　公理化设计概念与构成

公理化设计理论（Axiomatic Design Theory，ADT）是美国 MIT 机械工程系 Nam P Suh 教授提出的，该理论在产品设计领域有重要的影响。目前有代表性的应用主要集中在机械产品设计、软件设计等方面。公理化设计理论是设计领域内的科学准则，能指导设计者在设计过程中做出正确的决策，为创新设计或改善已有的设计提供良好的思维方法。

公理化设计的 4 个主要概念是域（Domain）、层次（Hierarchies）、曲折映射（Zigzaggng）和设计公理（Design Axioms），其思想核心是多域映射，即把设计活动分为用户域（Customer Domain）、功能域（Functional Domain）、物理域（Physical Domain）和过程域（Process Domain）。用户域代表用户关心的目标，为用户需求（Customer Needs）；功能域代表设计方案的功能，为功能需求（Functional Requirement），功能需求之间要满足约束（Constraints）；物理域描述设计方案的设计参数（Design Parameters）；过程域表达用于实现设计参数的工艺变量（Process Variables）。

1. 公理化设计的 4 个"域"

域是不同设计活动的界限线。公理化设计将设计过程分为 4 个域，域的结构及域间的关系如图 1-10 所示。在相邻的两个域中，左边的域是"要达到的什么目标（What）"，而右边的域是"选择什么方法来实现左边域的要求（How）"。在公理化设计中，功能域和物理域之间是映射关系，即把某个功能与某个结构直接对应起来。

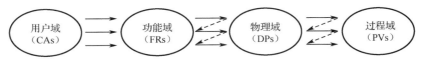

图 1-10 域的结构及域间的关系

2. 公理化设计中的基本公理

公理化设计是一种结构性设计方法，其目的是通过建立评估潜在设计活动的准则，并提供实现这些准则的手段来改进设计行为。这些准则包括独立性公理和信息最小公理。

1）独立性公理

独立性公理是指保持功能域的独立性，同时指明了功能域与物理域之间应有的关系。也就是说，设计方案必须满足每个相互独立的功能需求，而不影响其他的功能需求，即物理域不能与其他的功能域存在牵连关系。

公理化设计中，设计域间的映射过程可以用数学方程来描述，即在层次结构的某一层上，设计目标域与设计方案域中的特性矢量间有一定的数学关系，如功能域中的功能需求与物理域中的设计参数之间的关系可表示为

$$\{\mathbf{FR}\}_{m\times1} = [\mathbf{A}]_{m\times n}\{\mathbf{DP}\}_{n\times1} \tag{1-1}$$

式中，$\{\mathbf{FR}\}_{m\times1}$ 为功能需求向量；$\{\mathbf{DP}\}_{n\times1}$ 为设计参数量；$\mathbf{A}_{m\times n}$ 为产品设计矩阵，式（1-1）称为产品设计方程式。产品设计矩阵 $\mathbf{A}$ 可表示为

$$\mathbf{A} = \begin{bmatrix} A_{11} & A_{12} & \cdots & A_{1n} \\ A_{21} & A_{22} & \cdots & A_{2n} \\ \vdots & \vdots & & \vdots \\ A_{n1} & A_{n2} & \cdots & A_{nn} \end{bmatrix} \tag{1-2}$$

矩阵 $\mathbf{A}$ 的元素由下式确定：

$$A_{ij} = \frac{\partial \mathbf{FR}_i}{\partial \mathbf{DP}_j} \tag{1-3}$$

若功能需求与设计参数相等（$i=j$），则根据 $\mathbf{A}$ 的不同形式，设计可分为以下三种类型。

（1）非耦合设计（Uncoupled Design）：$\mathbf{A}$ 为对角阵；

（2）弱耦合设计（Decoupled Design）：$\mathbf{A}$ 为上三角阵或下三角阵；

（3）耦合设计（Coupled Design）：$\mathbf{A}$ 既非三角阵也非对角阵。

2）信息最小公理

信息最小公理是指在满足独立性公理的条件下，信息量最小的设计即最优设计。对于同一个设计任务，不同的设计者可能得出不同的设计方案，很可能这些方案都满足独立性公理，但在评价时应以具有最小信息量的设计为最优设计。

3. 公理化设计过程

公理化设计能有效地指导设计人员完成创新设计，其设计过程如图 1-11 所示。通过用户域、功能域、物理域、过程域，将产品的需求、结构、性能、工艺关联起来，通过两大公理和参数设计实现 4 个域的转换。需要注意的是，公理化设计方法还处于初步阶段，没有严格的数学模型和计算方法，所以只能对产品设计提供指导思想，不能形成具有操作实用性的设计工具。

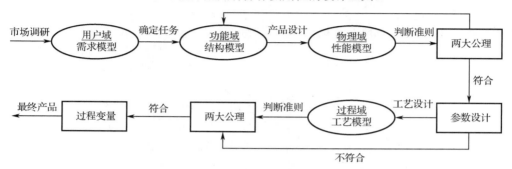

图 1-11 公理化设计过程

1.2.2.2 FBS 映射机制

在公理化设计方法提出的同时，GERO 教授在 1990 年提出了功能-行为-结构（Function-Behavior-Structure，FBS）模型，FBS 模型是产品创新设计方法论，是设计人员将设定的功能转换为能够执行这些功能的产品的过程描述。设计人员并未直接进行这种转换，而是采用许多中间步骤，产品的行为和结构也起到关键作用。在 FBS 模型映射过程中，功能被转换为可以执行该功能的预期行为，将预期行为用于结构的选择和组合，此过程称为合成。在合成时，结构会产生自己的实际行为，从而改变预期行为的范围，并且通过这些行为可重新设计功能。FBS 模型如图 1-12 所示。

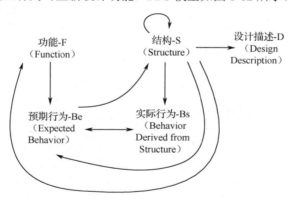

图 1-12 FBS 模型

步骤 1：F-Be 将设定的功能转换为可以执行这些功能的行为；
步骤 2：Be-S 将预期行为转换为执行这些行为的结构；
步骤 3：S-Bs 推导出结构的实际行为；
步骤 4：Bs-Be 实际行为与预期行为的比较；
步骤 5：S-D 生成结构设计描述；
步骤 6：S-S'选择新的结构；
步骤 7：S-B'选择新的预期行为；
步骤 8：S-F'选择新的功能。

将产品的目的定义为"为什么产品做它所做的"的答案，即产品的目的是实现用户需求。将功能的定义修改为"产品行为的结果"。将行为定义为"产品在自然环境中表现出的行为或过程"，该定义同时适用于产品的预期行为和实际行为。在初始定义的基础上添加"材料排列"（Material Arrangement）来强调定义的结构性质。

事实上，对于"功能"，没有一个统一而明确的定义，它与所涉及的领域及产品的使用环境有关，具有一定的主观性。本书将"功能"定义为产品行为对环境作用的描述，行为（Behavior）是一种实体状态的转换过程，实体状态是能量或位移等物理属性及属性间关系的描述，依赖于产品的结构。设计对象的功能难以表达，而行为及状态参数却是由物理原理和产品结构决定的，它是客观的，这样就将主观的功能通过客观的物理属性来表达，使功能的分类、表达都具有客观的依据。

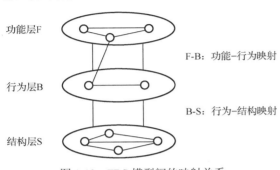

图 1-13 FBS 模型间的映射关系

FBS 模型间的映射关系如图 1-13 所示。最上层为功能层，由功能单元网络图构成；最下层为结构层，由结构参数网络图构成；中间层为行为层，连接功能与结构参数。功能可描述为

$$O_{\text{fun}} = \{\text{Oid}, F, B, S\} \tag{1-4}$$

式中：O_{fun}——功能对象；
Oid——功能标识；
F——功能谓词集合；
B——功能的行为集合；
S——结构的状态参数集合。

1.2.2.3 Top-Down 与 Bottom-Up 两种设计路线

尽管公理化设计和 FBS 模型给出了产品设计的基本内容和过程，但也存在如下两个缺点。

（1）在新产品设计过程中，公理化设计只是引导设计人员进行从功能到结构的"之"字形映射，虽然提供了对映射进行评价的理论依据，但没有提供从功能到结构具体的映射实现手段。

（2）在实际产品设计中，设计过程是一种以理论推理和经验重用为基础的活动，设计人员在进行设计时，会利用以前的设计案例、设计零部件手册，这种情况下，只有功能到结构的映射是不够的。

实际上，产品的设计路线包括两种：一种是从功能到结构映射；另一种是由零件组合成组件，组件形成产品，以满足具体功能，即所谓的 Top-Down 与 Bottom-Up 两种设计路线，如图 1-14 所示。

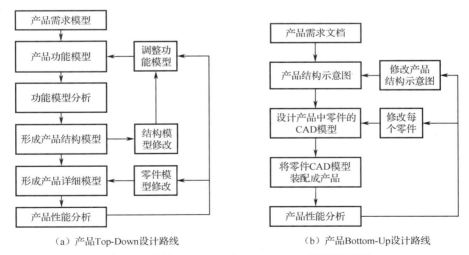

（a）产品Top-Down设计路线　　　　　（b）产品Bottom-Up设计路线

图 1-14 产品 Top-Down 与 Bottom-Up 两种设计路线

若我们将构成产品的组件分成关系（Relation）和组件（Component），则产品的设计策略有两种：基于关系（Relation Based）的产品设计，也称为关系驱动（Relation-Driven）设计，即先确定基本组件间的关系，然后根据这些关系进行设计或选取相应的基本组件，这种策略适合于产品的 Top-Down 设计过程；另一种是基于组件（Component Based）的设计，即先确定构成产品的基本组件，然后确定

基本组件间的关系，也称为组件驱动（Component-Driven）设计，这种方法较适合于产品的 Bottom-Up 设计过程。在产品的设计过程中，不可能是绝对的 Top-Down 设计或绝对的 Bottom-Up 设计，一般是两种设计过程的结合，只是在总体上更倾向于某一种设计。所以产品的设计路线也不应是完全基于关系或基于组件的，而应该是二者的有机结合。这里采用基于关系和基于组件相结合的设计路线，如图 1-15 所示。阶段目标规划模块将整个设计过程分成若干个阶段目标，然后根据用户要求和输入信息，处理产品面向对象模型中的关系、功能、结构等，用约束和方法对建立过程进行引导、制约和分析，实现功能设计、功能-结构映射和装配结构设计。

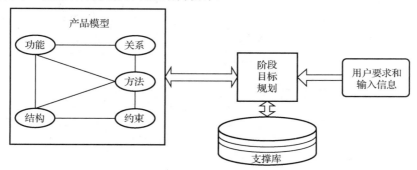

图 1-15　基于关系和基于组件相结合的设计路线

在产品的设计过程中，首先设计的是功能模型，它表达了功能模块间的组成和连接关系，是根据产品的需求进行功能分解而得到的，所以，在设计功能模型时可以暂不考虑产品的几何结构。在机械产品设计中，功能主要表现在力的传递、运动传递和位置约束方面。进行功能模型设计时，用户从功能谓词库中提取适当的功能单元块，并将它们组织起来，形成功能模型。

传力单元是指装配功能模型中主要用于传递力和力矩的单元，单元在力的传递方向上不一定限制自由度。限位单元是指装配功能模型中主要用于限定相邻单元的位置，即提供位置基准的单元，当然一个单元可能既是传力单元，同时又是限位单元。连接单元是指装配功能模型中将两个或两个以上的工作单元连接起来的单元，它可以是实体，如紧固单元；也可以是虚体，如匹配关系，只传递力或提供位置基准。

以夹具设计为例。在夹具设计的初期阶段，设计者只能确定夹具定位方案、夹紧方案及装配体的大致组成等信息，这些信息一般以功能谓词的形式来描述，而到设计的最后阶段，这些抽象的功能谓词会演化成具体的几何结构或操作函数，这一过程就是夹具的 Top-Down 设计过程。面向对象的夹具装配功能模型具有支持概念模型到结构模型演化的能力，如图 1-16 所示。表 1-3 给出了夹具 Top-Down 设计的概念设计、参数化结构设计和详细设计三个阶段的设计结果简图和装配模型演化。

在夹具概念设计阶段，设计系统接收工件 CAD 模型的总体结构和加工要素等初步信息，确定定位方案、夹紧方案，并将这些信息存放到装配模型的属性中。然后，利用功能结构单元（Function Structure Unit，FSU）来构建初步的装配结构，从而形成概念模型的结构表达。这里的 FSU 是夹具静态类库中夹具组件基类的结构实例化，即只表达结构的总体轮廓而不表达细节。这样，由 FSU 构成的概念模型表达了装配的基本结构组成模块和各模块间的连接关系，为下一阶段的设计提供基础。

在参数化结构设计阶段，工件 CAD 模型的所有结构、加工要素和关键尺寸都已经确定，只有一些次要的尺寸参数和一些辅助特征尚未确定。本阶段根据夹具概念设计模型的功能和结构要求，利用功能-结构映射推理方法选择出夹具元件或组件的类型，并通过特征匹配求解组件的装配位置，形成参数化结构设计模型。

在详细设计阶段，工件 CAD 模型的结构和尺寸完全确定，将夹具参数化结构设计阶段的元件结构参数和装配位置参数最终确定，再增加必要的辅助特征，从而形成最终的夹具设计模型。

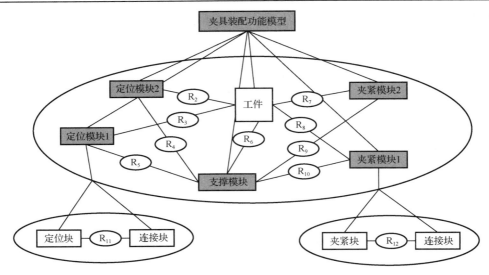

图 1-16 夹具装配功能模型

表 1-3 夹具 Top-Down 设计的演化过程

设计阶段		输入信息	设计结果简图	装配模型演化	信息说明
概念设计	功能设计		F_4 F_3 F_1 F_2	Fix_Asm — W	输入为零件初始模型和 CAPP 给出的初步夹具设计方案。W 为加工零件；F_1、F_2、F_3 为定位特征；F_4 为加工特征
	功能结构设计		FSU_1 FSU_2 W FSU_3	Fix_Asm；FSU_2 — R_4 — W — R_1 — FSU_3，R_5，R_3，FSU_1，R_2	初步设计结果的结构化描述。其中，W 为初步工件；FSU_1、FSU_2、FSU_3 为功能结构单元
参数化结构设计			C_1 C_2 W C_3	Fix_Asm；C_2 — R_4 — W — R_1 — C_3，R_5，R_3，C_1，R_2	设计结果的参数化描述。其中，W 为参数化工件；C_1、C_2、C_3 为夹具元件，由概念设计模型中的功能结构单元演化而来
详细设计		给出工件的具体尺寸	给出夹具元件的具体尺寸和定位、夹紧的具体位置及必要的辅助特征	装配模型与上阶段相同	此阶段有尺寸的变化和辅助特征的增加

1.3 机电产品设计介绍

1.3.1 机电产品设计内容与方法

1.3.1.1 机电产品设计方法的研究内容

设计科学研究是一种专注于解决问题的研究方法。基于对问题的理解，该方法可用于构建和评估产品，通过将其条件改变为更好或理想的状态，实现设计从概念到产品的转换，转换过程中产生的成果包括产品的结构、模型、方法和实例。设计科学作为一种方法的一个关键特征是它以解决特定问题为导向，即使解决方案不是最优的，也能获得令人满意的解决方案。同时，设计科学产生的解决方案应该能够对特定类别的问题进行概括，这样可以使其他研究人员和从业者在类似设计需求下使用生成的知识。

设计科学的应用可以在某种程度上缩小理论和实践之间现有的差距，设计方法不仅面向问题的解决，而且产生的知识可以作为改进理论的参考。图 1-17 概述了设计科学及相关的设计环境与知识库之间的关系。

如图 1-17 所示，设计科学应考虑与设计环境的相关性。组织中的专业人员可以利用这些调查结果和产生的知识来解决实际问题。同时，也应该考虑严谨的知识规范，有助于增加特定领域的知识库。

知识库可以定义为以前的开发人员使用过的理论、方法、设计样品或开发的环境，这个知识库由公认的基础理论和设计方法组成，这些基础理论和设计方法得到了学术界的认可。知识库可以为开发人员提供相关设计知识，支持构建产品，改进理论的论证和评估活动。然而，这种知识库往往不能直接匹配新的设计任务，设计人员在设计新的产品时，需要根据自己的经验通过试错、分析来实现新产品的功能。

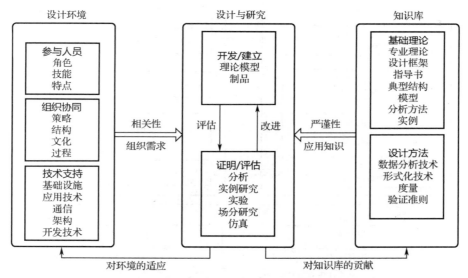

图 1-17　设计科学及相关的设计环境与知识库之间的关系

设计活动应考虑 7 个方面的内容，如表 1-4 所示。设计活动需要根据特定问题，创建新的产品。一旦设计了这个产品，就应该解释它的效用，并且进行充分评估，同时为该领域的专业人员提供新的领域知识。

表 1-4　设计问题与内容

序　号	要　素	内　容	备　注
1	设计制品	产品的结构、模型、方法、实例	设计结果是一系列的技术成果
2	问题相关	满足用户重要的需求	充分理解用户需求并形式化
3	设计评估	通过评估方法，评估产品的功效、质量、用途	从多个方面对设计结果进行评估
4	设计贡献	为某个具体领域的设计提供清晰的设计理论、设计方法和设计知识	除了设计出用户需要的产品，还能为该领域提供设计方法和知识
5	严谨性	在构造和评估产品时所用的方法必须严谨	设计时采用的方法应该系统化、模型化、数字化

续表

序　号	要　素	内　容	备　注
6	设计过程	为了达到设计目标，采用的手段和方法必须遵守相关领域的科学规律	不同领域有不同的技术和原理，不能违背
7	协作	在设计过程中需要与用户协作，既有技术问题的协作，也有管理方面的协作	设计活动是多个组织和多个学科协作的过程

1.3.1.2　机电产品典型设计过程与方法

本书将机电产品设计过程与各个阶段的设计方法对应起来，形成设计方法构成框架，如图 1-18 所示，此框架由三部分构成，左侧为设计过程，右侧为对应的设计方法，底部为设计支撑环境。

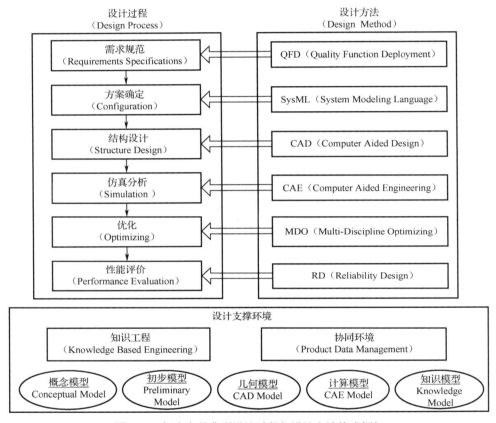

图 1-18　机电产品典型设计过程与设计方法构成框架

1.3.2　本书的组成结构

运用现代设计方法主要是为了提高产品设计的质量和效率，本书章节组成框图如图 1-19 所示，包括设计基础、阶段设计方法和综合设计方法三个方面。

● 设计基础有两章。

第 1 章：绪论，讲述机电产品的组成与发展趋势，确定设计方法在机电产品设计中的作用。同时讲述现代设计方法与传统设计方法的区别、现代设计方法的整体思路，并给出现代设计方法的具体组成和逻辑关系。

第 2 章：现代设计方法的理论基础，从方法论、数学建模、智能建模、系统建模和软件开发 5 个方面，给出现代设计需要的基础性知识。

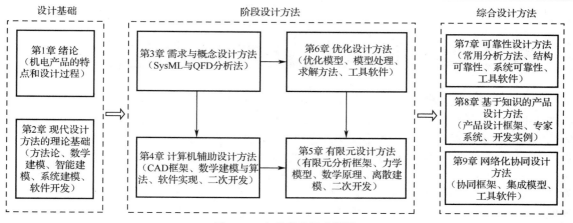

图 1-19　本书章节组成框图

● 阶段设计方法有五章。

第 3 章：需求与概念设计方法，从产品设计的需求开始，给出产品设计的建模方法，给出 SysML 和 QFD 分析法的内容。

第 4 章：计算机辅助设计方法，讲述 CAD 框架、数学建模与算法、软件实现和二次开发。

第 5 章：有限元设计方法，讲述有限元分析框架、力学模型、数学原理、离散建模和二次开发。

第 6 章：优化设计方法，讲述优化设计方法的优化模型、模型处理、求解方法和工具软件。

● 综合设计方法有三章。

第 7 章：可靠性设计方法，讲述可靠性设计的常用分析方法、结构可靠性、系统可靠性和工具软件。

第 8 章：基于知识的产品设计方法，讲述产品设计框架、专家系统和开发实例。

第 9 章：网络化协同设计方法，讲述协同框架、集成模型和工具软件。

第2章　现代设计方法的理论基础

机电产品的设计过程需要用到各种软件，软件的核心是模型和算法。一般来说模型和算法具有层次性，本章从方法论、数学建模、智能建模、系统建模和软件开发 5 个方面，给出机电产品现代设计方法的理论基础，即底层的思维和建模方法。其中，在方法论方面，给出复杂系统方法论的定位、思维方式、建模方式；在数学建模方面，给出数学的内容分类、基本的数学方法、数学建模方法；在智能建模方面，给出人工智能的发展与分类、符号智能、计算智能；在系统建模方面，给出系统建模的定位、SysML 建模、数字孪生建模；在软件开发方面，给出工业软件的特点、软件的基本组成、软件开发过程。这些知识不是直接用来进行机电产品设计的方法，但为机电产品设计的需求定义、产品建模、仿真分析、优化设计、可靠性分析、智能设计和网络化协同设计提供理论支撑。

2.1　解决复杂问题的方法论

当前复杂机电产品的设计方法很多，从需求分析到技术实现，既有理论层面的设计方法，也有软件实现层面的设计方法，如何找到隐藏在背后的底层逻辑是研究方法论的动力。下面从方法论的定位、现代方法论的内容和方法论的应用三个方面讲述现代方法论。

2.1.1　方法论的定位

2.1.1.1　方法论的概念与定位

从哲学的角度，世界一般分为客观世界和主观世界两大部分。客观世界的对象可以是自然界中的任何物体，如地球、天体、生物等，它们都以一定的方式和结构存在着，客观世界的结构独立于我们的主观世界而存在；主观世界是指人类的内心世界，即思维世界，可以是人们的价值观、思维体系、各类知识，主观世界的思维也有一定的体系和逻辑结构；主观世界与客观世界相互作用，也就是哲学上的物质和意识的关系。

主观世界认识客观世界、客观世界反作用于主观世界都需要一定的手段和过程，这种手段和过程就是方法，如推理、类比、模拟、实验等，人们研究方法体系，就形成了方法论，所以方法论是关于认识世界和改造世界的方法的理论。客观世界、主观世界和方法论三者的关系如图 2-1 所示。

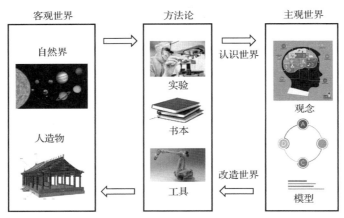

图 2-1　客观世界、主观世界和方法论三者的关系

以人为界，将主观世界与客观世界分开，人的实体本质上讲的是客观世界的一个元素，而人的思维是主观世界，因此客观世界与主观世界必然会存在着很强的联系，人就是客观世界与主观世界交互

的通道。主观世界与客观世界不断交互，对客观世界的描述越来越接近客观世界的部分特征，这样人的主观世界不断趋于明确。在这个过程中，由于对不同的客观实体、结构进行观测、研究与实践，产生了不同的领域和学科。而且随着对客观世界观测范围的越来越大，产生的领域也越来越多。待观测的实体类别、实体间的联系与结构会不断增加，这也使得主观世界中的体系越来越复杂，领域越来越多。

方法论的体系包括认识世界的方法和改造世界的方法。认识世界以科学研究为主、改造世界以技术研究为主，认识世界是基础，改造世界是目标。有人认为科学研究比技术研究更重要，其实科学研究是改造世界的基础，技术研究是改造世界的手段，两者都很重要。

2.1.1.2　方法论

方法论的历史演化分为三个阶段：古代、近代、现代。

古代方法论以古希腊的亚里士多德为代表，他的逻辑学原理一直影响着今天的日常推理。他的著作《工具论》主要分为《范畴篇》《解释篇》《前分析篇》《后分析篇》《论题篇》《辩谬篇》六部分。在《分析篇》中提到演绎推理的基本办法，即经典的三段论——"大前提、小前提和结论"。

近代方法论的代表是培根和笛卡儿。如果只有亚里士多德的演绎法，知识永远不会更新，演绎法给出了知识整理的方法，可以建立比较严密的知识体系，但知识本身不会增加，要想获得新知识必须通过归纳法和实验法。

在 20 世纪 50 年代以前，西方科学研究的方法——从机械到人体解剖的研究，基本是按照笛卡儿的方法论进行的，对西方近代科学的飞速发展起了相当大的促进作用。但也有一定的缺陷，如人体功能，只是研究各部位机械的综合，而对其互相之间的作用则研究不透。直到阿波罗号登月工程的出现，科学家们才发现，有的复杂问题无法分解，必须以复杂的方法来对待，这就导致了系统工程的出现，即现代方法论的产生。

二战后，出现的"老三论"，分别是系统论、控制论和信息论。又出现了"新三论"，包括耗散结构论、协同论和突变论，新三论是对老三论的扩展，在有序与无序的转化机制上，把系统的形成、结构和发展联系起来，成为推动系统科学发展的重要学科之一。尽管新三论与老三论在概念和技术点上有所区别，但是在研究内容和研究方法上有很大的关联性和重叠。因此，本书以老三论为基础，介绍基本概念和原理。

（1）系统论。奥地利理论生物学家贝塔朗菲于 1945 年发表一篇《关于一般系统论》的文章，指出一般系统论是研究系统一般规律的学科，认为系统具有①整体性与开放性；②结构：等级层次性；有序性（结构或空间，发展或时间）；③行为：动态相关性（动态性取决于相关性）；④功能：目的性（有效性、适应性、寻的性）。

（2）控制论。维纳于 1948 年出版了《控制论》一书，进而出现了经典控制论——现代控制论（大系统控制理论），研究大系统的结构方案、稳定性、最优化、建模及模型简化等。系统建模方法有黑箱-灰箱-白箱法，功能模拟法，形式化、数量化、最优化方法。

（3）信息论。美国数学家香农发表《通信的数学理论》标志着信息论的诞生。信息科学以信息为主要研究对象，以信息的运动规律和应用方法为主要研究内容，以计算机、光导纤维等为主要研究工具，以扩展人类的信息功能为主要研究目标。信息论是运用信息的观点，借助于信息的获取、传递、加工、处理而实现系统有目的性的运动的一种研究方法。

2.1.1.3　方法论的层次性

中国古代有个著名的"白马非马论"，本质上是一个普遍性与特殊性的现象，在方法论上就是指层次性。方法论的层次如图 2-2 所示。方法研究与内容研究有紧密的联系，同时又有相对独立的特点，内容研究强调专业知识，方法研究强调比较通用的表达和处理方法，方法具有更广泛的适应性，但也必须与具体领域结合才有效，可谓普世的方法不实用，实用的方法不普世。

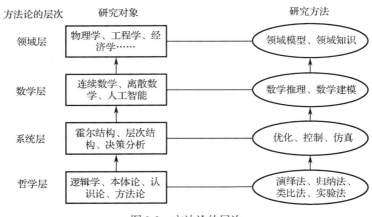

图 2-2　方法论的层次

2.1.2　现代方法论的内容

2.1.2.1　系统论

1．系统的组成

如何分析一个系统呢？一个复杂的系统必须分解开，系统的组成结构如图 2-3 所示，它由要素与子系统等组成。下面从 4 个角度来说明一个系统。

（1）功能角度：表现为目的性，目标分析、效用理论、决策和优化理论都研究系统的目的性。其中，效用理论-目标建模与对外作用是经济学领域的学者首先提出的，现如今任何一个复杂系统，在研究系统的功能和目标时，一般都需要定义一种效用函数。

（2）结构角度：表现为整体性、层次结构，多尺度分析法、层次分析法、多子系统协同等都是以结构组成为基础的分析方法。

（3）行为角度：表现为关联性，控制论、状态机等都是研究系统动态特性和行为的方法。

（4）表达角度：表现为有序性，数据、信息和知识在表达上表现出有序的层次性。

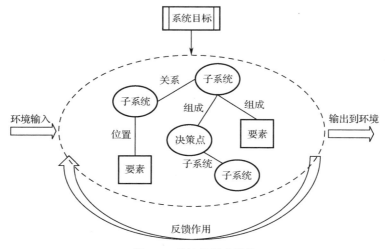

图 2-3　系统的组成结构

2．系统论的三维空间法

系统工程的步骤和方法因处理对象的不同而不同。对一般步骤和方法的研究比较有影响的是美国贝尔电话公司系统工程师霍尔于 1969 年提出的三维空间法，如图 2-4 所示。

（1）时间维。表示工程活动从规划到更新阶段按时间顺序安排的 7 个阶段，即规划阶段、设计阶段、研制阶段、生产阶段、安装阶段、运行阶段、更新阶段。

（2）逻辑维。指完成上述 7 个阶段工作的思维程序，包括明确问题、确定目标、系统综合、系统分析、实行优化、进行决策、实施验证。

（3）知识维。指完成各步工作需要的各种知识、技能。

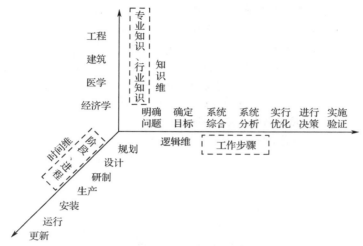

图 2-4　系统论的三维空间法

这一方法在逻辑上，把运用系统工程解决问题的整个过程分成 7 个环环紧扣的步骤；在时间上，把系统工程的全部进程分为 7 个阶段；在专业知识上，运用系统工程除需要某些共性知识外，还需要使用各种专业知识、行业知识，如工程、建筑、医学、经济学、商业、法律、管理、社会科学和艺术等。与此同时，在系统工程发展中还确立了一系列系统技术方法，主要有模拟技术、最优化技术、评价技术和计算机技术等。

3. 层次分析法

层次分析法（Analytic Hierarchy Process，AHP）是美国运筹学家、匹兹堡大学教授 T. L. Saaty 在 20 世纪 70 年代初期提出的，层次分析法是对定性问题进行定量分析的一种简便、灵活而又实用的多准则决策方法，如图 2-5 所示。它的特点是把复杂问题中的各种因素通过划分为相互联系的有序层次，使之条理化，根据对一定客观现实的主观判断（主要是两两比较）把专家意见和分析者的客观判断结果直接而有效地结合起来，将一个层次元素两两比较的重要性进行定量描述。而后，利用数学方法计算反映每一层次元素的相对重要性次序的权值，通过所有层次之间的总排序计算所有元素的相对权重并进行排序。

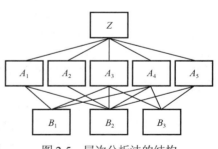

图 2-5　层次分析法的结构

层次分析法是一种将定性与定量分析方法相结合的多目标决策分析方法。该法的主要思想是通过将复杂问题分解为若干层次和若干因素，对两两指标之间的重要程度做出比较、判断，建立判断矩阵，通过计算判断矩阵的最大特征值及对应特征向量，就可得出不同方案重要性程度的权重，为最佳方案的选择提供依据。

2.1.2.2　控制论

1948 年，维纳的奠基性著作《控制论》出版，成为控制论诞生的一个标志。维纳把这本书的副标题取为"关于在动物和机器中控制与通信的科学"，为控制论在当时研究现状下提供了一个科学的定义。在这本著作中，维纳抓住了一切通信系统和控制系统都包含信息传输和信息处理的过程的共同特点；确认了信息和反馈在控制论中的基础性，指出一个通信系统总能根据人们的需要传输各种不同思想内容的信息，一个自动控制系统必须根据周围环境的变化自行调整自己的运动；指明了控制论在研究上的统计属性，指出通信系统和控制系统接收的信息带有某种随机性质并满足一定统计分布，通信系统和控制系统本身的结构也必须适应这种统计性质，能对一类统计上预期的输入产生出统计上令人满意的动作。

《控制论》出版后，科学家们沿着两个方向对控制论进行发展。心理学家、神经生理学家和医学家用控制论研究生命系统的调节和控制，建立神经控制论、生物控制论和医学控制论，维纳于 1946年与罗森布卢埃特合作进行的一系列直接涉及反馈主题的神经生理学实验为生物控制论奠定了基础。控制理论家则用控制论研究工程系统的调节和控制，中国科学家钱学森创立工程控制论，1954 年在美国出版了《工程控制论》专著，提出工程控制论的对象是控制论中能够直接应用于工程设计的部分。20 世纪 60 年代，苏联和东欧各国把控制论的思想和方法应用于军事指挥中，建立军事控制论。20 世纪 70 年代前后，面对科学技术发展而形成的复杂社会经济问题，借助微电子技术的快速发展和计算机的广泛应用而逐渐形成的全球信息系统，为控制论的进一步发展提供了动力和条件。控制系统的基本框架如图 2-6 所示，包括决策规划与控制目标、操作（控制变量、控制动作）、被控对象、控制方法、传感网络等。

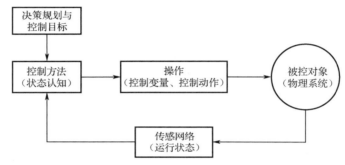

图 2-6　控制系统的基本框架

控制论从信息和控制两个方面研究系统。控制论方法涉及以下 4 个方面。

（1）确定输入、输出变量。控制系统为达到一定的目的，需要以某种方式从外界提取必要的信息（输入），再按一定法则进行处理，产生新的信息（输出）反作用于外界。输入、输出变量不仅可以表示行为，也可以表示信息。

（2）黑箱方法。它是根据系统的输入、输出变量找出它们之间存在的函数关系（输入、输出模型）的方法。黑箱方法可用来研究复杂的大系统和巨系统。

（3）模型化方法。它通过引入仅与系统有关的状态变量而用两组方程来描述系统，即建立系统模型。一组称为转移方程（又称状态方程），用以描述系统的演变规律；一组称为作用方程（又称输出方程），用以描述系统与外界的作用。抽象后的系统模型可用于一般性研究并确定系统的类别和特性。控制系统数学模型的形式不是唯一的，自动机理论中还常采用状态转移表或状态转移图的方式。系统的特性是通过系统的结构产生的，同类系统通常具有同类结构。控制论的模型化方法和推理式属性，使控制论适用于一切领域的控制系统，这有助于对控制系统一般特性的研究。在研究大系统和巨系统时还需要使用同态和同构及分解和协调等概念。

（4）统计方法。控制论方法属于统计方法的范畴，需要引入无偏性，最小方差，输入、输出函数的自相关函数和相关分析等概念。采用广义调和分析和遍历定理，可从多个个别样本函数来获取所需的信息。维纳采用这种方法建立了时间序列的预测和滤波理论（称为维纳滤波）。非线性随机理论不但是控制论的数学基础，而且是处理一切大规模复杂系统的重要工具。

2.1.2.3　信息论

信息论将信息的传递作为一种统计现象来考虑，给出了估算通信信道容量的方法。信息传输和信息压缩是信息论研究的两大领域。这两个方面又与信息传输定理、信源-信道隔离定理相互联系。香农给出了信息熵（以下简称为"熵"）的定义，这一定义可以用来推算传递经二进制编码后的原信息所需的信道带宽。熵度量的是消息中所含的信息量，其中去除了由消息的固有结构所决定的部分，比如，语言结构的冗余性及语言中字母、词的使用频度等统计特性。信息论中熵的概念与物理学中的热力学熵有着紧密的联系。玻尔兹曼与吉布斯在统计物理学中对熵的研究做了很多的工作。信息论中的熵也正是受之启发。

　　由于现代通信技术飞速发展和其他学科的交叉渗透，信息论的研究已经从香农当年仅限于通信系统的数学理论的狭义范围扩展开来，而成为现在称之为信息科学的庞大体系。信息科学与材料科学、能量学三者一起已经成为现代科技的领跑者。信息产业是当今社会中发展最快、潜力最大、效率最高、影响最广泛的重要支柱产业之一，没有信息论的指导，就不会出现无线电技术与电视接收系统，就不会有网络通信、远距离控制、蓝牙技术，就不会有移动通信和卫星导航，更不会有互联网和无线通信网络。

　　所有信息系统都可归纳成图 2-7 所示的模型来研究它的基本规律。

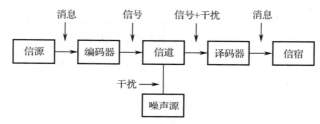

图 2-7　信息系统的组成

　　信息系统的组成如下。

　　（1）信源：是指信息的源泉或产生待传送的信息的实体，如电话系统中的讲话者，对于电信系统还应包括话筒，它输出的电信号为含有信息的载体。

　　（2）信宿：是指信息的归宿或接受者，在电话系统中这就是听者和耳机，后者把接收到的电信号转换成声音，供听者提取所需的信息。

　　（3）信道：是指传送信息的通道，如电话通信中包括中继器在内的同轴电缆系统，卫星通信中地球站的收发信机、天线和卫星上的转发器等。

　　（4）编码器：在信息论中泛指所有变换信号的设备，实际上就是终端机的发送部分。它包括从信源到信道的所有设备，如量化器、压缩编码器、调制器等，使信源输出的信号转换成适于信道传送的信号。

　　（5）译码器：是编码器的逆变换设备，把信道上送来的信号转换成信宿能接收的信号，包括解调器、译码器、D/A 转换器等。

　　信息论是建立在概率论基础上而形成的，也就是从信源符号和信道噪声的概率特性出发的。这类信息通常称为语法信息。信息系统的基本规律也包括语义信息和语用信息。语法信息是信源输出符号的构造形式，与信宿的主观要求无关，而语义需要考虑符号的意义，同样一种意义，可用不同语言或文字来表示，各种语言所包含的语法信息可以是不同的。一般地说，语义信息率可小于语法信息率，如电报的信息率可低于表达同一含义的语声的信息率。另外，信宿或信息的接受者往往只需要对它有用的信息，它听不懂的语言是有意义的，但对它是无用的。所以语用信息，即对信宿有用的信息，一般小于语义信息。倘若只要求信息系统传送语义信息或语用信息，效率显然会更高一些。在目前情况下，关于语法信息，已在概率论的基础上建立了系统化的理论，形成一个学科；而语义信息和语用信息尚不成熟。因此，关于后者的论述通常称为信息科学或广义信息论，不属于一般信息论的范畴。

　　数据、信息、知识、智慧是不同层面的表达，如图 2-8 所示。例如，从百度中搜集到的信息就好比图中的数据（Data），然后给他们打上标签之后可以大致相当于图中的信息（Information），当这些信息之间建立了连接后就产生了知识 （Knowledge），然后当从网络图谱中看到远距离节点之间产生了连接及其路径的时候就是洞见（Insight）和智慧 （Wisdom）了。

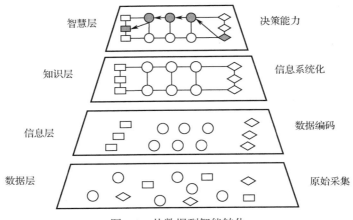

图 2-8 从数据到智能转化

系统论、控制论和信息论紧密相关，系统给出组成结构，控制是为了"改善"某个或某些受控对象的功能，需要获得并使用信息，以这种信息为基础而选出的、于该对象上的作用，就叫作控制。由此可见，控制的基础是信息，一切信息传递都是为了控制，进而任何控制又都依赖于信息反馈来实现。信息反馈是指由控制系统把信息输送出去，又把其作用结果返送回来，并对信息的再输出发生影响，起到制约作用，从而达到预定的目的。

2.1.3 方法论的应用

2.1.3.1 系统的建模与分析过程

系统的建模与分析是在对系统问题现状及目标充分挖掘的基础上，运用建模及预测、优化、仿真、评价等方法，对系统的有关方面进行定性与定量相结合的分析，是为决策者选择满意的系统方案并提供决策依据的分析研究过程。系统的建模与分析过程如图 2-9 所示，包括认识问题、确定目标、综合方案、模型化（结构、数学、仿真）、仿真分析与优化、系统评价、决策分析等。这个分析过程几乎是任何系统研究的基本过程，具体领域研究的方法和过程都是从这个一般过程演化而来的。

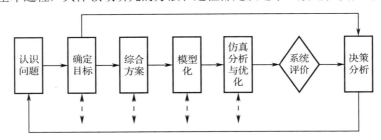

图 2-9 系统的建模与分析过程

2.1.3.2 主要建模方法分类

模型的种类有很多，但很关键的是数学模型，由于数学过于严谨，有些情况下难以建立良好的数学结构，这样就产生了严谨性比较低的智能模型和系统模型。如图 2-10 所示，建模对象包括从问题描述到最终模型经历的各个阶段，建模方法给出建模对象经历不同阶段的表达方式。

建模方法可以分为数学建模、智能建模和系统建模三大类。数学模型最严谨，有严格的数学原理和算法，但也难以建立，并不是所有的问题都能转化为数学模型；智能模型表达能力更强，一般是基于大数据和概率的逼近模型；系统模型主要建立模块或子系统之间的关系，包括功能、结构、行为、约束等，一般用信息方式来表达，为数学建模和智能建模提供模块划分和关联接口。具体建模方法如下。

（1）数学建模：数学模型包括代数方程、微分方程、概率统计、优化方程、图论模型，是指具有计算能力的模型，这些模型具有严谨的表达形式与处理算法。

（2）智能建模：针对大数据与符号逻辑推理进行建模，对复杂、多因素数据和因果关系进行建模。

（3）系统建模：根据基于模型的系统工程（MBSE）方法，建立业务模型、领域模型。

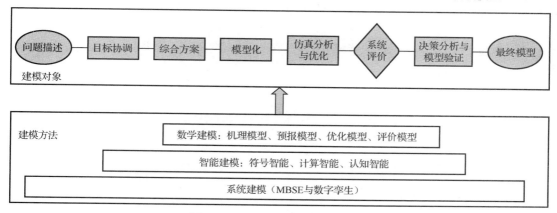

图 2-10 三个层次的建模方法构成

2.2 数学建模基础

杨振宁曾经说："现如今只有两类现代数学著作：一类是你看完第一页就不想看下去了的，另一类是你看完第一句话就不想看下去了的。"后来《数学情报员》杂志还把这个玩笑刊登出来。尽管杨振宁说的是现代数学，但且对于经典数学，非数学专业的人学起来也非常困难。这里面有客观的原因，数学本来就是一个分支众多、体系不清、内容繁杂、方法多样、逻辑抽象、技巧繁多的学科；同时也有教学方法的问题，出现了数学教育学专业，专门研究数学教学的实践和方法，旨在提高数学教学的质量和效果。本节从数学方法的层次性和数学应用两个方面对数学知识进行梳理，为数学的学习、理解和应用提供一些可能的帮助。

2.2.1 数学体系的统一性与层次性

克莱因的《古今数学思想》和亚历山大洛夫的《数学的内容、方法和意义》试图对数学内容给出一个比较系统的描述，描绘了数学的发展脉络和发展过程。确实，数学内容既有独立性，又有统一性，这里针对初等数学的代数方程、高等数学的微分方程和现代数学的泛函方程解决问题的方法，阐述数学建模和解决问题能力的进步。图 2-11 给出三种方程求解问题的条件和方法，来表达三个层次数学的区别，表 2-1 给出了三个层次的属性描述。

（1）利用代数方程求曲线函数的问题：已知起点 $O(0,0)$ 点、终点 $A(p,q)$，曲线上任一点 P 的坐标位置。求解：过 O 点和 A 点的曲线方程。为求得这个曲线方程，除需要知道两个点外，还需要知道（或假设）这个曲线可能的类型，比如，假设曲线是抛物线，然后加上起点和终点的条件，用待定系数法，就可以求出曲线的方程。

（2）利用微分方程求曲线函数的问题：已知起点 $O(0,0)$ 点、终点 $A(p,q)$，曲线上任一点 P 的导数。求解：过 O 点和 A 点的曲线方程。这时若想求得曲线方程无须知道曲线上点的位置，只需要知道导数就可以，而导数又可以用斜率或差商代替。这个条件比代数方程方法中，需要某个点位置和曲线类型两个条件要弱化得多。在处理大量的测量问题和进行科学实验数据处理时，首先得到的是关于某个变量的变化率，而不知变量本身。

（3）利用泛函方程求曲线函数的问题：已知起点 $O(0,0)$ 点、终点 $A(p,q)$，曲线上任一点或导数的信息都不知道，但给出了曲线的指标特性，即小球通过曲线轨迹下落时，所用的时间最小。求解：过 O 点和 A 点的曲线方程。这时，不知道曲线上点的位置或导数，只是规定了曲线要达到的目标，即小球下落所用的时间最短。这个条件比微分方程中某个点的导数条件要弱化得多，这个问题也是著名的最速降线问题，是在一簇函数中找到满足指标要求的函数，是变分问题和泛函问题的起点。现代数据处理中的插值、逼近问题，人工智能的机器学习问题，大多是知道一些测量点和目标函数，需要找到满足要求的函数方程的问题。

从三类数学方程求解问题的方法可以看出，采用更高级的数学方法，所需要的条件就越少，或者条件信息更容易获得，而求得的曲线函数也更灵活。从代数方程、微分方程到泛函方程，数学方程的表达能力，解决问题的能力跨越了三个层次，也是数学发展三个阶段。

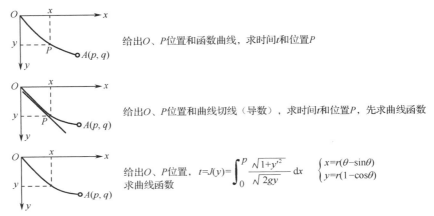

图 2-11　三种方程求解问题的条件和方法

表 2-1　三个层次数学方程求解曲线问题的对比

层　　次	方　　程	定　义　域	值　　域	应　用　背　景
初等数学	代数方程	实数	实数	已知两点和曲线类型，求曲线函数
高等数学	微分方程	实数	实数	已知两点和曲线导数，求曲线函数
现代数学	泛函方程	函数	实数	已知两点和曲线的评价函数（泛函），求曲线函数

2.2.2　数学模型和数学建模过程

2.2.2.1　数学模型的分类与典型结构

数学家研究数学体系的内在规律，而对自然科学和工程科学来说，数学的主要作用是建模。尤其是随着计算机技术的发展，数学建模变得越来越重要，因为没有数学模型，计算机就无法处理问题。关于数学建模的教材，一类是以数学方法为主体，将数学方法应用到各类工程技术中的；另一类是以工程技术问题为主线，为解决工程技术问题选用各类数学方法的。数学模型的分类如图 2-12 所示。从数学特点角度，数学模型按照数学形式、求解形式和算法来划分。按照工程需求，即从建模功能角度，数学模型分为机理模型、预测模型、分类模型、规划模型、评价模型。

不管什么数学形式，建模的目的都是为了解决工程问题，工程问题一般包括以下几类。

1. 机理问题

机理模型又称白箱模型。它是根据对象、对象产生过程的内部机制或者物质流的传递机理建立起来的精确数学模型。它是基于质量平衡方程、能量平衡方程、动量平衡方程、相平衡方程及某些物性方程、化学反应定律、电路基本定律等而获得对象或过程的数学模型。机理模型的优点是参数具有非常明确的物理意义。

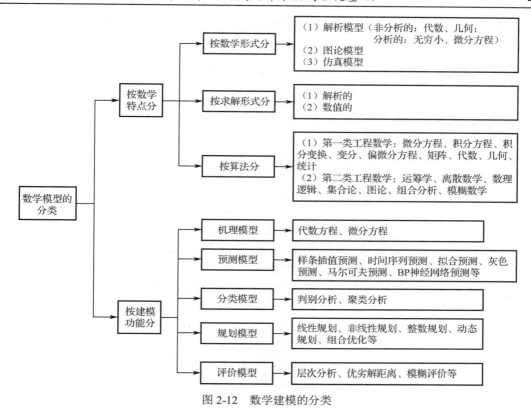

图 2-12　数学建模的分类

与机理模型相对应的非机理模型，也称黑箱或灰箱、数据模型，是数据拟合出来的模型，不关注系统的内在机制。以神经网络为代表，也有决策树、遗传算法及支持向量机等。这类模型输入不全，通过采集海量的数据，将数据进行组织形成信息，之后对相关的信息进行整合和提炼，在数据的基础上经过训练和拟合，形成自动化的决策模型。

2. 预测问题

样条插值预测：三次样条插值法中，样条函数是最重要的一种函数，整条曲线及其斜率都是连续的。利用拟合的多项式计算函数值，将计算的函数值插入到原有的实验点之间，然后根据所有的实验点拟合成曲线。

时间序列预测：时间序列预测是一种统计预测方法。它研究预测目标与时间过程的演变关系，根据统计规律性构造拟合的最佳数学模型，浓缩时间序列信息，简化时间序列的表示，并用最佳数学模型进行未来预测。时间序列预测即把客观过程变量进行度量。

拟合预测：拟合预测是建立一个模型去逼近实际数据序列的过程。建立模型时，通常都要指定一个有明确意义的时间原点和时间单位，当时间 t 趋向于无穷大时，模型应当仍然有意义。将拟合预测单独作为一类问题研究，其意义在于强调其唯"象"性。拟合的程度可以用最小二乘法、最大似然法、最小绝对偏差来衡量。

灰色预测：灰色预测是对灰色系统所做的预测，是一种对含有不确定因素的系统进行预测的方法。灰色预测通过鉴别系统内各因素之间发展趋势的相异程度，即进行关联分析，对原始数据进行生成处理，来寻找系统变动的规律。生成有较强规律性的数据序列，然后建立相应的微分方程模型，从而预测事物未来发展趋势的状况。

马尔可夫预测：在一个系统的状态转换过程中第 n 次转换获得的状态常决定于前一次（第 $n-1$ 次）实验的结果。对于一个系统，由一个状态转至另一个状态的转换过程中，存在着转移概率，并且这种转移概率可以依据其紧接的前一种状态推算出来，与该系统的原始状态和此次转移前的过程无关。

BP 神经网络预测：BP（Back-ProPagation）神经网络又称反向传播神经网络，通过样本数据的训练，不断修正网络权值和阈值，使误差函数沿负梯度方向下降，逼近期望输出。多用于函数逼近、模型识别分类、数据压缩和时间序列预测等。

3．分类问题

分类问题是指判别分析问题，又称"分辨法"，是在确定的分类条件下，根据某一研究对象的各种特征值，判别其类型归属的问题，是一种多变量统计分析方法。其基本原理是按照一定的判别准则，建立一个或多个判别函数；用研究对象的大量资料确定判别函数中的待定系数，并计算判别指标；据此即可确定某一样本属于何类。当得到一个新的样品数据时，要确定该样品属于已知类型中的哪一类，这类问题就属于判别分析问题。

聚类分析或聚类把相似的对象通过静态分类的方法分成不同的组别或者更多的子集，这样就让在同一个子集中的成员对象都有相似的一些属性，聚类常用的度量标准是距离，如坐标系中的空间距离。聚类分析本身不是某一种特定的算法，而是一个大体上需要解决的任务，它可以通过不同的算法来实现。

4．规划问题

线性规划（Linear Program，LP）：线性规划是研究线性约束条件下，线性目标函数极值问题的数学理论和方法。它是运筹学的一个重要分支，广泛应用于军事作战、经济分析、经营管理和工程技术等方面。建模方法为列出约束条件及目标函数，画出约束条件所表示的可行域，在可行域内求目标函数的最优解及最优值。

非线性规划：非线性规划是具有非线性约束条件或目标函数的数学规划。非线性规划研究一个 n 元实函数在一组等式或不等式的约束条件下的极值问题，目标函数和约束条件至少有一个是未知量的非线性函数。

整数规划：规划中的变量限制为整数，称为整数规划。目前所流行的求解整数规划的方法，往往只适用于整数线性规划，即一类要求问题的解中的全部或一部分变量为整数的数学规划。整数规划从约束条件的构成上，可细分为线性、二次和非线性的整数规划。

动态规划：包括背包问题、生产经营问题、资金管理问题、资源分配问题、最短路径问题和复杂系统可靠性问题等。动态规划主要用于求解以时间划分阶段的动态过程的优化问题。但是一些与时间无关的静态规划（如线性规划、非线性规划），只要人为地引进时间因素，把它视为多阶段决策过程，也可以用动态规划方法方便地求解。

组合优化：背包问题属于组合优化问题，一般的最优化问题由目标函数和约束条件两部分组成。背包所能承受的最大重量为 W，如果限定每种物品只能选择 0 个或 1 个，则问题就称为 0-1 背包问题。

5．评价问题

层次分析法：针对一个复杂的多目标决策问题，将目标分解为多个目标或准则，进而分解为多指标（或准则、约束）的若干层次。它是一种通过定性指标模糊量化方法，计算出层次单排序（权数）和总排序，实现目标（多指标）、多方案优化决策的系统方法。

优劣解距离法：又称理想解法，是一种有效的多指标评价方法。这种方法通过构造评价问题的正理想解和负理想解，即各指标的最大值和最小值，通过计算每个方案到理想方案的相对贴近度，来对方案进行排序，从而选出最优方案。

模糊评价法：是一种基于模糊数学的综合评价方法。根据模糊数学的隶属度理论，把定性评价转化为定量评价，即用模糊数学对受到多种因素制约的事物或对象做出一个总体的评价。它具有结果清晰、系统性强的特点，能较好地解决模糊的、难以量化的问题，适合解决各种非确定性问题。

2.2.2.2　数学建模过程

数学模型的建立过程涉及领域知识、数学方法和软件工具等多项内容，是一项复杂的创造性活动，数学建模的一般过程如图 2-13 所示，称为六步法。其中的问题分析需要领域知识，模型选择和模型求解需要数学知识和软件工具，模型验证、模型应用和模型修正需要领域知识与数学方法和实验知识的结合。

不同问题的数学模型差别很大。但是，建立数学模型的方法和过程存在一些共性，掌握这些规律将有助于数学建模任务的完成。下面介绍数学建模的一般步骤。

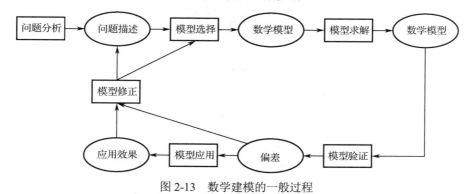

图 2-13　数学建模的一般过程

1．问题分析

确定解决什么问题是数学建模的第一步。对需要解决问题的实际背景和内在机理进行分析，通过适当的调查和研究明确所解决的问题是什么，所要达到的主要目的是什么。在此过程中，需要深入实际进行调查和研究，收集和掌握与研究问题相关的信息、资料，弄清实际问题的特征，初步确定模型的类型，确定哪些是常量、哪些是变量、哪些是已知量、哪些是未知量。

2．模型选择

模型假设的合理性原则有以下几项。①目的性原则：根据研究问题的特征抽象出与建模目的有关的因素，简化掉那些与建模无关或关系不大的因素。②简明性原则：所给出的假设条件要简单、准确，有利于构造模型。③真实性原则：假设条件要符合情理，简化带来的误差应在实际问题所能允许的误差范围。④全面性原则：在对问题做出假设的同时，还要给出实际问题所处的环境条件等。

模型选择即在模型假设的基础上，选择适当的数学形式。一般来说，建模的对象和目的不同，选择的数学形式也会不同。主要考虑以下两个方面。①建模对象：物理对象、化学对象、工程对象、社会对象等，不同的对象会有不同的领域知识。②建模任务：针对相同的对象会有不同的建模目的，也就是说建模任务会不同，包括机理辨识、状态感知、决策分析、运行规划、执行控制等。针对不同的领域对象和不同的建模目的，一般来说会有先验的知识和数学形式，比如，智能机器人领域，在机理辨识、状态感知、运行规划和执行控制等方面都有研究基础，可以作为选择数学模型的依据。如果找不到合适的模型形式，就需要从其他领域借鉴或推理构造，这就比较复杂。在选择数学形式之后，一般还要进行必要的参数确定和简化，使其成为便于求解的形式，并根据研究问题的目的和要求，对其进行检查，主要看它是否能代表所研究的实际问题。

3．模型求解

构造数学模型之后，根据已知条件和数据分析模型的特征和结构特点，采用求解模型的数学方法和算法，主要包括解方程、画图形、逻辑运算、数值计算等各种传统的和现代的数学方法，特别是现代计算机技术和数学软件的使用，可以快速、准确地进行模型的求解。

4．模型验证

根据建模的目的和要求，对模型求解的数值结果进行数学上的分析。主要采用的方法有进行变量之间依赖关系的分析、稳定性分析、系统参数的灵敏度分析、误差分析等。通过分析，如果不符合要求，就要修改或增减模型假设条件，重新建立模型，直至符合要求；如果符合要求，还可以对模型进行评价、预测、优化等。

在模型分析符合要求之后，还必须回到实际问题中，对模型进行验证。利用实际现象、数据等验证模型的合理性和适用性，即验证模型的正确性。若由模型计算出来的理论数值与实际数值比较吻合，则模型是成功的；若理论数值与实际数值差别太大或部分不符，则模型是失败的。若建模和求解过程准确无误的话，一般来讲，问题往往出在模型假设上。此时，应该对实际问题中的主、次因素再次进行分析，若某些因素因被忽略而使模型失败，则重新建立模型时应将其重新考虑进去。修改时可能去掉或增加一些变量，也可能改变一些变量的性质；或调整参数，或改换数学方法，通常一个模型需要经过反复修改才能验证成功。

5．模型应用

模型应用是数学建模的宗旨，也是对模型的最客观、最公正的检验。因此，一个成功的数学模型，必须根据建模的目的，将其用于分析、研究和解决实际问题，充分发挥数学模型在生产和科研中的重要作用。

6．模型修正

在建立模型并做实验验证时，有时会发现该模型有系统性的偏差，表明该模型有缺陷。此时需要在模型中增补某些项以对模型进行修正，如在小尺寸设备中，得到验证并确定了模型参数的模型，在大尺寸设备中未能保持足够的等效性，此时必须增补某些项或调整某些参数值。

应当强调，并不是所有的数学建模过程都必须按照上述步骤进行，上述步骤只是对数学建模过程的一个大致描述，实际建模时可以灵活应用。

2.3 智能建模基础

智能建模就是利用人工智能技术建立解决问题的模型。本节首先介绍人工智能的产生和内容，然后分别介绍符号智能和计算智能的基本原理，最后分析两种智能方法的融合。

2.3.1 人工智能的产生和内容

2.3.1.1 人工智能的产生、应用与发展

人工智能是研究使用计算机来模拟人的某些思维过程和智能行为（如学习、推理、思考、规划等）的学科，主要包括计算机实现智能的原理，制造类似于人脑智能的计算机，使计算机能实现更高层次的应用。人工智能的发展经历了很长时间的历史，早在 1950 年，阿兰·麦席森·图灵（Alan Mathison Turing，1912—1954 年）就提出了图灵测试机，大意是将人和机器放在一个小黑屋里与屋外的人对话，如果屋外的人分不清对话者是人类还是机器，那么这台机器就拥有像人一样的智能。

1956 年，在美国达特茅斯学院，约翰·麦卡锡（John McCarthy，1927—2011 年）、马文·明斯基（Marvin Minsky，1927—2016 年）、克劳德·艾尔伍德·香农（Claude Elwood Shannon，1916—2001 年）等学者聚在一起，共同讨论着机器模拟智能的一系列问题。他们讨论了很久，始终没有达成共识，却为讨论内容起了一个名字——人工智能（Artificial Intelligence，AI）。自此，人工智能开始出现在人们的视野，1956 年成为了人工智能元年。人工智能在成为一个独立的学科之后的十余年内，人工智能迎来了发展史上的第一个小高峰，取得了一批瞩目的成就，比如，1959 年，第一台工业机器人诞生；1964 年，首台聊天机器人也诞生了。

终于在 1980 年，卡内基梅隆大学设计出了一套专家系统——XCON。该专家系统具有一套强大的知识库和推理能力，可以模拟人类专家来解决特定领域问题。这是一种采用人工智能程序的系统，可以简单地理解为"知识库+推理机"的组合。到 1987 年，专家系统研究走向低潮。

20 世纪 90 年代中期开始，随着人工智能技术，尤其是神经网络技术的逐步发展，以及人们对人工智能开始抱有客观理性的认知，人工智能技术开始进入平稳发展时期。1997 年 5 月 11 日，IBM 的计算机系统"深蓝"战胜了国际象棋世界冠军卡斯帕罗夫，又一次在公众领域引发了现象级的人工智能话题讨论，这是人工智能发展的一个重要里程碑。2006 年，Hinton 在神经网络的深度学习领域取得突破，人类又一次看到机器赶超人类的希望，这也是标志性的技术进步。2016 年，Google 的 AlphaGo 战胜了韩国棋手李世石，再度引发 AI 热潮。

到目前为止，人工智能遵循总体向上的发展历程，并可以大致分为 4 个发展阶段，分别为概念频出的诞生期、专家系统初步应用的产业期、机器学习的爆发期，以及现在逐渐用 AutoML 来自动产生

神经网络的未来发展期。人工智能的发展历程如图 2-14 所示。早期由于受到计算机算力的限制，机器学习处于慢速发展阶段，人们更注重于将逻辑推理能力和人类总结的知识赋予计算机。但随着计算机硬件的发展，尤其是 GPU 在机器学习中的应用，计算机可以从海量的数据中学习各种数据特征，从而很好地完成人类分配给它的各种基本任务。此时，深度学习开始在语音、图像等领域大获成功。

　　人工智能在发展过程中产生了很多的流派：符号主义、连接主义和行为主义。这些流派的相辅相成推进了人工智能的发展。他们对人工智能发展历史具有不同的看法，三种智能（符号智能、计算智能、行为智能）的对比示意图如图 2-15 所示。

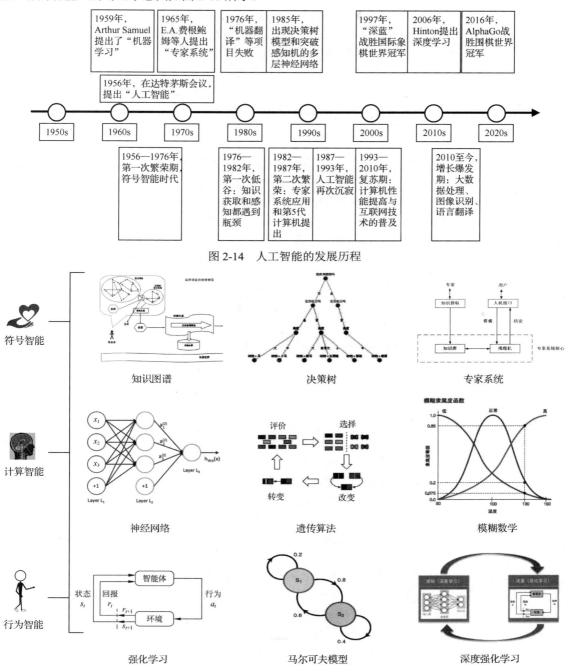

图 2-14　人工智能的发展历程

图 2-15　三种智能的对比示意图

1. 符号主义

符号主义又称逻辑主义、心理学派或计算机学派。符号主义认为，人工智能源于数学逻辑，人的认知基础是符号，认知过程即符号操作过程，分析人类认知系统所具备的功能和机制，通过计算机来模拟这些功能，从而实现人工智能。符号主义的发展大概经历了两个阶段：推理期（20 世纪 50 年代—20 世纪 70 年代），人们基于符号知识表示，通过演绎推理技术解决问题；知识期（20 世纪 70 年代至今）。人们基于符号表示，通过获取和利用领域知识来建立专家系统。

2. 连接主义

连接主义又称仿生学派或生理学派。连接主义认为，人工智能源于仿生学，特别是对人脑模型的研究，人的思维基元是神经元，而不是符号处理过程。20 世纪 60 年代—20 世纪 70 年代，连接主义对以感知机为代表的脑模型的研究出现过热潮，由于受到当时的理论模型、生物原型和技术条件的限制，脑模型研究在 20 世纪 70 年代后期至 80 年代初期落入低潮。直到 Hopfield 教授在 1982 年和 1984 年发表两篇重要论文，提出用硬件模拟神经网络以后，连接主义才又重新抬头。1986 年，鲁梅尔哈特等人提出多层网络中的反向传播（BP）算法。进入 21 世纪后，连接主义又有新的发展，有了"深度学习"的概念。

3. 行为主义

行为主义认为人工智能源于控制论。控制论思想早在 20 世纪 50 年代就成为时代思潮的重要部分，影响了早期的人工智能工作者。控制论把神经系统的工作原理与信息理论、控制理论、逻辑及计算机联系起来。早期的研究工作重点是模拟人在控制过程中的智能行为和作用，如对自寻优、自适应、自镇定、自组织和自学习等控制论系统的研究。到 20 世纪 70 年代，上述这些控制论系统的研究取得一定进展，播下智能控制和智能机器人的种子，并在 20 世纪 80 年代诞生了智能控制和智能机器人系统。行为主义是 20 世纪末才以人工智能新学派的面孔出现的，引起许多人的兴趣。

符号主义是擅长再现人类强逻辑的智能的，比如，如何解决一个问题，如何分析一个问题的原因，如何创造一个工具等。而连接主义的本质是一个统计型的算法，是用来从样本中发现平滑规律的，比如，通过足够多的人类对话找到下一句该说什么的规律；通过描述性的文字找到对应的图像的识别和生成的规律。

2.3.1.2　人工智能解决问题的基本方法

1. 基于推理的解决问题方法

1957 年左右，人工智能的概念和研究开始兴起。在此期间，科学家们试图通过开发类似于人类思维的计算机程序来实现人工智能。这个时期的代表性成果是由 A.纽厄尔和 H.A.西蒙研制的"通用问题求解器"（General Problem Solver，GPS）。GPS 是一个基于搜索算法的程序，可以解决一些基本的数学问题、逻辑问题和代数问题。

GPS 包括长时记忆部分和短时记忆部分。在长时记忆中存储各种文本和一般知识；短时记忆的容量有限，它进行信息的比较和加工，并做出决策。GPS 利用"手段-目的"分析法，把总的问题分解成许多次级目标，在每一次级目标下找出当前状态和目标状态的差异，选取一种操作以缩小当前状态和目标状态的差别。这样该程序就能一步一步地接近总的目标，一直到总的问题被解决。GPS 是以"产生式"规则来处理信息的。产生式规则分为条件和行动两部分，如果一个规则的条件得到满足，该规则就指导系统去行动。

GPS 着重从 4 个方面进行模拟：①转换，即把总目标转换成若干个较为简单的子目标，把复杂问题转化为若干个简单的子问题；②消除差别，即把求解作为消除初始状态和目标状态之间的差别的过程；③运用算子，即把解题的理论、推理方法与步骤等形式化为符号的运算与代换过程，以达到逐步消除差别的目的；④选择匹配，即在进行转换、消除差别、运用算子时都要注重选择，选择得好，匹配得上，就能达到目的，否则就进行再选择。通用解题程序是某一类思维和问题求解行为的信息加工理论的一次相当成功的逼近。"思维"过程从此不应再被认为是完全神秘的了。

但是 GPS 并不能解决更为复杂的问题。当时人工智能面临的技术瓶颈主要是三个方面：第一，计算机性能不足，导致早期很多程序无法在人工智能领域得到应用；第二，问题的复杂性，早期人工智能程序主要解决特定的问题，因为特定的问题对象少，复杂性低，可一旦问题上升维度，程序立马就不堪重负了；第三，数据量严重缺失，当时不可能找到足够大的数据库来支撑程序进行深度学习，这很容易导致机器无法读取足够量的数据进行智能化。GPS 所采用的方法依然是最基本的思路，其介绍如下。

1）生成测试法（Generator-Tester Method）

生成测试法由两个基本模块组成：一个是生成子（Generator），用于枚举可能解；另一个是测试子（Tester），用于评价每个可能解，确定拒绝或认可，生成与测试迭代、交替进行，如图 2-16 所示。这个方法逻辑并不复杂，然而却是很多信息不明确问题的基本求解方法。

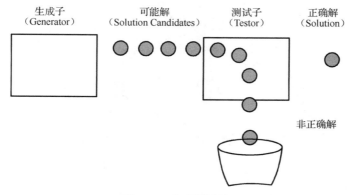

图 2-16　生成测试法

2）手段目标法（Means-Ends Method）

手段目标法也称状态空间法（State Space Planning Method），在一个状态空间中，每个节点代表一个状态，每个连线代表从一种状态到另一状态的可能转移，如图 2-17 所示。求解问题的基本步骤如下。

（1）描述当前状态、目标状态，以及两者之间的差别；

（2）根据当前状态、目标状态和差别，选择一种有希望的过程；

（3）应用这个有希望的状态，更新当前状态；

（4）直至达到目标，否则失败。

手段目标法的关键是找到差别，在搜索过程中，可能发生从当前状态转移到目标状态，或者转移到更接近目标的中间状态的情况。当前状态、中间状态、目标状态的描述及差别判定是实现该方法的关键。

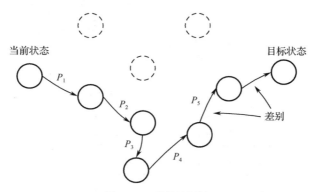

图 2-17　手段目标法

3）问题归约法（也称目标归约法）

问题归约法通常是指识别目标，将总目标归约成子目标，形成问题树，然后搜索、求解，如图2-18所示。

问题归约法是一种基于状态空间的问题描述与求解的方法。它是已知问题的描述，通过一系列变换把此问题变为一个子问题集合，这些子问题的解可以直接得到（本原问题），从而解决了初始问题的一种算法。从目标（要解决的问题）出发逆向推理，建立子问题及子问题的子问题，直到最后把初始问题归约为一个本原问题集合。这些本原问题的解可以直接得到，从而解决了初始问题，可用与或图来有效地说明问题归约法的求解途径。问题归约法与状态空间法相比，能更有效地表示问题。手段目标法是问题归约法的一种特例。在问题归约法的与或图中，包含与节点和或节点，而在状态空间法中只含有或节点。

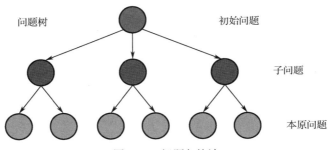

图 2-18　问题归约法

2. 基于数据的建模方法

2007年1月28日，图灵奖得主吉姆·格雷发表了他的著名演讲："第四范式：数据密集型科学发现"（The Fourth Paradigm: Data-Intensive Scientific Discovery）。演讲中，他将人类科学发展分为四种范式：记录和描述自然现象为主的"实验科学"，即第一范式；利用模型归纳总结过去记录的现象的"理论科学"，即第二范式；科学计算机的出现带来的模拟仿真等"计算科学"，即第三范式；如今大数据时代的到来，出现新的科学研究方式，即数据密集型科学，称为第四范式，如图2-19所示。第三范式与第四范式最显著的区别，在于第三范式是先提出可能的理论，再搜集数据，然后通过计算仿真进行理论验证，而第四范式是先有了大量的已知数据，然后通过计算得出之前未知的、可信的理论。显然，第四范式的核心，在于一种新的认知途径：寻找"产生于数据"中的洞见。而大数据的特点是连续产生的数据力求在范围上穷举和在内容上精细，同时在数据产出上又是弹性灵活、大小可变的。我们认识到，随着大数据的积累和人工智能的不断发展，特别是深度学习技术的发展，我们可以通过数据驱动（Data-Driven Science）的方式，利用深度学习算法来自动构建复杂系统的模型，我们拥有了更加强大的工具来对复杂系统进行更加精确、深入的分析、模拟、预测，甚至科学发现。

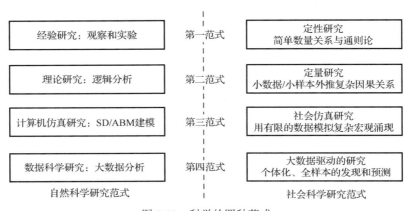

图 2-19　科学的四种范式

显然，利用人工智能自动建模较传统人工建模（基于第二范式、第三范式）有显著的区别，自动建模寻求"产生于数据"而不是"产生于理论"的假设和洞见，即先有一个在数据中以归纳的方式形成的某种假设，然后用演绎的方式进行研究。这种数据获取和分析的决策思路，建立在溯因推理（Abductive Reasoning）之上。这种范式更加适用于提炼传统"知识驱动的科学"难以提炼的、额外的、有价值的洞见。同时，随着技术的发展，我们已经积累了关于复杂系统运转的大量数据，特别是系统所产生的时间序列数据，而传统人工建模方法很难与这种结构的数据相结合，换言之，传统人工建模方法难以提取数据中隐藏的大量信息、知识。因此，在人工智能的帮助下，我们便有可能完成对复杂系统的自动建模，我们不仅能够对模型参数进行学习计算，而且可以利用人工智能自动对模型本身进行学习构建，最终实现对复杂系统的描述、预测和科学发现。

2.3.1.3　人工智能的最新分类

现在有人将人工智能分为三个时代：符号智能、计算智能（也称感知智能）和认知智能，如图 2-20 所示。前两种智能技术都有了很好的理论基础和应用技术，但是认知智能现在还没有实现，还在研究探索中。这种智能的划分与传统上的符号智能、连接智能和行为智能比起来，更具有数学本质和基础。

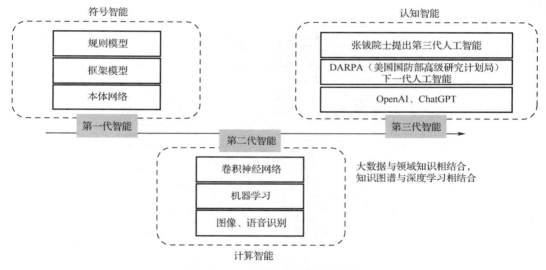

图 2-20　人工智能发展的三个时代

2.3.2　符号智能

2.3.2.1　符号智能求解问题的框架

任何事物、活动、逻辑都可以使用符号来描述，人类具有使用符号进行交流与推理的能力，这就是符号智能成为人工智能基础的原因。

符号智能中表达知识的方法以产生式规则和知识图谱为代表，知识处理的方法以专家系统和图谱推理为代表，这两种方式在知识获取、表达、推理和应用等方面都很相似，所以这里给出一个基于符号智能解决问题的基本框架，如图 2-21 所示，它包括如下几个模块，是典型的专家系统框架。

1）知识获取

知识获取就是指从各类数据和实例中抽取知识，形成规范的知识表达模型和知识库。知识获取包括数据准备，属性、关系、实体抽取。知识获取把蕴含于信息源中的知识经过识别、理解、筛选、归纳等过程抽取出来，通过知识转换把知识由一种表示形式变换为另一种表示形式。

2）知识库（Knowledge Base）

知识库用于存储某领域专家系统的专门知识，包括事实、可行操作与规则等。建立知识库，首要要解决知识获取和知识表示问题。知识获取涉及知识工程师如何从专家那里获得专门知识的问题；知识表示则要解决如何用计算机能够理解的形式表达和存储知识的问题。

3）综合数据库（Global Database）

综合数据库又称全局数据库或总数据库，它用于存储领域或问题的初始数据和推理过程中得到的中间数据（信息），即被处理对象的一些当前事实。

4）推理机（Reasoning Machine）

推理机用于记忆所采用的规则和控制策略的程序，使整个专家系统能够以逻辑方式协调地工作。推理机能够根据知识进行推理和导出结论，而不是简单地搜索现成的答案。

5）问题描述与解释器（Explanator）

将待解决的问题进行形式化描述，输入给推理机进行推理。同时能够推理行为，包括解释推理结论的正确性及系统输出其他候选解的原因。

6）用户接口（Interface）

用户接口又称界面，它能够使系统与用户进行对话，使用户能够输入必要的数据、提出问题和了解推理过程及推理结果等。系统则通过接口，要求用户回答提问，并回答用户提出的问题，进行必要的解释。

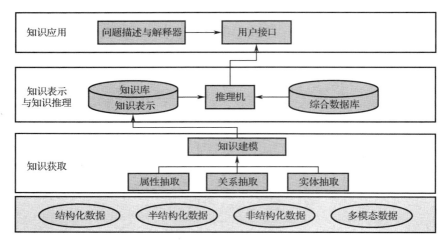

图 2-21　基于符号智能解决问题的基本框架

2.3.2.2　符号智能中知识的一般表示

知识图谱是近几年知识表示的热点，这里将知识表示分为传统表示和知识图谱表示两类。

1. 传统表示法

1）逻辑表示法

逻辑表示法以谓词形式来表示动作的主体、客体，是一种叙述性的知识表示方法。利用逻辑公式，人们能描述对象、性质、状况和关系。它主要用于自动定理的证明。逻辑表示法主要分为命题逻辑和谓词逻辑。

逻辑表示指研究假设与结论之间的蕴涵关系，即用逻辑方法推理的规律。它可以看成自然语言的一种简化形式，它精确、无二义性，容易被计算机理解和操作，同时又与自然语言相似。

命题逻辑是数理逻辑的一种，数理逻辑是用形式化语言（逻辑符号语言）进行精确（没有歧义）的描述，用数学的方式进行研究，如我们熟悉的数学中的设未知数表示。谓词逻辑相当于数学中的函数表示。

2）产生式表示法

产生式表示又称规则表示，有的时候也被称为 IF-THEN 表示，它表示一种条件-结果形式，是一种比较简单的表示知识的方法。IF 后面部分描述了规则的先决条件，而 THEN 后面部分描述了规则的结论。规则表示法主要用于描述知识和陈述各种过程知识之间的控制，以及其相互作用的机制。

3）框架表示

框架（Frame）是把某一特殊事件或对象的所有知识储存在一起的一种复杂的数据结构，其主体是固定的，表示某个固定的概念、对象或事件，其下层由一些槽（Slot）组成，表示主体每个方面的属性。框架是一种层次性的数据结构，框架下层的槽可以看成一种子框架，子框架本身还可以进一步分层次，即分为侧面。槽和侧面所具有的属性值分别称为槽值和侧面值。槽值可以是逻辑型或数字型的，具体的值可以是程序、条件、默认值或是一个子框架。相互关联的框架连接起来组成框架系统，或称框架网络。

4）面向对象的知识表示法

面向对象的知识表示法是指按照面向对象的程序设计原则组成一种混合知识表示形式，就是以对象为中心，把对象的属性、动态行为、领域知识和处理方法等有关知识封装在表达对象的结构中。在这种方法中，知识的基本单位就是对象，每个对象都是由一组属性、关系和方法的集合组成的。一个对象的属性集和关系集的值描述了该对象所具有的知识。与该对象相关的方法集，以及操作在属性集和关系集上的值，表示该对象作用于知识上的处理方法，包括知识的获取方法、推理方法、消息传递方法及知识的更新方法。

5）语义网络表示法

语义网络表示法是知识表示中重要的方法之一，是一种表达能力强而且灵活的知识表示方法。它是通过概念及其语义关系来表达知识的一种网络图。从图论的观点看，它是一个"带标识的有向图"。语义网络利用节点和带标记的边构成的有向图描述事件、概念、状况、动作及客体之间的关系。带标记的有向图能十分自然地描述客体之间的关系。

2. 本体表示法与知识图谱

本体能够以一种显式、形式化的方式来表示语义，从而提高异构系统之间的互操作性，促进知识共享。因此，最近几年，本体被广泛用于知识表示领域。用本体来表示知识的目的是统一应用领域的概念，构建本体层级体系来表示概念之间的语义关系，实现人类、计算机对知识的共享和重用。5 个基本的建模元是本体层级体系的基本组成部分，这些建模元分别为类、关系、函数、公理和实例。将本体引入知识库的知识建模，建立领域本体知识库，可以用概念对知识进行表示，同时揭示这些知识之间内在的关系。领域本体不仅通过纵向类属分类，而且通过本体的语义进行组织和关联，推理机再利用这些知识进行推理。

知识图谱由数据层（Data Layer）和模式层（Schema Layer）构成。模式层是知识图谱的概念模型和逻辑基础，能对数据层进行规范约束。多采用本体作为知识图谱的模式层，借助本体定义的规则和公理约束知识图谱的数据层。也可将知识图谱视为被实例化了的本体，知识图谱的数据层是本体的实例。若不需要支持推理，则知识图谱可以只有数据层而没有模式层。在知识图谱的模式层中，节点表示本体概念，边表示概念间的关系。在数据层中，事实以"实体-关系-实体"或"实体-属性-属性值"的三元组存储，形成一个网状知识库。其中，实体是知识图谱的基本元素，指具体的人名、组织机构名、地名、日期、时间等。关系是两个实体之间的语义关系，是模式层所定义关系的实例。属性是对实体的说明，是实体与属性值之间的映射关系。在知识图谱的数据层中，节点表示实体，边表示实体间的关系或实体的属性。图在可视化时，通常用原点表示节点，用线表示节点之间的关系。图的另一种表示形式是邻接矩阵（Adjacency Matrix）。

知识图谱数值表示的基本思路是将知识图谱中的点和边表示成数值化的向量。不同的向量表示在实际应用中有着不同的效果，如何为知识图谱中的实体与关系求得最优的向量化表示，是当前知识图谱表示所关注的核心问题。

3. 知识推理（Knowledge Inference）

知识推理是指在计算机或智能系统中模拟人类的智能推理方式，依据推理控制策略，利用形式化的知识求解问题的过程。智能系统的知识推理过程是通过推理机来完成的，推理机的基本任务就是在一定控制策略的指导下，搜索知识库中可用的知识，与数据库匹配，产生或论证新的事实。搜索和匹配是推理机的两大基本任务。对于一个性能良好的推理机，应有高效率的搜索和匹配机制、可控制性、可观测性、启发性。

智能系统的知识推理包括两个基本问题：一个是推理方法；一个是控制策略。推理方法研究的是前提与结论之间的某种逻辑关系及其信度传递规律等；而控制策略的采用是为了限制和缩小搜索的空间，使原来的指数型困难问题在多项式时间内求解。从问题求解角度来看，控制策略亦称为求解策略，它包括推理策略和搜索策略两大类。

知识推理的方法主要解决在推理过程中前提与结论之间的逻辑关系问题，以及在非精确性推理中不确定性的传递问题。按照分类标准的不同，推理方法主要有以下三种分类方式：①从方式上分，可分为演绎推理和归纳推理；②从确定性上分，可分为精确推理和不精确推理；③从单调性上分，可分为单调推理和非单调推理。

知识推理的控制策略包括推理策略和搜索策略，其中推理策略主要包括正向推理、反向推理和混合推理。正向推理又称事实驱动或数据驱动推理，其主要优点是比较直观，允许用户提供有用的事实信息，是产生式专家系统的主要推理方式之一。反向推理又称目标驱动推理或假设驱动推理，其主要优点是不必使用与总目标无关的规则且有利于向用户提供解释。混合推理可以克服正向推理和反向推理求解问题效率较低的缺点。搜索策略是推理的核心，搜索策略主要包括盲目搜索和启发式搜索。前者包括深度优先搜索和宽度优先搜索等搜索策略；后者包括局部择优搜索法（如瞎子爬山法）和最好优先搜索法（如有序搜索法）等搜索策略。

2.3.3 计算智能

开发一个基于大数据的智能系统，需要包含以下几项技术，如图 2-22 所示，包括数据采集、特征选择、模型选择、模型训练和测试、模型评估和模型使用等，这里以房屋评估为例做简要说明。

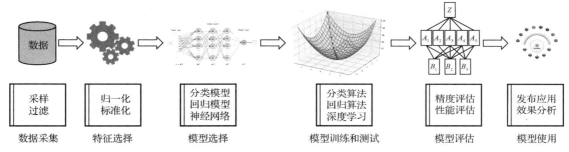

图 2-22　计算智能的框架

1．数据采集

由于需要大量不同特征的房子和所对应的价格信息，因此我们可以直接从房产评估中心获取房子的相关信息，如房子的面积、地理位置、朝向、价格等。还有一些信息房产评估中心不一定有，比如，房子所在地的学校情况，这一特征往往会影响房子的价格，这时就需要通过其他途径收集这些数据，这些数据叫作训练样本或数据集。房子的面积、地理位置等称为特征。在数据采集阶段，需要收集尽量多的特征。

2．特征选择

假设我们采集到了 100 个房子的特征，通过逐个分析这些特征，最终选择了 30 个特征作为输入。这个过程称为特征选择。特征选择的方法之一是人工选择方法，即对逐个特征进行人员分析，然后选择合适的特征集合。另外一个方法通过模型来自动完成，如主成分分析（Principal Component Analysis, PCA）。

3．模型选择

房价评估系统是属于有监督学习的回归学习类型，可以选择最简单的线性方程来模拟。选择哪个模型与问题领域、数据量大小、训练时长、模型的准确度等多方面有关。

4．模型训练和测试

把数据集分成训练数据集和测试数据集，一般按照 8∶2 或 7∶3 来划分，然后用训练数据集来训练模型。训练出参数后再使用测试数据集来测试模型的准确度。为什么要单独分出一个测试数据集来做测试呢？答案是必须确保测试的准确性，即模型的准确性是要用它"没见过"的数据来测试，而不能用那些用来训练这个模型的数据来测试。

5．模型评估

模型出来后，需要对机器学习的算法模型进行性能评估。对一些海量数据的机器学习应用，可能需要 1 个月甚至更长的时间来训练一个模型，这个时候算法的训练性能就变得很重要了。另外，还需要判断数据集是否足够多，一般而言，对于复杂特征的系统，训练数据集越多越好。然后还需要判断模型的准确性，即对一个新的数据能否准确地进行预测。最后需要判断模型是否能满足应用场景的性能要求，如果不能满足要求，就需要优化，然后继续对模型进行训练和评估，或者更换为其他模型。

6．模型使用

训练出来的模型可以把参数保存起来，下次使用时直接加载即可。一般来讲，模型训练需要的计算量是很大的，也需要较长的时间来训练，这是因为一个好的模型参数，需要对大型数据集进行训练后才能得到。而真正使用模型时，其计算量是比较少的，一般直接把新样本作为输入，然后调用模型，即可得出预测结果。

2.3.4　认知智能

2.3.4.1　认知智能的框架

认知智能将符号智能与计算智能结合起来，符号智能具有推理能力，计算智能具有学习能力，那么什么叫认知智能？认知智能应该满足如下特点：①适应与学习能力，一个机器在特定的环境下，能知道在这种模型下和场景下应该做什么事情；②环境感知能力，这个模型能够在这个环境下感知上下文；③决策与控制能力，在感知到所有的数据以后它可以做决策，在一定的特定场景下它有选择的能力，并对决策方案具有控制执行能力；④错误探测与编辑能力，人类的很多知识，其实是在试错中发现的，不停的试错叫作错误探测与编辑。

人工智能的发展从 20 世纪 90 年代后期开始，以挖掘统计中的统计模式为主，这也成就了今天的机器学习。但是，仅用统计学习不足以支撑智能化实现。所谓让机器具备认知智能，其核心就是让机器具备理解和解释能力。这种能力的实现与知识库、符号化的知识是密不可分的，因为符号知识使机器具备可解释能力，也使机器具备语言"理解"能力。认知智能的框架如图 2-23 所示，认知智能是 MBSE、感知智能和符号智能三者的结合。感知智能以大数据和机器学习为主，符号智能以知识图谱推理为主，认知智能通过 MBSE 建模，将二者结合起来。

2.3.4.2　认知智能的相关技术

除 MBSE 方法外，认知智能与知识图谱的向量表示和可解释的机器学习两项技术相关。

1．知识图谱的向量表示

在数学分析领域就有典型的数形结合法——笛卡儿坐标系，笛卡儿坐标系将几何与代数关联起来。一般来说几何与代数具有如下特点：几何具有明显的意义，便于理解，具有推理能力，但每个问题都需要特殊的解决方法，难以找到求解问题的通用方法；代数具有计算能力，有通用标准的计算方法，但不易理解，直观性差。通过笛卡儿坐标系，建立几何与代数之间的关系，将几何的推理能力与代数的计算能力结合起来，既能找到具有一定普世性的模型和算法，也能给出直观的解释和逻辑推理。

向量具有代数和几何的双重身份。向量的几何表示即用有向线段表示，向量加法的三角形运算法则等都是运用几何性质解决向量问题的基础。而向量的坐标表示、坐标运算法则是用代数的方法来研究向量的，体现了向量集数、形于一身的特点。知识图谱的向量表示就是利用了向量的几何与计算特性。

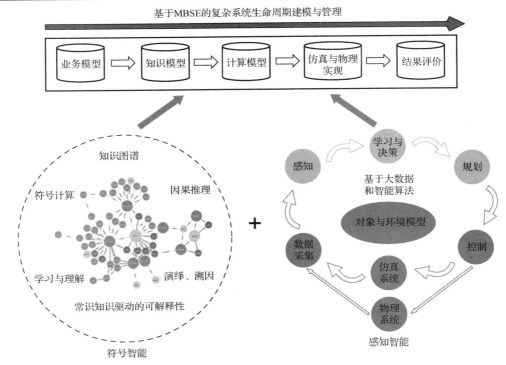

图 2-23　认知智能的框架

将知识图谱中两个节点之间的关系表示成向量，投影到低维向量。通过嵌入将知识图谱中的实体和关系投射到一个低维的连续向量空间，可以为每个实体和关系学习出一个低维的向量表示。这种基于连续向量的知识表示可以实现通过数值运算来发现新事实和新关系的功能，并能更有效地发现更多的隐性知识和潜在假设，这些隐性知识通常是人不易于观察和总结出来的。更为重要的是，知识图谱嵌入向量也通常作为一种类型的先验知识辅助输入很多深度神经网络模型中，用来约束和监督神经网络的训练过程。

知识图谱是通过将应用数学、图形学、信息可视化技术、信息科学等学科的理论和方法与计量学等方法结合，并利用可视化的图谱形象地展示学科的核心结构及整体知识架构，达到多学科融合目的的现代理论。它能把复杂的知识领域通过数据挖掘、信息处理、知识计量和图形绘制而显示出来。但是目前知识图谱中实体和关系的向量表示存在的问题是已有的算法都是从知识图谱的拓扑结构中计算实体和关系的向量表示，缺乏对实体其他信息的使用，不够准确和全面。

2．可解释的机器学习

机器学习往往又称统计学习或者统计机器学习，因为大部分的算法都是建立在统计的基础之上的，如最大似然、贝叶斯推论等。并且，传统的评价指标，如正确率、精确度、召回率，也不能保证模型的推理过程是合理的。因此，机器学习常常捕捉到的是特征之间的相关性而非因果性。对于模型的使用者来说，他们并不了解模型的内部运作机制，只是利用了模型的结果作为决策。一般来说，这个结果以概率或者评分的形式给出，然而使用者对模型的风险少有了解。

机器学习模型被许多人称为"黑盒"。这意味着虽然我们可以从中获得准确的预测，但无法清楚地解释或识别这些预测背后的逻辑。但是如何从模型中提取重要的见解呢？要记住哪些事项及需要实现哪些功能或工具。这些是在提出模型可解释性问题时会想到的重要问题。这里有一个可解释机器学习的大框架，在某种程度上，我们通过从真实世界（World）中获取一些原始数据（Data），并用这些数据进行更深入的预测分析（Black Box Model）。而模型的解释性方法只是在模型之上增加了一层，以便于人们更好地理解预测过程。解释模型包括线性回归、逻辑回归、其他线性回归扩展、决策树、决策规则等。

对于可解释性，目前为止学术界还没有统一的形式化定义。但是，有一些直观上的定义可以作为参考。解释是指用通俗易懂的语言进行分析、阐明和呈现，具体来说就是将模型的预测过程转化成具有逻辑关系的规则的能力。解释按以下两种方式进行分类。

（1）内在可解释和事后可解释：内在可解释（Intrinsic Interpretability）指的是模型自身结构比较简单，使用者可以清晰地看到模型内部的结构，并能够跟踪输入到输出的计算过程，模型的参数具有解释的效果，模型在设计的时候就已经具备了可解释性。事后可解释（Post-Hoc Interpretability）指的是模型训练完之后，使用一定的方法增强模型的可解释性，挖掘模型学习到的信息。常用的事后可解释方法有可视化、扰动测试（灵敏度分析）、代理模型等。

（2）全局解释和局部解释：全局解释指的是整个模型从输入到输出之间的解释，从全局解释中，我们可以得到普遍规律或统计推断，理解每个特征对模型的影响。局部解释指的是当一个样本或者一组样本的输入值发生变化时，解释其预测结果会发生什么样的变化。

2.4　系统建模基础

前面介绍的数学建模和智能建模一般是针对单项任务、单个问题进行的。对于复杂系统，往往含有多个子系统、多个模块、多个模型。建立系统各个模块之间的组成关系、运行过程和整体特性是系统建模的任务。面向系统的建模一般是解决多个模块、多个模型之间的集成与融合问题，这里介绍基于模型的系统工程（Model Based System Engineering，MBSE）与数字孪生（Digital Twins，DT）两种方法。

2.4.1　系统建模的需求与内容

复杂产品生命周期包括设计、制作多个环节和多个学科，需要完成如下功能。

（1）提取并分析相关需求，确定需要解决的问题、系统的目标、用于评估系统实现目标的有效性测试方法。

（2）规范系统的功能、接口、物理和性能特征，支持系统实现目标测试和有效性测试。

（3）确定由系统设计分解到模块、部件层的综合可选择的系统方案。

（4）开展权衡分析，评估和选择可满足的系统需求，提供优化平衡、满足有效测试的优化方案。

（5）保持由系统目标到系统部件的可追溯性，对结果进行验证，确保能够满足需求。

这些系统级的需求，传统上都是用自然语言的文档描述来实现的，所谓基于文档的系统工程（Text-Based Systems Engineering，TSE），如用户的需求、设计方案这些文档都为"文本格式"。在这种模式下，要把散落在各个论证报告、设计报告、分析报告、实验报告中的工程系统的信息集成、关联在一起，非常费时、费力且容易出错。

2007 年，国际系统工程学会（INCOSE）在《系统工程 2020 年愿景》中，正式提出了 MBSE 的定义：MBSE 是建模方法的形式化应用，使建模方法支持系统要求、设计、分析、验证和确认等活动，这些活动从概念性设计阶段开始，持续贯穿到设计开发及后来的所有生命周期阶段。

在具体实现上，INCOSE 联合对象管理组织（OMG）在统一建模语言（Unified Modeling Language，UML）的基础上，开发出了适宜于描述工程系统的系统建模语言（System Modeling Language，SysML），软件提供商也开发了相应的支持 SysML 的工具，并且把 SysML 的建模工具和已有的专业分析软件（如 FEA、CAD）等进行了集成，提出了 MBSE 的整体解决方案，使其具备了实际开发工程系统的基础。NASA、波音、洛马等公司也积极采用 MBSE 开发各类工程系统，取得了很好的效果。

在产品开发过程的早期，采用 MBSE 方法建立概念模型、结构模型、信息模型是方便、可行的，但是对于产品开发过程的后期，产品的结构模型变得非常复杂，除了信息模型还有力学、热学、电磁学等物理模型、仿真分析模型和测试实验验证模型等，需要将仿真模型与物理实验或真实运行环境数据集成，这样就用到了数字孪生技术。简言之，在需求分析端，需要设计师创建、构造系统，这时采用 MBSE 方法；在系统实现验证端，工程师需要测试、验证系统的正确性，这时采用数字孪生技术方法。

从数字化制造技术的发展历程来看，数字化制造技术的关键问题之一是数据管理问题，即从最初的产品模型发展到车间现场的制造数据乃至产品全生命周期的数据管理。应该说，随着基于模型的定义（MBD）、产品数据管理（PDM）、模型轻量化技术的日趋成熟，目前产品模型的数据表达日趋完善，而产品制造过程和产品服务过程的数据管理问题日益凸显出来，尤其是随着国内外制造企业研发生产过程中的自动化、数字化、智能化水平的逐步提高，以及大数据、物联网、移动互联网、云计算等新一代信息与通信技术的快速普及与应用，制造数据来源和数据量剧增，因此，如何实现产品全生命周期中多源异构动态数据的有效融合与管理，并在此基础上实现产品研发生产中各种活动的优化决策，已经成为工程中亟待解决的问题，在此背景下，数字孪生逐渐引起了国内外学者的关注。

传统上，产品开发的前后阶段都是无模型的，开始阶段是文档，末尾阶段是数据，都没有模型，MBSE 与数字孪生在产品开发过程中的定位如图 2-24 所示。MBSE 主要用于描述产品开发的早期活动，包括需求分析和方案设计等，当然也可以用于产品开发后期的一些系统级的建模；数字孪生主要用于产品开发后期的系统测试和系统运行等任务。这里把 MBSE 和数字孪生称为产品开发的系统建模。

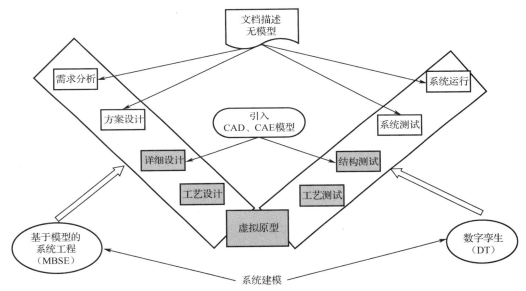

图 2-24　MBSE 与数字孪生在产品开发过程中的定位

2.4.2　MBSE 建模方法

2.4.2.1　UML（统一建模语言）

从 UML 的早期版本开始，便受到了计算机产业界的重视，其被广泛地用于应用领域和多种类型的系统建模，如管理信息系统、通信与控制系统、嵌入式实时系统、分布式系统、系统软件等。近几年还被运用于软件再工程、质量管理、过程管理、配置管理等方面。而且它的应用不仅限于计算机软件，还可用于非软件系统，如硬件设计、业务处理流程、企业或事业单位的结构与行为建模。

UML 立足于对事物的实体、性质、关系、结构、状态和动态变化过程的全程描述和反映。UML 可以从不同角度描述人们所观察到的软件视图，也可以描述不同开发阶段中软件的形态。UML 可以建立需求模型、逻辑模型、设计模型和实现模型等，但 UML 在建立领域模型方面存在不足，需要进行补充。

2.4.2.2　UML 模型组成

UML 包括事物、关系和图，如图 2-25 所示。事物又包括结构事物、行为事物、组织事物、辅助事物等，关系包括依赖关系、关联关系、泛化关系、实现关系、聚集关系等，图包括静态图和动态图。5 种关系如表 2-2 所示。

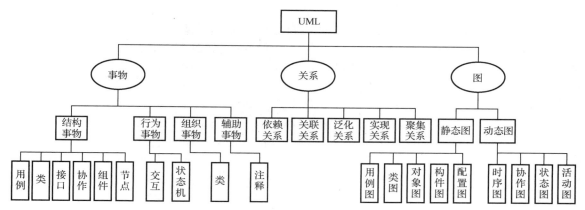

图 2-25　UML 的组成

表 2-2　UML 的 5 种关系

序　号	关系名称	关系说明
1	依赖（Dependency）	当一个独立的事物发生变化而影响到另一个事物的语义时，称为依赖
2	关联（Association）	关联是指对象间连接的结构关系
3	泛化（Generalization）	泛化是指从特殊到一般的关系
4	实现（Realization）	实现是一个类元指定了由另一个类元保证执行的契约语义关系，如接口和实现接口的构件之间、用例和实现它的协作之间就是实现关系
5	聚集（Aggregation）	表示整体与部分的关系

UML 共提供了五类共 9 种图，详细说明如下。

第一类图是用例图。用例（Use Case，用况、实例）图从用户的角度描述系统功能，并指出各功能的操作者。

第二类图是静态图，包括类（Class）图、对象（Object）图。类图描述类的定义和类之间的关系（关联、继承、聚合等），对象是类的实例，包括描述系统的分层结构。

第三类图是行为图，包括状态（State）图和活动（Activity）图。状态图描述对象的所有可能状态及事件发生时状态的转移条件。活动图描述用例的活动、行为及活动时的约束关系。

第四类图是交互图，包括时序（Sequence，又称循序、顺序、序列、轨迹）图和协作（Collaboration，又称合作）图。时序图描述了对象间的动态协作关系，强调消息的时间排列；协作图同样描述了对象间的动态协作关系，但它强调消息发送和接收的对象的结构组织及连接关系。

第五类图是实现图，包括构件（Component，又称组件、部件）图和配置（Deployment，又称部署、实施）图。构件图描述了代码构件（模块）的物理结构和构件（模块）间的依赖关系；配置图定义了系统中软、硬件的体系结构。

2.4.3　数字孪生建模方法

数字孪生是指充分利用物理模型、传感器更新、运行历史等数据，集成多学科、多物理量、多尺度、多概率的仿真过程，在虚拟空间中完成映射，从而反映相对应的实体装备的全生命周期过程。数字孪生是一种超越现实的概念，可以被视为一个或多个重要的、彼此依赖的装备系统的数字映射系统。

数字孪生是一个普遍适应的理论技术体系，可以在众多领域应用，在产品设计、产品制造、医学分析、工程建设等领域应用较多。在国内应用最深入的是工程建设领域，关注度最高、研究最热的是智能制造领域。

2.4.3.1　数字孪生体的概念

1. 数字孪生体的产生与演化

2003 年，Michael Grieves 教授在密歇根大学的产品全生命周期管理课程上提出了"与物理产品等价的虚拟数字化表达"的概念，并给出定义：一个或一组特定装置的数字复制品，能够抽象地表达真实装置并可以此为基础进行真实条件或模拟条件下的测试。该概念源于对装置的信息和数据进行更清晰的表达的期望，希望能够将所有的信息放在一起进行更高层次的分析。虽然这个概念在当时并没有称为数字孪生体［在 2003—2005 年被称为"镜像的空间模型"（Mirrored Spaced Model），2006—2010 年被称为"信息镜像模型"（Information Mirroring Model）］，但是其概念模型却具备数字孪生体的所有组成要素，即物理空间、虚拟空间及两者之间的关联或接口，因此可以被认为是数字孪生体的雏形。2011 年，Michael Grieves 教授在其书《几乎完美：通过产品全生命周期管理驱动创新和精益产品》中引用了其合作者 John Vickers 描述该概念模型的名词——数字孪生体，并一直沿用至今，其概念模型如图 2-26 所示，包括三个主要部分：①物理空间的实体产品；②虚拟空间的虚拟产品；③物理空间和虚拟空间之间的数据和信息交互接口。图 2-26 以汽车数字孪生体为例，给出数字孪生体的概念模型。

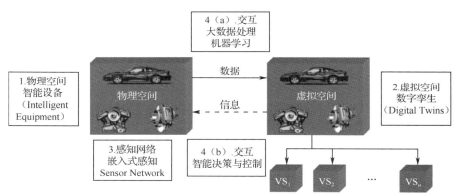

图 2-26　数字孪生体的概念模型

2012 年，面对未来飞行器轻质量、高负载及更加极端环境下的更长服役时间的需求，NASA 和美国空军研究实验室合作并共同提出了未来飞行器的数字孪生体范例。针对飞行器、飞行系统或运载火箭等，他们将数字孪生体定义为一个面向飞行器或系统的集成的多物理、多尺度、概率仿真模型，它利用当前最好的可用物理模型、更新的传感器数据和历史数据等来反映与该模型对应的飞行实体的状态。同年，NASA 发布的"建模、仿真、信息技术和处理"路线图中，数字孪生体正式进入公众视野中。该定义可以认为是 NASA 和美国空军研究实验室对其之前研究成果的一个阶段性总结，着重突出了数字孪生体的集成性、多物理性、多尺度性、概率性等特征，主要功能是能够实时反映与其对应的飞行产品的状态。

2. 产品数字孪生体的内涵

综合考虑已有的产品数字孪生体的演化过程和相关解释，给出产品数字孪生体的定义：产品数字孪生体是指产品物理实体的工作状态和工作进展在信息空间的全要素重建及数字化映射，是一个集成的多物理、多尺度、超写实、动态概率仿真模型，可用来模拟、监控、诊断、预测、控制产品物理实体在现实环境中的形成过程、状态和行为。产品数字孪生体基于产品设计阶段生成的产品模型，并在随后的产品制造和产品服务阶段，通过与产品物理实体之间的数据和信息交互，不断提高自身的完整性和精确度，最终完成对产品物理实体的完全和精确描述。

产品数字孪生体远远超出了数字样机（或虚拟样机）和数字化产品定义的范畴，产品数字孪生体不仅包含产品几何、功能和性能方面的描述，还包含产品制造或维护过程等其他产品全生命周期中的形成过程和状态的描述。

产品数字孪生体具有多种特性，主要体现在系统集成、虚拟逼真、虚实映射、面向服务 4 个方面。

（1）系统集成：数字孪生体在组成上是多模型、多尺度、多学科的耦合与集成。

a．多模型：产品数字孪生体是多种结构模型、几何模型、材料模型的集成，不仅需要描述实体产品的几何特性（如形状、尺寸、公差等），还需要描述实体产品的多种物理特性，包括结构动力学模型、热力学模型、应力分析模型、疲劳损伤模型及产品组成材料的刚度、强度、硬度、疲劳强度等材料特性。

b．多尺度：产品数字孪生体不仅描述实体产品的宏观特性，如几何尺寸，还描述实体产品的微观特性，如材料的微观结构、表面粗糙度等。多尺度、多层次集成模型有利于从整体上对产品的结构特性和力学特性进行快速仿真与分析。

c．多学科：数字孪生涉及计算科学、信息科学、机械工程、电子科学、物理等多个学科的交叉和融合，具有多学科性。

（2）虚拟逼真：产品数字孪生体是在虚拟空间建立的接近真实物理实体的模型。

a．虚拟性：产品数字孪生体是物理实体在信息空间的数字化映射模型，是一个虚拟模型，属于信息空间（或虚拟空间），不属于物理空间。

b．超写实性：产品数字孪生体与物理实体在外观、内容、性质上基本一致，拟实度高，能够准确反映物理产品的真实状态。

c．概率性：为了保证虚拟模型和物理实体的一致性、真实性、有效性，产品数字孪生体需要采用概率统计的方式进行表达，在概率意义上与真实物体保持一致。

（3）虚实映射：虚拟的数字孪生模型与物理实体动态更新，一一对应。

a．动态性（或过程性）：产品数字孪生体在产品全生命周期各阶段会通过与产品实体的不断交互而不断改变和完善，例如，在产品制造阶段采集的产品制造数据（如检测数据、进度数据）会反映在虚拟空间的数字孪生中，同时基于数字孪生能够实现对产品制造状态和过程的实时、动态和可视化监控。

b．唯一性：一个物理产品对应一个产品数字孪生体，在连接与交互维度实现数据-模型-应用的迭代、交互与动态演化。

c．突出了数字孪生体在产品全生命周期的一致性，体现了单一数据源的思想。

（4）面向服务：产品数字孪生体具有面向某种功能和服务的计算分析能力。

a．可计算性：基于产品数字孪生体，可以通过仿真、计算和分析来实时模拟和反映对应物理产品的状态、行为和功能。

b．在服务与应用维度，基于多维模型和孪生数据，提供满足不同领域、不同层次用户、不同业务应用需求的服务，并实现服务按需使用的增值、增效等。数字孪生为产品设计、制造、测试、管理提供服务支持。

2.4.3.2　数字孪生建模技术

数字化技术和人工智能技术为数字孪生建模提供了技术基础。数字孪生建模技术包括结构建模技术、物理建模技术、智能决策技术和感知技术。

1. 结构建模技术

数字孪生建模是将物理世界的对象数字化和模型化的过程。通过建模将物理对象表达为计算机和网络所能识别的数字模型，能对物理世界或问题的理解进行简化和模型化。数字孪生建模需要完成多领域、多学科角度的模型融合，以实现物理对象各领域特征的全面刻画，建模后的虚拟对象会表征实体对象的状态、模拟实体对象在现实环境中的行为，分析物理对象的未来发展趋势。CAD 技术、模型轻量化、MBD、基于物理的建模等数字化表达技术的兴起和广泛应用，使得采用数字化方式在产品全生命周期各阶段精确描述物理产品成为可能。

2．物理建模技术

从仿真的视角，数字孪生技术中的仿真属于一种在线数字仿真技术，可以将数字孪生理解为针对物理实体建立相对应的虚拟模型，并模拟物理实体在真实环境下的行为。和传统的仿真技术相比，它更强调物理系统和信息系统之间的虚实共融和实时交互，是贯穿产品全生命周期的高频次、不断循环迭代的仿真过程。因此仿真技术不仅仅用于降低测试成本，通过打造数字孪生，仿真技术的应用还将扩展到各个运营领域，甚至涵盖产品的健康管理、远程诊断、智能维护、共享服务等。基于数字孪生可通过模型对物理对象进行分析、预测、诊断、训练等，并将仿真结果反馈给物理对象，从而帮助物理对象进行优化和决策。因此仿真技术是创建和运行数字孪生体，保证数字孪生体与对应物理实体实现有效闭环的核心技术。

3．智能决策技术

数字孪生具有自适应决策与服务能力。建立仿真目标的代理体模型，通过代理体表达数字孪生的功能和服务，需要采用知识和智能决策技术。大数据、物联网、移动互联网、云计算等新一代信息与通信技术的快速普及与应用，以及机器学习、深度学习等智能优化算法的不断涌现，使得产品动态数据的实时采集、可靠与快速传输、存储、分析、决策、预测等成为可能，为虚拟空间和物理空间的实时关联与互动提供了重要的技术支撑。

4．感知技术

感知是数字孪生体系架构中的底层基础，在一个完备的数字孪生系统中，运行环境和数字孪生组成部件自身状态数据的获取，是实现物理对象与其数字孪生系统间全要素、全业务、全流程精准映射与实时交互的重要一环。因此，数字孪生体系对感知技术提出了更高的要求，为了建立全域、全时段的物联感知体系并实现物理对象运行态势的多维度、多层次精准监测，感知技术不但需要更精确、可靠的物理测量技术，还需要考虑感知数据间的协同交互，明确物体在全域的空间位置及唯一标识，并确保设备可信、可控。

2.4.3.3 数字孪生的应用与问题

1．数字孪生的一般应用

1）集成

通过数字纽带技术，在产品全生命周期各阶段，将产品开发、产品制造、产品服务等各个环节数据在产品数字孪生体中进行关联映射，在此基础上以产品数字孪生体为单一产品数据源，可实现产品全生命周期各阶段的高效协同，最终实现虚拟空间向物理空间的决策控制，以及数字产品到物理产品的转变。基于统一的产品数字孪生体，通过分析产品制造数据和产品服务数据，不仅能够实现对现实世界物理产品状态的实时监控，为用户提供及时的检查、维护和维修服务，还可以通过对用户需求和偏好的预测、对产品损坏原因的分析等，为设计人员改善和优化产品设计提供依据。

2）模拟

以航空航天领域为例，在空间飞行器执行任务以前，在搭建的虚拟仿真环境中使用空间飞行器数字孪生体模拟飞行器的任务执行过程，尽可能掌握飞行器在实际服役环境中的状态、行为、任务成功概率、运行参数及一些在设计阶段没有考虑/预料到的问题，并为后续飞行任务的制定、飞行任务参数的确定及面对异常情况时的决策制定提供依据。可以通过改变虚拟环境的参数设置模拟飞行器在不同服役环境时的运行情况；也可以通过改变飞行任务参数模拟不同飞行任务参数对飞行任务成功率、飞行器健康和寿命等产生的影响；也可以模拟和验证不同的故障、降级和损坏减轻策略对提高产品健康和服役寿命的有效性等。

3）监控和诊断

在产品制造、服务过程中，产品制造、使用状态数据、使用环境数据会实时地反映在产品数字孪生体中。通过产品数字孪生体可以实现对物理产品制造、服务过程的动态、实时、可视化监控，并基于所得的实测监控数据及历史数据实现对物理产品的故障诊断、故障定位等。

4）预测

通过构建产品数字孪生体，可在虚拟空间中对产品的制造过程、功能和性能测试过程进行集成的模拟、仿真和验证，预测产品潜在的设计缺陷、功能缺陷和性能缺陷。借助于产品数字孪生体，企业相关人员能够通过对产品设计的不断修改、完善和验证来避免和预防产品在制造、使用过程中可能会遇到的问题。在产品制造阶段，将最新的检验和测量数据、进度数据、关键技术状态参数实测值等关联映射至产品数字孪生体，并基于已有的具有物理属性的产品设计模型、关键技术状态参数理论值及预测分析模型，如精度预测与分析模型，进度预测与分析模型，实时预测与分析物理产品的制造、装配进度、精度及可靠性。在产品服务阶段，以飞行器为例，将最新的实测负载、实测温度、实测应力、结构损伤程度及外部环境等数据关联映射至产品数字孪生体，并基于已有的产品档案数据、具有物理属性的产品仿真和分析模型，实时准确地预测飞行器实体的健康状况、剩余寿命、故障信息等。

5）控制

在产品制造和服务过程中，通过分析实时的制造数据可实现对产品质量和生产进度的控制，通过分析实时的服务数据可实现对物理产品自身状态和行为的控制，包括外部使用环境的变更、产品运行参数的改变等。

2. 信息物理系统与数字孪生体关联

2006 年，美国国家科学基金会首先提出了信息物理系统（Cyber-Physical Systems，CPS）的概念。信息物理系统被定义为由具备物理输入、输出且可相互作用的元件组成的网络。它不同于未联网的独立设备，也不同于没有物理输入、输出的单纯网络。2013 年，德国提出了"工业 4.0"，其核心技术就是 CPS。CPS 是一个综合计算、通信、控制、网络和物理环境的多维复杂系统，以大数据、网络与海量计算为依托，通过 3C（Computing、Communication、Control）技术的有机融合与深度协作，实现大型工程系统的实时感知、动态控制和信息服务。CPS 能够完成物理空间、环境、活动大数据的采集、存储、建模、分析、挖掘、评估、预测、优化和协同，并与对象的设计、测试和运行性能表征相结合，使网络空间与物理空间深度融合、实时交互、互相耦合、互相更新；进而通过自感知、自记忆、自认知、自决策、自重构和智能支持促进工业资产的全面智能化。CPS 把人、机、物互联，实体与虚拟对象双向连接，以虚控实，虚实融合。CPS 中的虚实双向动态连接有两个步骤：①虚拟的实体化，如设计一件产品，先进行模拟、仿真，然后制造出来；②实体的虚拟化，实体在制造、使用、运行的过程中，把状态反映到虚拟端去，通过虚拟方式进行监控、判断、分析、预测和优化。

通过构筑信息空间与物理空间数据交互的闭环通道，CPS 能够实现信息虚体与物理实体之间的交互联动。数字孪生体的出现为 CPS 提供了清晰的思路、方法及实施途径。以物理实体建模产生的静态模型为基础，通过实时数据采集、数据集成和监控，动态跟踪物理实体的工作状态和工作进展，将物理空间中的物理实体在信息空间进行全要素重建，可形成具有感知、分析、决策、执行能力的数字孪生体。因此，从这个角度看，数字孪生体是 CPS 的关键核心技术。

3. 数字孪生存在的问题

数字孪生还缺乏应有的严谨性定义，至少到目前为止仍然存在两种倾向：①在概念上把数字孪生的内涵不断放大，赋予越来越多的内容，致使与其他概念交叉甚至重叠；②在应用上将传统技术应用贴上数字孪生的标签。这两种倾向对数字孪生技术的发展都没有好处。

数字孪生的核心是建模、仿真、数据处理技术。数字孪生最诱人的地方，是数字模型和物联网的结合，而这种结合的最终目的是将模型打磨得更加接近真实系统。

经过半个多世纪的发展，建模和仿真已经形成了一个相当完善和系统的技术体系。事实上，在仿真领域，利用动态实时数据进行建模和仿真的方法和技术已经研究多年，如动态数据驱动的仿真（Dynamic Data Driven Simulations，DDDS）、嵌入式仿真、硬件在回路的仿真等。当然，数字孪生作为仿真技术的重要内容，通过与新一代信息与通信技术的融合，将进一步促进建模和仿真技术的发展，其核心仍然是传感技术、CAD 技术、CAE 技术、PLM 技术、VR/AR 技术等。

2.5　工业软件的开发过程

2.5.1　工业软件的发展与分类

1. 工业软件的发展

18 世纪的工业化始于机械制造设备的出现。那时候，纺织机一类的机器大大改变了生产产品的方式。第一次工业革命后，在劳动分工的基础上，20 世纪的第二次工业革命实现了电力驱动的规模化生产。之后便是从 20 世纪 70 年代开始的第三次工业革命。第三次工业革命利用电子和信息技术（IT），提高了制造过程的自动化程度，机器取代了相当一大部分的"体力劳动"和一部分"脑力劳动"。

工业 4.0（Industry 4.0）是基于工业发展的不同阶段做出的划分。按照共识，工业 1.0 是蒸汽机时代，工业 2.0 是电气化时代，工业 3.0 是信息化时代，工业 4.0 则是利用信息化技术促进产业变革的时代，也就是智能化时代，如图 2-27 所示。

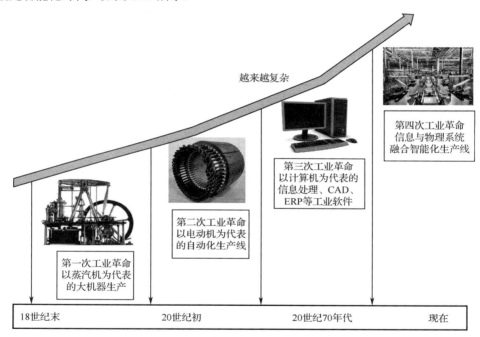

图 2-27　工业 4.0 的产生

从 20 世纪 50 年代的数控加工开始，数字化制造技术的发展大致经历了以下 4 个主要阶段。

（1）以 CAD/CAPP/CAM 等计算机辅助技术为代表的第一代数字化制造技术（从 20 世纪 60 年代至 20 世纪 80 年代初期）：即单项技术和局部系统的应用阶段。该阶段以数控技术、CAD、CAPP、CAM、CAE、CAT、成组技术、MRP/MRPⅡ等单项技术及柔性制造系统为主要内容。在该阶段中，人们开始以计算机作为主要技术工具和手段，进行产品设计、分析、工艺规划与制造，并处理各种信息，以提高产品研发效率和质量。

（2）以集成制造技术为代表的第二代数字化制造技术（20 世纪 80 年代至 20 世纪 90 年代前期）：即由信息集成、功能集成和过程集成构成的企业级集成应用阶段。该阶段以计算机集成制造（CIMS）为代表，通过信息和过程集成来解决单元技术发展造成的信息孤岛问题。同时在该阶段，为减少串行设计方法带来的大量返工问题，美国国防分析研究院提出了并行工程的思路，随后出现了虚拟制造等制造模式。

（3）以网络化制造技术为代表的第三代数字化制造技术（20 世纪 90 年代至 21 世纪 10 年代初期）：该阶段以敏捷制造、供应链管理、电子商务为主要内容的企业间集成应用阶段，通过产品设计制造的协同来提高制造业的竞争力。

（4）以智能制造技术为代表的第四代数字化制造技术（21 世纪 10 年代至今）：该阶段以实现高效、优质、柔性、清洁、安全生产，提高企业对市场快速响应能力和国际竞争力为目标。智能制造的概念诞生于 20 世纪 80 年代，但在该阶段才得到广泛重视和快速发展，在该阶段出现了"工业 4.0"（2013 年德国联邦教研部与联邦经济技术部在汉诺威工业博览会上提出），"工业 4.0"的内涵是利用 CPS，将生产中的供应、制造和销售等信息数据化、智慧化，最后达到快速、有效、个性化的产品供应，其本质是通过充分利用 CPS，将制造业推向智能化的转型。

2．工业软件的分类

工业软件（Industrial Software）是指在工业领域里应用的软件。一般来讲工业软件被划分为编程语言、系统软件、应用软件和介于这两者之间的中间件。其中，系统软件为计算机使用提供最基本的功能，但是并不针对某一特定应用领域。而应用软件恰好相反，不同的应用软件根据用户和所服务的领域提供不同的功能。工业软件一般按照应用分为研发设计类、生产控制类、信息管理类和嵌入式 4 类，如表 2-3 所示。

表 2-3　工业软件分类表

软 件 分 类	软件功能和产品	国内外公司代表
研发设计类	设计绘图——CAD 仿真分析——CAE、CAM 产品数据——PLM、PDM	西门子、达索、PTC、Autodesk、开目、数码大方（CAXA）、中望软件
生产控制类	现场控制——DCS、SCADA 流程管理——MES 能效管理——EMS	霍尼韦尔、ABB、罗克韦尔、宝信软件、中控技术、和时利
信息管理类	企业资源管理——ERP 财务管理——FM 用户关系——CRM 供应链管理——SCM	SAP、用友、金蝶、浪潮软件
嵌入式	工业通信 汽车电子 数控系统	ABB、西门子、华为、国电

各行各业孕育着不同的工业软件。例如，随着复合材料在工业化的更广泛应用，需要围绕复合材料进行结构设计、分析和尺寸优化。作为一款专业软件，HyperSizer 将数百种分析失效方法囊括其中。它最早起源于美国国家航空航天局（NASA）兰利研究中心。这是美国国家航空航天局基础研究向外扩散成商业化软件的一个典型案例。

2.5.2　软件的基本组成

2.5.2.1　基于计算机的软件组成

大部分人员在软件开发学习中，都从计算机语言入手，计算机语言能很快地实现一些简单的功能，如排序、存储和显示等，但这样的开始，一般难以形成掌握软件的整体架构和技术体系。计算机软件是在计算机硬件基础上运行的系统，因此，以计算机组成结构为基础，理解软件的组成和运行过程非常容易。图 2-28 给出了计算机软件的功能组成。

可以看出，软件一般包括①软件界面（菜单、窗口）；②数据存储（文件、数据库）；③数据结构（数组、类）；④数学计算（子函数、算法）；⑤软件结构（模块组成、流程）；⑥接口设备（USB 口、网口)。每个部分都与计算机的组成紧密相关,并且具有特定的模式和方法。在计算机语言中有专门针对 6 个部分的控件、函数、结构和描述语言。

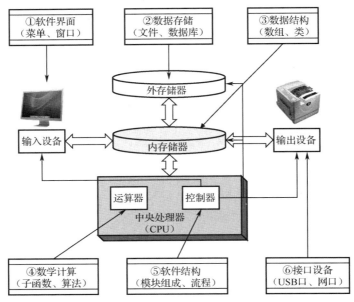

图 2-28 计算机软件的功能组成

2.5.2.2 软件开发环境

了解了软件的基本组成之后,还需要掌握一种或几种软件开发环境,软件开发环境包括计算机操作系统和软件开发语言两个部分。其中,计算机操作系统(如 Windows NT、Linux)为软件开发提供底层功能,包括计算机硬件、进程管理等;软件开发语言(如 C++、Java、Python)等除提供用户编程语言外,还包括大量的支撑库,为解决工程问题提供基础模型和算法,如图 2-29 所示。

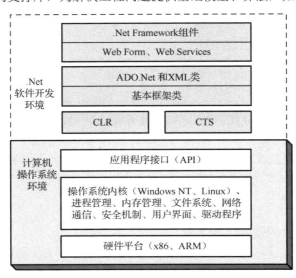

图 2-29 软件的一般开发环境

以.Net 软件开发环境为例,软件开发环境提供了公共语言运行库(CLR)、通用类型系统(CTS)、Web 服务等。

计算机操作系统位于底层硬件与用户之间,是两者沟通的桥梁。用户可以通过操作系统的用户界面，输入命令。操作系统则对命令进行解释，驱动硬件设备，实现用户要求。对现代观点而言，一个标准个人计算机的 OS（Operating System，操作系统）应该提供进程管理（Processing Management）、内存管理（Memory Management）、文件系统（File System）、网络通信（Networking）、安全机制（Security）、用户界面（User Interface）、驱动程序（Device Drivers）等功能。

2.5.2.3　软件体系结构

MVC（Model View Controller）是模型（Model）、视图（View）、控制器（Controller）的缩写，是一种软件设计典范，用业务逻辑、数据、界面显示分离的方法组织代码，将业务逻辑聚集到一个部件里面，在改进和个性化定制界面及用户交互的同时，不需要重新编写业务逻辑。MVC 用于映射系统的输入、处理和输出，集成在一个逻辑的图形化用户界面的结构中，如图 2-30 所示。

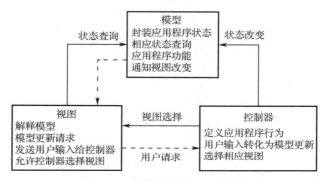

图 2-30　软件架构的 MVC 结构

MVC 是一个框架模式，它强制性地使应用程序的输入、处理和输出分开。MVC 应用程序被分成三个核心部件：视图、模型、控制器。它们各自处理自己的任务。最典型的 MVC 就是 JSP + Servlet + JavaBean 的模式。

1）视图

视图是用户看到并与之交互的界面。对老式的 Web 应用程序来说，视图就是由 HTML 元素组成的界面，在新式的 Web 应用程序中，HTML 依旧在视图中扮演着重要的角色，但一些新的技术已经出现，它们包括 Adobe Flash、XHTML、XML/XSL、WML 等标识语言和 Web Services。

MVC 的好处是它能为应用程序处理很多不同的视图。在视图中其实并没有真正的处理发生，不管这些数据是联机存储的还是一个雇员列表，它只是一种输出数据和允许用户操纵的方式。

2）模型

模型表示企业数据和业务规则。在 MVC 的三个部件中，模型拥有最多的处理任务。例如，它可能用 EJBs、Components 这样的构件对象来处理数据库，被模型返回的数据是中立的，也就是说模型与数据格式无关，这样一个模型能为多个视图提供数据，由于应用于模型的代码只需要写一次就可以被多个视图重用，因此减少了代码的重复性。

3）控制器

控制器接受用户的输入，调用模型和视图去完成用户的需求，所以当单击 Web 页面中的超链接和发送 HTML 表单时，控制器本身不输出任何东西和做任何处理。它只是接收请求并决定调用哪个模型构件去处理请求，然后确定用哪个视图来显示返回的数据。

在 MVC 结构的基础上，发展出了更灵活的层次化软件结构（层架构），层架构是运用最为广泛的架构模式，几乎每个软件系统都需要通过层（Layer）来隔离不同的关注点（Concern Point），一个较低的层可以被不同的层所使用。层使标准化更容易，因为我们可以清楚地定义级别。在层内进行更改不会影响其他层。通俗地来说，分层其实就是分各个小模块，形成高内聚低耦合，即在模块内实现自身的完整功能，模块间尽量统一出入口，减少不必要的调用，这样可以保证改动限制在单模块内。

2.5.3　软件开发的基本流程（软件工程）

2.5.3.1　软件开发模式

1. 瀑布式开发

瀑布式开发模式的优点是软件开发严格按照预先计划进行，需求明确，工作量可控。随着时代的发展，瀑布式开发模式已经不适用于现代软件开发，主要是因为其存在以下缺点：①各阶段划分明确，但阶段之间产生大量文档，加重了工作量；②由于计划严格按照线性方式进行，用户只有在软件开发末期才能看到成果，开发风险较高；③早期出现错误不能及时发现，可能导致严重后果；④各个阶段衔接过程时间成本较高，团队人员沟通交流困难。

2. 快速原型

快速原型模式首先要创建一个原型，实现用户与系统的交互，根据用户对软件原型的评价，来进一步明确待开发软件的需求。软件开发人员首先了解用户的真实需求，然后不断调整原型，使其满足用户需求，进而在模型的基础上开发用户所需的软件。

快速原型模式可以降低瀑布式开发模式中由于需求不明确带来的风险。而快速原型模式的关键在于尽快建造出软件模型，原型系统的内部结构并不重要，一旦确定了用户需求，原有模型将不再需要而将其迅速修改。快速原型开发模式生命周期短，但这种模式可能会导致系统设计差和难以维护等问题。

3. 螺旋式开发

螺旋模型是一种演化软件定制开发过程的模型，螺旋式开发模式既具有快速原型模式的迭代特征，又具有瀑布式开发模式的系统化特征。它引入了其他开发模式所不具备的风险分析，使软件在面临风险时能及时停止，减少损失，非常适合大型、复杂的应用软件开发。

螺旋模型沿着螺线进行若干次迭代，活动的过程可分为四个阶段。第一阶段：制订计划，确定软件开发的方案和目标，弄清限制条件。第二阶段：风险分析，分析评估所选方案，考虑如何规避风险。第三阶段：计划实施，进行软件开发和验证等。第四阶段：用户评价，评价开发工作，提出反馈或修改建议，进行下一步工作。

2.5.3.2　基于模型的软件开发过程

1. 软件开发的角色组成

软件开发的角色如下。

（1）项目经理：负责项目总体管理，经费、任务分解，里程碑控制，过程协调。

（2）系统分析师：确定用户需求，明确技术难点，确定开发过程，测试软件开发结果的正确性。

（3）架构师：主要负责设计项目中软件部分的体系结构和模型，排定软件开发日程，确定软件内部流程和框架等。系统架构师也可以理解成技术总监。

（4）构件设计师：负责专用组件设计，构件设计师包括数据库设计师（又称 DBA）、图像图形设计师、科学计算设计师，进行工作流、大数据处理等。

（5）软件开发工程师：根据设计师的设计成果进行具体编码工作，对自己的代码进行基本的单元测试。软件开发工程师是最终实现代码的成员。

（6）测试工程师：负责软件开发结果的功能、性能测试。

2. 软件开发过程

软件开发过程如图 2-31 所示，包括四个阶段的模型：需求模型、分析模型、设计模型、实现模型。

（1）需求模型：确定软件的业务需求，建立计算无关模型（Computation Independent Model，CIM）。通常所讲的"业务模型"就是指计算机无关模型，这个层次的模型只是对控制过程、步骤进行详细的表述，不涉及如何用软件来实现控制过程。

（2）分析模型：软件的原理模型，包括数学模型、核心算法等，是平台无关模型（Platform Independent Model，PIM），只考虑实现业务的数学逻辑。利用模型驱动软件开发的专用建模工具，将业务模型的图形画出来，画出来的 UML 模型都是相同的，因为这个 UML 模型是核心的业务组件和服务的代表，与任何具体实现它的开发技术都毫无关系。用于构造平台无关模型的语言不仅要抽象性较高，与具体的细节能够互相脱离，还要能对系统的动态行为与静态结构进行精准的建模。

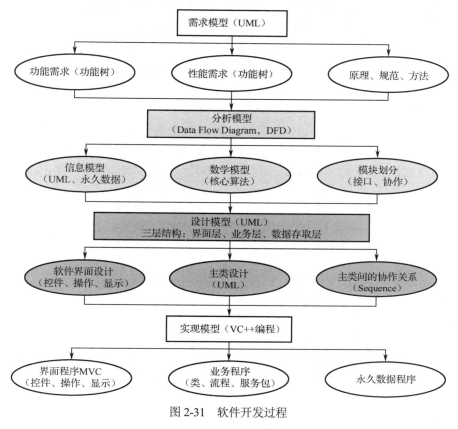

图 2-31　软件开发过程

（3）设计模型：建立平台相关模型（Platform Specific Model，PSM），这个阶段的模型图不仅与指定的具体平台技术相关，而且还有某些特定技术的元素包含在内；这一层次的模型是与代码最贴近的，能够将软件系统功能的具体实现进行详细的描述，所以，用于构造平台相关模型的语言不仅要有一定的扩展性，还必须要具备足够的精确性，这样才能使与各种实现技术紧密相关的要求得到有效的满足。

（4）实现模型：最后利用模型驱动的软件开发工具进行应用程序代码的生成工作，并对 UML 无法进行建模的细节开展填补工作，手动编写代码。目前，可通过软件工具完成 PIM 到 PSM 之间，以及模型和代码之间的自动转换。

第3章　需求与概念设计方法

3.1　概念设计内容及模式

3.1.1　概念设计内容

一个机电产品的设计过程一般从设计任务开始，经概念设计、具体结构设计，最后到详细设计。概念设计是系统设计中的一个关键步骤，在概念设计过程中一般需要通过分析设计任务、抽象概念，确定功能结构和工作原理，得到系统设计方案。概念设计过程是一个抽象的且极具创造性的过程，因此它在一个产品的设计过程中扮演着非常重要的角色。机械系统概念设计的基本流程如下。

1）明确任务并建立需求

获取用户和设计人员的需求，并对这些需求进行分析和验证。从用户处获取的需求可能是不准确、模糊的，需要在此需求上进行抽象和规范，得到明确规范的且易于处理的需求，确定产品需要实现的总功能。

2）功能结构分析

机电产品一般是一个复杂的系统，因此在机电产品设计过程中，从需求中提取出的总功能也会比较复杂，要想直接对该总功能进行求解将会非常困难。因此在总功能确定后，我们需要进行功能分解，将一个复杂的功能分解为多个子功能，一般采用功能结构来描述各个子功能之间的关系。对于某个子功能也可以进行多次循环分解，直到得到相对简单且易于实现的子功能为止。得到系统的子功能后再对这些子功能进行处理、求解，得到一个可以实现系统功能的原理方案。

3）工作机理的选择

功能分解完成后需要确定通过何种工作机理来实现该子功能。工作机理一般是指通过某种工作原理来实现特定的工艺动作。一个系统的功能可以通过一些特定的工艺动作来实现。因此需要将各个子功能与某一个工艺动作对应起来，工艺动作又通过某种工作原理来实现，因此选择合适的工作机理就可以完成系统所需要的功能。

4）机构设计

通过功能分解和工作机理的选择已经得到了实现系统需要的功能和工作机理。通常工作机理的实现需要一系列的执行机构来完成，因此需要通过工作机理来寻找合适的结构来实现这个系统的功能。

5）方案评价与优选

在上述概念设计过程中，由于不同功能分解条件及工作机理的选择，将会产生许多能够实现系统功能的解决方案，因此需要采用合适的评价和决策方法来选出合理且最优的方案。概念设计的主要任务是通过功能得到结构以实现系统的设计。人们提出了功能-行为-结构（Function-Behavior-Structure，FBS）模型，FBS 模型是一种可用于类比设计的探索模型，将设计知识表达为功能-行为-结构，然后采用功能、行为、结构交互映射的方法得到创新方案。该模型引入了行为描述，增加了功能与结构之间的联系，细化了映射过程，改善了概念设计过程。

3.1.2　概念设计模式

传统上，产品的需求与概念设计都是用文档描述的，没有适当的模型。系统建模语言（System Modeling Language，SysML）是一种支持复杂系统分析、规范、设计、验证和确认的通用图形化建模语言。SysML 能够帮助实现系统的规范定义和架构设计，并定义组件的规范。这些组件可以使用其他领域的语言进行设计，系统工程实践正从基于文档的方法转变到基于模型的方法，即基于模型的系统工程（Model Based System Engineering，MBSE），SysML 建模语言是实现 MBSE 的有效工具。一个复杂系统可能包括硬件设备、软件、数据、人员、规程、设施，以及其他人造和自然系统元素，采用 SysML 的好处是其能增强规范和设计质量的一致性，增强规范和设计构件的重用，增强开发团队之间的交流，整体提高质量，能生成和控制一个连贯的系统模型，并使用这个模型来规范和设计系统。SysML 有助于 MBSE 方法论的应用，创造一个内聚的、一致的系统模型。

传统的生产质量控制是通过对生产的产品进行检查——用观察与测试的手段来实现的，这种措施通常也被归于检验质量的方法。质量功能展开（Quality Function Deployment，QFD）方法则帮助公司从检验产品外在质量转向检查产品设计的内在质量，因为设计质量是产品、工程质量的基石。QFD 早在产品或服务设计成为蓝图之前就已经引进了许多无形的要素，使质量融入生产和服务及其工程的设计之中。QFD 的基本原理就是用"质量屋"（Quality House）的形式，量化分析用户需求与工程措施间的关联度，经数据分析处理后，找出对满足用户需求贡献最大的工程措施，即关键措施，从而指导设计人员抓住主要矛盾，进行稳定性优化设计，开发出满足用户需求的产品。QFD 是产品或服务设计阶段中一种非常有效的方法，是一种旨在提高用户满意度的"用户驱动"式的质量管理方法。

这里将 SysML 与 QFD 两种方法结合起来，实现产品设计中的概念建模和质量控制，如图 3-1 所示。在产品 V 形设计模式基础上，用 SysML 描述产品的概念和系统结构，用 QFD 方法分析产品设计各阶段的质量影响因素，从而改变产品概念模型的文档描述方式，实现 MBSE 的产品开发。

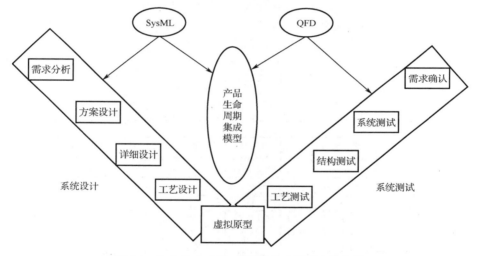

图 3-1 SysML 与 QFD 在产品生命周期中的作用

图 3-1 中，V 形设计模式包括系统设计和系统测试两大部分，其中，系统设计部分的主要任务是建立系统的模型，对需求分析、方案设计、详细设计等多个阶段进行规范描述和分析，这部分工作主要由 SysML 来描述；系统测试部分的主要任务是对设计的模型或结果进行测试，包括工艺测试、结构测试、系统测试、需求确认等，这部分工作主要由 QFD 来实现。需要指出的是，系统设计和系统测试不是简单的串行工作方式，而是交互、迭代的并行工作模式，也就是说 QFD 在产品设计开始的需求分析阶段就已经介入。

3.2 SysML 建模方法

3.2.1 SysML 基本组成

2003 年，UML 快速发展到了最后一个 1.X 版本 1.5。系统工程界看到 UML 在软件领域的成功，希望在系统工程领域也建立一个建模语言，于是国际系统工程协会（INCOSE）联合国际对象管理组织（OMG）共同制定了 UML for System Engineering RFP，希望能将 UML 应用到系统工程领域。成熟的 UML 作为基础，加上联合工作组的共同努力，2006 年 6 月 SysML 标准被 OMG 采纳，2007 年 9 月正式发布 SysML V1.0。

OMG 决定在对 UML2.0 的子集进行重用和扩展的基础上，提出一种新的系统建模语言——SysML，并将其作为系统工程的标准建模语言。和 UML 用来统一软件工程中使用的建模语言一样，SysML 的目的是统一系统工程中使用的建模语言。

SysML 为系统的结构模型、行为模型、需求模型和参数模型定义了语义。结构模型强调系统的层次及对象之间的相互连接关系，包括类和装配。行为模型强调系统中对象的行为，包括它们的活动、交互和状态历史。需求模型强调需求之间的追溯关系及设计对需求的满足关系。参数模型强调系统或部件的属性之间的约束关系。SysML 为模型表示法提供了完整的语义。

和 UML 一样，SysML 语言的结构也是基于四层元模型结构的：元-元模型、元模型、模型和用户对象。元-元模型层具有最高抽象层次，是定义元模型描述语言的模型，为定义元模型的元素和各种机制提供最基本的概念和机制。元模型是元-元模型的实例，是定义模型描述语言的模型。元模型提供了表达系统的各种包、模型元素的定义类型、标记值和约束等。模型是元模型的实例，定义特定领域描述语言的模型。用户对象是模型的实例。任何复杂系统在用户看来都是相互通信的具体对象，其目的都是实现复杂系统的功能和性能。

SysML 能够表示系统、组件和其他对象的结构组成、关联关系和分类；表达基于流、基于信息和基于状态的物理行为和性能属性的约束；描述行为、结构和约束之间的分配关系，以及不同需求之间、不同设计元素和测试用例之间的关系。SysML 从结构、行为、需求和参数 4 个方面来构建系统模型。SysML 提供了 9 种图来支持用户进行系统建模，如图 3-2 所示。

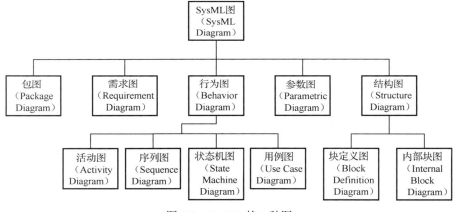

图 3-2 SysML 的 9 种图

1）包图

包图是用来组织模型的图形，它可以按照层次关系、图表类型和视点将模型进行分类。

2）需求图

需求是指系统必须满足的能力或条件，一个需求能够分解成多个子需求。需求图能够描述需求和需求之间及需求和其他建模元素之间的关系。需求的描述可以有图形、表格和树形结构等各种形式。

3）活动图

活动图用于描述工作流、业务流程，或者是将执行流分解为一系列活动和子活动的算法。活动图可以是简单活动的序列，或带有条件分支和并发的复杂系列的并行活动。泳道可以添加到活动图以显示负责执行每个活动的实体。活动图强调活动的输入、输出、顺序和条件。

4）序列图

序列图用于描述对象间的信息交互序列。

5）状态机图

状态机图通过状态及状态之间的转移对离散行为建模，它把行为表示为对象的状态历史。在状态的转移、进入和退出过程中会调用活动，并指定相关的事件和守卫条件。

6）用例图

用例图描述外部参与者对系统的使用，这是通过系统向参与者提供一系列服务来实现的。用例图包括用例、参与者及它们之间的通信，参与者可能是用户、外部系统或其他环境实体，它们与系统直接或间接交互。

7）块定义图

块定义图显示系统和系统的基本结构元素（模块，Block），以及它们之间的关系/依赖性。但是，它一般用来描述复杂系统的层次结构，而不显示模块内部的连接关系。

8）内部块图

内部块图显示了块定义图所定义的系统结构的实现。它包含了一组套件的部件（模块的实例），这些部件是由端口和接口彼此连接在一起的。

9）参数图

参数图定义了一组系统属性及属性之间的参数关系。参数关系用来表示系统的结构模型中属性之间的依赖关系，说明一个属性值的变化怎样影响其他的属性值，参数关系是没有方向的，可以是基本的数学操作符号，也可以是和物理系统的性质有关的数学表达式（如 $F=ma$）等。参数模型是分析模型，把行为模型和结构模型与工程分析模型（如性能模型和可靠性模型）等结合在一起，用来进行权衡分析，评价各种备选的解决方案。

3.2.2　SysML 建模过程

3.2.2.1　SysML 模型之间的逻辑关系

SysML 4 大模型（结构模型、行为模型、需求模型、参数模型）之间的逻辑关系如图 3-3 所示。系统模型包含系统的规格说明、设计、分析和验证信息，包含需求、设计、测试用例、设计原理模型元素和它们的内部关系。正如功能-行为-结构的映射关系，结构模型描述了产品的组成模块，行为模型描述信息或动作运行过程，需求模型描述产品的功能要求和技术指标，参数模型为前三个模型提供约束或参数方程。

组成系统模型的模型元素被存储在一个模型库中，并通过图形化标志绘制在图上。建模者使用建模工具生成、修改和删除个体模型元素和它们之间的联系。模型元素对应需求、设计、分析和验证信息，即使它们在不同的图上描述，也可追溯它们之间的相互联系。例如，一个发动机在一辆汽车的系统模型中可以有许多联系，它是汽车系统的一部分，它连接到变速箱能满足一个动力需求，它将油料转化为机械能，有一个质量属性。

建模语言规定了约束关系可以存在的规则。例如，模型不允许一个需求包含一个系统组件或一个活动，附加的建模约束可以应用到方法中。所有的系统功能必须被分解，并分配到系统的一个组件。建模工具用来在模型构建时增强约束的一致性和完整性。

基于模型的方法保证规格要求、设计、分析和验证过程的严谨性，也明显增强了需求可追溯性的质量和时间，建模质量超过了基于文档的方法。MBSE 解决基于文档的方法的许多限制，它通过提供一个更严格的方法来捕捉和集成系统需求、设计、分析和验证信息，并促进这些信息在整个系统生命周期的维护、评估和通信。MBSE 的一些潜在的优点如下。

1）提高沟通效率

在整个开发团队和其他利益相关者之间，共享对于系统的理解，具有从多个角度集成系统视图的能力。

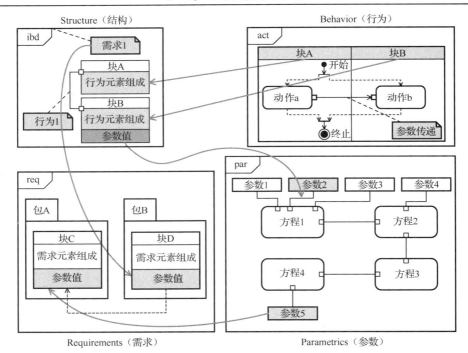

图 3-3　SysML 中系统模型的表示示例

2）降低开发风险

随时进行需求验证和设计验证，针对系统开发有更准确的成本预估能力。

3）提高质量

有更完整、无歧义、可验证的需求、设计、分析和描述，保证设计活动和测试活动之间更严格的可追溯性和设计完整性。

4）增加可生产性

实现需求和设计变更的快速影响，重用已经存在的模型，支持设计演进，降低集成和测试过程的错误，减少产品迭代开发时间。

5）自动文档生成

在整个生命周期中使用模型，可以自动生成各种设计文档，支持系统的诊断和维护。

6）增强知识利用

对已经存在的设计和历史设计的知识进行有效捕捉，保证信息、知识的有效存取和修改。当使用恰当的方法和工具时，在设计过程中，MBSE 可以提供附加的严格性规范。然而，这种严格不是没有代价的。明显地，转变到 MBSE 强调了在过程、方法、工具和培训上的前期投资。在这种转变过程中，MBSE 将结合基于文档的方法有效实施。例如，一个大型的、复杂的历史系统的更新严重依赖于历史文档，并且仅有系统的部分可以被建模。一个好的模型满足预期的目标，一个好的设计满足用户需求，并保证质量与设计原则的一致性。一个好的模型提供可视化方法，来辅助设计团队标识问题，并评估设计质量。

3.2.2.2　模型和 MBSE 方法定义

模型是物理世界中一个或多个概念的一种表示，它通常描述一个感兴趣的领域。一个模型是感兴趣领域的一个抽象，不能包含建模实体的所有细节。模型可以通过数学和逻辑表示，也可以用更具体的物理原型表示。更抽象的表示方法可以是一个图形化标志的组合，例如，节点和圆弧构成一个图像或一个几何体，由文本构成的一种编程语言也可以描述模型。

在 SysML 中，系统模型表示类似一个建筑蓝图，其明确地说明一个将被实施的系统是一个系统的图形表示。SysML 模型表示行为、结构、属性、约束和系统的需求。SysML 有一个语义基础，能明确出现在系统模型中的模型元素类型和它们之间的联系。构成系统模型的模型元素被存储在一个模型库中，并用图形表示。如果一个执行环境支持仿真，那么一个 SysML 模型也可以被仿真。

方法是一组相关的活动、技术和约定，通常形成一组工具集，用来实现一个或多个过程。MBSE 是一种方法，其执行系统工程过程的所有或部分环节，并生成一个系统模型。

系统建模必须明确建模目的，明确定义建模工作的期望结果、利益相关者，以及结果如何被使用。根据建模目的，确定模型范围，模型的广度、深度和真实度。这个范围应该综合考虑可用的计划、预算、技巧和相关资源。理解目的和范围是建模工作的基础。

下面介绍的概念，可以用来评估模型的有效性和模型衍生的质量。质量属性可以用来建立模型偏好。建模工具可以用来检查模型质量，例如，模型是否被规范表达？模型的范围是否充分地满足它的目标要求？正如先前描述的，假设目标已经被明确定义，模型的广度、深度和真实度已经确定，模型范围将影响支持建模工作的资源需要。

模型的广度：模型的广度必须充分满足目标要求。明确需要对系统的哪些部分建模，并且考虑模型的可扩展性。尤其对比较大的系统，一般来说不需要对整个系统的所有部分建模。如果对一个已存在的系统添加新的功能，可以仅对新功能部分进行建模。例如，在一个汽车设计中，如果新需求为使其具有燃油经济性和解决加速问题，那么可以聚焦在传动系关联的元素上，而不聚焦在制动和转向子系统上。

模型的深度：模型的深度也必须充分满足目标要求。包括确定系统设计的层次、一个概念设计或初步设计的迭代过程，模型可以解决一个高层级的设计。例如，在汽车设计的例子中，初步设计迭代可以将发动机作为黑盒层次来建模，而不需要对发动机进行详细建模。

模型的真实度：模型的真实度也必须满足目标要求。通过确定层级的详细程度来实现。例如，一个低级真实度的行为模型可以是一个活动图中的动作顺序。如果行为模型被执行，那么需要附加的模型细节，这个附加的细节可以是系统响应的底层结构和逻辑。一个低级的真实度模型可以仅包含逻辑接口描述，相反，一个高级的真实度模型需要对信息结构和通信协议进行建模。同时，时间粒度也是系统动态性能需要考虑的维度。

模型的完整性：模型的广度、深度和真实度等特性必须匹配模型定义的范围。完整性准则可以关联模型的其他质量属性（例如，是否正确应用了命名约定）和设计完整性准则（例如，模型元素是否都能方便追溯等）。

模型格式良好：一个格式良好的模型符合建模语言规则，模型约束就能方便地附加上去。例如，在 SysML 中，原则上不允许一个需求只包含一个系统组件，尽管允许在组件和需求之间定义约束关系。建模工具应该增强约束的可实施性，通过建模语言规则保证模型格式良好。

模型的一致性：在 SysML 中，一些规则用来确保模型一致性。例如，兼容性规则可以支持类型检查，以确定接口是否兼容或单位制在不同的属性上是否一致。通过不同的方法可以附加其他约束。例如，一种方法可以施加一种约束，它的逻辑组件可以被分配到硬件、软件或操作过程。这些约束可以使用对象约束语言（Object Constraint Language，OCL）来表达。增强约束能维护整个模型的一致性，但它不阻止设计的不一致性。一个简单的例子是，两个建模者将相同的组件命名为不同的名称，通过一个模型检查器，可以将其区分。

模型的可理解性：有许多因素会影响基于模型的建模方法和建模样式，并影响到模型的可理解性。一个增强可理解性的关键因素是模型的抽象。例如，当描述一辆车的功能时，可以描述一个顶层功能，如"驾驶汽车"或提供一个更详细的功能描述，如"打开点火开关，使齿轮转动，踩下油门踏板"等。一个可理解的模型应该包含多层级的抽象，表示不同层级的细节，并相互关联。使用分解、详细说明、分配、视图和其他建模方法来表示不同层级的抽象。另外一个可理解性的影响因素是关联信息在图上有自己的表示。通常，使用工具可将信息在图上的不必要功能被隐藏，而仅显示信息关联到图的目的。

建模约定和标准的连贯性：建模约定和标准的连贯性是确保整个模型一致和连贯的关键。命名约定对应每种类型的模型元素、图名称和绘图内容等。命名约定可以包含语言的文体方面，比如，何时使用大写和小写，何时在名称中使用空格。建模约定和标准也应该考虑工具施加的约束，比如，字母、数字和特殊字符的使用限制。建议为每种图的类型建立一个模板，这样可以确保模型协调一致。

模型是自描述的：如果引用是一致的，那么在整个模型中，符号和描述可以帮助提供增值信息。这些信息可以包含设计决策的原理，为弱问题或解析困难的问题提供模型元素的附加文本描述。这使模型能长期维护，保证与其他人员进行交流时更有效。系统模型可能需要集成电子、机械、软件、测试和工程分析等多种模型，这就需要特定的方法、工具和建模语言。例如，使用 SysML 描述系统模型的传递信息，使用 UML 定义特定的方法、工具和交换标准。

基于模型的测量：测量数据的收集、分析和报告可以作为一种管理技术，贯穿模型开发的整个过程。通过测量数据，可评估模型设计的质量和过程，评估技术、成本、计划状态和风险，并支持正在进行项目的计划和控制。基于模型的测量可以提供有用的数据，可以衍生一个表示在 SysML 中的系统模型。随着时间的推移，通过对数据大量的观察，可进行趋势评估和分布统计。

设计的质量：测量用来度量一个基于模型的系统设计的质量。这些测量已经应用在以文档为中心的设计评测中，例如，评估需求满足、需求验证和技术性能。SysML 模型可以包含明确的联系，用来测量扩展需求的满足程度，模型的细分粒度可通过模型元素满足的特定需求来评价。需求的可追溯性依赖于从任务层级需求向下到组件层级需求的关联。其他 SysML 关系可以用一种相似的方式来测量，判断哪些需求被实现、验证，这个数据可以直接从模型或间接从一个需求管理工具中捕捉。SysML 模型可以包含关键属性，在整个设计过程中都被监测，典型的属性可以包含性能属性，比如，恢复时间、物理属性（如质量）和其他属性（如可靠性和成本）。这些属性可以通过技术性能测量（Technical Performance Measurement，TPM）方法来监控。SysML 模型也可以包含属性之间的参数关系，并说明它们如何影响一个设计决策的结果。

设计划分：设计划分用来度量设计的层级聚集度和耦合度。根据接口的数量或根据不同模型之间的依赖关系来测量模型的耦合度。聚集度的测量非常困难，但可以通过一个组件的扩展性来评测，若一个组件的功能执行，不需要或较少需要外部数据，则组件的聚集度好。

设计的过程和开发：基于模型的测量方法提供了评估设计过程完整性的准则。质量属性的参考模型是否完整取决于建模工作的定义范围。评估设计完整性是必要的，但是不充分的，还需要评价需求的满足性，从而测量设计质量，当然，也可以用来评估设计的完整性。其他测量包括用例场景或逻辑组件及物理组件的测试。从系统工程的角度看，系统设计完整性的评测标准是扩展的组件是否被明确描述，这个标准可以用来评测组件接口、行为和属性规范的完整性。还需要评测扩展到的那个组件是否已经被验证和集成到系统中，并满足系统扩展的需求。在系统模型中，测试用例和验证状态作为评估的一个基础，需要同时被定义。

完成设计和开发的预估工作：利用系统工程成本模型（Systems Engineering Cost Model，COSYSMO）对系统工程活动进行成本预估。这个模型包含规模和生产性参数，其中，规模预测除了模型元素数量，还包括模型元素之间的联系，如模型的需求数量、验证需求的数量、实现的用户案例、模块的活动数目、分析的数目等。MBSE 规模参数被集成到成本模型中，此参数与它们关联的复杂性有关。例如，一个用例的复杂性不但取决于交互参与者的数目，还应考虑重用的和已存在模型的修改，以及新生成模型的数目。随着时间的推移，需要收集和确认规模参数和生产性参数，建立统计学上有意义的数据集，并评估与成本的关系，来支持准确的成本估算。早期使用的 MBSE 案例，可以明确分析建模工作的规模参数，并对模型数据进行局部预估，从而提高复杂系统的评估能力。

3.3　SysML 软件及其应用

3.3.1　SysML 软件

在人工智能时代，任何一种设计方法，当发展到一定阶段时，都会形成软件工具。SysML 建模方法也不例外。EA（Enterprise Architect）是澳大利亚Sparx Systems公司的产品，它覆盖了系统开发的整个周期，除包括开发模型的功能之外，还包括事务进程分析、使用案例需求、动态模型、组件和布局、系统管理、非功能需求、用户界面设计、测试和维护等功能。EA 为用户提供一个高性能的、直观的工作界面，联合 UML 最新规范，为桌面电脑工作人员、开发和应用团队打造先进的软件建模方案。该产品可以配备整个工作团队，包括分析人员、测试人员、项目经理、品质控制和部署人员等。

EA 将 UML 和衍生建模语言（如 BPMN 和 SysML）的强大功能与高性能的、直观的工作界面相结合，为整个开发团队带来了集成的高级工具集，其主要功能如下。

1）业务仿真

使用动态模型仿真将模型带入现实世界；验证行为模型的正确性，更好地理解业务系统如何工作；采用触发器（如按下按钮、扳动开关或接收信息）来控制仿真的执行；使用 JavaScript 编写的 Guards 和 Effects 来管理仿真流程；使用断点来分析决策和改善业务成果等。

2）端到端跟踪能力

EA 具备从需求分析、设计模型到实施和部署的全程跟踪能力；利用 EA 的关系矩阵（Relationship Matrix）和层级视图（Hierarchy View）等功能，可以在整个产品生命周期内对系统进行有效性验证、确认和直接影响分析；结合内建的任务和资源分配，项目经理及质量保证团队将获得他们需要的正确信息来帮助项目成功进行。

3）建模、管理和跟踪需求

EA 的内建需求管理功能可用来定义有组织的层次需求模型，跟踪从系统需求到模型元素的实施，搜索和汇报需求，对拟议的更改需求进行影响分析。

4）复杂性管理

管理复杂性的 EA 内建工具，包括创建策略层面概念模型和业务层面概念模型的图、特定域的文件和可重复使用的模型模式；用于跟踪和集成更改的基线和版本管理；基于角色的安全管理可使各级人员各司其职。同时，EA 利用"所见即所得"形式的模板编辑器，提供了强大的报表生成工具。

EA 系统建模软件的体系结构如图 3-4 所示，包括领域建模、扩展标准和扩展接口、基于模型的开发三大部分。MBSE 将系统领域建模与基于模型的开发的建模、仿真、测试、管理等集成起来。

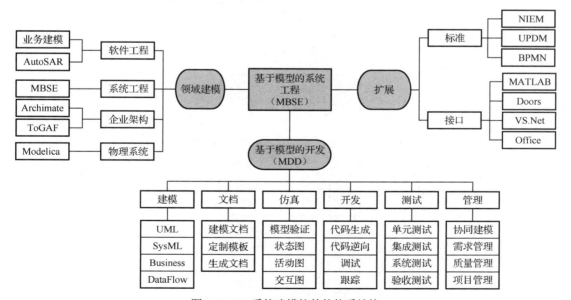

图 3-4 EA 系统建模软件的体系结构

EA 软件的主要功能如表 3-1 所示，包括基于模型的需求管理、需求条目管理、系统分析设计与建模、软件分析设计与建模、算法建模与仿真、系统运行框架建模、电子分析设计与建模、物理系统分析设计与建模、各种文档生成、软件开发、持续集成、工具总线等内容。

表 3-1　EA 软件的主要功能

功　　能	功　能　描　述
基于模型的需求管理	对需求模型、设计模型、Code 模型、测试模型等系统工程的全部模型进行关联、显示、跟踪管理
需求条目管理	导入需求文档，对需求进行关联和跟踪管理
系统分析设计与建模	采用 SysML 建立系统分析设计模型，并对系统模型进行仿真、指标分析和验证
软件分析设计与建模	采用 UML 建立软件需求和设计模型，基于模型生成 Code，进行模型仿真和验证
算法建模与仿真	采用 SysML 的结构图建立系统结构单元模型，采用状态机图描述控制逻辑，采用算法模块建立算法功能，生成代码，进行仿真和验证
系统运行框架建模	对系统的框架（Framework）、模式（Pattern）和协作机制（Mechanism）等进行建模
电子分析设计与建模	对电子电路进行建模、分析和设计，采用 PCB 建立电子元件、电路节点和线路模型，可生成代码，进行仿真和验证
物理系统分析设计与建模	对各种物理系统进行分析设计，采用 Modelica 建立物理单元模型、算法逻辑和接口关系，生成代码，进行仿真、验证
各种文档生成	对各种信息和图模型进行描述，生成文档，方便阅读和交流
软件开发	利用各种语言编写软件程序，编译成可执行程序
持续集成	代码检验、单元测试、集成测试、功能测试
工具总线	建立整个系统开发周期的工作流，提供软件工具接口，如 Word、MATLAB、VS.Net、Modelica、Protel 等

　　使用 EA 进行基于 SysML 的建模有助于解决以下问题和挑战：概念设计与详细设计紧密衔接，从需求到 CAD 设计的体现与追溯，图档的设计过程参数化，知识可重用，CAD 模型的审核与发布流程集成，CAD 的设计准则、历史经验模型化，CAD 与 CAE、工艺、制造等学科的集成等。图 3-5 给出了机电系统开发中系统工程师、软件工程师、电子工程师、机械工程师和质量工程师的建模内容和协作过程。其中，系统工程师在机电产品研发过程的开始和结束阶段起着关键作用，如系统工程师建立系统需求模型、系统设计模型、系统集成模型；而专业领域工程师实现专业领域的建模和分析，如软件工程师、电子工程师和机械工程师对机电产品的领域模型进行建模和分析。

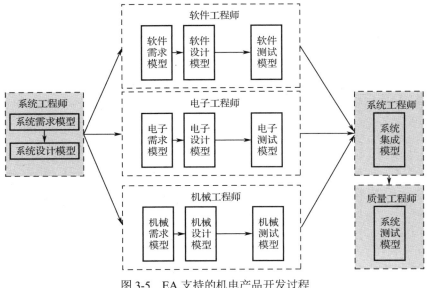

图 3-5　EA 支持的机电产品开发过程

3.3.2 基于 SysML 的机电产品设计实例

下面以美国佐治亚理工大学机电设计课题为例，介绍如何利用 SysML 进行机电系统的建模和分析。如图 3-6 所示，图 3-6（a）为液压叉车的实物照片，图 3-6（b）为液压叉车组成示意图。利用 SysML 进行叉车的系统建模，为叉车的设计和仿真提供集成模型，建立元件库，生成仿真模型，设置仿真参数，通过仿真找到系统行为的最佳图表。需要完成如下工作：系统工程师需要一种标准语言，并通过 SysML 来进行系统建模；用标准语言创建、存储有关模型，建立零部件的仿真模型库和参考模型库，为以后的系统设计提供重用模型，提高设计效率；根据参考模型的配置自动创建系统仿真模型，进行仿真。

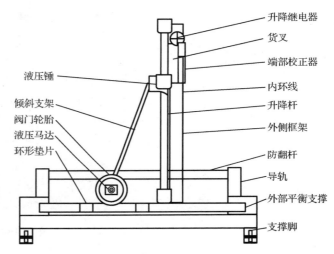

（a）液压叉车的实物照片　　　　　　（b）液压叉车组成示意图

图 3-6　液压叉车系统组成图

具体实现过程如下。

（1）建立液压系统零部件模型库，包括仿真模型库和参考模型库，为液压叉车系统的设计提供支撑，如图 3-7 所示。零部件模型库包括液压马达、液压泵、阀门、流量等。

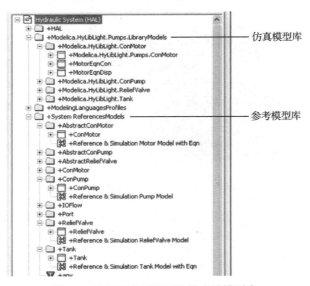

图 3-7　液压叉车系统设计的支撑模型库

（2）建立液压叉车系统结构模型，如图 3-8 所示。系统由液压泵 P（ConPump）、安全阀 RV1（ReliefValve）、安全阀 RV2（ReliefValve），液压马达 M（ConMotor）和油箱 T（Tank）组成。该结构模型根据液压流量的变化，将不同的部件关联起来，形成一个完整的液压叉车系统。

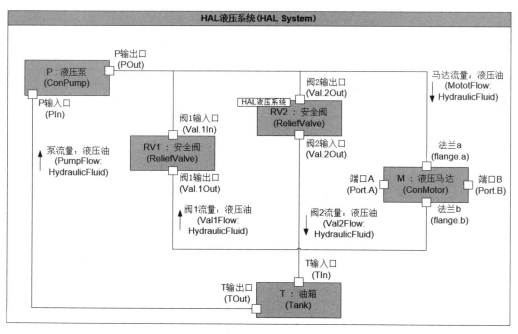

图 3-8　液压叉车系统结构模型

液压叉车系统组成部件的参数如图 3-9 所示，图中给出了液压泵、安全阀、油箱和液压马达的关键参数，包括流率、压力、扭矩等。

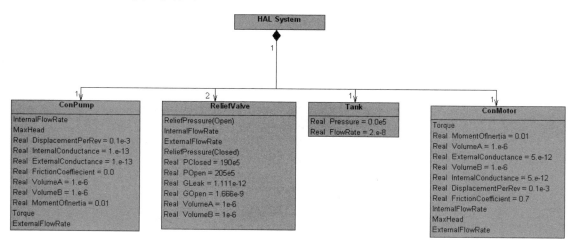

图 3-9　液压叉车系统组成部件的参数

（3）建立液压叉车动力系统的仿真模型，如图 3-10 所示。利用 Modelica 联合建模软件，建立液压马达扭矩、内部流量、外部流量等参数之间的定性关系和定量的约束方程，从而形成液压叉车动力系统的仿真模型。

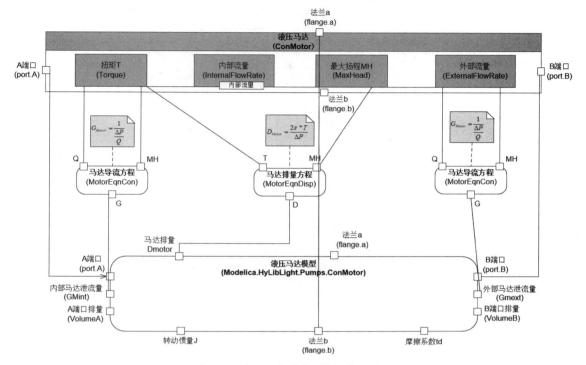

图 3-10 液压叉车动力系统的仿真模型

同时,建立液压马达流量变化仿真模型,如图 3-11 所示,包括液压马达、安全阀之间的流量关系。

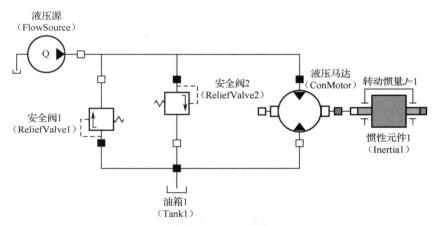

图 3-11 液压马达流量变化仿真模型

特性仿真结果如图 3-12 所示。图 3-12（a）为液压泵、马达、安全阀流速曲线,通过这些曲线可以确定液压流量的大小。图 3-12（b）为液压马达出入口压力曲线,通过这些曲线可以分析液压马达出入口压力变化趋势。图 3-12（c）给出了液压马达扭矩、角速度曲线,通过这些曲线可以判定液压马达的工作特性。

这里面得到的曲线,不用 SysML 建模也能获得,但是如果没有 SysML 系统模型,那么液压马达、液压泵和整个液压叉车系统组件之间的约束关系就不能自动调整和分析。之后通过设计、仿真分析,就可以确定液压叉车系统零部件的尺寸,建立工程图,并进行加工、装配和调试。

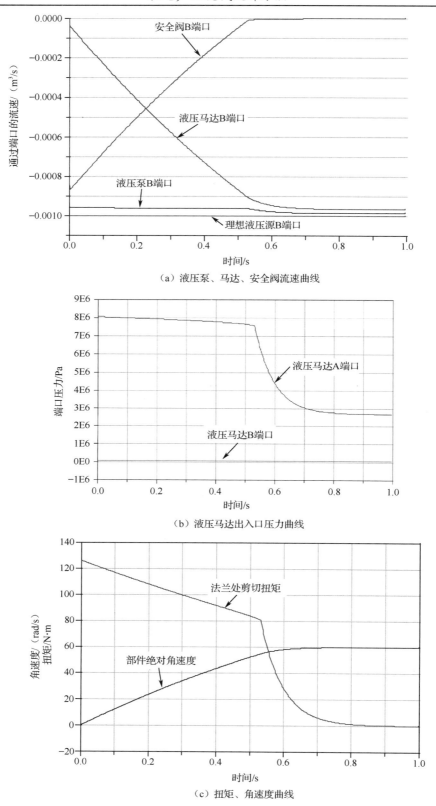

（a）液压泵、马达、安全阀流速曲线

（b）液压马达出入口压力曲线

（c）扭矩、角速度曲线

图 3-12　液压叉车系统中液压马达的特性仿真结果

3.4　QFD 分析法

3.4.1　QFD 基本原理

质量功能展开（Quality Function Deployment，QFD）技术是把不同用户或市场对产品性能的需求转化为设计要求、零部件特性、工艺要求、生产要求的多层次演绎分析方法，从而保证产品的一次开发成功，其指导思想是以市场为导向，以用户需求作为产品开发的依据。

传统的产品开发方法是被动的、反应式的设计方式，采用设计-试制-调整的产品开发模式，而 QFD 分析法采用用户驱动的产品设计方法，是主动的、预防式的现代设计方式，是系统工程思想在产品设计过程中的具体运用，正在发展成为具有方法论意义的现代设计理论。QFD 是一种面向用户的产品开发方法，它采用系统化的、规范化的方法调查和分析用户对产品的需求，并将其转换成为产品特征、零部件特征、工艺特征、质量与生产计划等技术需求信息，使得设计和制造的产品能真正地满足用户需求。它将注意力集中在规划和问题的预防上，而不仅仅集中在问题的解决上。

QFD 于 20 世纪 70 年代初起源于日本三菱重工的神户造船厂。为了应付大量的资金支出和严格的法规，神户造船厂的工程师们开发了一种称为质量功能配置的上游质量保证技术，取得了很大的成功。他们用矩阵的形式将用户需求和法规，以及何实现这些要求的控制因素联系起来。该矩阵也显示每个控制因素的相对重要度，以保证把有限的资源优先配置到重要的项目中，QFD 形成了系统性的、用来整理研发和质量控制的方法，其主要的功能如下：①确保产品质量；②创造高质量产品以满足用户需求。QFD 是一系列系统的、有步骤的程序，先从掌握用户需求开始，制作质量报表和质量规划，再详细地展开，以确定设计质量，从而展开到各零部件质量，创建质量控制机制，使企业质量计划贯穿到整个产品研发工作中。

目前尚没有统一的质量功能配置的定义。但对 QFD 的如下认识是共同的。

（1）QFD 最为显著的特点是要求企业不断地倾听用户的意见和需求，然后通过合适的方法和措施在开发的产品中体现这些需求。也就是说，QFD 是一种用户驱动的产品设计方法。

（2）QFD 在实现用户需求的过程中，帮助产品开发的各个职能部门制定出各自的相关技术要求和措施，并使各职能部门能协调工作。

（3）QFD 是一种在产品设计阶段进行质量规划和保证的方法。

《美国空军 R&M 2000 大纲》（USAF R&M2000 Process）对 QFD 的说明是 QFD 是保证用户、消费者需求，并能推动产品设计和生产过程设计的一种方法，即把用户、消费者需求变换成产品特性和过程特性，并由企业来完成这些要求的系统方法。关于 QFD 的定义有两种不同的模式，它们是综合的 QFD 模式、ASI 的四阶段模式。

1. 综合的 QFD 模式

Akao 认为，QFD 可以看作是由一系列关系组成的网络（Network of Relationship），通过这一网络，用户需求被转化为产品质量特征，产品的设计则通过用户需求与质量特征之间的关系被系统地"展开"到产品的每个功能组成中，并进一步"展开"到每个零件和生产流程中，通过这一过程，最终实现产品设计。Akao 的定义为我们提供了一个有关 QFD 的多重网络，这是一种矩阵的矩阵（Matrix of Matrices），通过几十个矩阵、图表来具体描述产品开发步骤。因此，这一巨型网络全面、综合地反映了 QFD 的实质。

综合的 QFD 模式由两大部分组成，即质量展开和功能展开。质量展开是指把用户需求展开到设计过程中去，保证产品的设计、生产与用户需求相一致；功能展开是指通过建立多学科小组，把不同的功能部门结合到产品设计到生产的各个阶段，促进小组成员的有效交流和决策。综合的 QFD 模式具体包括质量展开、技术展开、成本展开和可靠性展开。

2. ASI（美国供应商协会，America Supplier Institute）的四阶段模式

ASI 认为，QFD 作为一个总体概念，它提供了一种方法，通过这种方法可以在产品开发和生产的

每个阶段把用户需求转变为适当的技术要求。具体提出了 QFD 的四个阶段：产品规划、零部件规划、工艺规划和质量控制。ASI 模式的四个阶段与产品开发全过程的产品规划、产品设计、工艺计划和生产计划相对应。通过这四个阶段，用户需求被逐步展开为设计要求、零件特性、工艺特性和生产要求。该模式的最大优点是有助于人们对 QFD 本质的理解，有助于理解上游的决策是如何影响下游的活动和资源配置的；其缺点是不适合复杂的系统和产品。

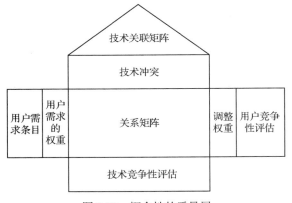

图 3-13 概念性的质量屋

QFD 的质量屋（Quality House）是一种直观的矩阵展开框架。质量屋是 QFD 基本原理的核心，它以一个输入—输出策略为基础："什么"被展开为"如何"，然后"如何"又演变成下一个阶段新的"什么"。图 3-13 给出了概念性的质量屋。

在展开的第一阶段，即产品规划阶段，输入的是用户需求，在这一阶段，用户需求被展开为设计要求，即如何满足用户需求。用户需求与设计要求之间的关联程度分为弱、中等、强三个级别，放在关系矩阵中；技术关联矩阵用于标识设计要求之间的相关关系，该阶段质量屋的输出是设计要求的权重。为了确定设计要求的权重，需要确定用户需求的权重（又称重要度），并进行用户竞争性评估；然后根据用户需求的权重和关系矩阵中关系程度的量化值，采用加权和法确定设计要求的权重。

用户竞争性评估是为了调整设计要求的权重。技术竞争性评估的目的在于设计出比竞争对手更具有竞争优势的产品。设计要求的目标值可以采用田口方法和实验设计方法，并结合相关矩阵的权衡分析加以确定。QFD 展开过程如图 3-14 所示。QFD 的目的是将重要的用户需求逐步展开为设计要求、零件特性、工艺特性和生产要求，并确定出影响用户需求的关键质量特性和关键工艺参数，为制订产品规划、工艺计划和生产计划及为改进产品和工艺的连续质量提供可靠的决策信息。

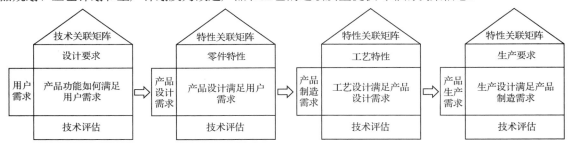

图 3-14 QFD 展开过程

QFD 的展开过程由用户需求驱动。在每一阶段，重要的用户需求始终保持在产品开发中，从而使最终的产品具有令用户满意的性能。在整个展开过程中，QFD 强调成立一个来自产品开发全过程的多功能小组，并相互交流、共同决策，并在不同阶段融合其他的分析方法（如头脑风暴法、Pareto 分析、因果图、价值分析、故障树分析、故障模式与影响分析等）和质量工程技术（如田口方法、实验设计方法、统计过程控制方法等）。组建一个高水平的多功能小组是成功应用 QFD 技术的关键。

3.4.2 质量屋的结构与参数计算

3.4.2.1 质量屋的结构

质量屋的结构如图 3-15 所示。QFD 主要由如下 6 部分构成。
（1）用户需求及重要度，即质量屋的"什么"。
（2）技术需求（最终产品特性），即质量屋的"如何"。

（3）关系矩阵，即用户需求和技术需求之间的相关程度。

（4）用户竞争性评估，站在用户的角度，对本企业的产品和市场上其他竞争者的产品在满足用户需求方面进行评估。

（5）技术关联矩阵，表示各技术需求之间的相互关系，即质量屋的屋顶。

（6）技术竞争性评估，对技术需求进行竞争性评估，确定技术需求的重要度和目标值等。

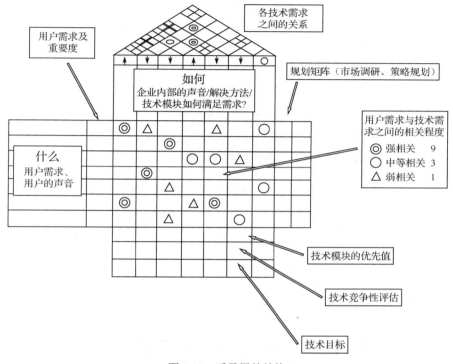

图 3-15 质量屋的结构

3.4.2.2 质量屋中参数的配置及计算

质量屋中用户需求和技术需求等属性需要量化，以便于计算分析，下面以产品规划矩阵为例说明质量屋中参数的配置及计算。

1. 用户需求及重要度

对用户需求按照功能、性能指标、可靠性、维修性、安全性、经济性（设计成本、制造成本和使用成本）和交货期等方面进行分类，根据分类结果，将获取的用户需求直接配置到产品规划质量屋中相应的位置。然后按相互间的相对重要度对需求进行标定。可采用数字 1～9 分 9 个级别标定不同需求的重要度。数值越大，说明重要度越高；反之，说明重要度越低。

2. 技术需求

在配置技术需求时，应注意满足以下三个条件。

（1）针对性，即技术需求要针对所配置的用户需求。

（2）可测量性。为了便于实施对技术需求的控制，技术需求应可测定。

（3）宏观性。技术需求只是为以后的产品设计提供指导和评价准则，而不是具体的产品整体方案设计。对于技术需求，要从宏观上以技术性能的形成来描述。

3. 关系矩阵

用户需求与技术需求之间的关系矩阵直观地说明了技术需求是否适当地覆盖了用户需求。若关系矩阵中相关符号很少或大部分是"弱"相关符号，则表明技术需求没有足够地满足用户需求，应对它进行修正。关系矩阵中，用户需求与技术需求之间的相关程度值，用数字 1～9 分级，数字越大，相关程度也越大。

4．用户竞争性评估

对其他企业的情况及本企业的现状进行分析，并根据用户需求的重要度及对技术需求的影响程度等，确定对每项用户需求是否要进行技术或目标改进。竞争能力用数字 1～5 表示，1 表示最差，5 表示最好。然后根据本企业现状和改进目标，计算出用户需求的改进程度，最后，再根据改进程度、重要度等，计算出用户需求的权重（绝对值和百分比）。

配置计算过程中的各项计算公式如下。

（1）改进比例 R_i=改进目标 T_i/本企业现状 U_i。

（2）改进权重 W_{ai}=改进比例 R_i×重要度 I_i×重点分 S_i。

其中，i 表示用户需求的编号。

5．质量屋的屋顶

质量屋的屋顶表示各技术需求之间的相互关系，这种关系表现为三种形式：无关系、正相关和负相关。屋顶中的内容不需要计算，一般只是用单圆圈表示正相关，用符号 X 表示负相关，将其标注到质量屋屋顶的相应项上，可作为确定各项技术需求具体技术参数的参考信息。

6．技术竞争性评估

技术竞争性评估的配置是完成各项技术需求的水平及其重要性的计算与评估，其任务之一是通过与相关企业状况的比较，评估本企业所提出的这些技术需求的现有水平；任务之二是利用竞争分析的结果和关系矩阵中的信息，计算各项技术需求的重要度（绝对值和相对值），以便作为制定技术需求指标或参数的依据。

技术需求的重要度按下面两式计算。

（1）重要度 T_{aj} 的绝对值=$\sum r_{ij}\cdot I_i$。

（2）重要度 T_{aj} 的相对值= $(T_{aj}/\sum T_{aj})\times100\%$。

式中，i 表示用户需求的编号，j 表示技术需求的编号，r_{ij} 是关系矩阵值，I_i 是用户需求的重要度。

3.5 QFD 软件与应用实例

3.5.1 QFD 软件

随着 QFD 在企业界应用的不断深入，人们发现 QFD 应用较复杂，文件量很大，因此人们将计算机技术引入到 QFD 中，探索计算机辅助 QFD 方法，以提高应用 QFD 的效率。将计算机技术引入 QFD 中，就能使用软件开发工具来自动生成文档和进行文档处理，使得文档的维护信息化、自动化。在 QFD 应用过程中，可以有效地选择需要配置的项目，选择产品设计的多种方案。目前，计算机辅助 QFD 已成为企业应用 QFD 的客观要求和有效手段。QFD 软件一般包括如下模块。

（1）用户需求编辑器：为用户输入、修改用户需求提供一个界面友好的环境，同时在检索类似产品需求库的基础上，向用户提供一定的帮助和咨询。

（2）用户需求评估：检查用户需求的一致性和完善程度，根据用户定制的报告格式，从数据库中检索相关的数据，输出用户需求报告。

（3）质量屋编辑模块：包括 5 个子模块，即产品规划编辑器、零件配置矩阵编辑器、工艺规划矩阵编辑器、质量控制规划矩阵编辑器、产品设计方案选择模块。其中，前 4 个模块主要负责质量屋的输入、修改工作，并向用户提供一定的在线帮助。最后一个模块负责产品设计方案的比较和择优，按照一定的决策方法对各种产品设计方案进行比较、评估，迅速帮助用户选择最佳方案。

（4）启发式检查模块：检查质量屋的关系矩阵中是否有空行或空列存在。若某一行为空行或只有"弱"关系符号，则建议用户增加新的"如何"；若某一列为空行或只有"弱"关系符号，则建议用户删除该"如何"。判断关系符号填充值是否在规定范围内，否则建议用户对关系矩阵进行修改。根据启发式规则，检查产品规划质量屋中用户竞争性评估和技术竞争性评估结果是否一致，当两者不一致时，建议用户分析其原因。

（5）质量屋配置项目决策：在一定的资源约束下，按照合适的决策方法，对各种因素进行全面考虑、综合分析，帮助选择待配置的项目，以使用户满意度最高。

（6）质量屋图形输出：从数据库中检索有关信息，按照用户定制的格式，输出质量屋图形文档。

（7）数据库：数据库分为动态数据库和静态数据库。动态数据库主要用于存放中间结果信息；静态数据库主要用于存放最终结果信息。

3.5.2　应用实例

以减速箱产品规划质量屋为例，来说明建立质量屋的步骤。建立的质量屋如图 3-16 所示，包括：①用户需求及重要度；②技术需求；③用户需求与技术需求之间的关系矩阵；④技术需求重要度；⑤各技术需求之间的相互关系；⑥用户竞争性评估；⑦技术竞争性评估。为了简便起见，质量屋的屋顶部分没有用图表达，只给出了文字说明。

1．用户需求及重要度

用户需求及重要度是质量屋最基本的输入，它们都是通过市场调查获得的。图 3-16 左上部分为减速箱的部分用户需求，如功能需求、经济性、可靠性等。重要度 K_i 为经验值，范围为 1～9。

2．技术需求

根据调查获取的用户需求，确定最终产品所应具有的技术需求，它们直接与用户需求有关，并有选择性地配置到设计、制造、装配和服务中去。因此，这些技术需求必须是可测量的，以利于它们进行控制。图 3-16 上方显示了减速箱的某些典型的技术需求，如使用寿命、最大噪声、外形尺寸、承载能力等。例如，响应"承载能力大"这一用户需求，其对应的技术需求应为减速箱"承载能力"。这是一种衡量用户满意度的方式。减速箱承载能力越大，用户越满意。

3．用户需求与技术需求之间的关系矩阵

通常采用一组符号来表示用户需求与技术需求之间的相关程度。减速箱关系矩阵如图 3-16 的中部所示。以图中的技术需求"使用寿命"为例，如果采取措施提高减速器的寿命，它对用户需求"使用寿命长"有重大的影响，另外提高寿命有助于提高安全可靠性，但同时使减速箱成本上升。因此，技术需求"使用寿命"与"使用寿命长"强相关，与"价格适中"和"安全可靠"中等相关。关系矩阵表明了技术需求对用户需求的影响程度，为确定产品改进重点提供了依据。用户需求与技术需求之间的关系为强相关◎（R_{ij} 取值为 9）、中等相关○（R_{ij} 取值为 3）、弱相关△（R_{ij} 取值为 1），如果无关则 R_{ij} 取值为 0。

4．技术需求重要度

技术需求重要度是通过矩阵运算得到的，如图 3-16 的中部所示。设 K_i 为第 i 个用户需求的重要度，R_{ij} 为第 i 个用户需求和第 j 个技术需求之间关系矩阵符号所对应的数字值（强相关为 9，中等相关为 3，弱相关为 1），H_j 为第 j 个技术需求重要度计算公式为

$$H_j = \sum_{i=1}^{m} K_i \times R_{ij}, \quad j = 1, 2, 3, \cdots, m \tag{3-1}$$

通过式（3-1）计算技术需求重要度值为 53、70、89、21、58、50、128、54、80、129。

5．各技术需求之间的相互关系

各技术需求之间常常也是有相互关系的。若改善某一技术需求的措施有助于改善另外一个技术需求，则我们定义这两个技术需求正相关；反之，如果改善某一技术需求，将对另外一个技术需求产生负面影响，则我们定义这两个技术需求负相关。减速箱技术需求之间的关系矩阵如图 3-16 顶部所示。在产品开发过程中，开发人员应仔细地分析互为负相关的那些技术需求，并采取有关措施尽量消除或减少这种负面影响。

⑤各技术需求之间的相互关系（屋顶部分，这里为了简化没有用图表达）

①用户需求		②技术需求	重要度 K_i (1~9)	外形尺寸	密封性	承载能力	速度变化范围	最大噪声	润滑状况	价格	传动效率	可装配性	使用寿命	⑥用户竞争性评估 M_i (1~5) 本产品	竞争者	
功能需求	结构	外形尺寸	4	◎										4	3	
		密封性好	5		◎				○	○				5	4	
	性能	承载能力大	9	△		◎				○				4	3	
		速度变化小	5				○							3	2	
		振动噪声低	6				△	◎	○	△				2	4	
经济性	价格	价格适中	8		△	△		△		◎		△	○	5	4	
	效率	传动效率高	6								◎			5	4	
可靠性	无故障性	安全可靠	8	△				△	△			◎	○	4	3	
	耐用性	使用寿命长	9		△			△	△				◎	*	4	3	
														0.81	0.67	
④技术需求重要度 H_j				53	70	89	21	58	50	128	54	80	129	市场竞争力指数		
技术需求目标值				小于 550mm 440mm 350mm	良好	550N·m ±3%	低分贝	良好	小于 1500 元	96%	99%	6年		③关系矩阵 R_{ij} ◎强相关 9 ○中等相关 3 △弱相关 1		
⑦技术竞争性评估 T_i (1~5)				5	5	5	3	4	3	5	4	4	4	0.90	技术竞争力指数 本产品	
				4	4	4	3	3	3	3	3	3	3	0.70	竞争者	

图 3-16 减速箱产品规划质量屋

6. 用户竞争性评估

用户竞争性评估是指从用户的角度对本公司产品和竞争者产品在满足用户需求方面的比较。它反映了市场上不同产品的优势、弱点及产品需要改进的地方。用户竞争性评估值为 M_i，一般用数字 1~5来表示用户对某类产品的某项用户需求的满意度，其中 5 表示用户对某产品的某项用户需求非常满意，1 表示用户对某产品的某项用户需求非常不满意。减速箱的用户竞争性评估如图 3-16 的右部所示。

市场竞争力指数用来评价产品在市场中的竞争力的标准，计算公式为

$$M = \frac{\sum_{i=1}^{m} M_i \times K_i}{5\sum_{i=1}^{m} K_i}, \qquad i = 1,2,3,\cdots,m \qquad (3\text{-}2)$$

式中，K_i 为第 i 个用户需求的重要度，M_i 为用户竞争性评估值，m 为用户需求项数量。通过式（3-2）计算出本产品市场竞争力指数为 0.81，竞争者市场竞争力指数为 0.67。

7. 技术竞争性评估（技术性能指标）

从技术的角度对本公司产品和竞争者产品进行评估，并与用户竞争性评估结果进行比较，检查两者是否一致，否则对所选的技术需求进行调整。一般通过实验、查阅有关文献等方式来确定本公司产品和竞争者产品技术需求的现有指标值。由于各个技术需求的测量标度不一定相同，为了便于评估，通常将它们转换成统一的定性标度 T_i。一般用数字 1~5 来衡量评估结果的好坏，如图 3-16 的中下部分所示。

技术竞争力指数计算公式为

$$T = \frac{\sum\limits_{i=1}^{m} T_i \times H_i}{5 \sum\limits_{i=1}^{m} H_i}, \qquad i = 1, 2, 3, \cdots, m \tag{3-3}$$

式中，T_i 为第 i 项技术需求竞争性评估值，H_i 为第 i 项技术重要度值，m 为技术需求项数量。通过式（3-3）计算，可以得到本产品市场竞争力指数为 0.90，竞争者市场竞争力指数为 0.70。

通常根据用户需求的重要度，用户需求与技术需求的关系矩阵和当前产品的优势与弱点来确定技术需求的目标值。图 3-16 中部给出了技术需求目标值，外形尺寸小于 550mm×440mm×350mm，密封性为良好等。

技术需求目标值的确定需要考虑多个因素，以技术需求"使用寿命"为例，它与用户需求"使用寿命长"强相关，且其重要度很高，为 9；技术需求重要度为 129。表明"使用寿命"是用户和技术都很关注的指标，如果哪家企业能够生产出使用寿命更长的减速箱，那么它将获得很高的用户满意度。因此使"使用寿命"的目标值尽量长些，这里设置为 6 年。

第4章 计算机辅助设计方法

4.1 CAD 的功能与系统构成

4.1.1 CAD 的功能与分类

计算机辅助设计（Computer Aided Design，CAD）的概念和内涵一直在不断地发展中。CAD 是工程技术人员以计算机为工具，对产品和工程进行设计、绘图、造型、分析和编写技术文档等设计活动的总称。由于产品的设计工作不能实现自动化，因此需要用户与计算机交互完成。

CAD 只是一种通用的说法，具体的 CAD 软件必须针对具体的专业领域，因为所有的 CAD 软件都需要专业领域的设计原理、约束关系、算法和支撑库，所以出现了各种领域专用的 CAD 软件。

CAD 在机械制造行业应用得最早，也最为广泛。采用 CAD 技术进行产品设计不但可以使设计人员甩掉图板，更新传统的设计思想，实现设计自动化，降低产品的成本，还可以使企业由原来的串行作业转变为并行作业，建立一种全新的设计和生产技术管理体制，缩短产品的开发周期，提高劳动生产率。如今世界各大航空、航天及汽车等制造业巨头不但广泛采用 CAD/CAM 技术进行产品设计，而且投入大量的人力、物力及资金进行专业 CAD/CAM 软件的开发。

CAD 在建筑方面的应用——计算机辅助建筑设计，为建筑设计带来了一场真正的革命。随着 CAD 软件从最初的二维通用绘图软件发展到如今的三维建筑模型软件，CAD 技术已开始被广泛采用，它可以提高设计质量，缩短工程周期。

CAD 还被用于纺织及服装行业中。以前，纺织品及服装的花样设计、图案的协调、色彩的变化、图案的分色、描稿及配色等均由人工完成，速度慢，效率低，而现在国际市场上对纺织品及服装的要求是批量小、花色多、质量高、交货要迅速。采用 CAD 技术以后，大大加快了纺织及服装企业的竞争力。

CAD 在电气和电子电路方面的应用也越来越重要，CAD 技术最早曾用于电路原理图和布线图的设计工作。目前，CAD 技术已应用到印制电路板的设计，并在大规模集成电路和超大规模集成电路的设计制造中广泛应用，并由此大大推动了微电子技术和计算机技术的发展。尤其在微电子时代，EDA（Electronic Design Automation）软件更是不可或缺的工具，可大致分为芯片设计辅助软件、可编程芯片辅助设计软件、系统设计辅助软件等，如 Protel、PSPICE、OrCAD、PCAD、MicroSim、ModelSim 等，这些工具都有较强的功能。电子类 CAD 已经发展成一个庞大的系列，有专业的技术和方法。本章主要介绍机械 CAD 的相关原理和技术。

4.1.2 CAD 发展趋势与系统构成

4.1.2.1 CAD 发展趋势

1. 二维 CAD 技术

CAD 技术起步于 20 世纪 50 年代后期，此时 CAD 技术的出发点是用传统的三视图方法来表达零件，以图纸为媒介进行技术交流，这就是典型的二维计算机绘图技术。20 世纪 60 年代出现的三维 CAD 系统只是极为简单的线框式系统，只能表达基本的几何信息，不能有效表达几何数据间的拓扑关系。

这时，法国人提出了贝塞尔算法，使得使用计算机处理曲线及曲面问题变为可能，开发出以表面模型为特点的自由曲面建模法，推出了三维曲面造型系统。它的出现，标志着 CAD 技术从单纯模仿工程图纸的三视图模式中解放出来，首次实现以计算机完整描述产品零件的主要信息，同时使得 CAM（Computer Aided Manufacturing）技术的开发有了实现的基础。曲面造型系统 CATIA 为人类带来了第一次 CAD 技术革命，改变了以往只能借助油泥模型来近似表达曲面的落后工作方式。

2. 三维 CAD 技术

20 世纪 80 年代初，CAD 系统的价格依然令一般企业望而却步，这使得 CAD 技术无法拥有更广阔的市场。以 UG、CV、SDRC 为代表的系统开始朝各自的发展方向前进，以推进市场化。SDRC 公司于 1979 年发布了世界上第一款完全基于实体造型技术的大型 CAD/CAE 软件——I-DEAS。由于实体造型技术能够精确表达零件的全部属性，在理论上有助于统一 CAD、CAE、CAM 的模型表达，给设计带来了惊人的方便性。可以说，实体造型技术的普及和应用标志着 CAD 发展史上的第二次技术革命。

3. 参数化 CAD 技术

如果说在此之前的造型技术都属于无约束自由造型的话，进入 20 世纪 80 年代中期，CV 公司内部以高级副总裁为首的一批人提出了一种比无约束自由造型更新颖、更好的算法——参数化实体造型方法，它主要的特点是基于特征、全尺寸约束、全数据相关、尺寸驱动设计修改。参数化技术公司（Parametric Technology Corp.）开始研制名为 Pro/E 的参数化软件。进入 20 世纪 90 年代，参数化 CAD 技术变得成熟起来，充分体现出其在许多通用件、零部件设计上存在的简便易行的优势。参数化 CAD 技术的应用主导了 CAD 发展史上的第三次技术革命。

参数化 CAD 技术的成功应用，使得它在 1990 年前后几乎成为 CAD 业界的标准。采用复合建模技术把线框模型、曲面模型及实体模型叠加在一起的复合建模技术，并非完全基于实体，只是主模型技术的雏形难以全面应用参数化 CAD 技术。SDRC 公司的开发人员发现了参数化 CAD 技术尚有许多不足之处，一旦所设计的零件形状过于复杂，面对满屏幕的尺寸，如何改变这些尺寸以达到所需要的形状就很不直观；欠约束能否将设计正确进行下去？沿着这个思路，在对现有各种造型技术进行了充分的分析和比较后，开发人员以参数化技术为蓝本，提出了一种比参数化 CAD 技术更为先进的实体造型技术——变量化 CAD 技术。

4. CAD 的最新发展方向——"三化"

CAD 技术以几何建模为核心，随着系统建模技术、人工智能技术和网络技术的发展，CAD 技术向集成化、智能化和网络化方向发展。

1）集成化

CAD 集成化的需求如图 4-1 所示。CAD 模型为后续的 CAE、CAAP、CAM、PMS 提供支撑。

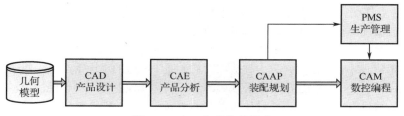

图 4-1 CAD 集成化的需求

基于模型的工程定义（Model Based Definition，MBD）是一种用集成的三维实体模型来完整表达产品信息的方法，它详细规定了三维实体模型中产品尺寸、公差的标注规则和工艺信息的表达方法。将 MBD 技术进行工程化应用至少要包含以下几部分内容：MBD 数据的完整性、MBD 模型的共享、面向制造的设计和设计与工艺的协同。MBD 技术概念的提出及相应规范起源于波音，并在国外众多企业中得到应用，在 2003 年美国机械工程师协会起草了第一份标准，2006 年国际标准化组织也发布了相应标准，我国在 2009 年开始参考制定国家标准，并于 2010 年正式发布，基于 MBD 的 CAD 集成化工程如图 4-2 所示。

（1）MBD 数据的完整性。

MBD 改变了传统由二维工程图纸来表达几何信息的方法，是用三维实体模型来定义尺寸、公差和工艺信息的分步产品数字化定义方法。同时，MBD 使三维实体模型作为生产制造过程中的唯一依据，改变了传统以工程图纸为主，以三维实体模型为辅的制造方法。三维实体模型在 MBD 技术中是制造唯一依据的标准载体，利用这个载体进行加工制造，就要保证其所承载信息的完整性，这些信息包括模型本身的属性信息和三维标注的相关信息。

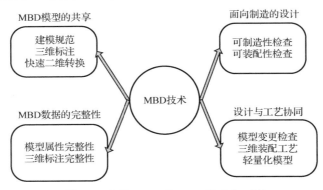

图 4-2　基于 MBD 的 CAD 集成化工程

三维实体模型的属性信息包括以下内容：单位制、材料、公差标准、精度、参数完整性等。由于 MBD 技术的特殊性，这些三维实体模型的属性信息必须准确和完整，才能确保最终加工的产品为合格的产品。

（2）MBD 模型的共享。

三维标注的实体模型作为唯一的设计数据指导生产和制造，其模型将在不同的部门之间共享和公用。这些模型的建模方法和建模规范是否标准直接影响到后续部门的模型重用。

用标注的三维实体模型作为指导生产加工的唯一数据，并取代二维工程图是必然的趋势。但是任何事物都有它的发展过程，条件成熟的适合 MBD 方式的模型利用 MBD 技术进行标注和下发，对于某些条件不具备的模型（如某些钣金件需要展开图等）或加工企业（如没有数控机床等）依然采用二维工程图的方式进行生产加工。

（3）面向制造的设计和设计与工艺的协同。

MBD 技术关注的重点就是设计和制造采用唯一的三维实体模型作为数据源。在传统的设计模式下，设计师的关注点都在三维实体模型的结构是否符合产品综合性能要求，如结构能否满足强度要求、重量要求等；一般情况下很少考虑三维实体模型的可制造性，即所设计的三维模型的结构能否满足加工设备、加工刀具等方法的要求。一般情况下，这些问题都是要等到三维实体模型通过一系列的审批程序发放到制造部门时才暴露出来，再由制造部门的人通过相应的反馈手续提出修改意见，由设计师进行更改。所以在 MBD 工程化应用中，必须考虑到三维实体模型的可制造性检查，并使设计师在设计阶段得到相应的改进意见，这就需要设计与工艺的协同。应用 MBD 技术后，设计部门变更后的模型通常直接交付给制造部门，缺少对应的手段和工具告知变更的位置和内容，造成制造部门需要自行查找变更部位并执行变更，效率较低，这是 MBD 应用推广的难点之一。

同时，对于装配而言，仅有简单的装配尺寸和装配精度的三维标注还远远不够，需要有完整的支持 MBD 技术的三维装配工艺做支撑，才能使 MBD 工程化应用得到真正的推广。

2）智能化

CAD 技术作为一种设计工具，其核心目标是帮助工程技术人员设计出更好、更具市场竞争力的产品。我们希望 CAD 系统在控制产品的设计过程、应用工程设计知识、实现优化设计和智能设计的同时，也具有丰富的图形处理功能，实现产品的"结构描述"与"图形描述"之间的转换。因此，在以几何模型为主的现代通用 CAD 技术的基础上，发展面向设计过程的智能化 CAD 技术是一种必然的趋势。

目前，机器学习和专家系统有联合起来的趋势，如图 4-3 所示。专家系统善于处理显性知识，而机器学习善于处理大数据、隐性知识，在适应性学习、联想推理、容错能力方面具有优势，两者结合是智能化 CAD 的发展趋势。

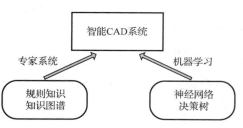

图 4-3　CAD 的智能化发展

3）网络化

对于产品设计而言，通过网络化的手段可以帮助设计师及企业改造传统的设计流程，创造一种顺应人性而又交互协作的设计环境，以便设计师能在其中形象化地表现、高效率地研究和交流设计思想，更多的设计人员可以在同一平台下，通过网络针对一项设计任务进行实时的双向交互通信与合作。同时，在基于网络协同完成设计任务的同时，与制造、商务等的全面融合又带来了技术和应用两个领域的进步。随着 Web 技术的不断渗透，支持 Web 协同设计方案的 CAD 软件已经出现。

尽管现有的桌面 CAD 系统是由大量软件组件构建的，但这些组件从未设计为在松散耦合的环境中工作，将现有的 CAD 程序分解为组件，然后使用这些组件构建基于云的 CAD 系统是不切实际的。构建可扩展的基于云的 CAD 系统的唯一实用方法是使用新架构从头开始对 CAD 组件和系统进行重新设计。

4.1.2.2　CAD 系统构成

CAD 系统构成如图 4-4 所示，一般来说它包括三个层次：基础层、建模层和显示层。其中，基础层包括基础数学模型、算法和模型存储等，如矩阵运算、插值逼近、搜索算法等，模型存储模块将 CAD 设计结果存储成文件，通过文件接口导出来，传给其他系统；建模层包括曲线模型、曲面模型、实体模型、拓扑结构、建模算法等，可实现对 2D 模型、线框模型、3D 模型的表达和处理；显示层实现对模型的变换、回转、消隐和着色，并显示在计算机屏幕上。

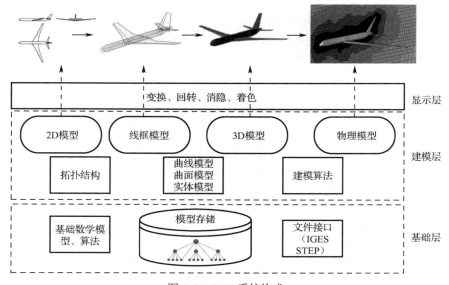

图 4-4　CAD 系统构成

显示层的可视化（Visualization）是利用计算机图形学和图像处理技术，将数据转换成图形或图像在屏幕上显示出来，再进行交互处理的理论、方法和技术。最近几年计算机图形学的发展使得三维表现技术得以形成，这些三维表现技术使人们能够再现三维世界中的物体，能够用三维形体来表示复杂的信息。可视化技术赋予人们一种仿真的、三维的并且具有实时交互的能力，这样人们可以在三维图形世界中获取信息，发挥创造性的思维。

基础层除包括基础数学模型、算法外，还包括文件接口。为了统一和使用方便，一些国际组织和机构也推出了一些广泛使用的通用标准格式，目前使用比较多的 CAD 数据文件格式包括 IGES、STEP、STL、VRML 等。

上面提到的可视化技术和文件存储标准是 CAD 系统的重要内容，但不是本章讲述的重点，本章主要讲述 CAD 更基本、更核心的技术，即曲线建模技术、曲面建模技术、CAD 建模方法与数据结构、反求建模和 CAD 二次开发技术等。

4.2　曲线的表达与处理

4.2.1　曲线表达基础

曲线、曲面的计算机辅助设计源于 20 世纪 60 年代的飞机和汽车工业。曲线、曲面的发展经历了如下几个阶段。

（1）1963 年，美国波音公司的 Ferguson 提出用于飞机设计的参数三次方程；

（2）1962 年，法国雷诺汽车公司的 Bézier 提出了以逼近为基础的曲线、曲面设计系统 UNISURF，此前 De Casteljau 大约于 1959 年在法国另一家汽车公司雪铁龙的 CAD 系统中有同样的设计，但因为保密没有公布；

（3）1964 年，Coons 提出了一类布尔和形式的曲面；

（4）1972 年，DeBoor 和 Cox 分别给出 B 样条的标准算法；

（5）1975 年以后，Riesenfeld 等人研究了非均匀 B 样条曲线、曲面，美国锡拉丘兹大学的 Versprille 研究了有理 B 样条曲线、曲面，20 世纪 80 年代末至 90 年代初，Piegl 和 Tiller 等人对有理 B 样条曲线、曲面进行了深入的研究，并形成非均匀有理 B 样条（Non-Uniform Rational B-Spline，NURBS）；

（6）1991 年，国际标准组织（ISO）正式颁布了产品数据交换的国际标准 STEP，NURBS 是工业产品几何定义的唯一的自由型曲线、曲面。

从卫星的轨道、导弹的弹道，到汽车和飞机等的外形，直至日常生活中的图案和花样设计，都离不了对曲线的描述和绘制。在遇到的各种各样的曲线中，归纳起来不外乎两类：一类是我们已经比较熟悉的，如圆、椭圆、双曲线、正弦曲线、余弦曲线、概率分布曲线、摆线螺线等，这类曲线均可以用一个曲线方程来表示，称此类曲线为规则曲线，比如，圆的方程可以写成 $x^2 + y^2 = R^2$ 等；另有一类曲线，是由一些从实际中测量得到的一系列离散数据点用曲线拟合方法来逼近的，这类曲线称为不规则曲线。这些曲线一般采用分段的多项式参数方程来表示，是一条光滑连续的曲线。常见的参数曲线有拉格朗日插值曲线、Hermite 曲线、Bezier 曲线和 B 样条曲线等。

CAD 中曲线的数学模型有三种表达方法：①参数化表达，不用代数方程，而用参数化方法表达曲线，使曲线的表达能力更强，便于计算和控制；②基函数表达，利用特殊的基函数，通过基函数的线性组合表达曲线，使曲线的表达形式和计算具有统一性；③分段表达，通过分段，可以用较低次函数表达复杂的曲线基函数。下面分别对这三种方法进行介绍。

4.2.1.1　曲线的参数化表达及特性

1. 曲线的表达形式分类

一般来说，曲线有两种表达形式：非参数曲线（代数曲线）和参数曲线。

（1）代数曲线，直接用函数来表示 x、y 和 z 坐标之间的关系，代数曲线又分为显式和隐式两种形式。

（a）显式表示：$y = f(x)$，例如，$y = kx + b$。

（b）隐式表示：$f(x,y) = 0$，例如，$x^2 + y^2 = R^2$。

（2）参数曲线，用参数来表示曲线上点的 x、y 和 z 坐标，假设在参考坐标系 xOy 平面上，有一个以原点为圆心、半径为 R 的圆。圆的参数方程可以表示为

$$x = R\cos\phi, \ y = R\sin\phi, \ z = 0 \qquad (0 \leqslant \phi \leqslant 2\pi) \tag{4-1}$$

若不用参数 ϕ，则圆的代数方程为

$$x^2 + y^2 - R^2 = 0, \ z = 0$$
$$或 \ y = \pm\sqrt{R^2 - x^2}, \ z = 0$$

2. 参数曲线的定义

参数曲线即用参数方程表达的曲线。参数方程和函数很相似，它们都是由一些在指定集合的数（称为参数或自变数）决定因变数的结果。例如，在运动学中，参数通常是"时间"，而方程的结果是速度、位置等。

1）参数的物理解释

质点运动时，它的位置必然与时间有关系，也就是说，质点的坐标 x、y 与时间 t 之间有函数关系 $x = f(t)$，$y = g(t)$，这两个函数中的变量 t 相对于表示质点的几何位置的变量 x、y 来说，就是一个"参与的变量"，也可以说是"参考的变量"（参变量）。这类实际问题中的参变量被抽象到数学中，就成了参数。

2）参数的几何解释

与向量类似，函数也可以定义为向量函数（Vector Function）。常向量是大小和方向都不变的向量，方向和大小之一或二者都变化的向量则称为变向量，若向量随某个参数的变化而变化，则变向量称为参数的向量函数。比较严谨的定义：给出一个点集 CU 和一个坐标系 G，若对于 G 中每个点 p，总有三维欧氏空间中的一个确定的向量 r 和它对应，则称 r 为定义在点集 CU 上的一个向量函数。

在空间解析几何中，空间曲线常采用参数表示，即把空间曲线上一点 p 的三个坐标都写成某个参数 t 的标量函数，设

$$p(t) = [x, y, z] = [x(t), y(t), z(t)]$$

则
$$p = p(t), \ t \in [0,1]$$

如果用 s 表示曲线的弧长，以弧长为参数的曲线方程称为自然参数方程。以弧长为参数的曲线，其切矢为单位矢量，记为 $t(s)$。切矢 $t(s)$ 对弧长 s 求导，所得导矢 $dt(s)/ds$ 与切矢相垂直，称为曲率矢量，如图 4-5 所示，其单位矢量称为曲线的单位主法矢，记为 $n(s)$，其模长称为曲线的曲率，记为 $k(s)$。曲率的倒数称为曲线的曲率半径，记为 $\rho(s)$。与 t 和 n 相互垂直的单位矢量称为副法矢，记为 $b(s)$；t（切矢）、n（主法矢）和 b（副法矢）构成了曲线上的活动坐标架；n、b 构成的平面称为法平面，n、t 构成的平面称为密切平面，b、t 构成的平面称为从切平面。

3. 切线、法线和曲率

在几何上，切线指的是一条刚好触碰到曲线上某一点的直线。当切线经过曲线上的某点（切点）时，切线的方向与曲线上该点的方向是相同的，如图 4-6 所示。当曲线上的点 Q 趋于 M 时，割线的极限位置称为曲线在点 M 处的切线。若参数曲线上任一点的坐标为 $p(t) = [x(t), y(t), z(t)]$，则该点的切线方程即参数曲线在该点处的一阶导函数，即 $p'(t) = [x'(t), y'(t), z'(t)]$。

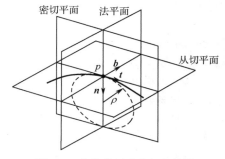

图 4-5　曲线的活动坐标与特性

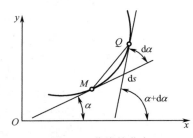

图 4-6　曲线的曲率

法线就是垂直切线方向且通过该点的直线。

曲线上两点 M 和 Q 的切线的夹角 δ 与弧长 MQ 之比的极限（当 Q 趋于 M 时），即

$$k \equiv \lim \frac{\delta}{MQ} = \frac{\mathrm{d}\alpha}{\mathrm{d}s}$$

称为曲线在 M 点的曲率。曲率也是切线的方向角对于弧长的转动率，其值为曲线在 M 处的二阶导数。向量函数的微分法和积分法都可以通过它的各分量的相应运算来进行。

4．参数曲线的本质与特点

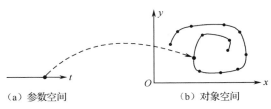

（a）参数空间　　　　　　（b）对象空间

图 4-7　参数空间与对象空间的关系

参数曲线相比代数曲线增加了参数维度，也就是说，在对象空间的基础上增加参数空间，形成参数空间到对象空间的映射。对象空间的变化可以用参数空间的控制来实现，如图 4-7 所示。

用参数方程描述运动规律时，常常比用普通方程更为直接简便。对于解决求最大射程、最大高度、飞行时间或轨迹等一系列问题都比较理想。参数方程的优点如下。

（1）有更大的自由度来控制曲线、曲面的形状。

式（4-2）采用代数方程形式表达一条曲线，由 a、b、c、d 4 个参数（系数）来控制曲线的形状，而式（4-3）采用参数形状表达一条曲线，可以看出它由 8 个参数（系数）来控制曲线的形状，这样对曲线的控制能力更强。

$$y = ax^3 + bx^2 + cx + d \qquad \text{4个系数控制曲线形状} \tag{4-2}$$

$$\begin{cases} x = at^3 + bt^2 + ct + d \\ y = et^3 + ft^2 + gt + h \end{cases} \qquad \text{8个系数控制曲线形状} \tag{4-3}$$

（2）形式不依赖坐标的选取，具有几何不变性。参数曲线的形状取决于控制点和基函数，与选取的坐标系无关。

（3）表达能力强，可以表达复杂曲线，还方便计算切线、曲率等。使用代数曲线计算时，会出现斜率为无穷大的情形（如垂线），不便于求解切线和曲率。

（4）便于用户把低维空间中曲线、曲面扩展到高维空间中去。

（5）对于规格化的参数变量 $t \in [0,1]$，相应的几何分量是有界的，而不必用另外的参数去定义边界。

（6）易于用矢量和矩阵表示几何分量，简化了计算。

参数曲线有以上这些优点，所以本章所介绍的曲线都是用参数化形式表达的。当然，代数曲线能够与参数曲线并列存在，也是因为代数曲线具有自己的优点：

（1）易于计算点与曲线、曲面之间的关系，例如，直接将点代入表达式，就可以确定点是否在曲线、曲面上；

（2）具有几何运算（求和、求差、求交、偏移）的封闭性；

（3）具有对整体形状的控制能力。

近年来，基于计算机图形学的发展和可视化的需求，代数曲线的优点更凸显出来，因为代数曲线不需要对数据点进行参数化。在图形可视化领域大多采用代数曲线，如细分曲面（Subdivision Surface）。细分曲面定义为一个无穷细化过程的极限。它们由 Edwin Catmull 和 Jim Clark，还有 Daniel Doo 和 Malcom Sabin 在 1978 年同时引入，在 1995 年之前该方法没有什么进展，直到 Ulrich Reif 解决了细分曲面在特殊点附近的行为。其中，最基本的概念是细化，通过反复细化初始的多边形网格，可以产生一系列网格，并趋向于最终的细分曲面，每个新的子分步骤产生一个新的有更多多边形元素并且更光滑的网格。代数曲线包含庞大的模型和算法，不是本章讲述的重点，本章主要讲述参数曲线的定义、模型和算法。

4.2.1.2　曲线的基函数表达及特点

前面介绍了曲线的代数表达和参数化表达的区别。这里介绍曲线的基函数表达形式，这里的基函数主要指正交基函数。

1. 用待定系数法构造曲线

将图 4-8 所示的曲线表达为经过三个点的曲线方程，可以采用待定系数法来构造，表达式为

$$\begin{cases} y_1 = a_0 + a_1 x_1 + a_2 x_1^2 \\ y_2 = a_0 + a_1 x_2 + a_2 x_2^2 \\ y_3 = a_0 + a_1 x_3 + a_2 x_3^2 \end{cases} \quad (4\text{-}4)$$

式（4-4）为根据待定系数法构造的方程组，代入三个已知点，可以得到三个系数，从而得到待求的曲线方程。这个方程存在的问题是，从几何角度看，方程的系数 a_0、a_1、a_2 缺少几何意义，改变这些系数不能很好地体现曲线的变化特性，为此，数学家们发明了用基函数来表达曲线的方法。

2. 用基函数法构造曲线

图 4-8 所示的曲线也可以用基函数构造成图 4-9 所示的曲线，三个插值点与图 4-8 的三个点相同。采用基函数与插值点乘积的和构造出的曲线方程，表达式为

$$f(x) = y_1 f_1(x) + y_2 f_2(x) + y_3 f_3(x) \quad (4\text{-}5)$$

式中，y_1、y_2、y_3 为插值点，即曲线经过的点，$f_1(x)$、$f_2(x)$ 和 $f_3(x)$ 为基函数，这里用到的基函数就是著名的拉格朗日插值基函数，如式（4-6）所示：

$$f_i(x) = \prod_{\substack{j=i \\ j \neq i}}^{1 \leqslant j \leqslant 3} \frac{(x - x_j)}{(x_i - x_j)} \quad (4\text{-}6)$$

例如，$f_1(x) = \dfrac{(x - x_2)(x - x_3)}{(x_1 - x_2)(x_1 - x_3)}$。

式（4-6）的拉格朗日插值基函数具有很好的几何性质，三个基函数分别在三个对应的插值点之一上起作用，其他两个点取值为零，即

- $y_1 f_1(x)$ 可以保证，在 x_1 点处取值为 y_1，其余两点处的取值为 0。
- $y_2 f_2(x)$ 可以保证，在 x_2 点处取值为 y_2，其余两点处的取值为 0。
- $y_3 f_3(x)$ 可以保证，在 x_3 点处取值为 y_3，其余两点处的取值为 0。

也可以总结为基函数与插值点具有线性组合关系：对于第 N 个点（假设 N 取 2），则有：第 N 个点的 y（N 取 2）=基函数 1【关闭】×第 1 个点的 y 值+基函数 2【打开】×第 2 个点的 y 值+基函数 3【关闭】×第 3 个点的 y 值。

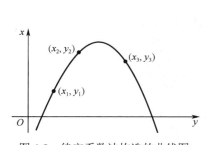

图 4-8　待定系数法构造的曲线图

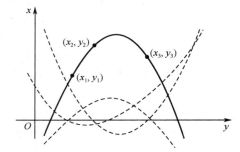

图 4-9　用基函数法构造的曲线图

拉格朗日插值基函数与插值点的作用关系如图 4-10 所示。每个基函数与对应的插值点乘积不为零，其他情况下均为零，这种关系是由基函数的正交特性决定的，所以用来构造曲线的基函数一般都具有正交性质，这是数学方法的一个普遍规律。

从基函数线性组合的角度来分析泰勒公式，也是理解泰勒公式的好途径，泰勒公式为

$$f(x) = \frac{f(x_0)}{0!} + \frac{f'(x_0)}{1!}(x - x_0) + \frac{f''(x_0)}{2!}(x - x_0)^2 + \cdots + \frac{f^{(n)}(x_0)}{n!}(x - x_0)^n + R_n(x) \quad (4\text{-}7)$$

式（4-7）的泰勒公式可以看作幂函数 $(x-x_0)^n$ 为基函数，导数 $\dfrac{f^{(n)}(x_0)}{n!}$ 为系数乘积的线性组合。

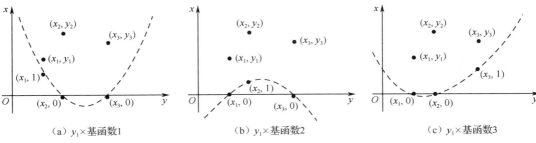

（a）$y_1 \times$基函数1　　　　（b）$y_1 \times$基函数2　　　　（c）$y_1 \times$基函数3

图 4-10　基函数与插值点的作用关系

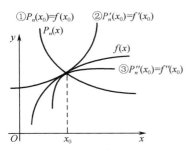

图 4-11　两条曲线相近与导数的关系

在泰勒公式中，用函数的导数作为系数与幂级函数进行线性组合就可以逼近任何复杂函数，那么，导数为什么具有这样大的作用呢？看图 4-11 所示两条曲线相近与导数的关系示意图。

图 4-11 中的两条曲线，$y=f(x)$，$y=P_n(x)$ 在 x_0 处很靠近，具有如下特性。

（1）若要求两条曲线在点 $[x_0, f(x_0)]$ 相交，则需要满足条件 $P_n(x_0)=f(x_0)$，得到曲线①。

（2）若要求两条曲线更接近，则需要满足两条曲线在点 $[x_0, f(x_0)]$ 相切，即 $P_n'(x_0)=f'(x_0)$，得到曲线②。

（3）若要求两条曲线再接近一些，则需要满足两条曲线在点 $[x_0, f(x_0)]$ 相交和相切之外，还要求在该点处，曲线的弯曲方向（曲率方向）相同，即 $P_n''(x_0)=f''(x_0)$，得到曲线③。

从上面的三个特性可以看出：当两条曲线接近时，也可以理解为当用一条曲线逼近另一条曲线时，需要在某个点 $[x_0, f(x_0)]$ 附近满足相交、相切和曲率方向相同的要求。其实，这也是泰勒公式的基本特点。

那么，是否可以说，当两条曲线逼近时，所取的导数阶次越高越好呢？也不需要，能满足计算精度要求就可以。因为阶次越高，计算起来越复杂。

参数曲线相比代数曲线，最大的特点是比较容易构造函数的基函数线性组合形式，正如任意一个向量都可以由正交基向量的线性组合表达一样，这种表达的优点是统一性好、方便处理。

3．用基函数表达曲线的几何不变性

在数学中，基函数是函数空间中特定基底的元素，函数空间中的每个连续函数都可以表示为基函数的线性组合。

在数值分析和逼近理论中，基函数也称为混合函数，原因是它们可用在插值上：把基函数混合起来可作为插值函数（"混合"的方式是根据基函数对数据点评估）。

如果基函数满足 $\displaystyle\sum_{i=0}^{n}\varphi_i \equiv 1$，就称为规范基。规范基能使构造的曲线具有几何不变性，即同样的点在不同坐标系中生成的曲线相同。比如，抛物线方程、多项式曲线一般不具有几何不变性，如图 4-12 所示。当曲线所在的坐标系发生变化（如回转）时，曲线的形状也会发生变化，这是曲线表达时不希望的。

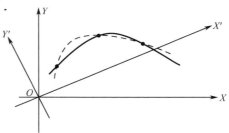

图 4-12　多项式曲线不具有几何不变性

在计算机辅助几何设计（Computer Aided Geometry Design，CAGD）中，曲线由一组基函数及相联系的系数矢量乘积来表示：

$$p(u_i) = \sum_{j=0}^{n} a_j u_i^j = p_i , \quad i=0,1,\cdots,n$$

由此可得一组线性方程组，可以用以下矩阵形式表达：

$$\begin{bmatrix} 1 & u_0 & u_0^2 & \cdots & u_0^n \\ 1 & u_1 & u_1^2 & \cdots & u_1^n \\ \vdots & \vdots & \vdots & & \vdots \\ 1 & u_n & u_n^2 & \cdots & u_n^n \end{bmatrix} \begin{bmatrix} a_0 \\ a_1 \\ \vdots \\ a_n \end{bmatrix} = \begin{bmatrix} p_0 \\ p_1 \\ \vdots \\ p_n \end{bmatrix} \tag{4-8}$$

4.2.1.3　曲线的分段表达与特点

1．工程中曲线类型

1）拟合型

对已经存在的离散点进行插值、逼近和拟合。其中，插值与逼近是曲线设计中的两种不同方法。插值设计方法要求建立的曲线数学模型严格通过已知的每个型值点。而用逼近设计方法建立的曲线数学模型只是近似地接近已知的型值点。而曲线的拟合则是这两种设计方法的统称，是指在曲线的设计过程中，用插值或逼近设计方法使生成的曲线达到某些设计要求，如在允许的范围内贴近原始的型值点或控制点序列，使曲线看上去很光滑。

2）设计型

设计人员对其所设计的曲线（曲面）并无定量的概念，而是在设计过程中即兴发挥。在实际的曲线造型应用中，需要适当地选择曲线段间的连续性，使造型物体既能保证其光滑性的要求，也能保证其美观性的要求。

2．低次多项式组合曲线

以幂级函数为基函数构造的多项式曲线不能保证几何不变性，其他多项式插值曲线（如拉格朗日、Newton、Hermite 等）较幂级多项式曲线在计算性能等方面有较大改进，但总体上多项式曲线存在以下两个问题。

（1）次数增高时，出现多余的拐点；

（2）整体计算，一个数据点的微小改动可能引起曲线整体大的波动。

由于高次多项式曲线存在缺陷，单一低次多项式曲线又难以描述复杂形状的曲线，所以采用低次多项式按分段的方式，在一定连续条件下拼接复杂的组合曲线是较好的选择。

3．多段曲线的连续性

曲线间连接的光滑度的度量方式有两种。①函数的可微性（参数连续性）：组合曲线在连接处具有 n 阶连续导矢，即 n 阶连续可微，这类光滑度称为 C_n 连续或 n 阶参数连续；②几何连续性：组合曲线在连接处满足不同于 C_n 的某一组约束条件，称为具有 n 阶几何连续，简记为 G_n 连续。C_n 连续保证 G_n 连续，但反过来不行。也就是说 C_n 连续的条件比 G_n 连续的条件更苛刻。图 4-13 给出了不同连续曲线的形状。

1）参数连续性

● C_0 连续，零阶参数连续，前一曲线段终点与后一曲线段起点相同。在连接点曲线形状可能发生突变，若以相同的参数间隔移动镜头，会产生移动过程的不连续性。

● C_1 连续，一阶参数连续，两相邻曲线段连接点处有相同的一阶导数。

● C_2 连续，二阶参数连续，两相邻曲线段连接点处有相同的一阶导数和二阶导数。

2）几何连续性（只需连接处的导数成比例）

● G_0 连续，前一曲线段终点与后一曲线段起点相同。

● G_1 连续（斜率连续），两相邻曲线段连接点处一阶导数成比例。

● G₂ 连续，两相邻曲线段连接点处一阶导数和二阶导数成比例。G₂ 连续时，两个曲线段在交点处的曲率相等。

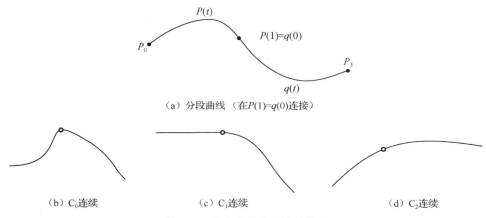

（a）分段曲线 （在$P(1)=q(0)$连接）

（b）C₀连续　　　　　　　　　（c）C₁连续　　　　　　　　　（d）C₂连续

图 4-13　分段曲线的连续性类型

总结一下，计算机辅助几何设计（CAGD）中，曲线表达具有参数化、分段的特点，为了插值、逼近或设计曲线，还需要定义插值点、型值点和控制点。

插值点：插值点是在构造曲线时事先给出的点和插值曲线需要经过的点。

型值点：型值点是指通过测量或计算得到的曲线或曲面上少量描述曲线或曲面几何形状的数据点，在求解参数曲线时，型值点是插值曲线必须经过的点。一般来说，在构造曲线时，插值点和型值点是重合的。

控制点：控制点是在曲线中，用于约束曲线走势、控制曲线形状，并且一般不在曲线上的点。

所以，构造一条曲线，关键在于确定三个方面：参数化的基函数、控制点和型值点。用不同的方法确定基函数、控制点和型值点就形成不同的曲线。下面介绍几种典型的曲线。

4.2.2　Hermite 曲线

Hermite 曲线是以法国数学家 Charles Hermite 的名字命名的，是一个分段三次多项式曲线，在每个型值点都有给定的切线。Hermite 曲线可以局部调整，因为每个曲线段仅依赖端点约束。

给定曲线的两个端点 P_0、P_1，以及两端点处的切线 R_0、R_1，则满足下列条件的三次多项式曲线为 Hermite 曲线：整个曲线通过所有的型值点，而且对于每个曲线段来说，它通过两个相邻的型值点。

图 4-14　Hermite 曲线的几何意义

这里把这两个点作为该段曲线的起点和终点，设为 P_0 点和 P_1 点，并且假定曲线段在两端点处的切矢量为已知，分别设为 R_0 和 R_1。曲线的参变量 t 在两个端点取值 0 和 1 之间变化，如图 4-14 所示。

控制曲线形状有两种方法：①改变端点位置矢量；②调节切矢量方向，如图 4-15 所示。

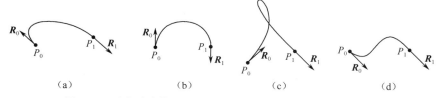

（a）　　　　　（b）　　　　　（c）　　　　　（d）

图 4-15　改变端点位置矢量和切矢量方向的 Hermite 曲线变化

Hermite 曲线基函数的数学表达式如下：

$$\begin{cases} B_1(t) = 1 - 3t^2 + 2t^3 \\ B_2(t) = 3t^2 - 2t^3 \\ B_3(t) = t - 2t^2 - t^3 \\ B_4(t) = -t^2 + t^3 \end{cases}, \quad t \in [0,1] \tag{4-9}$$

Hermite 曲线的控制点为两个端点 P_0、P_1，以及两端点处的切线 R_0、R_1，则曲线的矩阵表达式为

$$H(t) = [1 - 3t^2 + 2t^3 \quad 3t^2 - 2t^3 \quad t - 2t^2 - t^3 \quad -t^2 + t^3] \begin{bmatrix} P_0 \\ P_1 \\ R_0 \\ R_1 \end{bmatrix}, \quad t \in [0,1] \tag{4-10}$$

式中，基函数向量与控制点向量相乘得到 Hermite 曲线。

4.2.3　Bezier 曲线

Hermite 曲线的控制点是曲线端点位置矢量及相应的切矢量，但在船舶和汽车的外形设计中，工程师更喜欢用多边形来控制一条曲线。1962 年，法国雷诺汽车公司的 Bézier 设计了以逼近为基础的曲线曲面设计系统 UNISURF，此前 De Casteljau 大约在 1959 年在法国另一家汽车公司雪铁龙的 CAD 系统中有同样的设计。在这个软件中，给出了著名的贝塞尔曲线，它通过控制曲线上的 4 个点（起点、终点及两个相互分离的中间点）来创造、编辑图形，在该多边折线的各顶点中，只有第一点和最后一点是在曲线上的，其余的顶点则用来定义曲线的导数、阶次和形状。第一条边和最后一条边则表示曲线在起点处和终点处的切线方向，即第一条边和最后一条边分别和曲线在起点和终点处相切。曲线的形状趋向于多边折线的形状。改变多边折线的顶点位置与曲线形状的变化有着直观的联系，如图 4-16 所示。

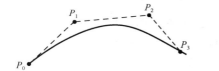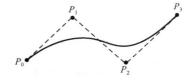

图 4-16　Bézier 多边折线控制曲线形状示意图

n 次 Bezier 曲线定义如下：

$$C(t) = \sum_{i=0}^{n} P_i B_{i,n}(t), \quad 0 \le t \le 1 \tag{4-11}$$

式中，控制顶点为 $P_i = [P_0 \quad P_1 \quad P_2 \quad P_3 \cdots P_n]$，基函数为 $B_{i,n}(t)$，$i = 0,1,2,3,\cdots,n+1$，也称权函数，是数学家 Bernstein（伯恩斯坦）给出的，也称调和函数：

$$B_{i,n}(t) = \frac{n!}{i!(n-i)!} t^i (1-t)^{n-i} = C_n^i t^i (1-t)^{n-i}, \quad i = 0,1,2,\cdots,n$$

Bernstein 基函数的形式与牛顿二项式定理［式（4-12）］非常相似：

$$(x+y)^n = \sum_{k=0}^{n} \binom{n}{k} x^{n-k} y^k = \sum_{k=0}^{n} \binom{n}{k} x^k y^{n-k} \tag{4-12}$$

当式（4-12）的 $x = t$，$y = 1-t$ 时，二项式就成为 Bernstein 多项式，其图形如图 4-17 所示。
Bernstein 基函数的性质如下。

（1）正性：对于所有的 i、n 及 $0 \le t \le 1$，均有 $B_{i,n}(t) \ge 0$ 成立，且 $B_{i,n}(0) = B_{i,n}(1) = 0$。

（2）规范性：$\sum_{i=0}^{n} B_{i,n}(t) \equiv 1$，$t \in (0,1)$。

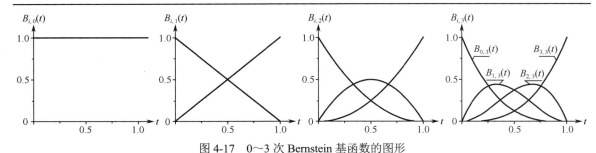

图 4-17 0～3 次 Bernstein 基函数的图形

（3）对称性：$\sum_{i=0}^{n} B_{i,n}(t) = \sum_{i=0}^{n} B_{n-i,n}(1-t)$，$t \in (0,1)$。

（4）递推性：$B_{i,n}(t) = (1-t)B_{i,n-1}(t) + tB_{i-1,n-1}(t)$，$i = 0,1,\cdots,n$。

（5）可导性：$B'_{i,n}(t) = nC_{n-1}^{i-1}(1-t)^{n-i}t^{i-1} - nC_{n-1}^{i}(1-t)^{n-i-1}t^{i}$。

Bezier 曲线是由 Bernstein 基函数与多边形控制点相乘而形成的，所以 Bezier 曲线具有如下性质。

（1）端点重合，$C(0)=P_0$，$C(1)=P_n$，曲线的端点与控制多边形的端点重合。

（2）端点切矢量重合，曲线端点切矢量与多边形端点线段重合。

（3）对称性：顶点次序颠倒，其形状不变。

（4）几何不变性：曲线的位置和形状只与特征多边形的顶点位置有关，不依赖坐标系的选取。

（5）凸包性（Convex Hull）：曲线位于特征多边形的顶点的凸包内。

（6）变差缩减性：平面 Bezier 曲线与此平面内任一直线的交点个数不大于其相应特征多边形与该直线的交点数，其几何意义是 Bezier 曲线比其特征多边形更光滑。

三次 Bezier 曲线的插值公式为

$$C(t) = \sum_{i=0}^{3} P_i B_i(t), \quad 0 \leqslant t \leqslant 1 \tag{4-13}$$

式中，$P_i = [P_0 \quad P_1 \quad P_2 \quad P_3]$ 为控制点，折线集 $P_0P_1P_2P_3$ 为控制多边形；$B_i(t)$（$i=0,1,2,3$）称为基函数。

三次 Bezier 曲线表示为 3+1 个控制顶点的加权和。三次 Bezier 曲线（$n=3$）的表达式为

$$\begin{aligned}C(t) &= \sum_{i=0}^{3} P_i B_{i,3}(t) = P_0 B_{0,3}(t) + P_1 B_{1,3}(t) + P_2 B_{2,3}(t) + P_3 B_{3,3}(t) \\ &= (1-t)^3 P_0 + 3t(1-t)^2 P_1 + 3t^2(1-t)P_2 + t^3 P_3\end{aligned}$$

$$B_{i,3}(t) = B_{i,n}(t) = \frac{n!}{i!(n-i)!}t^i(1-t)^{n-i} = \frac{3!}{i!(3-i)!}t^i(1-t)^{3-i}, \quad i = 0,1,2,3$$

将曲线 $C(t)$ 写成矩阵形式，得三次 Bezier 曲线的矩阵表达式为

$$C(t) = TM_Z P$$

调和函数 B_Z 为

$$B_Z = TM_Z = \begin{bmatrix} B_{0,3} \\ B_{1,3} \\ B_{2,3} \\ B_{3,3} \end{bmatrix}^{\mathrm{T}} = \begin{bmatrix} (1-t)^3 \\ 3t(1-t)^2 \\ 3t^2(1-t) \\ t^3 \end{bmatrix}^{\mathrm{T}}$$

$$T = [t^3 \quad t^2 \quad t \quad 1]$$

$$M_Z = \begin{bmatrix} -1 & 3 & -3 & 1 \\ 3 & -6 & 3 & 0 \\ -3 & 3 & 0 & 0 \\ 1 & 0 & 0 & 0 \end{bmatrix}$$

设有两条 Bezier 曲线 $P(t)$ 和 $Q(t)$，其控制顶点分别为 $P_0,P_1,P_2,\cdots,P_m$ 和 $Q_0,Q_1,Q_2,\cdots,Q_n$，达到 G_0 连续的充要条件是 $Q_0=P_3$，如图 4-18 所示。通过 Bezier 曲线拼接，可以得到更复杂的曲线。

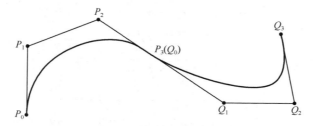

图 4-18　拼接曲线

Bezier 曲线的不足之处如下。

（1）确定了多边形的顶点数（m），也就决定了所定义的 Bezier 曲线的阶次（$m-1$），这样很不灵活。

（2）当顶点数（m）较大时，曲线的阶次将比较高。此时，多边形对曲线形状的控制将明显减弱。

（3）调和函数的值在开区间（0,1）内均不为零。因此，所定义的曲线在 $0<t<1$ 区间内的任何一点均要受到全部顶点的影响，即改变其中任一个顶点的位置，将会对整条曲线产生影响，因而对曲线进行局部修改将变得不可能。

4.2.4　B 样条曲线

样条曲线的物理背景：样条（Spline）是富有弹性的细木条或有机玻璃条。早期船舶、汽车、飞机放样时将压铁压在样条的一系列型值点上，调整压铁达到设计要求后绘制其曲线，该曲线就称为样条曲线 $y(x)$。由材料力学可知，样条曲线满足方程：

$$\frac{1}{R(x)}=\frac{\mathrm{d}^2y/\mathrm{d}x^2}{[1+(\mathrm{d}y/\mathrm{d}x)^2]^{3/2}}=\frac{M(x)}{EI} \tag{4-14}$$

式中：$R(x)$——梁的曲率半径；

　　　$M(x)$——作用在梁上的弯矩；

　　　E——材料的弹性模量；

　　　I——梁横截面的惯性矩。

在梁弯曲不大的情况下，$y'\ll1$，简化为 $y''(x)=M(x)$，可以得出，$y(x)$ 是 x 的三次多项式，这就是插值三次样条函数的物理背景。

1972 年，Gordon、Riesenfeld 等人发展了 1946 年 Schoenberg 提出的样条方法，提出了 B 样条方法。用 n 次 B 样条基函数替换了 Bernstein 基函数，构造了 B 样条曲线。B 样条曲线除保持了 Bezier 曲线所具有的优点外，还增加了可以对曲线进行局部修改这一突出的优点。除此之外，它还具有对特征多边形更逼近、多项式阶次较低等优点。因此，B 样条曲线在外形设计中得到了广泛的重视和应用。

由 B 样条基函数代替 Bezier 曲线中的 Bernstein 基函数，得到 B 样条曲线基函数：

$$N_{i,0}(u)=\begin{cases}1, & t_i\leqslant u<t_{i+1}\\0,\end{cases}$$

$$N_{i,k}(u)=\frac{(u-t_i)N_{i,k-1}(u)}{t_{i+k}-t_i}+\frac{(t_{i+k+1}-u)N_{i+1,k-1}(u)}{t_{i+k+1}-t_{i+1}} \qquad (t_k\leqslant u\leqslant t_{k=1}) \tag{4-15}$$

式中，$N_{i,k}(u)$，$i=0,1,2,3,\cdots,n+1$ 称为基函数，即调和函数。

B 样条曲线基函数的组合图形如图 4-19 所示，高次基函数由低次基函数线性组合而成。

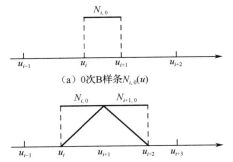

（a）0次B样条$N_{i,0}(u)$

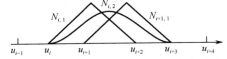

（b）两个0次B样条$N_{i,0}(u)$、$N_{i+1,0}(u)$组合得到1次B样条$N_{i,1}(u)$

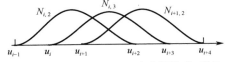

（c）两个1次B样条$N_{i,1}(u)$、$N_{i+1,1}(u)$组合得到2次B样条$N_{i,2}(u)$

（d）两个2次B样条$N_{i,2}(u)$、$N_{i+1,2}(u)$组合得到3次B样条$N_{i,3}(u)$

图 4-19　B 样条曲线基函数的组合图形

B 样条基函数具有如下特点。

（1）定义域被节点细分（Subdivided）。将定义域［0,1］分解成了不同阶段，不同于 Bezier 曲线基函数。

（2）基函数不是在整个区间非零。每个 B 样条基函数在附近一个子区间非零，因此，B 样条基函数局部有效。

B 样条曲线的定义：设 P_i（$i=0,1,2,3,\cdots,n$）为给定空间的 $n+1$ 个顶点，即 B 样条曲线特征多边形的 $n+1$ 个顶点，则 k 次（$k+1$ 阶）的表达式为

$$C(u)=\sum_{i=0}^{n} P_i N_{i,k}(u), \quad a \leqslant u \leqslant b \tag{4-16}$$

式中，P_i 为控制点（Control Point）序列，$N_{i,k}(u)$ 是定义在非周期（并且非均匀）节点矢量 $U=\{\underbrace{a,\cdots,a}_{p+1个},u_{p+1},\cdots,u_{m-p-1},\underbrace{b,\cdots,b}_{p+1个}\}$（包含 $m+1$ 个节点）上的 p 次 B 样条基函数。除非另外声明，均假定 $a=0,b=1$。由 $\{P_i\}$ 构成的多边形叫作控制多边形（Control Polygon）。B 样条曲线拟合图如图 4-20 所示。

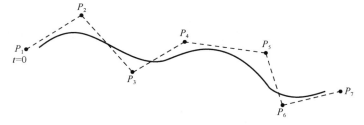

图 4-20　B 样条曲线拟合图

B 样条曲线的性质如下。

（1）端点及连续性（扩展性）：如果对特征多边形 $P_0P_1P_2P_3$ 增加一个顶点 P_4，则特征多边形 $P_1P_2P_3P_4$ 生成的三次 B 样条曲线与 $P_0P_1P_2P_3$ 生成的三次 B 样条曲线在连接点的一阶和二阶导数都是连续的。

（2）局部性：三次 B 样条曲线只被相邻的 4 个顶点所控制，而与其他顶点无关。当移动一个顶点时，只对其中两段曲线有影响，并不对整段曲线有影响。

（3）几何不变性：曲线的形状与特征多边形各顶点的相对位置有关，而与坐标系的选择无关。

B 样条曲线的基函数是局部支撑的，修改一个数据点，在修改处的影响最大，对其两侧的影响快速衰减，其影响范围只有前后各 k 段曲线，对曲线的其他部分没有影响。这是计算机辅助几何设计所需要的局部修改性。均匀 B 样条曲线未考虑曲线数据点的分布对参数的影响，当曲线弦长差异较大时，弦长较大的曲线段比较平坦，而弦长较小的曲线段则鼓胀，甚至因过"冲"而产生"纽结"。

4.2.5　NURBS 曲线

非均匀有理 B 样条（Non-Uniform Rational B-Spline，NURBS）曲线，顾名思义，就是在有理 B 样条的基础上，用非均匀节点矢量表达式来构造有理 B 样条而形成的曲线。

均匀 B 样条函数的特点是节点参数沿参数轴的分布是等距的，因而不同节点矢量生成的 B 样条基函数所描绘的形状是相同的。在构造每段曲线时，若采用均匀 B 样条函数，由于各段所用的基函数都一样，故计算简便。非均匀 B 样条函数的节点参数沿参数轴的分布是不等距的，因而不同节点矢量形成的 B 样条函数各不相同，需要单独计算，其计算量比均匀 B 样条大得多，但为自由控制曲线形状提供了更大自由。NURBS 曲线具有如下特点。

（1）对标准的解析形状（如圆锥曲线、二次曲面、回转面等）、自由曲线、曲面提供了统一的数学表示，无论是解析形状，还是自由格式的形状均有统一的表示参数，便于工程数据库的存取和应用；

（2）可通过控制点和权因子来灵活地改变形状；

（3）对插入节点、修改、分割、几何插值等处理工具比较有利；

（4）具有透视投影变换和仿射变换的不变性；

（5）非有理 B 样条、有理及非有理 Bezier 曲线是 NURBS 的特例表示。

NURBS 曲线是由分段有理 B 样条多项式基函数定义的，表达式为

$$P(u) = \frac{\sum_{i=0}^{n} \omega_i P_i N_{i,k}(u)}{\sum_{i=0}^{n} \omega_i N_{i,k}(u)} = \sum_{i=0}^{n} P_i R_{i,k}(u) \tag{4-17}$$

式中：$N_{i,k}(u)$——k 次 B 样条基函数，具有规范性、局部支撑性、可微性等特性，其中

$$N_{i,0}(u) = \begin{cases} 1, & u_i \leqslant u \leqslant u_{i+1} \\ 0, & \text{其他} \end{cases}$$

$$N_{i,k}(u) = \frac{(u - u_i)N_{i,k-1}(u)}{u_{i+k} - u_i} + \frac{(u_{i+k+1} - u)N_{i+1,k-1}(u)}{u_{i+k+1} - u_{i+1}}, \quad k \geqslant 1$$

P_i——控制点，确定曲线的位置，通常不在曲线上，用于形成控制多边形。

ω_i——权因子，确定控制点的权值，它相当于控制点的"引力"，其值越大，曲线就越接近控制点。

需要指出，这里基函数 $N_{i,k}(u)$ 的参数 u 定义在非均匀节点矢量上，节点矢量 $U = [u_0, u_1, \cdots, u_m, \cdots, u_{n+k+1}]$，节点矢量由一系列节点（Knot）组成，节点是 NURBS 曲线多项式中限定参数 u 范围的点。节点就像一种边界，在某个节点 u_m 的边界内，相应的控制点 P_n 起作用。节点矢量中节点个数 m 与基函数次数 k 及控制点数 n 的关系为 $m = n + k + 1$。图 4-19 中的基函数 $N_{i,k}(u)$ 与 u_i 的取值范围相关，如果 u_i 所在区间不均匀，就构成了非均匀节点矢量。

4.3　曲面的表达

CAD 建模系统必须存储每条边的曲线方程，同样必须存储每个面的曲面方程。因此，首先需要

知道有哪些可用的曲面方程的类型，可以用哪些属性来建立这些方程。

空间曲线上一点 p 的每个坐标都可以被表示为某个参数 u 的函数 $x=x(u)$，$y=y(u)$，$z=z(u)$。把三个方程合在一起，三个坐标分量就组成曲线上该点的位置矢量，该曲线函数被表示为参数 u 的矢量函数。

同样，空间曲面也可参数化表达，如图 4-21 所示。参数 u、v 的变化区间常取为单位正方形，即 $u,v \in [0,1]$。x、y、z 都是 u 和 v 的二元可微函数。当 (u,v) 在区间 $[0,1]$ 变化时，与其对应的点 (x,y,z) 就在空间中形成一张曲面。

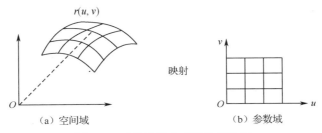

图 4-21　曲面参数化表达的示意图

曲面方程的一般形式为

$$r = r(u,v) = r(x(u,v), y(u,v), z(u,v)) \tag{4-18}$$

式（4-18）中，曲面上每个点 (x,y,z) 都是参数 (u,v) 的函数。下面给出的双线性曲面、COONS 曲面、NURBS 曲面和插值曲面都是在这种统一参数化表达形式的基础上发展出来的。每类曲面都是假定了一些已知点、面信息，通过插值或组合形成曲面方程的。

4.3.1　双线性曲面

双线性曲面是已知 4 个数据点，利用参数 u 和 v 的线性函数对 4 个数据点插值得到的，其所得曲面的 4 个角点分别标记为 $P_{0,0}$、$P_{1,0}$、$P_{0,1}$ 和 $P_{1,1}$，如图 4-22 所示。找出与参数值 u 和 v 对应的任意点的坐标表达式，就可得到双线性曲面的方程。假设这个点是以 $u:(1-u)$ 的比例分割 $P_{0,v}$ 和 $P_{1,v}$ 之间的线段得到的；同时假设 $P_{0,v}$ 和 $P_{1,v}$ 分别是线段 $P_{0,0}$、$P_{0,1}$ 和 $P_{1,0}$、$P_{1,1}$ 的内分点，分割比例为 $v:(1-v)$。用这种方法定义的点 $P(u,v)$ 将随着参数 u 和 v 从 0 逐渐变化到 1，整个曲面就会被遍历。基于这些假设，$P_{0,v}$ 和 $P_{1,v}$ 可表示为

$$P_{0,v} = (1-v)P_{0,0} + vP_{0,1} \tag{4-19}$$

$$P_{1,v} = (1-v)P_{1,0} + vP_{1,1} \tag{4-20}$$

这样，$P(u,v)$ 可由 $P_{(0,v)}$ 和 $P_{(1,v)}$ 按下式得到：

$$P(u,v) = (1-u)P_{0,v} + uP_{1,v} \tag{4-21}$$

把式（4-19）和式（4-20）代入式（4-21），得到下面的双线性曲面方程：

$$P(u,v) = (1-u)[(1-v)P_{0,0} + vP_{0,1}] + u[(1-v)P_{1,0} + vP_{1,1}]$$

$$= [(1-u)(1-v) \quad u(1-v) \quad (1-u)v \quad uv] \begin{bmatrix} P_{0,0} \\ P_{1,0} \\ P_{0,1} \\ P_{1,1} \end{bmatrix} \quad (0 \leqslant u \leqslant 1,\ 0 \leqslant v \leqslant 1) \tag{4-22}$$

对参数 u 和 v 赋以 0 和 1，可以验证式（4-22）中的 4 个数据点是双线性曲面的 4 个角点。式（4-22）还表明，一个双线性曲面就是通过调和函数 $(1-u)(1-v)$、$u(1-v)$、$(1-u)v$、uv 对 4 个角点简单地加权调和后得到的。因此，采用线性调和函数的双线性曲面方程，其所表示的曲面一般较为平坦。

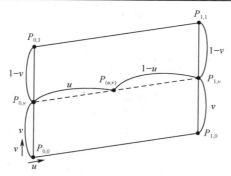

图 4-22　4 个数据点控制的双线性曲面

4.3.2　COONS 曲面

在双线性曲面中对 4 个角点进行了调和，但在一个 COONS 曲面中，已知曲面的 4 条边界，这 4 条边界被曲线调和，并形成一个曲面片（Patch）。曲面是对应参数区间（$0 \leq u \leq 1$，$0 \leq v \leq 1$）的曲面片，因此，任意曲面都由一些曲面片组成。

假设给出的 4 条边界曲线分别为 $P_0(v)$、$P_1(v)$、$Q_0(u)$、$Q_1(u)$，如图 4-23 所示。另外，假设曲线 $Q_0(u)$ 和 $Q_1(u)$ 中 u 的参数区间都是[0,1]，并有相同的方向，如图中 u 的箭头所示方向向右。同样，$P_0(v)$ 和 $P_1(v)$ 的 v 参数区间都是[0,1]，并且方向向上。若给出的边界曲线不满足这些假设条件，它们的方程就必须转换。方向和参数区间很容易通过参数反向或比例缩放来改变。

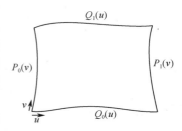

图 4-23　4 条边界曲线形成的一个 COONS 曲面片

选择两条相对的曲线 $P_0(v)$ 和 $P_1(v)$，它们在 u 方向上用式（4-23）进行插值。

$$P_1(u,v) = (1-u)P_0(v) + uP_1(v) \qquad (4\text{-}23)$$

由式（4-23）定义的曲面，在 $u=0$ 处，以 $P_0(v)$ 为边界；在 $u=1$ 处，以 $P_1(v)$ 为边界。而另一对在角点之间的边界曲线将为两条直线。可以将 $v=0$ 或 $v=1$ 代入式（4-23），对此进行验证，发现由式（4-23）定义的曲面不以 $Q_0(u)$ 和 $Q_1(u)$ 为边界。

现在试着在 v 方向上插值 $Q_0(u)$ 和 $Q_1(u)$，并定义一个曲面：

$$P_2(u,v) = (1-v)Q_0(u) + vQ_1(u) \qquad (4\text{-}24)$$

将 u 和 v 的边界值代入式（4-24），可以发现，由式（4-24）定义的曲面以 $Q_0(u)$ 和 $Q_1(u)$ 为边界，而不以 $P_0(v)$ 和 $P_1(v)$ 为边界。因此，再尝试定义另一个曲面，把 $P_1(u,v)$ 和 $P_2(u,v)$ 相加得到 $P_3(u,v)$，看它是否以所有边界曲线为边界。$P_3(u,v)$ 表示为

$$P_3(u,v) = (1-u)P_0(v) + uP_1(v) + (1-v)Q_0(u) + vQ_1(u) \qquad (4\text{-}25)$$

可以看出，COONS 曲面片的正确形式是从 $P_3(u,v)$ 中减去双线性曲面方程：

$$\begin{aligned} P(u,v) = {} & (1-u)P_0(v) + uP_1(v) + (1-v)Q_0(u) + vQ_1(u) - (1-u)(1-v)P_{0,0} - \\ & u(1-v)P_{1,0} - (1-u)vP_{0,1} - uvP_{1,1} \qquad (0 \leq u \leq 1,\ 0 \leq v \leq 1) \end{aligned} \qquad (4\text{-}26)$$

其中，$P_{0,0}$ 由 $P_0(0)$ 或 $Q_0(0)$ 给出，$P_{1,0}$ 由 $P_1(0)$ 或 $Q_0(1)$ 给出，$P_{0,1}$ 由 $P_0(1)$ 或 $Q_1(0)$ 给出，$P_{1,1}$ 由 $P_1(1)$ 或 $Q_1(1)$ 给出。

COONS 曲面片由于其简捷性而被广泛应用。但是，由于曲面的内部形状不能单独由边界曲线来控制，因此 COONS 曲面片并不适合曲面的精确建模。

4.3.3　NURBS 曲面

如同 NURBS 曲线方程一样，只要增加一个参数维度，就可以定义 NURBS 曲面方程：

$$P(u,v)=\frac{\sum\limits_{i=0}^{n}\sum\limits_{j=0}^{m}h_{i,j}P_{i,j}N_{i,k}(u)N_{j,l}(v)}{\sum\limits_{i=0}^{n}\sum\limits_{j=0}^{m}h_{i,j}N_{i,k}(u)N_{j,l}(v)} \qquad (s_{k-1}\le u\le s_{n+1},\ t_{l-1}\le v\le t_{m+1}) \tag{4-27}$$

其中，$P_{i,j}$ 是 x,y,z 坐标，$h_{i,j}$ 是控制点的齐次坐标。

　　与 NURBS 曲线方程一样，当所有的 $h_{i,j}$ 都等于 1 时，式（4-27）表示的是 B 样条曲面。NURBS 曲面方程是包括 B 样条曲面方程在内的 B 样条曲面的一般形式。NURBS 曲面更具有优势，它能精确地描述二次曲面，如圆柱面、圆锥面、球面、抛物面和双曲面。这些曲面之所以被称为二次曲面，是因为在它们的方程中参数 u,v 是二次的。因此，常用 NURBS 曲面方程对这些曲面做统一的内部表示。

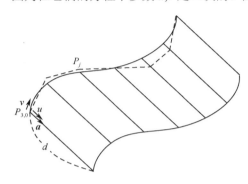

图 4-24　通过平移曲线产生的面

　　通过一个实例展示 NURBS 曲面形成的过程。如图 4-24 所示，通过平移曲线形成一个曲面。假设要平移的曲线已经是一条 NURBS 曲线，给定 NURBS 曲线的阶数为 1，节点值为 t_p（$p=0,1,\cdots,m+1$），以及 $m+1$ 个控制点 P_j，含 x,y,z 坐标和 h_j 的齐次坐标，可得出：

$$P(v)=\frac{\sum\limits_{j=0}^{m}h_jP_jN_{j,l}(v)}{\sum\limits_{j=0}^{m}h_jN_{j,l}(v)} \qquad (t_{l-1}\le v\le t_{m+1}) \tag{4-28}$$

　　NURBS 曲面的边界线是一条由控制点定义的 NURBS 曲线，这些控制点与边界曲线相关，它们控制多面体的顶点。同时，在相应的方向上，边界线的阶数和节点分布与曲面内部相同。因为平移曲线就是曲面的边界线，所以曲面上的控制点、阶数、节点可以由同一参数方向上的平移曲线来获取。

　　现在分析曲面关于 u 方向的信息。如图 4-24 所示，假设 u 为平移的方向，也就是说，曲面在 u 方向上满足线性条件，因此 u 方向上只需是 2 阶的和有 2 组控制点。这样，在 u 方向上的节点值是 0、0、1、1，而且只需两组控制点：一组通过 P_j 获得；另一组通过在平移方向上将 P_j 平移一段距离 d 得到。所以，曲面控制点的 x,y,z 坐标 $P_{i,j}$ 和齐次坐标 $h_{i,j}$ 可表示为

$$
\begin{aligned}
P_{0,j}&=P_j\\
P_{1,j}&=P_j+d\boldsymbol{a}\\
h_{0,j}&=h_{1,j}=h_j
\end{aligned}
\tag{4-29}
$$

式中，d 是平移的距离；$\boldsymbol{a}$ 是平移方向的单位矢量。

　　总之，NURBS 曲面方程为式（4-30）的形式，将式（4-29）的值代入式（4-30）便能求得曲线坐标。

$$P(u,v)=\frac{\sum\limits_{i=0}^{1}\sum\limits_{j=0}^{m}h_{i,j}P_{i,j}N_{i,2}(u)N_{j,l}(v)}{\sum\limits_{i=0}^{1}\sum\limits_{j=0}^{m}h_{i,j}N_{i,2}(u)N_{j,l}(v)} \qquad (0\le u\le 1,\ t_{l-1}\le v\le t_{m+1}) \tag{4-30}$$

式中，$N_{j,l}(v)$ 是基于节点值 t 的。

4.3.4　插值曲面

　　通过数据点可以生成插值曲线，同样，通过数据点也可以生成插值曲面，如利用点云数据建立几何模型时一般采用这种方法。在这一节里，将导出一个通过数据点集生成的 B 样条曲面。

　　如图 4-25 所示，定义数据点为 $Q_{p,q}$（$p=0,1,\cdots,n$ 和 $q=0,1,\cdots,m$）。由于满足了 $(n+1)\times(m+1)$ 个约束条件，因此任意含有至少 $(n+1)\times(m+1)$ 个控制点的 B 样条曲面都可以用来构造该插值曲面。这里只简单地考虑有 $(n+1)\times(m+1)$ 个控制点的 B 样条曲面：

$$P(u,v) = \sum_{i=0}^{n}\sum_{j=0}^{m} P_{i,j} N_{i,k}(u) N_{j,l}(v) \tag{4-31}$$

式中，P_{ij} 是所求的插值曲面的控制点，要求这个曲面通过所有数据点 $Q_{p,q}$。若每个数据点的参数值为 u_p 和 v_q，则可得

$$Q_{p,q} = \sum_{i=0}^{n}\sum_{j=0}^{m} P_{i,j} N_{i,k}(u_p) N_{j,l}(v_q) \tag{4-32}$$

令 $\sum_{j=0}^{m} P_{i,j} N_{j,i}(v_q) = C_i(v_q)$，可得

$$Q_{p,q} = \sum_{i=0}^{n} C_i(v_q) N_{i,k}(u_p) \tag{4-33}$$

式中，将 $0\sim m$ 值代入 q，得

$$Q_{p,0} = \sum_{i=0}^{n} C_i(v_0) N_{i,k}(u_p)$$

$$Q_{p,1} = \sum_{i=0}^{n} C_i(v_1) N_{i,k}(u_p) \tag{4-34}$$

$$\vdots$$

$$Q_{p,m} = \sum_{i=0}^{n} C_i(v_m) N_{i,k}(u_p)$$

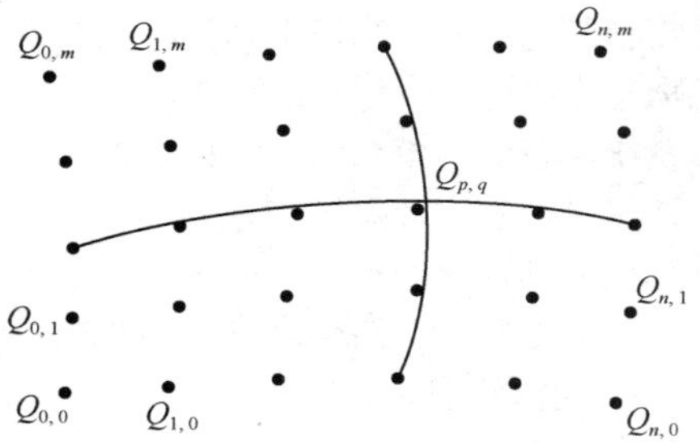

图 4-25　构造曲面的数据点

若将下标 p 的值 $0\sim n$ 代入式(4-34)，可以得到 $C_i(v_0)(i=0,1,\cdots,n)$，这是插值点为 $Q_{0,0},Q_{1,0},Q_{2,0},\cdots,Q_{n,0}$ 的 B 样条曲线的控制点，这条曲线就是图 4-26 中从下到上的第一条水平曲线。同样地，$C_i(v_1)(i=0,1,\cdots,n)$ 为插值数据点 $Q_{0,1},Q_{1,1},Q_{2,1},\cdots,Q_{n,1}$ 的 B 样条曲线的控制点，这条曲线就是图 4-26 中从下到上的第二条水平曲线。$C_i(v_q)$（$i=0,1,\cdots,n$）为插值数据点 $Q_{0,q},Q_{1,q},Q_{2,q},\cdots,Q_{n,q}$ 的 B 样条曲线的控制点，这条曲线就是图 4-26 中从下到上的第 $q+1$ 条水平曲线。

在此之前，先从 $C_i(v_q)$（$q=0,1,\cdots,m$）得出控制点 $P_{i,j}$。为此，再次定义 $C_i(v_q)$：

$$C_i(v_q) = \sum_{j=0}^{m} P_{i,j} N_{j,l}(v_q) \tag{4-35}$$

若将下标 q 的值 $0\sim m$ 代入公式，会发现 $P_{i,j}$ 就是插值点为 $C_i(v_0),C_i(v_1),\cdots,C_i(v_m)$ 的 B 样条曲线的控制点。特别地，$P_{0,j}$ 是插值点为 $C_0(v_0),C_0(v_1),\cdots,C_0(v_m)$ 的 B 样条曲线的控制点，即图 4-26 中从上到下的第一条曲线的控制点。$P_{1,j}$ 是插值点为 $C_1(v_0),C_1(v_1),\cdots,C_1(v_m)$ 的 B 样条曲线的控制点，即图 4-26 中从上到下的第二条曲线的控制点，依此类推。

由上述分析，可以概括出求 $P_{i,j}$ 的如下步骤。

（1）数据点在某个方向上被 B 样条曲线插值，如图 4-26 所示。

（2）将 B 样条曲线的控制点沿着与 B 样条曲线交叉的方向插值。也就是说，将所得到的所有 B 样条曲线的第 i 个控制点集中起来，用一条 B 样条曲线插值。这个 B 样条曲线的控制点是 $P_{i,0},P_{i,1},P_{i,2},\cdots,P_{i,m}$，重复这一步骤，直到 i 从 0 增大到 n，就得到了所有的 $P_{i,j}$。

得到了插值曲面的控制点，还需要进一步确定 u 和 v 方向上各自的阶数 k 和 l，以及节点值。最常见

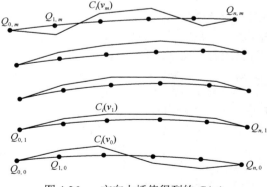

图 4-26　u 方向上插值得到的 $C_i(v_q)$

的曲面在 u 和 v 方向上都是三次的，所以 k 和 l 的阶数通常为 4。u 和 v 方向上的节点值用下面的方法确定。如图 4-26 所示，在 u 方向上的每次插值都有 $m+1$ 组不同的节点值。将这 $m+1$ 组不同的节点值

取平均值而得到一组节点值。换言之，第 i 个节点值是通过对所有 $m+1$ 组中第 i 个节点值取平均值而得到的。在 v 方向上的节点值也是通过这一方法得到的。

4.4 CAD 建模方法与数据结构

4.4.1 CAD 建模方法

几何建模系统能够在计算机里建立几何模型。在使用这种系统时，设计者在细化形状的过程中，可以对可视化模型进行变形、添加、切除等操作。这种三维的可视化模型看起来同物理模型一样，虽然它是无形的、触摸不到的，但携带着相关的数学描述，因此不必对原型进行测量，而这恰恰是使用物理模型进行设计、创造难以做到的。根据几何建模系统的发展历程，几何建模系统可分为线框建模系统、表面建模系统、实体建模系统和特征与参数化建模系统。本节将分别介绍这几种建模系统，包括建模过程、数据结构、处理方法，以计算机能够理解的方式对实体进行明确的定义和数学描述。计算机内部构造的模型一般由数据、数据结构和算法三部分组成。

4.4.1.1 线框建模（Wireframe Modeling）

线框建模系统用特征线和端点来表示几何体，并用这些边框线和顶点来显示三维图形，通过修改点和线来改变图形的形状。也就是说，计算机模型仅仅是形状的线框图，其对应的数学描述是曲线方程、点坐标的列表及点线连接信息。连接信息可以表达点与相关曲线的关系，如哪些曲线是相连的，在哪些点处相连。线框建模系统在几何建模初期开发，这是由于线框建模系统仅仅需要用户输入简单的信息就可创建，相对比较简单。然而，仅由线框构成的虚拟模型有时是模棱两可的，即具有二义性，如图 4-27 所示。同样的线框模型，可以有端面凹陷和端面突出两种显示。此外，在线框模型的数学描述里没有形体内部或外部边界面的信息。若缺乏这些信息，即使线框模型看起来是三维的，也不能计算物体的质量，不能生成加工该形体表面的刀具路径，不能划分有限元网格。由于线框建模系统缺少这些在设计过程中必不可少的信息，因此逐渐被表面建模系统和实体建模系统取代。

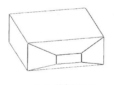

（a）线框模型   （b）端面凹陷   （c）端面突出

图 4-27 线框模型及存在的缺点

4.4.1.2 表面建模（Surface Modeling）

在表面建模系统中，一个可视模型（表面模型）的数学描述除包括线框模型中的特征线及其端点的信息外，还包括形体的表面信息。因此，在图形屏幕上操作可视模型时，曲面方程、曲线方程和点的坐标都将被更新。若将表面隐藏，则表面建模系统产生的可视模型看起来就与线框模型完全相同。其数学描述包括一些表面连接信息（例如，表面是如何连接的，以及哪些表面彼此连接且相交于哪一条曲线等），这些连接信息在一些应用中非常有用。例如，由数控机床走刀轨迹所生成的程序，可能要用到这些连接信息，用来检测与当前加工面相邻的表面是否会发生根切问题。在表面建模系统中创建一个表面，一般有三种典型的方法：①根据输入的点进行插值；②根据输入的曲线组进行插值；③将指定曲线进行平移或旋转，扫掠成曲面。表面建模的输入方法可能会因为表面建模系统的不同而不同。在第 4.2 节和第 4.3 节中介绍曲线、曲面的表达，表达方式不同，输入方法就不同。用表面建模系统来创建具有复杂表面的模型，主要有三个作用：①可视模型用来评估所设计的产品是否美观；②数学描述可以生成产品表面的数控加工走刀轨迹；③数学描述网格化处理，可以为有限元分析提供输入。图 4-28 是表面建模系统创建的表面模型。图 4-28（a）为曲面集合图像；图 4-28（b）为组合面分割示意图，即把一个组合曲面分解成多个单独曲面；图 4-28（c）为将单独曲面分别表达（曲面创成）的示意图。可以看出，一个复杂的组合曲面模型需要曲面模型、曲线模型和数据结构共同描述。

（a）曲面集合图像　　　　　（b）组合面分割　　　　　（c）曲面创成

图 4-28　表面模型构造示意图

4.4.1.3　实体建模（Solid Modeling）

实体建模系统支持的建模方法有 4 种，分别介绍如下。

（1）检索事先在系统程序中存储的基本体素，找到之后改变其尺寸来创建简单的实体，这种建模方法被称为体素建模法。在一个实体上进行添加或切除部分形体的操作，称为布尔运算。体素建模法要用到布尔运算。这种建模方法可以使设计者尽快地建立接近最终形状的实体，就像小朋友玩生面团一样，他可以先捏出物体大致的形状，然后进行修改、细化。

（2）通过移动表面来生成实体，如扫描（Sweeping）和蒙皮（Skinning）。扫描操作通过拉伸或旋转一个已定义好的封闭平面区域而创建一个实体。旋转一个封闭平面区域创建出实体的扫描操作，也叫作旋转操作。当定义一个封闭平面区域时，用户需要对图形施加几何约束或者输入尺寸数据，而不只是定义形状。这里所说的几何约束就是形状单元之间的关系（如两条直线垂直、相邻圆弧和直线相切等）。这样，系统就会生成一个与尺寸数据一致的精确图形，而改变几何约束或者尺寸数据就会生成一个不同的封闭平面区域和实体。因为通过改变参数可以生成不同的实体，所以这种方法被称为参数化建模。参数也可以是包含在几何约束或尺寸值之中的常量。当给出一个最终要生成的实体的横截面时，蒙皮方法可通过创建包围一个空间的蒙皮表面而生成一个实体。该方法使设计者能够创建一个非常接近最终形状的模型，因为多个横截面可以非常精确地描述最终要生成的实体。

（3）直接操作实体顶点、边和面等底层对象来创建实体的方法，称为边界建模方法，它与表面建模系统中的方法有点相似，这种方法可以创建出任意形状的实体。

（4）设计者使用熟悉的形体来创建实体，如设计者可以使用诸如"在特定位置钻一个一定尺寸的孔"和"在特定位置做一个特定尺寸的倒角"的命令来创建实体，这种方法被称为基于特征的建模方法（简称特征建模方法）。这种建模方法需要制造特征信息，这些信息为制造过程的自动化提供了基础。

4.4.1.4　特征与参数化建模

基于特征的建模方法能够使设计者使用熟悉的形状单元来建立实体。所建实体除包含基础形状实体信息（顶点、边和面等）之外，还包含形状单元的信息。形状单元也被称为特征，用这些特征进行建模称为基于特征的建模。大多数特征建模系统所支持的普通特征都是一些制造特征，如倒角、打孔、圆角、开槽、开腔等。它们之所以被称为制造特征是因为每个特征都与一个确切的加工方法相对应，例如，孔是通过钻削加工得到的，开腔是通过磨削加工得到的。因此，当给定了加工特征（如尺寸和定位等信息）时，特征建模系统就可以自动地生成一个实体模型的加工工序。事实上，自动加工工序就是连接 CAD 与 CAM 的纽带。

在参数化建模系统中，设计者通过使用各个元素的几何约束和尺寸数据来建立一个图形。几何约束描述的是各元素之间的关系。例如，两个平面保持平行，两条边在同一平面内，一条曲线边与相邻的直线边相切等。尺寸数据不仅包括标在图形上的尺寸，还包括尺寸之间的关系。设计者以数学方程式的形式将这些关系给出，这样参数化建模就可以通过求解尺寸及尺寸之间关系的几何约束方程式来建立一个所需的图形。

4.4.2　数据结构

在前面的 CAD 建模方法中介绍了实体建模的一些方法，一个几何实体可能有多种建模方法，并可利用不同的曲线、曲面来表达，这些数学描述都会被存储在计算机里。这里讨论用于存储数学描述的数据结构，通过数据结构可将一个复杂几何体中不同的数学描述组织在一起。根据数据结构的对象进行分类，可以将描述实体的数据结构分为三种类型。

（1）将体素的布尔运算过程存储在一个树形结构中，这个过程被称为构造实体几何（Constructive Solid Geometry，CSG）描述，这个树形结构也被称为 CSG 树。

（2）数据结构存储实体的边界信息（例如，顶点、边和面及它们的连接信息）。这种描述实体的方法称为边界表示（Boundary Representation，B-Rep）法，它的数据结构被称为 B-Rep 数据结构。

（3）数据结构存储的对象是立体点素等简单对象的集合。用这种方式表示的实体模型被称为分解模型（Decomposition Model，DM）。虽然根据所选择对象的不同，可能用到不同的分解模型，但没有一种分解模型可以精确地表示一个实体。

4.4.2.1　构造实体几何（CSG）表示法

CSG 表示法构造一个实体的过程如图 4-29 所示，图 4-29（a）表示一个复杂实体可以通过体素的布尔运算来表达，把布尔运算过程用一棵二叉树表示，这棵树可以由图 4-29（b）中相互关联的数据元素来表示。

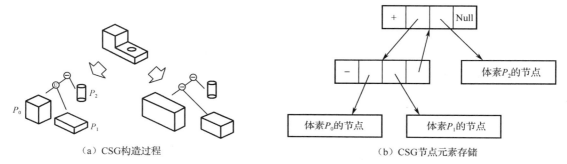

(a) CSG构造过程　　　　　　　　　　　　　(b) CSG节点元素存储

图 4-29　CSG 表示示意图

CSG 树形结构具有以下优点。

（1）数据结构简单而且数据存储紧凑，因此数据管理很方便。

（2）存储在 CSG 树形结构中的实体总是一个有效的实体，这个有效实体的内部和外部都可以清楚地被描述。CSG 表示法与用户操作界面中的体素管理结构树相一致，便于理解。

（3）一个实体的 CSG 表示一般都可以转换为相应的 B-Rep 表示，从而 CSG 表示可以与 B-Rep 的应用程序进行集成。

（4）通过改变相应的体素参数值可以很容易地实现参数化建模，如图 4-30 所示。

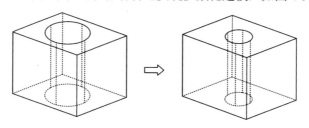

图 4-30　通过改变参数修正实体

然而，CSG 树形结构也有如下缺点。

（1）因为在 CSG 树形结构中只存储了布尔运算的过程，若只运用了布尔运算，则可建立形体的范围就会受到限制。此外，一些方便的局部修改功能，如拉伸和倒圆等也将不能使用。

（2）在 CSG 树形结构中必须通过大量的计算才能得到边界面、边界线及这些边界对象间的连接信息，而许多应用都需要这些边界信息，如实体的显示、获取实体曲面上的曲线等。

正是由于这些缺点，CSG 表示需要和相应的边界表示一起使用（称为混合表示），并需要保持两种表示之间的一致性。

4.4.2.2   边界表示（B-Rep）法

边界表示法利用组成一个实体边界的顶点、边和面等基本元素表示实体。B-Rep 数据结构就是用来存储这些元素及它们之间相互的连接信息的。图 4-31 为五面体的 B-Rep 表示模型，一个五面体对象的拓扑信息包括面、环、边、顶点，顶点对应几何信息（点坐标值），通过拓扑分解，一个复杂的几何体可以被分解成简单的几何要素，可建立这些几何要素之间直接的逻辑关系。

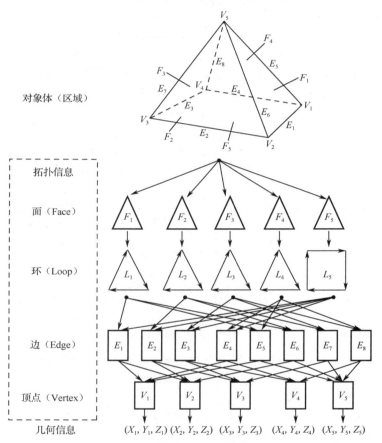

图 4-31   五面体的 B-Rep 表示模型

表 4-1 为存储图 4-31 所示 B-Rep 模型的数据结构，包括面表、线表（边表）和点表。面表存储的是每个面的边界，当从外面观察一个实体时，每个面的边的存储顺序是逆时针的，按照一致的方式将边列表表示出来，则所有的面就存储在一起了，并含有实体内部、外部的确定信息；线表的每一行存储每条边的顶点，顶点存储每个顶点的 x, y, z 坐标值，这些坐标值通常定义在实体的固联坐标系中；点表存储每个顶点的坐标值。

表 4-1   B-Rep 模型的数据结构的面表、线表和点表

面　　表		线　　表		点　　表	
表面	边线	边线	顶点	顶点	坐标值
F_1	E_1，E_5，E_6	E_1	V_1，V_2	V_1	x_1，y_1，z_1
F_2	E_2，E_6，E_7	E_2	V_2，V_3	V_2	x_2，y_2，z_2

面　　表		线　　表		点　　表	
表面	边线	边线	顶点	顶点	坐标值
F_3	E_3, E_7, E_8	E_3	V_3, V_4	V_3	x_3, y_3, z_3
F_4	E_4, E_8, E_5	E_4	V_4, V_1	V_4	x_4, y_4, z_4
F_5	E_1, E_2, E_3, E_4	E_5	V_1, V_5	V_5	x_5, y_5, z_5
		E_6	V_2, V_5		
		E_7	V_3, V_5		
		E_8	V_4, V_5		

　　这种数据结构看起来非常简单和紧凑，但由于有以下缺点，因此它不能用于复杂的实体建模系统中。

　　（1）这种数据结构主要用于存储平面多面体。若被存储的实体有曲面和曲线，则应该修改面表和边表的每一行，使它们分别包含曲面方程和曲线方程。平面的方程不需要被存储，因为平面方程可以由面上的点得到。

　　（2）如图 4-32（a）所示，一个既有外部边界又有内部边界的面是不能存储在面表内的，因为它需要多个边表而不是一个边表。一种解决办法就是增加一条与内部和外部边界相连接的边，如图 4-32（b）所示。通过这种方法，两个边表就可以合并为一个。这种用于连接的边被称为桥边，它会在合并之后的边表中出现两次。

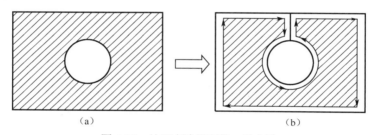

（a）　　　　　　　　　　　（b）

图 4-32　处理多边界面的一种方法

　　（3）仅从存储在上述面表、线表、点表中的信息来推导连接信息是很麻烦的。比如，当实体的边界表示是用面表、线表、点表给出时，需查询公用一条边的两个面。为了完成此项任务，需搜索整个面表，以确认存储该边的行，搜索效率会很低。

　　有两种典型的数据结构可以用于存储实体的边界表示，而不会遇到以上问题，它们就是半边数据结构和翼边数据结构。这里只讲述半边数据结构（Half-Edge Data Structure）。

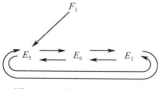

图 4-33　面 F_1 的双向链表

　　每个面的边序列可以用一个双向链表来存储，表示图 4-31 中的 F_1 面的双向链表如图 4-33 所示。面只存储了链表中起始边的指针而不是所有边的列表。链表中每条边都有指向前一条边和后一条边的指针，这样，面表就可以固定列数了，也就可以根据指针来重新建立边的列表了。面 F_1 可以指定边 E_6 或 E_1 作为它的起始边，在这种情况下，对于给定的同一个边的列表，每条边的指针都是可以任意指定的。

　　先把每条边分成两半，每条边分为方向相反的两条边，如图 4-34 所示。每个面存储的是半边的双向链表，而不是整条边的双向链表。每个面的半边被前后排列起来，当从实体的外部观察面时，构成逆时针顺序的边列表。因此，可以得到面 F_1 和 F_2 的半边双向链表，如图 4-35 所示。

　　可以用环来处理内部有孔的面，这样就不需要添加额外的桥边。环是指构成封闭回路的边列表。任何一个面都可以由一个与外部边线对应的外环和几个与内部边线对应的孔环表达。由于环的介入，每个面都可以通过环，而不用直接指向半边来查阅半边列表。每个面都可以将环的边列表存储在一个双向链表中，而每个环都存储着半边相应的半边列表。这样，一个面无论有多少个内部孔，都可以在不添加额外桥边的情况下进行处理。

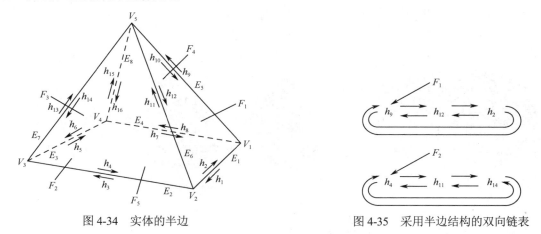

图 4-34　实体的半边　　　　　　　　　图 4-35　采用半边结构的双向链表

引入半边和环的数据结构比只使用点、边和面的数据结构更有优势。点、边和面的连接信息也可以通过使用半边和环的形式存储在数据结构中，而这些对象的连接信息也可以通过所存储的连接信息得到。

4.4.2.3　混合表示法

混合（Hybrid Model）表示法就是将 B-Rep 和 CSG 两种表示法结合起来，利用 CSG 存储建模顺序的能力和 B-Rep 面、边、点的处理能力，共同表达一个复杂的几何体，如图 4-36 所示。

这种混合表示法是当前 CAD 系统最常用的一种方法，可以提高表达能力和计算效率。

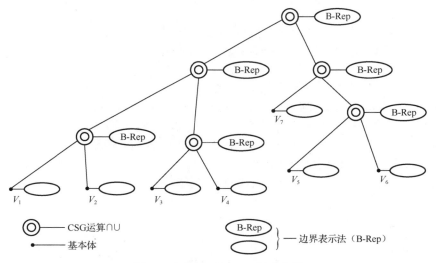

图 4-36　B-Rep 和 CSG 混合表示

4.4.2.4　立体像素表示法和八叉树表示法

一个实体模型可以近似地用小立方体的组合来表达。用这种方法描述的实体模型被称为分解模型。对于一个实体来说，可以有许多种分解模型，不同的分解模型所选择的简单实体组合方法也不同。典型的分解模型和存储它们的数据结构的表示法主要包括立体像素（Voxel）表示法和八叉树（Octree）表示法。

1．立体像素表示法

实体的立体像素（Voxel）表示法是二维图形光栅表示的三维扩展。一个实体的 Voxel 表示产生过程与光栅表示过程一样，用 x 轴、y 轴、z 轴上均布的网格平面将一个大正方体分割成小正方体，则小的正方体被称为 Voxel，用一个三维数组表示这个大的正方体，这个数组元素的数目与小正方体的个数是一样的，而且数组的每个元素都赋予 1 值或 0 值。是 1 值还是 0 值取决于元素在被表示的实体中的位置。图 4-37 是实体的立体像素表示法的例子，图 4-37（a）表示一个轮胎状实体，图 4-37（b）表示一棵树。

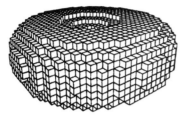 

（a）立体像素表示法描述一个轮胎状实体　　　　　　　　　（b）立体像素表示法描述一棵树

图 4-37　实体的立体像素表示法

用 Voxel 表示来描述一个实体有如下的优点。

（1）任意形状的实体总可以用 Voxel 表示来近似地描述，如图 4-37（b）的树形实体，用其他方法表示比较困难。在计算机图形显示中，大多数情况下都不需要精确的几何信息，用 Voxel 表示非常方便处理。

（2）在实体的 Voxel 表示中，计算一个实体的特性（如质量和惯性力矩）是非常简单的。通过相加每个 Voxel 的质量特征，得到实体的任何一个质量特征也是非常简单的。

（3）虽然 Voxel 表示是用来描述空间中的一个实体，但它也可以表示一个没有实体的空间。在规划机器人行走路径以避开障碍物的过程中，这个特性就很有用。因为从障碍物的 Voxel 表示中可以得到机器人的可行走空间。

（4）Voxel 表示本身是一个原始实体的近似，因此，很多实体建模系统不单独使用 Voxel 作为实体的数学描述。事实上，Voxel 经常被用来辅助表示，从而提高计算效率。

2．八叉树表示法

八叉树（Octree）表示法把一个实体表示成六面体的集合，在这一点上，与 Voxel 表示法是很相似的，但是它采用了不同的空间分割方法，从而使所需的存储空间大大减少。在 Voxel 表示法中，无论是什么样的实体，原始正方体都被沿着 x 轴、y 轴、z 轴等距分割，但是在 Octree 表示法中，原始六面体每次都被长、宽、高 3 个方向分成 8 个六面体，如图 4-38（a）所示，从而每个六面体在尺寸上是原来六面体的八分之一。每个六面体被称为一个八分体，而且所有的八分体都可表示为一棵树上的节点，树上的每个节点又有 8 个分支，如图 4-38（c）所示，这棵树就被称为八叉树（Octree）。

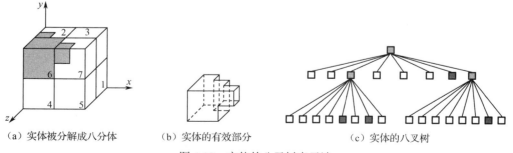

（a）实体被分解成八分体　　　（b）实体的有效部分　　　　　（c）实体的八叉树

图 4-38　实体的八叉树表示法

生成一个 Octree 表示的步骤如下。①创建一个六面体使其能够完全包围将要表示的实体，这个六面体被称为根八分体（Root Octant）。②根八分体被分为 8 个子八分体，然后确认每个子八分体相对于实体的空间关系。若一个子八分体完全在实体内部，就把它标记为"黑色"；若完全在实体的外部，就把它标记为"白色"；若一部分在实体的内部而另一部分在实体的外部，就把它标记为"灰色"。对于灰色的八分体，再把它分成 8 个八分体，而黑色或白色的八分体就不再进行下一步的分割了。③最后，重复第②步，直至当前的八分体小到指定的值。

4.5　反求建模与应用

反向工程（Reverse Engineering，RE）也称逆向工程或反求工程，是相对于传统的产品设计流程，即所谓的正向工程（Forward Engineering，FE）而提出的。正向工程是指按常规从概念（草图）设计到具体模型设计再到成品的生产制造过程。

反向工程常是指现有模型（产品样件、实物模型等）经过一定的手段转化为概念模型和工程设计模型，如利用三自由度测量机的测量数据对产品进行数学模型重构。其实，两种方法都是获得数学模型的过程，正向工程从原理出发，逆向工程从实物出发，最终都是为了得到可精确描述、重复使用的数学模型。

反向工程的过程大致分为数据采集、数据处理、模型重构和对比分析 4 部分。下面，以曲面测量与偏差分析为例，介绍反求工程的数据采集系统、反求建模与分析算法和软件实现。

4.5.1　数据采集系统

4.5.1.1　数据采集系统的构成与测量规划

1．数据采集系统的构成

利用激光测距仪测量复杂曲面的数据采集系统如图 4-39 所示。它由测量机本体、测量机控制器、测量规划和反求软件几部分组成。激光测距仪安装在三自由度测量机上，测量规划模块生成测量机运动轨迹，通过测量机控制器驱动三自由度测量机的运动，实现零件表面数据的测量。

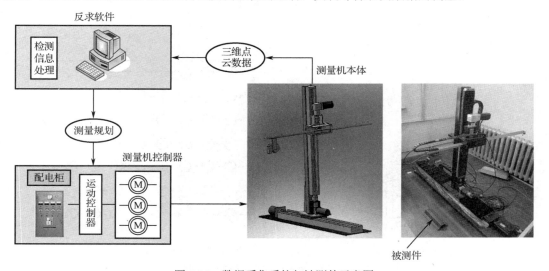

图 4-39　数据采集系统与被测件示意图

2．被测件特征分析

图 4-40 所示为测量特征层次结构用在半圆柱体和几字形板检测中的表达图。对于被测的半圆柱体零件来说，最直观的感觉就是它是一个半圆柱体，这是半圆柱体的体特征。对半圆柱体进行分析，发现其表面是半圆柱面，而半圆柱面又是由一系列相互平行的半圆构成的，这里隐藏的组合关系便是相互平行。同样，也可以把几字形板按层次结构实现"几字形板—多折弯面—多折弯截面（多折角）"的逐级分解分析。

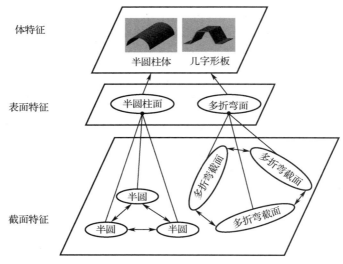

图 4-40　半圆柱体和几字形板的测量特征层次结构表达图

3. 测量规划

合理的测量规划路径应是创建在全面准确反映被测物体原始形貌的基础之上的，并采集尽可能少的测量数据点，以给后续的数据处理带来方便，提高后续数据处理的效率。检测系统的数据测量方式为激光扫描线方式，输出的是很多组互相平行的扫描线点云。图 4-41（a）为 2D 激光扫描测头测量过程示意图，图 4-41（b）为在 Y 向扫描、X 向进给测量方式时的测量路径轨迹图。在此种工作方式下，激光扫描测头从 Y 向扫描零件，进给步长为 w，当激光扫描测头沿 Y 向从零件的一端扫到另一端时，测量机本体沿 X 向进给一个步长 w，进而激光扫描测头完成下一个扫描过程，如此循环下去，完成对整个零件的扫描。

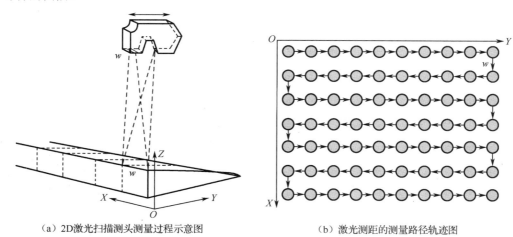

（a）2D激光扫描测头测量过程示意图　　　　　　（b）激光测距的测量路径轨迹图

图 4-41　2D 激光扫描测量路径轨迹图

4.5.1.2　数据采集与反求过程

基于特征的复杂型面数字化检测系统可分为数据采集、数据预处理、反求建模与配准、产品检测分析 4 部分，如图 4-42 所示。

（1）数据采集：根据被测对象的几何外形特点，结合检测需求，制定出合理有效的测量规划方案。通过参数设置使机械本体按照规划的运动规律和运动参数运行，采集并存储被测对象的三维表面点云数据信息。

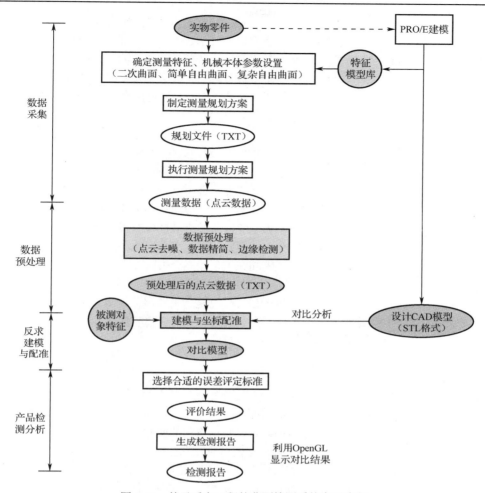

图 4-42   基于反向工程的曲面检测系统实现流程

（2）数据预处理：由激光扫描测头采集出来的数据，由于机械系统的振动、测头内部误差等原因，不能直接进行检测对象的比较分析。数据预处理部分就用来分析测量数据的形式和特点，参考相关的预处理技术和算法，对测量数据进行点云去噪、数据精简、边缘检测等处理，方便后续的处理和分析。

（3）反求建模与配准：主要是实现点云数据与设计模型的坐标配准。

（4）产品检测分析：主要目的是通过选择合适的误差评定标准，对物体表面的检测误差进行定量表达，并把检测结果提供给工程师和设计人员。

4.5.2   反求建模与分析算法

4.5.2.1   数据预处理

1. 噪声点的处理

并非所有实际测量中得到的数据都是准确的，受到人为操作误差和其他一些不确定性因素的影响，测量数据中难免会存在噪声点。这些噪声点对后续的检测非常不利，因此有必要在检测对比分析之前有效地去除噪声。鉴于本书的测量数据的获取是通过扫描线点云方式，这里主要研究针对扫描线点云的常用去噪方法。在三维数字化检测中，点云数据中的"跳跃点"会大大影响最终的检测结果。"跳跃点"一般来源于测量外部环境的突然改变，也把它称为"失真点"。因此，找出并剔除点云数据中可能存在的"跳跃点"就成为数据预处理的第一步。这种"跳跃点"的特点是幅值大、数量小，人机交互可以剔除它们。常见平滑滤波的方法主要有以下三种，滤波效果如图 4-43 所示。

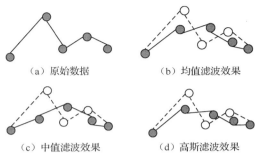

（a）原始数据　　　　（b）均值滤波效果

（c）中值滤波效果　　　（d）高斯滤波效果

图 4-43　三种常见滤波方法的效果比较

（1）均值滤波：均值滤波方法首先把滤波窗口内的各个点的 Z 值进行累加，然后取所有点的 Z 值平均值，并用它来代替窗口中心点的 Z 值坐标。点云数据经过均值滤波处理后，数据整体走向会变得比较缓和。也是由于这一点，均值滤波可能会使物体表面的一些细节信息丢失。

（2）中值滤波：中值滤波方法首先对滤波窗口内的三维点云数据按其 Z 值大小进行排序，Z 值处在中间的坐标点即窗口内的中值点，并用它来代替滤波窗口中心点的 Z 值。此方法规定滤波窗口内含有奇数个点。与均值滤波相比，中值滤波在保持滤波模型的细节上有所改善，但滤除不了彼此靠近的脉冲噪声。

（3）高斯滤波：高斯滤波本质上是一种模板运算，通过给模板内的各个坐标点值赋予不同的权重来计算模板中心点的值，其权重分布呈高斯分布，因此称之为高斯滤波。高斯滤波后的数据呈现出很好的平滑性，从而避免了均值滤波的缺点，其弊端在于不能完全去除噪声点。

2. 边缘检测

作为被测物体的重要轮廓信息，点云数据的边缘检测是三维数字化检测的基础，也是点云数据预处理中非常关键的一步。图像中像素的灰度值与点云数据中点的 Z 值坐标之间存在映射关系，因此点云数据的边缘检测办法可以借鉴图像边缘检测的相关算法。

4.5.2.2　曲面重构与模型重建

1. 曲面重构

点云数据经过分割处理后，就得到了多片相互连接的点云及它们之间的边界。根据曲面的拓扑形式，可以将曲面重构方法分为两大类：四边域曲面建模和三角域曲面建模。四边域曲面建模是面向有序数据点的曲面建模，而三角域曲面建模是面向散乱数据点的曲面建模。在计算几何里，常用的曲面模型有 COONS、Bezier、B 样条、NURBS 等，它们对应三维空间的一个矩形参数域，曲面边界由 4 条边界曲线表示，这类曲面的拟合方法得到了广泛的研究和应用。其中，NURBS 方法具有很多突出的优点：可精确地表示二次规则曲面，从而能用统一的数学形式表示规则曲面和自由曲面；具有可影响曲线、曲面形状的权因子，使形状更易于控制和实现。

为了弥补四边域曲面拟合散乱数据点和不规则曲面的不足，人们探讨了采用三角域 Bezier 曲面拟合或直接利用三角网格离散曲面进行重构的技术。三角域 Bezier 曲面拟合以 Boehm 等提出的三角域 Bezier 曲面为理论基础，具有构造灵活、适应性好等特点，因而在散乱数据点曲面拟合中得到有效应用。三角域 Bezier 曲面拟合一般包括三个步骤：①划分，对型值数据进行三角划分，以建立其拓扑关系；②网格的建立，对每个三角形边进行 Bezier 曲线拟合；③G1 曲面的建立，在保证相邻曲面片间达到 G_1 连续的条件下，用三角曲面片填充曲面网格。三角域 Bezier 曲面能够适应复杂的形状及不规则的边界，因而在对复杂型面的曲面构造过程中及逆向工程中，具有很大的应用潜力。其不足之处在于所构造的曲面模型不符合产品描述标准，并与通用的 CAD/CAM 系统通信困难。

2. 模型重建

反向工程最后阶段的目的是生成用 B-Rep 方法表示的连续 CAD 模型。如果采用基于面的方法，可能在各面片之间发生重叠或存在缝隙。如果各面片之间没有清晰的边界，就需要延伸面片。有时这种方法并不可行或结果不理想，这时就需要插入过渡面或调整曲面参数使它们光顺。除边界拼接外，还需要在边界拼接曲面的公共角点处生成光滑角点拼接曲面，即在两个边界曲面相交时生成具有刀条边的曲面片。

4.5.2.3　坐标配准

通过激光扫描测头所得到的点云数据与设计的三维 CAD 模型处在不同的坐标系中，因此在进行被测对象的误差对比分析之前，必须解决坐标配准问题。在基于特征的复杂型面数字化检测系统中，点云数据与设计 CAD 模型数据的坐标配准是系统中最关键的技术之一。分析坐标配准的目的，最关键的就在于求解一个最优的旋转矩阵 **R** 和平移矩阵 **T**，使得处在不同坐标系下的点云数据与 CAD 模型数据最大限度地实现坐标配准。配准问题归根结底就是模型之间的多参数优化问题，其实质就在于找到待配准的两模型之间的数学映射关系，通过求解数学方程，从而得到两个模型之间的对应变换关系。

1. 配准中的数学模型

这里介绍目标函数、旋转矩阵 **R** 和平移矩阵 **T** 的数学模型表达。

目标函数：假设被测物体的点云数据集为 A，由测量物体设计 CAD 模型引导而生成的点云数据集为 B，H 为 A 到 B 之间的变换矩阵，$f(H)$ 表示 A 在变换矩阵 H 的作用下与 B 之间的误差，则坐标配准的目的就在于求解一个最优的 H，使得 $f(H)$ 达到最小。其中，$f(H)$ 表示配准误差的评价函数，即目标函数。若误差度量的标准不同，就可以得到不同的目标函数形式，以下是几种常见的目标函数。

1）点到点的距离和

$$f(H) = f(R,T) = \sum_{i=1}^{N}\|B_i - RA_i - T\|_2 \tag{4-36}$$

2）点到点的距离平方和

$$f(H) = f(P,T) = \sum_{i=1}^{N}\|B_i - RA_i - T\|_2^2 \tag{4-37}$$

3）归一化点到点的距离平方和

$$f(H) = f(R,T) = \frac{1}{N}\sum_{i=1}^{N}\|B_i - RA_i - T\|_2^2 \tag{4-38}$$

式中，**T** 为待配准的点云数据相对设计 CAD 模型的平移矩阵。

2. 基于特征点的 ICP（Iterative Closest Point）算法

点云数据与测量物体设计 CAD 模型数据的最优变换矩阵通常不是一次求解就能得到的，需要多次不断迭代才能最终解出。ICP 算法是目前应用最普遍的坐标配准算法之一。ICP 算法又称最临近点迭代算法，其基本思想是通过多次迭代求解实际获得的点云数据 P_i 与设计 CAD 模型数据 Q_i 之间的旋转矩阵 **R** 和平移矩阵 **T**，使式（4-39）达到最优：

$$F(R,T) = \min\sum[RP_i + T - Q_i]^2 \tag{4-39}$$

分析传统的 ICP 算法可知，算法运行主要的时间花费在最近对应点集的搜索上，因此算法的改进应重点从最近点集的搜索方面考虑。这里采用了基于特征点（重心点和特征角点）的 ICP 算法，可以大大提高对应点集的配准效率。改进算法首先从测量数据的边缘检测结果中寻找出特征角点（重心通过计算得出），然后在参考点云中寻找这些特征点的最近点。

若已知被测对象的点云数据和由模型的 STL 文件读取出来的三维点云数据集 A、B，为了提高配准效率，一般不直接选用 A 和 B 中所有的点云数据来参与变换矩阵的求解，而是从 A 和 B 中找出一部分具有代表性的点进行变换矩阵的求解。假设从 A、B 中找到的 N 对对应特征点组成的特征点集为 $P=\{P_1,P_2,P_3,\cdots,P_N\}$ 和 $Q=\{Q_1,Q_2,Q_3,\cdots,Q_N\}$。这样就可以通过求解特征点集 P 和 Q 的最优变换矩阵来代替直接用 A 和 B 的所有点集来参与求解最优变换矩阵，大大缩短了求解时间。ICP 算法流程如下。

步骤一：获得目标点云数据集 A（经过预处理之后的点云数据）和参考点云数据集 B（由 CAD 模型的 STL 文件读取）；

步骤二：根据边缘检测的结果，在 A 中寻找 n 个特征点，加上重心，得到特征点集 C。

步骤三：初始化旋转矩阵 **R** 和平移矩阵 **T**：**R** 为单位矩阵，**T** 为 **0** 矩阵。迭代次数 $k=0$，$C_0=C$。

步骤四：寻找 C 在 B 中的最近点集 D。

步骤五：通过单位四元数法求旋转矩阵 **R** 和平移矩阵 **T**。

步骤六：计算目标函数

$$C(\boldsymbol{R},\boldsymbol{T}) = \min \sum [\boldsymbol{RC} + \boldsymbol{T} - \boldsymbol{D}]^2 \tag{4-40}$$

步骤七：终止条件判断，如果满足条件

$$\left| C_k(\boldsymbol{R}, \ \boldsymbol{T}) - C_{k-1}(\boldsymbol{R}, \ \boldsymbol{T}) \right| < \varepsilon, \quad \varepsilon = 0.01 \tag{4-41}$$

则终止迭代；否则令 $k=k+1$，并用步骤五对点集 C 求出的 $\boldsymbol{R}$ 和 $\boldsymbol{T}$ 进行变换，转步骤四。

对于本书的检测对象几字形板来说，取几字形板折角边缘处的点及几字形板的 4 个角点组成特征点集，并按照基于特征点的 ICP 算法求取旋转矩阵 $\boldsymbol{R}$ 和平移矩阵 $\boldsymbol{T}$，实现几字形板点云数据与设计 CAD 模型的坐标配准。

4.5.2.4 误差分析

解决了点云数据与设计 CAD 模型的坐标配准后，检测的最后一步就是实现点云数据与设计 CAD 模型的误差比较与显示。检测误差的评定标准因检测需求和检测精度的不同而不同，由于本书采用的设计 CAD 模型是通过 STL 格式来表达的，因此选用计算测量点云到 STL 的小三角面片之间的距离来评定检测误差。采用该方法需要首先利用坐标配准求取的矩阵 $\boldsymbol{R}$ 和 $\boldsymbol{T}$，对点云数据进行变换，然后根据测量数据的坐标值建立起点与 STL 格式中每个小三角面片的对应关系，即对某一个确定的点，找到与之对应的小三角面片。检测精度指标可以采用极限偏差、平均偏差和标准偏差等距离指标来表示。这里通过求取每个点到对应小三角面片的距离平方和的算术平方根（标准偏差值）来评定被测件的误差情况。假设测量点集中每个点到三角面片之间的距离用 d_i 来表示，则测量点到整个 STL 面的误差分布情况计算式为式（4-42），其中 N 为测量点的数目：

$$d = \sqrt{\frac{1}{N} \sum_{i=1}^{N} d_i^2} \tag{4-42}$$

求得了测量点中每个点到小三角面片的距离之后，零件表面的检测误差情况就可以用式（4-42）来定量表达了。

4.5.3 软件实现

基于特征的复杂型面数字化检测系统由用户层、应用逻辑层和基础层三层体系结构构成，如图 4-44 所示。体系结构图描述了软件组成的主要模块以及各个模块之间的依赖关系。

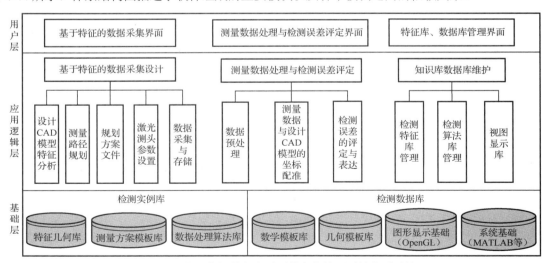

图 4-44 基于特征的复杂型面数字化检测系统体系结构

（1）用户层，又称表示层，主要用来实现用户信息输入、操作、信息输出，包括操作界面和事件处理模块。这里主要包括基于特征的数据采集界面、测量数据处理与检测误差评定界面和特征库、数据库管理界面。用户通过这些界面与系统交互，从而完成系统的各项功能。

（2）应用逻辑层，又称业务层，主要实现应用程序的业务功能。业务层接受用户层的事件，根据输入、输出要求，建立关键模型和算法，包括测量路径规划模块、数据采集与存储模块、数据预处理模块、测量数据与设计 CAD 模型的坐标配准模块、检测误差的评定与表达模块等。

（3）基础层，系统运行的支撑工具，本系统包括检测实例库和检测数据库两大部分。检测实例库包括特征几何库、测量方案模板库和数据处理算法库等，而检测数据库则主要是通用类库，包括数学模板库、几何模板库和 OpenGL、MATLAB 等支撑环境，数学模板库的内容又包括数值方程求解模板、多维矢量和矩阵模板、图形变换模板及数值计算模板等，它们为应用逻辑层的模型和算法提供基本数值运算支持和系统的图形变换。

读入点云数据，检测软件可计算出零件的边缘，并显示在对话框上，图 4-45 为几字形板点云数据的边缘检测结果。

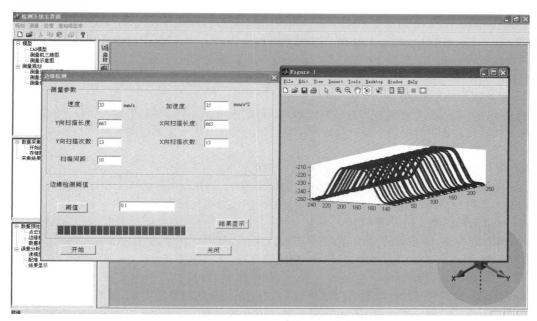

图 4-45　几字形板点云数据的边缘检测结果

图 4-46 中的左图为几字形板点云数据与设计 CAD 模型的配准效果图，其中红色为测量数据，蓝色为设计模型。基于特征的复杂型面数字化检测的最后一步就是对被测对象与设计 CAD 模型的误差进行分析，给出检测误差的大小。从图中可以获得几字形板表面的误差检测结果。

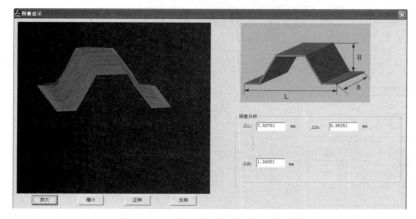

图 4-46　几字形板表面的误差检测结果　　　　　　扫码看彩图

4.6 CAD 二次开发技术

4.6.1 基于商用软件的二次开发

4.6.1.1 二次开发工具与环境

二次开发，简单地说就是在现有的软件程序基础上进行修改代码或者增添代码，然后加载运行编写的程序，进而达到增加软件功能、改善软件性能的目的。想要实现二次开发，首先必须具有编程语言基础；其次，必须熟知这个软件系统的功能和接口；最后，熟练应用所提供的二次开发工具。大部分商用 CAD 软件都具备二次开发能力，这里以 Pro/E 为例介绍 CAD 二次开发方法。Pro/E 提供了如下 5 种二次开发工具。

1）编辑程序（Pro/Program）

Pro/Program 是 Pro/E 对每个零件或组件模型的主要设计步骤和参数列表，它是零件与组件自动化设计的一种工具。它是由类似于 BASIC 的高级语言构成的，用户可以根据设计需要来编辑该模型的程序，并使其作为一个程序来工作。通过运行该程序，系统通过人机交互的方法来控制系统参数、特征应用和特征的具体尺寸等。

2）族表（Family Table）

族表可用于管理具有相同或相近结构的零件，特别适用于标准零件的管理。它建立的基础零件为父零件，然后在族表中定义各个控制参数来控制模型的形状及大小，通过改变各个参数的值来控制派生的各种子零件。

3）用户自定义特征（User Definite Feature，UDF）

用户自定义特征是将若干特征融合为一个自定义特征，使用时其作为一个整体出现。UDF 适用于特定产品中的特定结构，有利于设计者根据产品特征快速生成几何模型。

4）Java 连接程序（J-LINK）

J-LINK 是 Pro/E 中自带的基于 JAVA 语言的二次开发工具。用户通过 Java 编程实现在软件 Pro/E 中添加的功能。

5）开发工具箱（Pro/Toolkit）

Pro/Toolkit 也是 Pro/E 自带的二次开发工具，Pro/Toolkit 向用户提供了大型的 C 语言函数库，函数采用面向对象的风格，通过调用这些底层函数，用户能方便而又安全地访问 Pro/E 的数据库及内部应用程序，从而进行二次开发，扩展一些特定功能。

掌握了 Pro/E 二次开发工具之后，还要确定二次开发程序的运行模式、用户对话框设计和数据库访问接口，如图 4-47 所示。5 种开发工具都可以用来二次开发，二次开发程序的运行模式一般为同步模式。其中，动态链接库模式（DLL 模式）将用户编写的程序编译成 DLL 文件，这样 Pro/Toolkit 应用程序和 Pro/E 运行在同一进程中，它们之间的信息交换是通过函数调用实现的；多进程模式（Multi Process Mode）将用户编写的程序编译成可执行文件，这时 Pro/Toolkit 应用程序和 Pro/E 运行在各自的进程中，它们之间的信息交换是由消息系统来完成的。

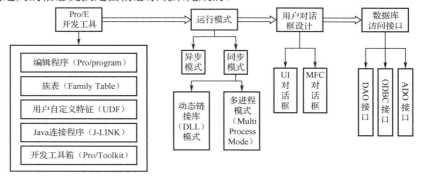

图 4-47　Pro/E 二次开发工具与开发过程

4.6.1.2 基于 Pro/Toolkit 二次开发的工装设计

工装设计既需要 3D 模型，又需要专用的定位、夹紧、刚度、强度计算，所以很适合基于 Pro/Toolkit 进行二次开发来实现。图 4-48 为吊具工装设计界面，界面左侧为工装组成清单，界面右侧为吊具工装设计结果的 3D 图。

图 4-48　基于 Pro/Toolkit 二次开发的工装设计

4.6.2 基于 CAD 内核的软件开发

4.6.2.1 CAD 内核能力

CAD 系统中的基本几何模型和算法都封装在 CAD 内核中，当前比较重要的 CAD 内核包括 Parasolid、Open CASCADE 和 ACIS。

1. Parasolid

Parasolid 是一个几何建模内核，最初由 Shape Data Limited 开发，现在由 Siemens PLM Software 拥有，被其他公司许可用于其 3D 计算机图形软件产品。Parasolid 的功能包括模型创建和编辑实用程序，如布尔建模操作、特征建模支持、高级曲面设计、加厚和挖空、混合和切片及图纸建模。Parasolid 还包括用于直接模型编辑的工具，如逐渐变细、偏移、几何替换及通过自动再生周围数据来移除特征细节。Parasolid 还提供广泛的图形和渲染支持，包括隐藏线、线框和绘图、曲面细分和模型数据查询。

2. Open CASCADE（OCC）

该平台是由法国 Matra Datavision 公司开发的 CAD/CAE/CAM 软件平台，是世界上最重要的几何造型基础软件平台之一。开源 OCC 对象库是一个面向对象的 C++类库，用于快速开发设计领域的专业应用程序。OCC 主要用于开发二维和三维几何建模应用程序，包括通用的或专业的 CAD 系统、制造或分析领域的应用程序、仿真应用程序或图形演示工具。

3. ACIS

ACIS 是美国 Spatial Technology 公司的产品，是应用于 CAD 系统开发的几何平台。它提供从简单实体到复杂实体的造型功能，以及实体的布尔运算、曲面裁减、曲面过渡等多种编辑功能，还提供了实体的数据存储功能和 SAT 文件的输入、输出功能。ACIS 的特点是采用面向对象的数据结构，用 C++编程，使得线架造型、曲面造型、实体造型可任意灵活组合使用。线架造型仅用边和顶点定义物体；曲面造型类似于线框造型，只不过多定义了物体的可视面；实体造型用物体的大小、形状、密度和属性（质量、容积、重心）来表示。

　　ACIS 产品使用软件组件技术，用户可使用所需的部件，也可以用自己开发的部件来替代 ACIS 的部件。ACIS 产品包括一系列的 ACIS 3D Toolkit 几何造型和多种可选择的软件包，一个软件包类似于一个或多个部件，提供一些高级专业函数，可以单独出售给需要特定功能的用户。ACIS 产品可向外出售接口源程序，同时鼓励各家软件公司在 ACIS 核心开发系统的基础上发展与 STEP 标准相兼容的集成制造系统。

　　ACIS 造型引擎主要包括以下几个特点。

　　（1）ACIS 的全部内容都是由 C++语言编写的，数据结构是采用面向对象的结构，在 ACIS 内部封装了大量的 C++类和函数，这些类和函数有着不同的作用，能够完成不同的功能。在开发造型软件时，程序员可以通过调用相应的类和函数来实现相应的功能。

　　（2）ACIS 可以用实体、线框、曲面三种模式表达一个几何模型，这三种模式能够同时存在于 ACIS 的数据结构中，在对 ACIS 实体进行表达的时候，可以采用这三种模式相结合的方法，同时在这三种模式下可以相互切换。

　　（3）ACIS 采用的是边界表示法，即 ACIS 实体用一个封闭曲面和外界空间分隔开。

　　（4）ACIS 同样支持非两边流型几何体的表示。这就意味着 ACIS 可以表达闭合实体、不闭合实体和半闭合实体，同时物理世界上不存在的模型样式也可以在 ACIS 中表达出来。ACIS 为每个拓扑都定义了拓扑类，为几何实体定义了几何类，这些类都派生于 ACIS 的基类实体。同时，ACIS 根据拓扑类和几何类之间的相互关系，将它们按一定层次结构组织在一起。

　　ACIS 实体按作用可以分为几何体和拓扑体。几何体是指组成模型的几何元素，如点、曲线、曲面和体等，彼此之间不存在空间或拓扑关系。ACIS 包含构造几何体和模型几何体这两种几何体。ACIS 中提供的结构对象有体（Body），其他的拓扑对象都包含在体内。体可以是线、面、实心体这三种几何形态中的一种；块（Lump）是空间中一维、二维或三维点连接而成的集合，与其他不关联，其边界由壳组成；壳（Shell）是相互连接的线或面的集合，实体的外部或内部区域由壳体界定；子壳（SubShell）是壳的进一步分解，用于提高内部处理算法的效率；面（Face）是被一个或多个边组成的环界定的曲面中的连通域；环（Loop）是组成面的几何元素，由许多有向边构成；线框（Wireframe）悬空在面的周围，由许多有向边连接在一起组成；有向边（Coedge）表示面或线中对某个边的引用；边（Edge）由两个顶点连线而成。边可以是曲线，也可以是直线。实体中每个元素之间都存在着层次关系，这一点在拓扑的定义中得以体现。

4.6.2.2　基于 ACIS 的开发框架和界面

　　当前基于 ACIS 的开发模式有两种：一是利用 ACIS 的组件 AMFC 与 MFC（Microsoft Foundation Classes，微软基础类库）相接；二是以 ACIS 为基础，以 ACIS 的显示组件 HOOPS 为桥接将其与 MFC 相接。这两种开发模式的相同点在于都是以 ACIS 基本造型模块为基础的，不同点在于交互功能的强弱，其中，HOOPS 为桥接时交互功能更强，同时 HOOPS 还提供了对可视化部分显示图形的管理功能。

　　以 ACIS 为基础，以 HOOPS 为桥接的开发模式需要 ACIS 和 HOOPS 两个开发包的支持，独立性相对差些，但具有了另一方面的优势，那就是功能独立，各尽所长。ACIS 是实体造型引擎，它的优势在于三维几何造型运算，但在科学可视化和交互性方面并不占优势，HOOPS 正好弥补了这一点。在开发基于 ACIS 的几何造型系统时，ACIS 主要负责造型操作的完成，HOOPS 则负责图形显示、视图管理和交互操作。HOOPS 中还有动画功能，可以很好地演示造型过程和效果图。

　　这里以复合材料铺覆的 CAD 软件开发为例，说明基于 ACIS 的开发方法。将纤维束构成的网格式复合材料平面片铺覆到曲面上的过程如图 4-49 所示。在铺覆过程中，需要提取铺覆模具曲面的几何信息，还需要计算铺覆变形的角度值及相应的坐标。

　　映射问题的数值解法有许多种，在大多数情况下，根据几何特征和约束条件来完成映射。具体实现方法：在片材的参考构型上定义由一系列节点组成的矩形网格，节点具有固定的材料坐标 X_a。如果令节点间距为 $\mathrm{d}x$，并将原点处的节点记为 $(0,0)$，那么节点 (i,j) 具有材料坐标 $(i\,\mathrm{d}x, j\,\mathrm{d}x)$，而对于实际铺覆所要做的就是，为每个节点找到其曲面坐标 (u,v) 或空间坐标 (x_1, x_2, x_3)。

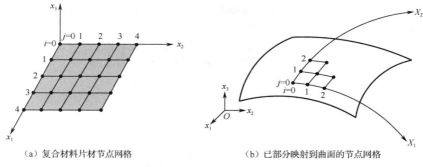

（a）复合材料片材节点网格　　　　　（b）已部分映射到曲面的节点网格

图 4-49　复合材料平面片铺覆到曲面上的过程

　　基于 ACIS 内核的二次开发框架包括基础层、铺覆过程与算法层和用户界面层。铺覆仿真效果界面如图 4-50 所示。界面左侧为复合材料铺覆模具类型，选择球面模具铺覆，可在铺覆的仿真窗口显示铺覆结果。

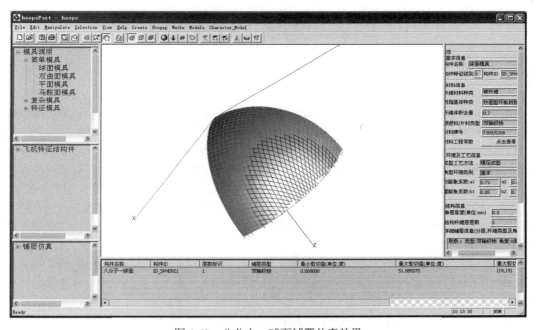

图 4-50　八分之一球面铺覆仿真效果

第5章 有限元设计方法

在工程设计中，有一项很重要的任务就是分析产品的力学特性，以便确定是否满足设计要求，有限元方法（简称有限元法）就是为产品工程特性分析提出的。力学建模研究根据研究手段或工具的不同，可分为物理模型研究和数学模型研究，前者采用实验手段进行研究，如室内缩尺模型的相似实验、模拟模型的实验及现场实验等；后者采用理论分析或数值仿真计算手段进行研究，如对问题的微分、积分或变分描述表达式的数值求解。本书重点介绍工程结构分析问题数值求解的有限元法。

本章内容包括有限元求解问题的框架、有限元力学建模、有限元求解的数学原理、有限元单元分析、网格划分及有限元二次开发技术。为了在有限的篇幅内介绍有限元法，本章不涉及有限元法的细节和特殊问题的处理方法，只给出有限元的基本原理、总体思路和实现技术，为有限元法的进一步学习和应用打下基础。

5.1 有限元法简介

5.1.1 有限元法的产生与解决的工程问题

5.1.1.1 有限元的产生

有限元法的基本思想可以追溯到 1943 年。Courant 首先从应用数学角度，尝试把一系列三角形区域上定义的分片连续函数和极小势能原理相结合来求解力学问题，并第一次提出了单元的概念。Turner 等人于 1956 年将刚架分析中的位移法推广到弹性力学平面问题，并应用于飞机结构的分析，他们首先给出了采用三角形单元求解平面应力问题的正确解答，这项研究工作进入利用电子计算机求解复杂弹性力学问题的新阶段。1960 年，R. W. Clough 进一步求解了平面弹性问题，第一次提出了"有限元法"这一名称，并描述为"有限元法=Rayleigh Ritz 法+分片函数"，从而使人们更清楚地认识到有限元法的特性和功能。此后，不少应用数学家、物理学家和工程师分别从不同角度对有限元法的离散方法、离散理论及应用进行了研究。

20 世纪 60 年代末至 70 年代初，人们加强了对有限元分析（Finite Element Analysis，FEA）数学基础的研究，如求解大型线性方程组和特征值问题的数值方法、离散误差的分析、解的收敛性和稳定性分析等，于是出现了大型通用有限元软件，它们以功能强、使用方便、计算结果可靠和效率高而逐渐形成新的技术商品，成为结构工程强有力的分析工具。20 世纪 70 年代到 80 年代中期，随着计算机工作站的出现和广泛应用，原来运行于大中型机上的 FEA 系统得以在工作站上运行，从而推动了有限元法向着深度和广度发展。有限元分析从最早的结构化矩阵分析，逐步推广到板、壳、实体等连续体固体力学分析，同时出现了一批通用的 FEA 软件，如 NASTRAN、ANSYS 等，这些 FEA 软件可进行许多领域的结构强度、刚度分析，从而推动了 FEA 在工程中的实际应用。从 20 世纪 80 年代后半期到 90 年代，随着科学技术的发展，线性理论已经远远不能满足设计的要求，例如，建筑行业的高层建筑和大跨度悬索桥的出现，要求考虑结构的大位移和大应变等几何非线性问题；航天和动力工程的高温部件存在热变形和热应力，也要考虑材料的非线性问题；随着塑料、橡胶和复合材料等各种新型材料的出现，仅靠线性理论已经不足以解决遇到的相关非线性问题，只有采用非线性有限元法才能解决。随着研究的深入和各项技术的发展，非线性有限元法在固体力学领域中的应用逐渐成熟，同时在其他领域，如压电分析、电磁场分析方面也取得了长足的进展。

5.1.1.2 有限元法分析的工程问题

在实际工程设计中，通常会包含由不同材料组成的、形状复杂的形体，例如，图 5-1 所示的工程问题，若用解析法计算图 5-1（a）中悬臂梁的应力分布是十分困难的，因为这个悬臂梁是用几种不同材料做成的复合梁。所以，不可能得出图 5-1（c）所示物体的应力分布情况。有限元法是解决此类问题的最为流行的一种数值方法。有限元法具有标准性和通用性，满足了当今平衡方程无法得到封闭解的复杂工程系统的分析需要。

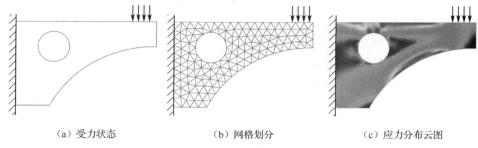

（a）受力状态　　　　　　　（b）网格划分　　　　　　　（c）应力分布云图

图 5-1　不能用解析法解决的工程问题

在上面的例子中，可以用有三个节点的三角形单元来近似表示原始物体，当然，也可以选用其他类型的单元来近似，这取决于要解决问题的类型、范围及特定的有限元分析软件能提供的有限单元的种类。实际上，在使用有限元法分析问题时，用户要做出的最重要的决定之一就是从软件提供的有限单元库中选择具有适当节点数和适当类型的有限单元。另外，在解决某一特定的问题时，选择单元的总数量（单元的个数）也是工程判断中的一件麻烦事情。通常，节点和单元的数量越大或形函数的阶数越高，有限元法的精度就越高，但是求解代价也就越高，在 5.4.2 节中将介绍不同类型的单元。还有一个问题是物体网格的生成，通常，生成三维有限元网格是一件既费时又费力的事情。现在人们正在进行许多研究，来实现实体建模系统中的网格自动生成功能，此内容将在 5.4.3 节中讨论。

在利用离散的有限单元集合对问题的求解域进行近似之后，就要定义每个单元的材料属性和边界条件。通过给不同单元定义不同的材料属性，就可以分析由多种材料构成的物体。通常已知物体连续边界部分的边界条件（如位移、外力或温度），边界条件必须表示成这些有限单元在特定节点上的一系列位移值、载荷值和温度值。给出了外部节点边界条件后，有限元分析程序会生成方程——系统方程，该方程可将边界条件与未知量关联起来，在 5.4.1 节中将解释该系统方程的生成和求解过程。在求解节点的未知量时，单元内任何位置的未知量都可以通过使用假定的相同形状函数得到。

在固体力学问题中，结果是位移和应力；而在热传递问题中，结果是温度和单元的热流量。但是，从这些数据中找到这些结果变量的变化趋势是困难的。事实上，图形输出能够表示整个问题域上的变化趋势，信息比较全面。可以利用有限元分析工具包关联的后处理器，绘出求解变量的曲线和等值线，显示出其趋势。

有限元法向流体力学、温度场、电传导、磁场、渗流和声场等问题的求解计算方面发展，并发展到可以求解一些交叉学科的问题。在工程技术领域有着非常广泛的应用，可应用于机械制造、材料加工、航空航天、汽车、土木建筑、电子电气、国防军工、船舶、铁道、石化、能源和科学研究等各个领域。根据不同的研究对象及其力学性质，有限元软件涉及的具体体力学分析如下。

（1）静力分析。用于分析静态载荷，可以分析结构的线性及非线性行为，如大变形、大应变、应力刚化、接触、塑性、超弹性及蠕变等。线性静力分析研究线弹性结构的变形和应力，它是工程结构分析和设计中最基本的方法之一。非线性结构静力分析主要研究外载作用下引起的非线性响应，非线性的来源主要是材料非线性、几何非线性和边界条件非线性。

（2）动力分析。动力分析主要包括以下分析类型：①模态分析，用于求解多自由度系统的模态参数，并计算固有频率和振型；②瞬态响应分析，求解结构承受随时间变化的载荷和速度的作用时的动力响应；③谐响应分析，对简谐激励结构在其平衡位置的振动响应进行分析，用于确定结构对简谐变化的已知幅值和频率载荷的响应；④频谱响应分析和随机振动分析，用于分析结构受不同已知频率激励时的响应谱；⑤屈曲和失稳分析，分析考察结构的极限承载能力，研究结构总体或局部的稳定性，获得结构失稳形态和失稳路径；⑥接触分析，用于接触边界的定义和摩擦分析。

（3）失效和破坏分析。失效和破坏分析包括断裂分析（线弹性断裂分析和弹塑性断裂分析）、裂纹萌生与扩展分析、跌落分析和疲劳失效分析。

（4）热传导分析。热传导分析用于确定物体中的温度分布，考虑的物理量是热量、热梯度、热通量，具体包括稳态热传导分析、瞬态热传导分析、热辐射、强迫对流及温度的耦合分析。

（5）电磁场分析。电磁场分析用于对电磁场中的电感、电容、磁通量密度、涡流、电场分布、磁力线分布、能量损失等物理量进行分析。

（6）声场分析。声场分析用来研究含有流体介质的声波的传播问题，或分析浸在流体中的固体结构的动态特性。

（7）流体分析。流体分析用于确定流体的流动状态和温度，典型的物理量是速度、压力、温度、对流换热系数。有限元分析软件能模拟层流和湍流、可压缩和不可压缩流体及多组分流。

（8）耦合场分析。耦合场分析是指对两种或两种以上物理场的交叉作用和相互影响（耦合）进行分析，例如，热-应力分析（温度场和结构耦合）、流体热力学分析（温度场和流场）、热-电分析（温度场与电场）、感应加热（磁场和温度场）。

有限元法的局限性也是较明显的。许多工程师过于信赖有限元法，而没有认识到它的局限性，他们会毫不怀疑地接收错误结果。有限元法最大的优点是可处理任意几何形状的物体和由多种材料组成的物体。这两大优点仅意味着能求解由不同材料组成的任意形状的物体。但是，这种方法基于将问题区域或范围分解成许多有限单元，然后找到单元内部连续的可能最优解。然而单元之间的边界可能不是连续的。例如，在图 5-1（a）中的悬臂梁，穿过单元间边界的应变可能存在跳跃，从物理上来说，这个跳跃是不可能存在的，跳跃量的大小通常用于评价有限元求解的精度，不精确程度取决于单元的数量、尺寸及单元内使用的形函数的阶数。有限元法的局限性主要表现在以下几个方面。①数值计算的结果是离散的，并且一定有误差，因此，如何控制数值误差，提高计算的精确度成为一款数值计算软件追求的首要目标。②数值计算具有不稳定性，保证计算过程稳定是数值计算方法的核心任务之一，特别是非线性问题的计算，有限元法往往计算结果不收敛，甚至得不到计算结果。③多物理场耦合分析的局限性。人们针对各个科学和工程领域发展出各自的计算方法，并且开发出相当多优秀的数值计算软件。但是，在不同的算法、不同的软件平台下，多个物理场之间数据的传输将会遇到非常多的问题：数据存储格式的差异带来数据传输的丢失，不同软件之间的算法不统一导致无法实现多个物理场实时的耦合，以及编写接口软件带来的额外工作开销等问题，这些问题都将极大地限制多物理场耦合分析的应用范围。

5.1.2　有限元系统的组成与发展

5.1.2.1　有限元求解问题的框架

有限元求解问题的一般过程如图 5-2 所示。众所周知，每种自然现象的背后都有相应的物理规律，对物理规律的描述可以借助相关的定理或定律表现为各种形式的方程（代数、微分或积分）。这些方程通常称为支配方程（Governing Equation）。针对实际的工程问题推导这些方程并不十分困难，然而，要获得问题的解析的数学解却很困难。人们多采用数值分析方法给出近似的满足工程精度要求的解答。

有限元法就是一种应用十分广泛的数值分析方法。有限元法分为以下几个步骤。

1. 工程问题确定

首先对分析对象的几何结构、尺寸、工况条件、材料类型、计算内容、应力和变形的大致规律等进行仔细分析，确定工程问题的类型、载荷及边界条件，建立反映问题本质的数学模型。具体来说，就是要建立反映问题中各物理量之间的偏微分方程及其相应的定解条件，这也是数值计算的出发点。

几何模型是对分析对象形状和尺寸的描述，又称几何求解域。它是根据对象的实际形状抽象出来的，但又不是完全照搬的，即建立几何模型时，应根据对象的具体特征对形状和大小进行必要的简化、变化和处理，以适应有限元分析的特点。所以几何模型的维数、特征、形状和尺寸有可能与原结构完全相同，也可能存在一些差异。为了实现自动网格划分，需要在计算机内建立几何模型。几何模型在计算机中的表示形式有实体模型、曲面模型和线框模型三种，具体采用哪种形式与结构类型有关，如板、壳结构采用曲面模型，空间结构采用实体模型，杆件系统采用线框模型等。

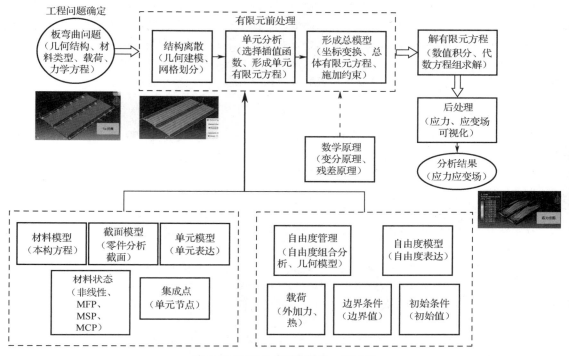

图 5-2　有限元求解问题的一般过程

2. 结构离散

对整个结构进行离散化网格划分，将其分割成若干单元，单元间彼此通过节点相连；根据求解区域的形状及实际问题的物理特点，将区域划分为若干相互连接、不重叠的单元。网格划分环节是采用有限元法时的前期准备工作，除需要给计算单元和节点进行编号和确定相互之间的关系外，还要表示节点的位置坐标，同时需要列出自然边界和本质边界的节点序号和相应的边界值。

划分网格之前首先要确定采用什么单元，包括单元的类型、形状和阶次。单元选择应根据结构的类型、形状特征、应力和变形特点、精度要求和硬件条件等因素进行综合考虑。例如，若结构是一个形状非常复杂的不规则空间结构，则应选择四面体空间实体单元，而不选择五面体或六面体单元。若精度要求较高、计算机容量又较大，则可以选择二次或三次单元。此外，选择单元类型时必须局限在所使用分析软件提供的单元库内，也就是说只有软件支持的单元才能使用。从这个意义上讲，软件的单元库越丰富，其应用范围越广，建模的功能也就越强。

网格划分在建模过程中是非常关键的一步，它需要考虑的问题较多，如网格数量、疏密、质量、布局、位移协调性等。网格划分也是建模过程中工作量最大、耗时最多的一个环节。为了提高建模速度，目前广泛采用自动或半自动网格划分方法。自动划分网格是指在几何模型的基础上，通过一定的人为控制，由计算机自动划分网格。半自动网格划分方法是一种人机交互方法，它由人定义节点和形成单元，由软件自动进行节点和单元编号，并提供一些加快节点和单元生成的辅助手段。

一般来讲，通过自动或半自动网格划分方法划分出来的网格模型不能立即用于分析。由于结构形状和网格生成过程具有复杂性，网格或多或少都存在一些问题，如质量较差、存在重合节点或单元、编号顺序不合理等，这些问题将影响计算精度和时间，或产生不合理的计算结果，甚至中止计算，所以网格划分之后还应该对网格模型进行必要检查，并做相应处理。

3．单元分析

引入边界条件，各位移节点的边界条件有两种：一种是节点沿某个方向的位移为零，另一种是节点沿某个方向的位移为一给定值，求出各单元内的应力和应变。其基本思路和解题步骤可归纳为建立积分方程，根据变分原理或方程余量与权函数正交化原理，建立与微分方程初值问题等价的积分表达式，这也是有限元法的出发点；确定单元基函数，根据单元中节点数目及对近似解精度的要求，选择满足一定插值条件的插值函数作为单元基函数。有限元法中的基函数是在单元中选取的，由于各单元具有规则的几何形状，因此在选取基函数时可遵循一定的法则。将各个单元中的求解函数用单元基函数的线性组合表达式进行逼近；再将近似函数代入积分方程，并对单元区域进行积分，可获得含有待定系数（单元中各节点的参数值）的代数方程组（称为单元有限元方程）。

4．形成总模型

在得到单元有限元方程之后，将区域中所有单元有限元方程按一定法则进行累加，形成总体有限元方程。一般边界条件有三种形式：本质边界条件（狄里克雷边界条件）、自然边界条件（黎曼边界条件）、混合边界条件（柯西边界条件）。对于自然边界条件，一般在积分表达式中可自动得到满足。对于本质边界条件和混合边界条件，需按一定法则对总体有限元方程进行修正满足。

单元除表现出一定的外部形状（网格）外，还应具备一组计算所需的内部特性数据。这些数据用于定义材料特性、物理特性、辅助几何特征、截面形状和大小等，所以在生成单元以前，首先应定义描述单元特性的各种特性表。

通过划分网格生成的网格组合体定义了节点和单元数据，它并不是完整的有限元模型，还不能直接用于计算。边界条件反映了分析对象与外界之间的相互作用，是实际工况条件在有限元模型上的表现形式。只有定义了完整的边界条件，才能计算出需要的计算结果。

5．解有限元方程

在划分出合理的网格形式并定义了正确的边界条件后，也就建立起了完整的有限元模型，这时便可以调用相应的分析程序对模型进行求解，然后对计算结果进行显示、处理和研究。但是，对于复杂的分析对象，由于不确定因素较多，有时不可能通过上面介绍的建模过程一次就能建模成功，而是要通过"建模、计算、分析、比较计算结果、对模型进行修正"这样一个反复过程，使模型逐渐趋于合理。所以在建模过程中，进行适当的试算，并采用由简单到复杂、由粗略到精确的建模思路是必要的。根据边界条件修正的总体有限元方程组是含所有待定未知量的封闭方程组，采用适当的数值计算方法，可求得各节点的函数值。

6．后处理

利用计算机图形显示技术，对前面有限元求解出的带有网格的应力、应变等数据，进行可视化显示。

5.1.2.2　有限元发展趋势

从当今国际上 CAE 软件的发展情况，可以看出有限元分析方法的一些发展趋势。

1．与CAD软件的无缝集成

有限元分析软件的一个发展趋势是与通用 CAD 软件的集成使用，即在用 CAD 软件完成部件和零件的造型设计后，能直接将模型传送到 CAE 软件中进行有限元网格划分并进行分析计算，若分析的结果不满足设计要求，则重新进行设计和分析，直到满意为止，极大地提高了设计水平和效率。为了满足工程师快捷地解决复杂工程问题的要求，许多商业化有限元分析软件都开发了与著名的 CAD 软件（如 Pro/E、UG、SolidWorks 等）的接口。有些 CAE 软件为了实现和 CAD 软件的无缝集成而采用了 CAD 的建模技术，如 ADINA 软件由于采用了基于 Parasolid 内核的实体建模技术，能和以 Parasolid 为核心的 CAD 软件（如 UG、SolidWorks）实现真正无缝的双向数据交换。

2．更为强大的网格处理能力

由于结构离散后的网格质量直接影响到求解时间及求解结果的正确性，近年来各软件开发商都加大了其在网格处理方面的投入，使网格生成的质量和效率都有了很大的提高。自动六面体网格划分是指对三维实体模型，程序能自动地划分出六面体单元。现在大多数软件都能采用映射、拖拉、扫略等功能生成六面体单元，但这些功能都只适用于简单规则的模型，对于复杂的三维模型则只能采用自动四面体网格划分技术生成四面体单元。对于四面体单元，如果不使用中间节点，在求解问题时将会产生不正确的结果，如果使用中间节点又将会引起求解时间慢、收敛速度慢等方面的一系列问题，因此人们迫切地希望自动六面体网格划分功能的出现。对于许多工程实际问题，在整个求解过程中，模型的某些区域将会产生很大的应变，引起单元畸变，导致求解不能顺利进行下去或求解结果不正确，因此必须进行网格自动重划分。因此，自适应网格往往是许多工程问题（如裂纹扩展、薄板成形等大应变分析）的必要条件。

3. 非线性问题的建模与求解

许多工程问题（如材料的破坏与失效、裂纹扩展等）仅靠线性理论根本不能解决，必须进行非线性分析和求解，例如，薄板成形就要求同时考虑结构的大位移、大应变（几何非线性）和塑性（材料非线性）；而对塑料、橡胶、陶瓷、混凝土及岩土等材料进行分析时，或者需考虑材料的塑性、蠕变效应时必须考虑材料非线性。非线性问题的求解是很复杂的，它不仅涉及很多专门的数学问题，还必须掌握一定的理论知识和求解技巧，学习起来也较为困难。解决方法是采用具有高效的非线性求解器、丰富而实用的非线性材料库等进行求解。

4. 由单一结构场求解发展到耦合场问题的求解

有限元法求解问题的发展方向是非线性结构、流体动力学和耦合场问题的求解。例如，对于由于摩擦接触而产生的热问题、由于金属成形时塑性功而产生的热问题，即"热力耦合"的问题，需要将结构场和温度场的有限元分析结果进行交叉迭代求解。当流体在弯管中流动时，流体压力会使弯管产生变形，而管的变形又反过来影响到流体的流动……这就是所谓的"流固耦合"的问题，这时就需要对结构场和流场的有限元分析结果交叉迭代求解，耦合场的求解必定成为 CAE 软件求解的发展方向。

5. 程序面向用户的开放性

由于用户的要求千差万别，因此必须给用户一个开放的环境，允许用户根据自己的实际情况对软件进行扩充，包括用户自定义单元特性、用户自定义材料本构（结构本构、热本构、流体本构）、用户自定义流场边界条件、用户自定义结构断裂判据和裂纹扩展规律等。

5.2　有限元力学建模

5.2.1　弹性力学的建模方法

对工程问题进行建模主要是为了获得研究对象的内在结构、机理和运行规律，从而为对象的理解、分析和控制提供支撑。所以一般来说，工程建模问题包括模型的建立、模型参数的估计和模型的验证三个阶段的内容。

1. 模型的建立

工程常用结构的计算简图和有关的力图表示该结构的力学分析计算模型，其描述的内容含有考察体的几何形状和尺寸、内部介质或元件之间的连接方式、材料的类型及反映外部环境对考察体施加的外来作用等。为了建模，必须对研究对象的内容进行归类，所以，一般将工程结构的力学问题分解为几何模型、材料模型和外来作用模型三部来建模。

结构的几何建模往往是从已有的几何元件形体库（含质点、杆件、板壳、平面体和空间体等）中选择一种元件或数种元件的组合体表征考察体的几何特征。而当选择组合体模型时，还必须根据元件之间相互作用状况确定其内部的连接方式。在力学描述中，一维元件的连接点、二维（三维）元件连接线（面）上任一个连接点常用链杆、铰节点或刚节点表示该交界点的相互约束或连接程度，反映其位移或应力的连续程度；更为严密的和全面的数学描述则是用该连接点位移和位移对位置坐标变量的各阶导数表示其连续程度。此外，几何建模还要对内部空洞或缝隙及外部连接进行专门的处理。

结构的材料建模必须反映实际存在的材料的分布、材料的类型和介质间断面的特性。材料的分布主要描述其空间几何特性；材料的类型的判定是指根据材料的力学行为判定其所属的本构特性，如是各向同性体还是各向异性体，是线性体还是非线性体，是否有时间效应（黏性）等；介质间断面的特性则由该界面的几何、力学和物理条件来表述。

结构的外来作用建模包含对施加在考察体上的体力、面力和集中力，内外的变温及边界面上的位移或约束条件等因素的描述，常将此类外来作用因素统称为广义载荷。一般情况下广义载荷是给定的已知量，但有时需要事先对其进行分析和研究，比如，将相关物体对考察体的作用以载荷或外部约束的形式施加于考察体。若相关物体和考察体之间存在明显的耦合作用，则需另建模型描述并求解该耦合作用的效应。

2. 模型参数的估计

模型的有关参数对于问题的求解影响很大，模型的参数可以概括为三类：几何参数、载荷参数和材料参数。相对而言，模型的几何参数和载荷参数比较容易确定，而材料参数的个数和大小相对来说难以准确获得。这是因为材料的本构关系复杂，很难符合全部实际，不同的本构式需要提供不尽相同的参数。即使选定了某种本构式，其相关参数往往需要经过多次的实验成果归纳后获得，其数据总是存在不同程度的离散，室内与现场实验结果之间还存在着差异（尺寸效应等因素引起的）。因此为了符合实际，有时还必须通过对考察体的现场实测结果进行反分析去获取材料的参数值。此外，模型参数在严格意义下还存在不同程度的不确定性（随机、模糊或未知），近年来这也成为建模研究的热点。

3. 模型的检验

模型来源于实际、服务于实际，因此所建的模型必须接受实践的检验，并进行相应的修正，使科学研究的模型计算成果接近于实际。通常将成熟的实验室或现场实验的成果作为检验的参照标准，有些问题也可将其退化为已有解答的典型问题，采用精确理论解析解来检验。当检验结果不理想时，应当查看模型的简化假定是否不妥，表达式是否有误，参数取值是否合理，是否遗漏了该考虑的因素或混进不该计入的因素，求解方法是否精度不够等。查出原因后再对原建的模型进行修正和完善，直至检验通过。

5.2.1.1　力学的基本概念

在用有限元法分析具体问题时，其基本未知量为某种场变量。场变量可以是标量（温度 t），也可以是矢量（位移 u, v, w）。（最后处理的实际上都是标量。）适用于有限元法分析的工程问题中最具代表性的问题是力学问题，由于有限元法的问世源于力学问题，因此许多概念带有明显的力学特征，而且力学问题代表性强，共轭量（位移场、应力场）直观性强。

力学学科各分支的关系如表 5-1 所示。

表 5-1　力学学科各分支的关系

力 学 学 科	研 究 对 象	特 征
中学力学	质点	无变形
理论力学	质点系及刚体	无变形
材料力学	简单变形体（构件）	小变形
结构力学	数量众多的简单变形体	小变形
弹性力学	任意变形体	小变形
弹塑性力学	任意变形体	任意变形

研究弹性力学时，需要对材料的结构和行为做出简化假设并采用解析方式描述，应将重点放在处理复杂的几何结构上。弹性力学的基本假设如表 5-2 所示。

表 5-2　弹性力学的基本假设

基本假设	内　　容	特　　性	放松条件后的状态
连续性	物体中无空隙	采用连续函数描述	带微空洞的物体
均匀性	各个位置的物质具有相同的特性	各个位置的材料描述是相同的	非均匀材料、复合材料

续表

基本假设	内　　容	特　　性	放松条件后的状态
各向同性	同一位置的物质在各个方向上具有相同特性	同一位置的物质在各个方向上的描述是相同的	各向异性材料
线弹性	变形和外力的关系是线性的，外力去除后，物体可恢复原状	描述材料性质的方程是线性的	弹性材料
小变形	变形远小于物体的几何尺寸	建立基本方程时可以忽略高阶小量（二阶以上）	大变形、几何非线性

描述弹性体受力和内部状态的物理量包括外力、内力、位移、应变、应力等，如表 5-3 所示。

表 5-3　描述弹性体受力和内部状态的变量定义表

概　　念	定　　义	特　　性
外力	体力——分布在物体体积内的力，如重力和惯性力 面力——分布在物体表面上的力，如接触压力、流体压力	在力学分析中，外力是使结构或构件产生内力和变形的载荷
内力	外力作用下，物体内部相连的各部分之间产生的相互作用力	内力与构件的强度、刚度、稳定性密切相关
位移	用位移表示物体的位置变化，位移是由初位置到末位置的有向线段	位移法就是以广义位移为未知量，代入平衡方程来求解的方法
应变	应变是指在外力和非均匀温度场等因素作用下物体局部的相对变形	物体的变形程度
应力	物体由于外因（受力、湿度、温度场变化等）而变形时，物体内各部分之间产生相互作用的内力，单位面积上的内力就称为应力。同截面垂直的称为正应力或法向应力，同截面相切的称为剪应力或切应力	物体内部的受力状态

研究物体上一点 P 处的受力情况，实际上并不是取了一个点，而是在该点处取了一个微元体，即一个无穷小平行六面体，用六面体表面的应力分量来表示 P 点的应力状态。显然，点 P 在不同截面上的应力是不同的。P 点的应力状态即通过 P 点的各个截面上的应力的大小和方向，如图 5-3 所示。

无穷小正六面体的各棱边平行于坐标轴。

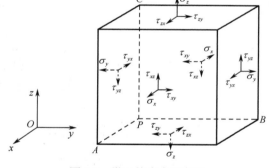

图 5-3　微元体应力示意图

- 应力的第一个下标表示应力的作用面，第二个下标表示应力的作用方向。
- 由于正应力的作用表面与作用方向垂直，通常用一个下标。
- 应力分量方向的定义：
  - ➢ 如果某截面上的外法线沿坐标轴的正方向，这个截面上的应力分量沿坐标轴正方向时为正。
  - ➢ 如果某截面上的外法线沿坐标轴的负方向，这个截面上的应力分量沿坐标轴负方向时为正。
  - ➢ $\tau_{xy} = \tau_{yx}$，$\tau_{yz} = \tau_{zy}$，$\tau_{zx} = \tau_{xz}$。
- 剪应力互等。
- 物体内任意一点的应力状态可以用 6 个独立的应力分量来表示：

$$\sigma_x、\sigma_y、\sigma_z、\tau_{xy}、\tau_{yz}、\tau_{zx}$$

- 物体的形状改变可以归结为长度和角度的改变。
- 各线段的单位长度的伸缩，称为正应变，用 ε 表示。两个垂直线段之间的直角的改变，用弧度表示，称为剪应变，用 γ 表示。与应力的定义类似，物体内任意一点的变形，可以用 6 个应变分量表示：

$$\varepsilon_x \text{、} \varepsilon_y \text{、} \varepsilon_z \text{、} \gamma_{xy} \text{、} \gamma_{yz} \text{、} \gamma_{zx}$$

5.2.1.2　力学方程的建模思路

研究一个对象的力学问题，首先要明确对象所受的外力、边界条件、应力、应变和位移之间的逻辑关系，如图 5-4 所示。图 5-4 中（a）为力学问题示意图，主要涉及三大力学变量（位移、应力、应变）、两大边界条件（几何边界条件和力边界条件）和三大方程。两大边界条件中力边界条件描述对象所受的外力，几何边界条件描述位移的变化。三大方程描述位移、应变和应力之间的关系。三大方程包括平衡方程、本构方程和几何方程。

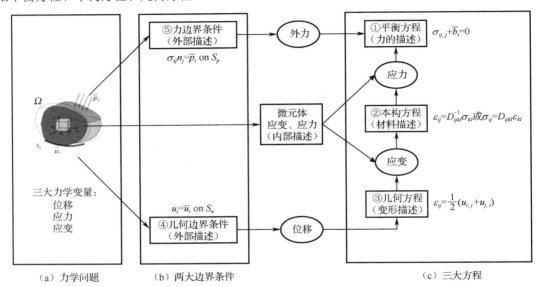

（a）力学问题　　　　　（b）两大边界条件　　　　　　　（c）三大方程

图 5-4　力学模型的逻辑关系

受力对象在外力的作用下会产生位移，位移的变化满足几何边界条件④，位移的变化通过几何方程③产生应变，应变通过本构方程②产生应力，应力通过平衡方程①满足力边界条件⑤，这样三大方程与两大边界条件形成了力传递与变形传递的闭环。这里，只给出一个力学建模的整体思路，详细的力学模型推导在 5.2.2 节给出。

5.2.2　弹性问题三大方程的推导

5.2.2.1　平面问题的基本方程

当物体的长度和宽度尺寸远大于其厚度（高度）尺寸，并且仅受有沿厚度方向均匀分布的、在长度和宽度平面内的力作用时，该物体就可以简化为弹性力学中的平面应力问题，如图 5-5 所示。

由于板较薄（相对于长度和宽度尺寸），外力沿板厚又是均匀分布的，根据应力连续的假定，可以认为整个板的各点均有 $\sigma_z=0$、$\tau_{zx}=0$、$\tau_{zy}=0$。如此一来，描述空间问题的 6 个应力分量也就变为了 3 个，即

$$\boldsymbol{\sigma} = \begin{bmatrix} \sigma_x & \sigma_y & \tau_{xy} \end{bmatrix}^{\mathrm{T}}$$

而且这些应力分量仅是 x、y 两个变量的函数。

1．平衡方程

平面微元体的应力、应变状态示意图如图 5-6 所示。

对平面问题的微元体进行受力分析，物体静力平衡的条件是力平衡（$\sum F_x = 0$）和力矩平衡（$\sum M = 0$），根据力平衡（$\sum F_x = 0$），得到

$$\left(\sigma_x + \frac{\partial \sigma_x}{\partial x}\mathrm{d}x\right)\mathrm{d}y \times 1 - \sigma_x \times \mathrm{d}y \times 1 + \left(\tau_{yx} + \frac{\partial \tau_{yx}}{\partial y}\mathrm{d}y\right)\mathrm{d}x \times 1 - \tau_{yx} \times \mathrm{d}x \times 1 + X \times \mathrm{d}y\mathrm{d}x \times 1 = 0$$

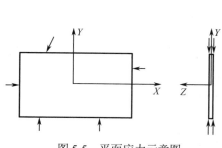

图 5-5　平面应力示意图

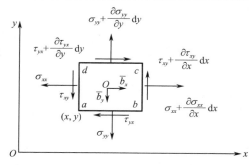

图 5-6　平面微元体的应力、应变状态示意图

展开后化简得

$$\left(\frac{\partial \sigma_x}{\partial x}\right) + \left(\frac{\partial \tau_{yx}}{\partial y}\right) + X = 0$$

同理可求得 $\sum F_y = 0$ 满足的条件：

$$\left(\frac{\partial \sigma_y}{\partial y}\right) + \left(\frac{\partial \tau_{xy}}{\partial x}\right) + Y = 0$$

由 $\sum M = 0$，列出如下方程：

$$\left(\tau_{xy} + \frac{\partial \tau_{xy}}{\partial x}\right) \mathrm{d}y \times 1 \times \frac{\mathrm{d}x}{2} + \tau_{xy}\mathrm{d}y \times 1 \times \frac{\mathrm{d}x}{2} - \left(\tau_{yx} + \frac{\partial \tau_{yx}}{\partial y}\right)\mathrm{d}x \times 1 \times \frac{\mathrm{d}y}{2} - \tau_{yx}\mathrm{d}x \times 1 \times \frac{\mathrm{d}y}{2} = 0$$

化简后得

$$\tau_{xy} + \frac{1}{2}\frac{\partial \tau_{xy}}{\partial x}\mathrm{d}x = \tau_{yx} + \frac{1}{2}\frac{\partial \tau_{yx}}{\partial y}\mathrm{d}y$$

略去微量项，可得 $\tau_{xy} = \tau_{yx}$。这就是剪应力互等。

因此，对于平面应变问题，平衡微分方程就是

$$\begin{cases} \left(\dfrac{\partial \sigma_x}{\partial x}\right) + \left(\dfrac{\partial \tau_{yx}}{\partial y}\right) + X = 0 \\ \left(\dfrac{\partial \sigma_y}{\partial y}\right) + \left(\dfrac{\partial \tau_{xy}}{\partial x}\right) + Y = 0 \end{cases} \tag{5-1}$$

2．几何方程

弹性体在受到外力后，会发生位移和形变，从几何上描述弹性体各点位移与应变之间的关系的方程，就是弹性力学中的又一个重要方程——几何方程，如图 5-7 所示。

仍然取截面的微元体 *ABCD*，*AB*、*CD* 的边长为 $\mathrm{d}x$、$\mathrm{d}y$，厚度为 "1"。

位移 u、v 都是 x、y 的函数，即 $u(x, y)$、$v(x, y)$ 的偏导数 $\dfrac{\partial u}{\partial x}$、$\dfrac{\partial v}{\partial x}$ 表示位移分量 u、v 沿坐标轴 x 的变化率，偏导数 $\dfrac{\partial u}{\partial y}$、$\dfrac{\partial v}{\partial y}$ 表示位移分量 u、v 沿坐标轴 y 的变化率，设 A 点的位移分量为 u、v，那么 B' 点的位移分量就是

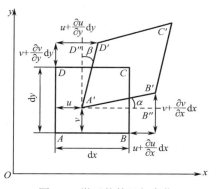

图 5-7　微元体的几何变化

$$u_{B'} = u + \frac{\partial u}{\partial x}\mathrm{d}x, \quad v_{B'} = v + \frac{\partial v}{\partial x}\mathrm{d}x$$

同理，D' 点的位移分量为

$$u_{D'} = u + \frac{\partial u}{\partial y}\mathrm{d}y, \quad v_{D'} = v + \frac{\partial v}{\partial y}\mathrm{d}y$$

由于 α 角在位移和形变很微小的情况下非常小，所以

$$A'B' \approx A'B''$$

线段 AB 位移后的总伸长量为

$$\frac{\partial u}{\partial x}\mathrm{d}x \quad A'B' - AB = A'B'' - AB = u'_B - u_A = u + \frac{\partial u}{\partial x}\mathrm{d}x - u = \frac{\partial u}{\partial x}\mathrm{d}x$$

所以

$$\varepsilon_x = \frac{\partial u}{\partial x}\mathrm{d}x/\mathrm{d}x = \frac{\partial u}{\partial x}$$

同理可得

$$\varepsilon_y = \frac{\partial v}{\partial y}\mathrm{d}y/\mathrm{d}y = \frac{\partial v}{\partial y}$$

剪应变 γ_{xy} 由 α、β 两个角度组成，可知

$$\alpha \approx \mathrm{tg}\,\alpha = \frac{B'B''}{A'B''} = \frac{\left(v + \frac{\partial v}{\partial x}\mathrm{d}x\right) - v}{\mathrm{d}x + \left(u + \frac{\partial u}{\partial x}\mathrm{d}x - u\right)} = \frac{\frac{\partial v}{\partial x}}{1 + \frac{\partial u}{\partial x}}$$

由于 $\frac{\partial u}{\partial x} < 1$，因此 $\alpha = \frac{\partial v}{\partial x}$，同理可得 $\beta = \frac{\partial u}{\partial y}$，所以

$$\gamma_{xy} = \alpha + \beta = \frac{\partial v}{\partial x} + \frac{\partial u}{\partial y} \tag{5-2}$$

由以上方程可以看出，当弹性体的位移分量确定以后，由几何方程可以完全确定应变，反过来，已知应变却不能完全确定弹性体的位移。这是因为物体产生位移的原因有两点：①变形产生位移；②运动产生位移。因此弹性体有位移不一定有应变，有应变就一定有位移。

3. **本构方程**

描述弹性体内应力与应变关系的方程称为物理方程，又称材料的本构方程。当弹性体处于小形变条件下时，正应力只会引起微元体各棱边的伸长或缩短，而不会影响棱边之间角度的变化，剪应力只会引起角度的变化而不会引起各棱边的伸长或缩短。因此运用力的叠加原理、单向胡克定律和材料的横向效应（泊松效应），就可以很容易推导出材料在三向应力状态下的胡克定律，也就是通常所说的广义胡克定律，即

$$\varepsilon_x = \frac{1}{E}[\sigma_x - \mu(\sigma_y + \sigma_z)]$$
$$\varepsilon_y = \frac{1}{E}[\sigma_y - \mu(\sigma_z + \sigma_x)]$$
$$\varepsilon_z = \frac{1}{E}[\sigma_z - \mu(\sigma_x + \sigma_y)] \tag{5-3}$$
$$\gamma_{xy} = \frac{1}{G}\tau_{xy}, \quad \gamma_{xz} = \frac{1}{G}\tau_{xz}, \quad \gamma_{zy} = \frac{1}{G}\tau_{zy}$$

式中：E——材料线弹性模量；

　　　G——材料剪切弹性模量；

　　　μ——材料横向收缩系数，即泊松系数。

三者不是独立的，具有以下关系：

$$G = \frac{E}{2(1+\mu)}$$

这些参数都是材料的固有属性系数，可以通过查材料手册获得。例如，钢材的弹性模量 E=196～206GPa，通常取 2.1×10^5MPa，μ=0.24～0.28，经常取 0.3 进行计算，G=79GPa。

将以上空间问题的物理方程运用到平面问题，因为平面应力问题的 σ_z=0、τ_{zx}=0、τ_{zy}=0，所以

$$\varepsilon_x = \frac{1}{E}(\sigma_x - \mu\sigma_y)$$

$$\varepsilon_y = \frac{1}{E}(\sigma_y - \mu\sigma_x)$$

$$\varepsilon_z = \frac{1}{E}(\mu\sigma_x + \mu\sigma_y)$$

$$\gamma_{zy} = \frac{1}{G}\tau_{xy} = \frac{2(1+\mu)}{E}\tau_{xy}$$

在有限元分析中更多的是运用应变表示应力关系，所以将上式进行变形，得

$$\begin{cases} \sigma_x = \dfrac{E}{1-\mu^2}(\varepsilon_x + \mu\varepsilon_y) \\[2mm] \sigma_y = \dfrac{E}{1-\mu^2}(\varepsilon_y + \mu\varepsilon_x) \\[2mm] \tau_{xy} = \dfrac{E}{2(1+\mu)}\gamma_{xy} \end{cases} \tag{5-4}$$

以上方程的矩阵表达形式为

$$\begin{bmatrix} \sigma_x \\ \sigma_y \\ \gamma_{xy} \end{bmatrix} = \frac{E}{1-\mu^2} \begin{bmatrix} 1 & \mu & 0 \\ \mu & 1 & 0 \\ 0 & 0 & \dfrac{1-\mu}{2} \end{bmatrix} \begin{bmatrix} \varepsilon_x \\ \varepsilon_y \\ \gamma_{xy} \end{bmatrix}, \quad \text{简记为 } \boldsymbol{\sigma} = \boldsymbol{D}\boldsymbol{\varepsilon} \tag{5-5}$$

式中，$\boldsymbol{\sigma}$、$\boldsymbol{\varepsilon}$ 为该问题的应力向量、应变向量；$\boldsymbol{D}$ 为弹性矩阵，它是一个对称矩阵，且只与材料的弹性常数有关。

4．边界条件

求解弹性力学的问题实际上就是在确定边界条件的情况下，求解 8 个基本方程（平面问题而言），以确定 8 个未知变量，从数学的角度看，就是求解偏微分方程的边值问题，边界条件示意图如图 5-8 所示。

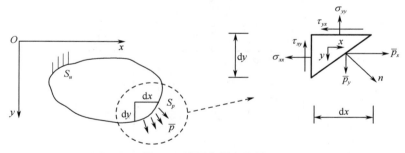

图 5-8　边界条件示意图

边界条件的形式通常是各式各样的，大体可以分为三类。

1）第一类边界问题

给定物体的体力条件和面力条件，确定弹性体的应力场和位移场。此类问题的边界以力的形式给出，所以也称为应力边界条件。应力边界的一般形式为 $\sigma_{ji}\nu_j = \overline{T}_i$，$\overline{T}_i$ 是在 S_σ 面上给出的力的分量。

2）第二类边界问题

给出弹性体的体力和物体表面各点的位移条件，确定弹性体的应力场和位移场。由于位移为已知的边界条件，因此此问题也称为位移边界问题。一般位移边界条件为 $u_i = \overline{u}_i$（在 S_u 面上）。

3）第三类边界问题

给定弹性体的体力和一定边界上的面力，以及其余边界上的位移，确定其应力场和位移场。由于

边界以力和位移两种形式给出，所以此问题也称为混合边界问题。针对不同的边界条件，弹性力学求解的方法也有所不同。

5.2.2.2　空间问题的三大方程

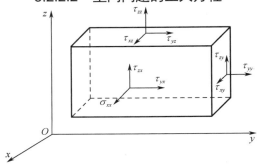

图 5-9　空间问题的力学分量示意图

空间问题的力学分量示意图如图 5-9 所示。在空间问题变形体中，任意一点的位移有沿 x 方向、y 方向、z 方向的位移分量，即位移分量为(u, v, w)，而应力分量有 9 个。由于剪切互等，因此独立的应力分量有 6 个，应变分量的情况与应力相同，空间问题的三大类分量如下。

位移分量：u、v、w。

应变分量：ε_{xx}、ε_{yy}、ε_{zz}、γ_{xx}、γ_{yy}、γ_{zz}。

应力分量：σ_{xx}、σ_{yy}、σ_{zz}、τ_{xy}、τ_{yx}、τ_{zx}。

空间问题的力学模型有三大平衡方程、两大边界条件，共计 21 个方程。这些方程之间满足图 5-4 力学模型的逻辑关系。空间问题三大平衡方程的推导与平面问题类似，这里不再重复。

5.2.3　力学模型的三种表示

力学建模是离不开数学表达式及其求解方法的，因此求解力学平衡问题的充要条件是列出对应的数学表达式。而数学表达式往往具有一组相互等价的描述方法，如微分描述、积分描述和变分描述等。下面以线性平衡问题为例分别给出不同描述方法给出的表达式。三种表示方法之间的关系如图 5-10 所示，包括微分方程、积分方程和泛函方程三种数学表示形式。

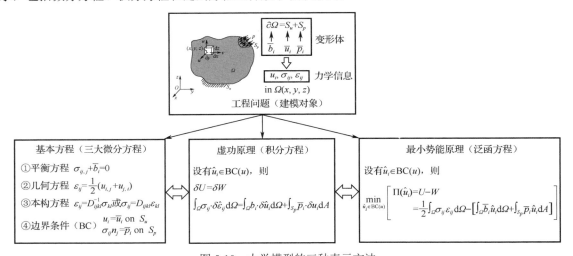

图 5-10　力学模型的三种表示方法

5.2.3.1　线弹性体平衡问题的微分描述

线弹性体平衡问题的微分描述表达式如下。

平衡方程为

$$\left.\begin{array}{ll} \sigma_{ij,j} + f_i = 0 & （在 \Omega 内） \\ \sigma_{ij}n_j = \bar{p}_i & （在 S_\sigma 上） \end{array}\right\} \tag{5-6}$$

几何方程为

$$\left.\begin{array}{ll} \varepsilon_{ij} = \dfrac{1}{2}(u_{i,j} + u_{j,i}) & （在 \Omega 内） \\ u_i = \overline{u_i} & （在 S_\sigma 上） \end{array}\right\} \tag{5-7}$$

本构方程为

$$\sigma_{ij} = D_{ijkl}\varepsilon_{kl}$$

或者

$$\varepsilon_{ij} = D_{ijkl}^{-1}\sigma_{kl} \tag{5-8}$$

5.2.3.2　线弹性体平衡问题的积分描述

引用变分学中的 Lagrange 引理和局部变分原理,可以将上述微分描述的表达式等价地表示为积分描述的表达式。与式(5-6)第一子式和第二子式等价的积分表达式可分别写为

$$\int_{\Omega}(\sigma_{ij,j} + f_i)\delta u_i\mathrm{d}\Omega = 0, \quad \int_{S_{\sigma}}(\sigma_{ij}n_j - \overline{p}_i)\delta u_i\mathrm{d}S = 0$$

进而有

$$\int_{\Omega}(\sigma_{ij,j} + f_i)\delta u_i\mathrm{d}\Omega = \int_{S_{\sigma}}(\sigma_{ij}n_j - \overline{p}_i)\delta u_i\mathrm{d}S$$

可得到力学中著名的虚功原理表达式:

$$\int_{\Omega}f_i\delta u_i\mathrm{d}\Omega + \int_{S_{\sigma}}\overline{p}_i\delta u_i\mathrm{d}S = \int_{\Omega}\sigma_{ij}\delta\varepsilon_{ij}\mathrm{d}\Omega \tag{5-9}$$

其中,δu_i 和 $\delta\varepsilon_{ij}$ 可视为虚位移 u_i^* 和对应的虚应变 ε_{ij}^*。上式也可以表示为

$$\int_{\Omega}f_i u_i^*\mathrm{d}\Omega + \int_{S_{\sigma}}\overline{p}_i u_i^*\mathrm{d}S = \int_{\Omega}\sigma_{ij}\varepsilon_{ij}^*\mathrm{d}\Omega \tag{5-10}$$

上述虚功原理表达式是由微分形式描述的平衡方程导出的;反之,沿着相反的过程,也可从后式推导出前式,因而证明了积分形式和微分形式描述的表达式是完全等价的。

鉴于上述推导过程中对 f_i、$\overline{p}_i$ 和 σ_{ij} 的关系只要求满足平衡律条件式,故可将其视为静力可能状态(仅满足静力平衡的状态)的力学量;将式(5-10)改用 f_i^0、$\overline{p}_i^0$ 和 σ_{ij}^0 符号表示,则虚功原理表达式可改写为更普遍的应用形式:

$$\int_{\Omega}f_i^0 u_i^*\mathrm{d}\Omega + \int_{S_{\sigma}}\overline{p}_i^0 u_i^*\mathrm{d}S = \int_{\Omega}\sigma_{ij}^0\varepsilon_{ij}^*\mathrm{d}\Omega \tag{5-11}$$

式(5-11)是一般的虚功原理表达式,它是弹性力学中一个普遍的能量原理表达式,其前提只引用了小变形假设(虚位移必须是微小的),并未涉及材料性质和本构类型。这就意味着,在不同本构特性的介质体中,虚功原理均是成立的。但也要看到,当应用式(5-11)去求解真实状态的解时,式(5-11)表示的两种状态中的一种必然是真实状态,而真实状态除满足平衡方程和几何方程的条件外,还必须满足本构方程的要求,因此应用式(5-11)求解考察体的全部真解时仍需引用材料固有的本构方程。

5.2.3.3　线弹性体平衡问题的变分描述

考察体平衡问题的积分表达式(5-9)还可进一步转化为变分描述的表达式。将物理方程 $\varepsilon_{ij} = D_{ijkl}\sigma_{kl}$ 代入式(5-9)的内力虚功项,可以得

$$\begin{aligned}\int_{\Omega}\sigma_{ij}\delta\varepsilon_{ij}\mathrm{d}\Omega &= \int_{\Omega}D_{ijkl}\varepsilon_{kl}\delta\varepsilon_{ij}\mathrm{d}\Omega\\ &= \int_{a}\delta\left(\frac{1}{2}D_{ijkl}\varepsilon_{ij}\varepsilon_{kl}\right)\mathrm{d}\Omega\\ &= \int_{\Omega}\delta A(\varepsilon_{ij})\mathrm{d}\Omega\end{aligned}$$

其中,$A(e_{ij}) = \dfrac{1}{2}D_{ijkl}\varepsilon_{ij}\varepsilon_{kl}$,在力学中将它称为势能密度。

将上式代回式(5-9)可得

$$\delta\left[-\int_{\Omega}f_i u_i\mathrm{d}\Omega - \int_{S_{\sigma}}\overline{p}_i u_i\mathrm{d}S + \int_{\Omega}A(\varepsilon_{ij})\mathrm{d}\Omega\right] = 0$$

即

$$\delta\Pi_p = 0$$

其中,

$$\Pi_p = \int_{\Omega}A(\varepsilon_{ij})\mathrm{d}\Omega - \int_{\Omega}f_i u_i\mathrm{d}\Omega - \int_{S_{\sigma}}\overline{p}_i u_i\mathrm{d}S$$

进一步可知

$$\delta^2 \Pi_p = \int_\Omega \delta^2 A(\varepsilon_{ij}) \mathrm{d}\Omega = \int_\Omega \delta \left[\frac{\partial A(\varepsilon_{ij})}{\partial \varepsilon_{ij}} \delta \varepsilon_{ij} \right] \mathrm{d}\Omega$$

$$= \int_\Omega \frac{\partial^2 A(\varepsilon_{ij})}{\partial \varepsilon_{ij} \partial \varepsilon_{kl}} \delta \varepsilon_{ij} \delta \varepsilon_{kl} \mathrm{d}\Omega = \int_\Omega D_{ijkl} \delta \varepsilon_{ij} \delta \varepsilon_{kl} \mathrm{d}\Omega > 0$$

因此有

$$\Pi_p(u_i) = \min \Pi_p(u_i^*) \tag{5-12}$$

这就是力学中著名的最小势能原理的表达式。此式表明，在所有几何可能位移 u_i^* 对应的总势能泛函中，真实的位移 u_i 对应的总势能泛函值最小。鉴于此式是从式（5-6）出发、通过式（5-9）推导出来的，因此式（5-12）的实质是用势能形式表达的平衡律。若从式（5-12）出发，基于变分学基本定理也可推导出式（5-6）和式（5-9），这就证实了微分描述、积分描述和变分描述的表达式之间是完全等价的。

最小势能原理是具有约束条件的泛函极值原理，该势能泛函的宗量（自变量）是要满足协调律的，其表达式的推导和应用过程引用了本构方程，泛函极小值条件本身又反映了平衡方程，因此基于最小势能原理求出的位移是真解。最小势能原理可以表述为，在所有满足给定位移边界条件和协调条件的位移中，满足平衡条件的位移使总势能取驻值，若驻值是最小值，则平衡是稳定的。

5.3 有限元求解的数学原理

5.3.1 数学求解的一般过程与方法

有限元微分方程的数学求解一般来说有两种方法：加权残差法和变分法。两种方法都将微分方程转化成积分方程弱形式，通过构造近似解函数，利用变分和残差为零，构造代数方程组，解代数方程组可得到近似值。两种方法的一般过程如图 5-11 所示。

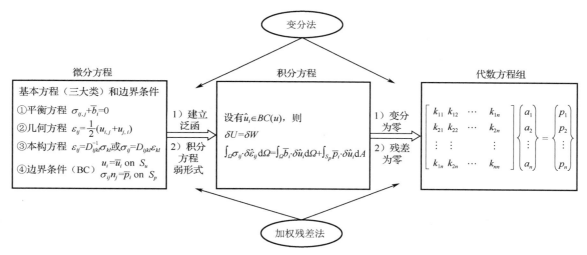

图 5-11 微分方程有限元数学求解的一般过程

加权残差法，也称加权余量法，是指将微分方程转化成等效的积分方程弱形式，通过构造近似解函数，令解的残差为零，构造代数方程组，从而获得微分方程的数值解。对于求解那些"能量泛函"不存在的问题（主要是一些非线性问题和依赖于时间的问题），加权残差法是一种很有效的方法，伽辽金（Galerkin）法（选形函数为权函数的加权残差法）就属于这一类。

变分法也称能量泛函法，这种方法是讨论有限元法时最常用的一种形式。有限元法最早的严格理论论证就是以这种形式给出的。变分法主要用于求解线性问题，该方法要求被分析的问题存在一个"能量泛函",由泛函取驻值来建立有限元方程。

两种数学求解方法的比较如表 5-4 所示。

表 5-4　两种数学求解方法的比较

求解方法	求解过程	解函数的形式	泛函形式	关键点	方程的最后形式	方法的规范性
加权残差法	（1）试函数满足位移边界条件 （2）由原始的微分方程定义残差的积分形式 （3）残差最小 （4）线性方程组	（1）试函数满足位移边界条件 （2）函数连续性要求较低	（1）需要定义的泛函在极值条件下与原始方程对应 （2）泛函中的导数阶次高	全场试函数只满足位移边界条件	线性方程组	只要试函数确定，后面的过程就非常规范，满足残差最小原理
变分法	（1）试函数满足所有边界条件（位移、力） （2）定义势能泛函的积分形式（与原始方程无直接关系） （3）极值最小 （4）线性方程组	（1）试函数满足所有边界条件（位移、力） （2）函数连续性要求较高	（1）泛函直接由原始方程形成 （2）泛函中的导数阶次高	全场试函数满足所有位移和力边界条件	（1）积分方程 （2）线性方程组	只要试函数确定，后面的过程就非常规范，满足最小势能原理

很多数学方法的推导过程给读者水到渠成、顺理成章的感觉，其实，绝大部分数学推导都是通过明确目标的构造、尝试和假设而成的。比如，这里面提到的伽辽金法和变分法，是数学家已经知道：积分方程比起微分方程，数学求解更容易，也就是说用简单的低次多项式就可以构造数值近似解函数，所以总是想办法将微分方程转化为等效的积分方程。同时人们经常用待定系数法解决问题，这里的近似解函数可以认为是一种待定函数，就是通过构造可能的解函数，并对近似解产生的结果进行评价，从而确定待定的近似解函数。下面对常用的两种微分方程数学求解方法进行介绍，在推导过程中有很多的构造环节。

5.3.2　伽辽金法

伽辽金法是由俄罗斯数学家鲍里斯·格里戈里耶维奇·伽辽金发明的一种数值分析方法，伽辽金法采用微分方程对应的弱形式，其原理为通过选取有限项式函数（又称基函数或形函数），将它们叠加，再要求结果在求解域内及边界上的加权积分（权函数为基函数本身）满足原方程，便可以得到一组易于求解的线性代数方程，且自然边界条件能够自动满足。伽辽金法的求解过程如图 5-12 所示。微分方程通过能量法转化成微分方程的等效积分形式，再通过分部积分法转化成积分方程弱形式；通过构造近似数值解，令方程的残差（加权余量）为零；再通过构造权函数得到代数方程组。

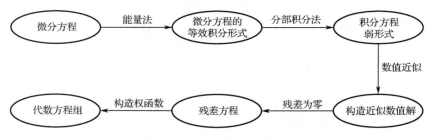

图 5-12　伽辽金法的求解过程

5.3.2.1　微分方程的等效积分形式

工程或物理学中的许多问题，可以描述为微分方程和边界条件问题，通常以未知场函数应满足的微分方程和边界条件的形式提出。

未知场函数 u 应满足的微分方程为

$$A(u) = \begin{bmatrix} A_1(u) \\ A_2(u) \\ \vdots \\ \vdots \end{bmatrix} = 0 \quad （在 \Omega 内） \tag{5-13}$$

域 Ω 可以是体积域、面积域等，同时未知场函数 u 还应满足边界条件：

$$B(u) = \begin{bmatrix} B_1(u) \\ B_2(u) \\ \vdots \\ \vdots \end{bmatrix} = 0 \quad （在 \Gamma 内） \tag{5-14}$$

Γ 是域 Ω 的边界。

要求解的未知场函数 u 可以是标量场（如温度），也可以是几个变量组成的向量场（如位移、应变、应力等）。微分方程的数目应和未知场函数的数目相对应，因此，上述微分方程可以是单个方程，也可以是一组方程。所以式（5-13）和式（5-14）采用了矩阵形式。

由于微分方程组（5-13）在域 Ω 中的每个点都必须为零，因此构造的积分方程为

$$\int_\Omega v^{\mathrm{T}} A(u) \mathrm{d}\Omega \equiv \int_\Omega [v_1 A_1(u) + v_2 A_2(u) + \cdots] \mathrm{d}\Omega \equiv 0 \tag{5-15}$$

其中，

$$v = \begin{bmatrix} v_1 \\ v_2 \\ \vdots \\ \vdots \\ \vdots \end{bmatrix} \tag{5-16}$$

是函数向量，它是一组与微分方程个数相等的任意函数。

式（5-15）是与微分方程（5-13）完全等效的积分形式。这个结论的推理证明比较复杂，这里只给出逻辑说明。假如在域 Ω 内任一点，满足微分方程 $A(u)=0$，则 $v\,A(u)$ 也应为零，假如在域内某些点不满足微分方程，即出现 $A(u) \neq 0$，也可以找到函数 v 使微分方程（5-13）亦不等于零。从而可以证明式（5-15）的积分方程与式（5-13）的微分方程等效。

同理，假如边界上每个点都满足边界条件（5-14），则对于一组任意函数 $\bar{v}$，下式应当成立：

$$\int_\Gamma \bar{v}^{\mathrm{T}} B(u) \mathrm{d}\Gamma \equiv \int_\Gamma [\bar{v}_1 B_1(u) + \bar{v}_2 B_2(u) + \cdots] \mathrm{d}\Gamma \equiv 0 \tag{5-17}$$

因此，积分形式

$$\int_\Omega v^{\mathrm{T}} A(u) \mathrm{d}\Omega + \int_\Gamma \bar{v}^{\mathrm{T}} B(u) \mathrm{d}\Gamma = 0 \tag{5-18}$$

对于所有的 v 和 $\bar{v}$ 都成立等效于满足微分方程（5-13）和边界条件（5-14）。将式（5-18）称为微分方程的等效积分形式。

在上述讨论中，隐含地假定式（5-15）的积分是能够进行计算的。这就对函数 v、$\bar{v}$ 和 u 能够选取的函数族提出一定的要求和限制，以避免积分中任何项出现无穷大的情况。如何确定这些函数也是一个尝试和构造的过程。

5.3.2.2 等效积分的"弱"形式

在很多情况下可以对式（5-18）进行分部积分，可得到另一种形式：

$$\int_\Omega C^{\mathrm{T}}(v) D(u) \mathrm{d}\Omega + \int_\Gamma E^{\mathrm{T}}(\bar{v}) F(u) \mathrm{d}\Gamma = 0 \tag{5-19}$$

其中，C、D、E、F 是微分算子，它们中所包含的导数的阶数比式（5-18）的低，这样对函数 u 只需

要求较低的连续性就可以了。在式（5-19）中，降低 u 的连续性要求是以提高 v 及 $\bar{v}$ 的连续性要求为代价的，式（5-18）并无连续性要求，但是适当提高对其连续性的要求并不困难，因为它们是可以选择的已知函数。这种通过适当提高对任意函数 v 和 $\bar{v}$ 的连续性要求，以降低对微分方程场函数 u 的连续性要求所建立的等效积分形式称为微分方程的等效积分"弱"形式，它在近似计算中，尤其是在有限元法中是一种十分重要的方法。值得指出的是，从形式上看"弱"形式对函数 u 的连续性要求降低了，但对实际的物理问题来说，较原始的微分方程更逼近真正解，因为原始的微分方程往往对求解提出了过分"平滑"的要求。

5.3.2.3　近似解构造

在求解域 Ω 中，若场函数 u 是精确解，则域 Ω 中的任意一点都满足微分方程（5-13），同时在边界 Γ 上任一点都满足边界条件（5-14），此时等效积分形式（5-18）或其弱形式（5-19）必然严格得到满足。但是对于复杂的实际问题，这样的精确解往往是很难找到的，因此人们需要设法找到具有一定精度的近似解。

对于微分方程（5-13）和边界条件（5-14）所表达的物理问题，常假设未知场函数 u 采用近似函数来表示。近似函数是一族带有待定参数的已知函数，它的一般形式是

$$u \approx \bar{u} = \sum_{i=1}^{n} N_i a_i = Na \qquad (5\text{-}20)$$

其中，a_i 是待定参数；N_i 是称为试探函数（或基函数、形式函数）的已知函数，它完全取自函数序列，并且是线性独立的。近似解通常选择使之满足强制边界条件和连续性要求的值。例如，当未知场函数 u 是三维力学问题的位移时，可以取近似解：

$$u = N_1 u_1 + N_2 u_2 + \cdots + N_n u_n = \sum_{i=1}^{n} N_i u_i$$

$$v = N_1 v_1 + N_2 v_2 + \cdots + N_n v_n = \sum_{i=1}^{n} N_i v_i$$

$$w = N_1 w_1 + N_2 w_2 + \cdots + N_n w_n = \sum_{i=1}^{n} N_i w_i$$

则有

$$\boldsymbol{a}_i = \begin{bmatrix} \boldsymbol{u}_i \\ \boldsymbol{v}_i \\ \boldsymbol{w}_i \end{bmatrix}$$

其中，$\boldsymbol{u}_i$、$\boldsymbol{v}_i$、$\boldsymbol{w}_i$ 是待定参数，共 $3n$ 个；$\boldsymbol{N}_i = \boldsymbol{I} N_i$ 是函数矩阵；$\boldsymbol{I}$ 是 3×3 的单位矩阵，N_i 是坐标的独立函数。

5.3.2.4　加权余量方程为零

显然，在 N_i 取有限项数的情况下，近似解通常是不能精确满足微分方程（5-13）和全部边界条件（5-14）的，它们将产生残差 R 和 $\bar{R}$，即

$$A(Na) = R, \quad B(Na) = \bar{R} \qquad (5\text{-}21)$$

残差 R 和 $\bar{R}$ 亦称余量。在式（5-18）中用 n 个规定的函数向量来代替任意函数 v 和 $\bar{v}$，即

$$v = W_j, \quad \bar{v} = \overline{W_j} \quad (j = 1, 2, \cdots, n) \qquad (5\text{-}22)$$

就可以得到近似的等效积分的"弱"形式：

$$\int_{\Omega} W_j^{\mathrm{T}} A(Na) \mathrm{d}\Omega + \int_{\Gamma} \overline{W_j}^{\mathrm{T}} RB(Na) \mathrm{d}\Gamma = 0 \qquad (j = 1, 2, \cdots, n) \qquad (5\text{-}23)$$

也可以写成余量形式：

$$\int_{\Omega} W_j^{\mathrm{T}} R \mathrm{d}\Omega + \int_{\Gamma} \overline{W_j}^{\mathrm{T}} \bar{R} \mathrm{d}\Gamma = 0 \qquad (j = 1, 2, \cdots, n) \qquad (5\text{-}24)$$

式（5-23）或式（5-24）通过选择待定系数 a，强迫余量在某种平均意义上等于零。W_j 和 $\overline{W_j}$ 称

为权函数。若使余量的加权积分为零，就得到一组求解方程，用以求解近似解的待定系数 a，从而得到原问题的近似解。

5.3.2.5　权函数构造

采用使余量的加权积分为零来求得微分方程近似解的方法称为加权余量法（Weighted Residual Method，WRM）。加权余量法是求解微分方程近似解的一种有效方法。显然，任何独立的完全函数集都可以用作权函数。选择的权函数不同，加权余量的计算方法也不同。常用的选择权函数的方法有以下几种：配点法、最小二乘法和伽辽金法，下面主要介绍伽辽金法。

取 $W_j = N_j$，在边界上 $\overline{W_j} = -W_j = -N_j$，即简单地利用近似解的试探函数序列作为权函数。等效积分形式（5-19）可以写成

$$\int_\Omega N_j^{\mathrm{T}} A\left(\sum_{i=1}^n N_i a_i\right)\mathrm{d}\Omega - \int_\Gamma N_j^{\mathrm{T}} B\left(\sum_{i=1}^n N_i a_i\right)\mathrm{d}\Gamma = 0 \quad (j = 1, 2, \cdots, n) \tag{5-25}$$

由式（5-24）可以定义近似解 $\tilde{u}$ 的变微分 $\delta\tilde{u}$ 为

$$\delta\tilde{u} = N_1\delta a_1 + N_2\delta a_2 + \cdots + N_n\delta a_n \tag{5-26}$$

其中，δa_n 是完全任意的。因此，式（5-25）可更简洁地表示为

$$\int_\Omega \delta\tilde{u}^{\mathrm{T}} A(\tilde{u})\mathrm{d}\Omega - \int_\Gamma \delta\tilde{u}^{\mathrm{T}} B(u)\mathrm{d}\Gamma = 0 \tag{5-27}$$

对于近似的等效积分的"弱"形式（5-23），则有

$$\int_\Omega C^{\mathrm{T}}(\delta\tilde{u})D(\tilde{u})\mathrm{d}\Omega - \int_\Gamma E^{\mathrm{T}}(\delta\tilde{u})F(\tilde{u})\mathrm{d}\Gamma = 0 \tag{5-28}$$

可以看出，采用伽辽金法得到的系数矩阵是对称的，这是在用加权余量法建立有限元格式时几乎毫无例外地采用伽辽金法的主要原因，而且当微分方程存在相应的泛函时，伽辽金法与变分法往往得出同样的结果。

5.3.3　变分法

变分法是 17 世纪末发展起来的一门数学分支，它最终寻求的是极值函数：它们使得泛函取得极大值或极小值。变分法起源于一些具体的物理学问题，最终由数学家研究解决。里兹法是最常用的古典变分法，其求解的要点如下。首先选取一组基函数（如多项式、三角函数），它们满足变分原理中的约束条件（如最小势能原理中的位移条件），然后用基函数的线性组合来逼近问题的真解，其中，待定系数就是所求的基本未知量。这样，求未知函数的问题就转化为求有限个未知数的问题，泛函的驻值条件则转化为多元函数的驻值条件。最后应用多元函数的驻值条件建立一组代数方程，用以确定上述的待定系数，就可得到问题的近似解。变分法求解微分方程的过程如图 5-13 所示。将微分方程构造成等效的泛函（泛函是一种积分形式），对泛函求变分，得到泛函的驻值函数，通过里兹法构造近似解，即令驻值函数为零，从而得到代数方程组。

图 5-13　变分法求解微分方程的过程

5.3.3.1　泛函的构造

原问题的微分方程和边界条件如下：

$$\begin{aligned} A(u) &= L(u) + f = 0 &\quad (\text{在}\,\Omega\text{内}) \\ B(u) &= 0 &\quad (\text{在}\,\Gamma\text{上}) \end{aligned} \tag{5-29}$$

与以上微分方程和边界条件相等效的伽辽金法的表达式为

$$\int_{\Omega} \delta u^{\mathrm{T}}[L(u)+f]\mathrm{d}\Omega - \int_{\Gamma} \delta u^{\mathrm{T}}B(u)\mathrm{d}\Gamma = 0 \tag{5-30}$$

利用算子是线性、自伴随的，可以导出以下关系式：

$$\begin{aligned}
\int_{\Omega} \delta u^{\mathrm{T}}L(u)\mathrm{d}\Omega &= \int_{\Omega}\left[\frac{1}{2}\delta u^{\mathrm{T}}L(u)+\frac{1}{2}\delta u^{\mathrm{T}}L(u)\right]\mathrm{d}\Omega \\
&= \int_{\Omega}\left[\frac{1}{2}\delta u^{\mathrm{T}}L(u)+\frac{1}{2}u^{\mathrm{T}}L(u)\right]\mathrm{d}\Omega + \mathrm{b.t.}(\delta u,u) \\
&= \int_{\Omega}\left[\frac{1}{2}\delta u^{\mathrm{T}}L(u)+\frac{1}{2}u^{\mathrm{T}}\delta L(u)\right]\mathrm{d}\Omega + \mathrm{b.t.}(\delta u,u) \\
&= \delta\int_{\Omega}\frac{1}{2}u^{\mathrm{T}}L(u)\mathrm{d}\Omega + \mathrm{b.t.}(\delta u,u)
\end{aligned} \tag{5-31}$$

这里用到了泛函的知识，函数 $y=f(x)$ 中，自变量为 x，因变量为 y，定义域和值域都是实数域，而泛函定义为

$$J = J(y) = J[y(x)]$$

泛函 J 的定义域是函数 $y=f(x)$ 构成的函数集，即泛函 J 的定义域是函数，值域是标量，一般是实数。所以，泛函是关于函数的函数，是对函数的一种度量，一般是以某种积分形式给出。将泛函在某一区域内求极值（包括极大值和极小值）称为变分问题，这里的变分的叫法是对应函数的微分而命名的，微分用于函数求极值，变分用于泛函求极值。

将式（5-31）代入式（5-30），就可以得到原问题的变分原理：

$$\delta\,\Pi(u) = 0 \tag{5-32}$$

其中，

$$\Pi(u) = \int_{\Omega}\left[\frac{1}{2}u^{\mathrm{T}}L(u)+u^{\mathrm{T}}f\right]\mathrm{d}\Omega + \mathrm{b.t.}(u)$$

是原问题的泛函，因为此泛函中 u（包括 u 的导数）的最高次为二次，所以称为二次泛函。上式右端 $\mathrm{b.t.}(u)$ 是由式（5-31）中的 $\mathrm{b.t.}(\delta u,u)$ 项和式（5-30）中的边界积分项组成的。若场函数 u 及其变分 δu 满足一定条件，则两部分结合成后，能形成一个全变分（变分号提到边界积分项之外），从而得到泛函的变分。

由以上讨论可见，利用伽辽金法原问题的微分方程和边界条件可以转换为等效的变分问题，即满足原问题的微分方程和边界条件等效于泛函的变分等于零，即泛函取驻值。反之，泛函取驻值等效于满足原问题的微分方程和边界条件。而泛函可以通过伽辽金法得到，这样得到的变分原理为自然变分原理。

5.3.3.2　泛函的极值性

在利用伽辽金法构造泛函时，假设近似函数 $\tilde{u}$ 事先满足强制边界条件，对应于自然边界条件的任意函数 W，按一定的方法选取可以得到泛函的变分。同时所构造的二次泛函不仅取驻值，而且是极值。

对伽辽金法的表达式进行 m 次分部积分后通常得到如下变分原理，即

$$\delta\,\Pi(u) = 0 \tag{5-33}$$

其中，

$$\Pi(u) = \int_{\Omega}[(-1)^m C^{\mathrm{T}}(u)C(u)+u^{\mathrm{T}}f]\mathrm{d}\Omega + \mathrm{b.t.}(u) \tag{5-34}$$

$C(u)$ 是 m 阶的线性算子，$\mathrm{b.t.}(u)$ 是自然边界上的积分项。

从式（5-34）可见，此时泛函包括两部分：一部分是完全平方项 $C^{\mathrm{T}}(u)C(u)$；另一部分是 u 的线性项。所以这个二次泛函具有极值性。

设近似场函数 $\tilde{u}=u+\delta u$，其中 u 表示问题的真正解，δu 是它的变分。将此近似函数代入式（5-34）得到

$$\Pi(\tilde{u}) = \Pi(u+\delta u) = \Pi(u)+\delta\,\Pi(u)+\frac{1}{2}\delta^2\Pi(u) \tag{5-35}$$

其中，$\Pi(u)$ 是真正解的泛函；$\delta\Pi(u)$ 是与原问题的微分方程和边界条件等效的伽辽金法的"弱"形式，应有

$$\delta\Pi(u) = 0$$

$$\frac{1}{2}\delta^2\Pi(u) = \frac{1}{2}\int_\Omega (-1)^m C^{\mathrm{T}}(\delta u)C(\delta u)\mathrm{d}\Omega \qquad (5\text{-}36)$$

除非 $\delta u = 0$，即 $\tilde{u} = u$ 为近似问题的真正解，恒有 $\delta^2\Pi > 0$（m 为偶数）或恒有 $\delta^2\Pi < 0$（m 为奇数）。所以真正解使泛函取极值。

5.3.3.3　Ritz 法

有限元法可以理解为在单元（子域）内应用的 Ritz 法。Ritz 法是一种求近似解的常用方法，它求解的基本步骤如下。

（1）选一组满足强制边界条件、协调条件和可微性要求的函数 $\varphi_1, \varphi_2, \cdots, \varphi_n$，这组函数被称为基函数。

（2）假定近似解（试探函数）的形式为 $\alpha_1\varphi_1 + \alpha_2\varphi_2 + \cdots + \alpha_n\varphi_n$。

（3）将试探函数作为近似解代入描述问题的能量泛函中，泛函取驻值，即

$$\frac{\partial \pi_p}{\partial \alpha_1} = 0, \quad \frac{\partial \pi_p}{\partial \alpha_2} = 0, \quad \cdots, \quad \frac{\partial \pi_p}{\partial \alpha_n} = 0$$

定出系数 $\alpha_1 \sim \alpha_n$，从而得到近似解。

有限元法（位移场满足协调条件）可以看成采用多项式分片插值的 Ritz 法，这是最早出现的关于有限元法的理论论证。

5.4　有限元建模与求解过程

5.4.1　有限元求解过程

5.4.1.1　有限元求解的一般过程

有限元法是古典变分法与分片插值法相结合的产物，"有限元法=Rayleigh Ritz 法+分片函数"。它不是在全域范围内选取基函数，而是先将全域分成单元，在单元范围内用低次多项式分片插值，再将它们组合起来，形成全域内的函数，用以逼近问题的真解。这样既避免了古典方法寻找基函数的困难，而且不规则划分方法比差分方法具有更好的灵活性和适应性，所以应用范围极广，能计算工程中的各种复杂问题。

5.3 节中讲述的数学方法没有考虑分片函数问题，图 5-14 给出了有限元求解问题的一般过程，包括力学建模、网格划分、单元分析和代数方程组求解等。

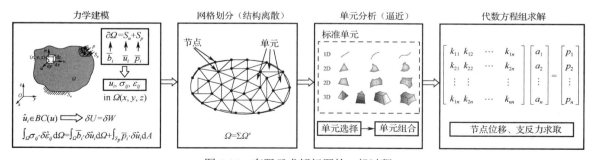

图 5-14　有限元求解问题的一般过程

有限元求解问题的一般过程如下。

（1）将给定的区域离散化为单元的集合。

离散化的目的是使问题的性质在每一单元内尽量简单。一般情况下，单元内部不能存在任何间断

性。离散化的另一作用是使单元的几何形状尽可能地吻合实际问题的几何边界。用预先选定的单元类型来划分求解域，创建有限元网格，给单元及节点编号，创建几何特性（如坐标系、横截面的面积等）。

（2）对有限元网格中现存的各种典型单元进行单元分析。

利用各种方法形成单元的刚度矩阵、载荷矩阵及质量矩阵（动力分析需要质量矩阵），这里就需要选择近似的插值函数（位移模式），在直角坐标系中通常采用多项式函数，在圆柱坐标系中则常采用三角函数和多项式函数的混合形式。由于同类的单元可以采用相同的位移模式，因此只需对典型的单元进行单元分析，即对各典型单元创建与其微分方程等价的变分形式，推导或选择单元插值函数，计算相关的单元矩阵。

（3）将单元方程合并为总体方程组。

给出局部自由度与总体自由度之间的关系（此关系反映了基本变量在单元之间的连续性或单元之间的连接性）。给出二阶变量之间的"平衡条件"（局部坐标系中的力分量与总体坐标系中的力分量之间的关系）。依据叠加性质及以上两步对单元方程进行合并，施加边界条件，求解总体方程，输出结果。

5.4.1.2　有限元求解的例子

离散和分片近似是有限元法的核心，也是有限元分析的关键环节。为了理解这两个基本步骤，这里以一个实例来说明有限元法求解的基本过程。

图 5-15 为一个简单的阶梯轴的轴向拉伸问题，不考虑重力作用，左端固定，右端拉力为 P，设两段不同截面杆的截面面积分别为 A_1 和 A_2，长度分别为 l_1 和 l_2，材料的弹性模量为 E，求该结构的位移和应力。

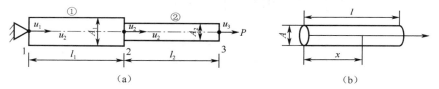

（a）　　　　　　　　　　　　　　（b）

图 5-15　变截面杆受力及单元分析

有限元法求解的过程如下。

1．结构离散

按照杆的截面直径尺寸的不同，将阶梯杆离散成两个单元：单元①和单元②，每个单元有自己的节点力和位移。

2．单元分析

取任意单元，长度为 l，面积为 A。

1）选择位移函数

单元内任意一点的轴向位移和其位置坐标成正比，即

$$u = a_0 + a_1 x \tag{5-37}$$

其中，a_0、a_1 为待定系数。

由于杆的两个端点节点 1、2 是单元上的点，所以它们应该满足上述方程。

节点 1：$x_1 = 0$，因此 $u_1 = a_0 + a_1 \times 0 = a_0$。

节点 2：$x_2 = l$，因此 $u_2 = a_0 + a_1 \times l$，$a_1 = (u_2 - u_1)/l$。

将求出的结果代入方程并整理，得

$$u = u_1 + \left(\frac{u_2}{l} - \frac{u_1}{l} \right) x = \left(1 - \frac{x}{l} \right) u_1 + \frac{x}{l} u_2 = \begin{bmatrix} N_1 & N_2 \end{bmatrix} \begin{bmatrix} u_1 \\ u_2 \end{bmatrix} \tag{5-38}$$
$$= N \boldsymbol{\delta}^e$$

式中，N_1、N_2 是形函数；$\boldsymbol{N}$ 为形函数矩阵；$\boldsymbol{\delta}^e$ 为节点位移向量。

2）应变表达

由位移与应变的关系知

$$\varepsilon = \frac{u + \mathrm{d}u - u}{\mathrm{d}x} = \frac{\mathrm{d}u}{\mathrm{d}x}$$

将上面推出的位移表达式（5-38）代入，可得

$$\varepsilon = \frac{u + \mathrm{d}u - u}{\mathrm{d}x} = \frac{\mathrm{d}u}{\mathrm{d}x} = \frac{\mathrm{d}}{\mathrm{d}x} N \boldsymbol{\delta}^e = \frac{\mathrm{d}}{\mathrm{d}x}\left[1 - \frac{x}{l} \quad \frac{x}{l}\right]\boldsymbol{\delta}^e = \left[-\frac{1}{l} \quad \frac{1}{l}\right]\boldsymbol{\delta}^e \qquad (5\text{-}39)$$
$$= \boldsymbol{B}\boldsymbol{\delta}^e$$

式中，$\boldsymbol{B}$ 称为应变矩阵或几何矩阵。

3）应力表达

运用材料力学中的胡克定律，可以将应变和应力联系起来。单向应力状态的胡克定律为

$$\sigma = E\varepsilon = E\boldsymbol{B}\boldsymbol{\delta}^e = \left[-\frac{E}{l} \quad \frac{E}{l}\right]\begin{bmatrix} u_1 \\ u_2 \end{bmatrix} = \boldsymbol{S}\boldsymbol{\delta}^e \qquad (5\text{-}40)$$

式中，$\boldsymbol{S}$ 称为应力矩阵。

4）单元刚度矩阵

在弹性力学中，应力与体积力之间的平衡关系是由平衡微分方程来体现的，应力与表面力之间的平衡关系是由静力边界条件来体现的，以上可统称为应力与外力之间的平衡方程。这种平衡关系在整个弹性体内是逐点满足的。

在有限元法中，应力与外力之间的平衡关系不是逐点满足的，而是在单元的整体上满足平衡。通常用虚功方程代替平衡方程，利用虚功方程可以建立力与位移之间的关系，也就是单元刚度方程。它的一般形式如下：

$$\boldsymbol{F}^e = \boldsymbol{K}^e \boldsymbol{\delta}^e \qquad (5\text{-}41)$$

式中，$\boldsymbol{F}^e$ 为单元节点力向量，这个例子应为 $[U_1 \ U_2]^{\mathrm{T}}$。$\boldsymbol{K}^e$ 为单元刚度矩阵，$\boldsymbol{K}^e = \int_v \boldsymbol{B}^{\mathrm{T}} \boldsymbol{D} \boldsymbol{B} \, \mathrm{d}V$，$\boldsymbol{D}$ 矩阵是弹性矩阵。对于一维单元来说，就是 E，所以

$$\boldsymbol{K}^e = \int_0^l \begin{bmatrix} -\dfrac{1}{l} \\ \dfrac{1}{l} \end{bmatrix} E \left[-\frac{1}{l} \quad \frac{1}{l}\right] A \mathrm{d}x = \frac{EA}{l}\begin{bmatrix} 1 & -1 \\ -1 & 1 \end{bmatrix} \qquad (5\text{-}42)$$

求得了单元刚度矩阵，也就完成了单元分析。

求解单元刚度矩阵分为以下 4 步。

（1）假定单元内位移变化的近似规律，即选择位移模式。

（2）运用几何关系，推出位移与应变的关系。

（3）应用物理规律，把应变与应力联系起来。

（4）运用虚功方程的力与位移关系，求出单元刚度矩阵。

单元分析是整个有限元分析的核心。不同的单元因为其力学特性不同，而具有不同的单元刚度矩阵。了解各种单元的力学特性，可以为以后选择单元类型打好基础。

3．整体分析

整体分析就是指建立整个离散结构的所有节点位移与外力之间的关系，实现未知节点位移的求解，包括总刚度矩阵的建立、约束条件的引进和节点位移的求解。

1）由各单元刚度矩阵组集成整个结构的总刚度矩阵

前面推导出的两个单元刚度矩阵为

$$\boldsymbol{K}^1 = \frac{EA_1}{l_1}\begin{bmatrix} 1 & -1 \\ -1 & 1 \end{bmatrix}, \quad \boldsymbol{K}^2 = \frac{EA_2}{l_2}\begin{bmatrix} 1 & -1 \\ -1 & 1 \end{bmatrix}$$

整个结构有三个节点，首先将单元刚度矩阵扩充为 3×3 的矩阵，移动各元素使之与单元刚度矩阵中的元素位置相对应，即

$$\boldsymbol{K}^1 = \frac{EA_1}{l_1}\begin{bmatrix} 1 & -1 & 0 \\ -1 & 1 & 0 \\ 0 & 0 & 0 \end{bmatrix}, \quad \boldsymbol{K}^2 = \frac{EA_2}{l_2}\begin{bmatrix} 0 & 0 & 0 \\ 0 & 1 & -1 \\ 0 & -1 & 1 \end{bmatrix}$$

直接相加，得

$$\boldsymbol{K} = \begin{bmatrix} \dfrac{EA_1}{l_1} & -\dfrac{EA_1}{l_1} & 0 \\ -\dfrac{EA_1}{l_1} & \dfrac{EA_1}{l_1}+\dfrac{EA_2}{l_2} & -\dfrac{EA_2}{l_2} \\ 0 & -\dfrac{EA_2}{l_2} & \dfrac{EA_2}{l_2} \end{bmatrix} \tag{5-43}$$

把各单元的节点力向量组集成总的节点载荷向量，即

$$\boldsymbol{R} = \begin{bmatrix} P \\ 0 \\ 0 \end{bmatrix}$$

2）节点位移的求解

根据边界条件，修改总刚度矩阵，获得总刚度方程组。

边界条件修改之前的总刚度方程为

$$\begin{bmatrix} P \\ 0 \\ 0 \end{bmatrix} = \begin{bmatrix} \dfrac{EA_1}{l_1} & -\dfrac{EA_1}{l_1} & 0 \\ -\dfrac{EA_1}{l_1} & \dfrac{EA_1}{l_1}+\dfrac{EA_2}{l_2} & -\dfrac{EA_2}{l_2} \\ 0 & -\dfrac{EA_2}{l_2} & \dfrac{EA_2}{l_2} \end{bmatrix}\begin{bmatrix} u_1 \\ u_2 \\ u_3 \end{bmatrix}$$

修改以后（采用置"0，1"法）为

$$\begin{bmatrix} P \\ 0 \\ 0 \end{bmatrix} = \begin{bmatrix} \dfrac{EA_1}{l_1} & -\dfrac{EA_1}{l_1} & 0 \\ -\dfrac{EA_1}{l_1} & \dfrac{EA_1}{l_1}+\dfrac{EA_2}{l_2} & 0 \\ 0 & 0 & 1 \end{bmatrix}\begin{bmatrix} u_1 \\ u_2 \\ u_3 \end{bmatrix}$$

求解方程组，得出总的节点位移向量，解得

$$\begin{bmatrix} u_1 \\ u_2 \\ u_3 \end{bmatrix} = \begin{bmatrix} \dfrac{Pl_1}{EA_1}+\dfrac{Pl_2}{EA_2} \\ \dfrac{Pl_2}{EA_2} \\ 0 \end{bmatrix} \tag{5-44}$$

　　如果运用材料力学的知识，也能解决这个例子，并且很快。但是采用有限元法的计算很多都是编程完成的，而且能够解决更复杂的几何及载荷状态。

　　有限元分析的关键是结构离散、单元分析和整体分析三大步骤。其中，结构离散和单元分析最为关键，下面在 5.4.2 节讲述单元分析中的关键三点：单元类型、位移函数与形函数。在 5.4.3 节介绍结构离散，即网格划分方法。

5.4.2 单元类型与形函数的构造

5.4.2.1 单元类型

5.4.1 节给出了有限元法的总体步骤和求解过程。热传递、流体流动、电磁场等现象的分析过程也是类似的，有统一的步骤和标准，这也正是有限元法的优点之一。同时，5.4.1 节给出了描述物理问题的微分方程的标准数值解法，这些标准的方法容易形成标准的算法库。可以看出，有限元法的主要难点和障碍是前处理，包括建立几何模型、划分有限单元网格、加载边界条件和载荷、定义材料属性、定义分析类型（如静态还是动态、线性还是非线性、平面应力、平面应变等），这些活动被称为有限元建模，通常是在预处理软件中完成的，而预处理软件是专门为有限元分析而设计的软件。

网格的复杂性决定了全局刚度矩阵的大小、计算的复杂性和所需要的计算资源。增加网格（或单元）的数量或在单元内使用更高阶的形函数可提高解的精度。在生成单元时，必须满足下面的约束条件。第一，单元维数应该和问题域的维数相同，也就是说，一维单元用于一维问题的求解，二维单元用于二维问题的求解等。第二，使用的有限元分析程序应该支持生成的单元的分析。不同类型的单元由专门的有限元分析代码支持，这些单元组成单元库。库中单元的数量越大，能解决问题的种类也越多。图 5-16 给出了大多数有限元程序支持的典型单元的分类。注意到，相同的网格能形成不同的单元，这取决于与网格相关联的节点的数目。第三，在求解未知数的过程中可能有急剧变化的区域（如孔周围的应力集中区域），这些区域比渐变区域需要更多的节点和更高的单元密度。

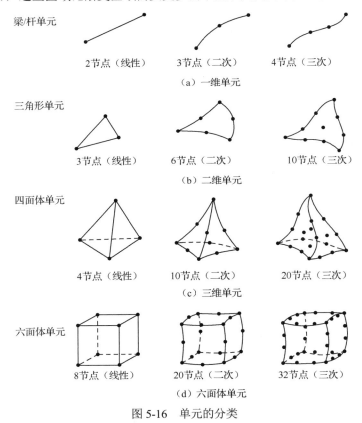

图 5-16　单元的分类

1. 按照维度对单元进行分类

（1）一维单元：杆单元、梁单元、轴对称单元等。形式为一条直线或一条曲线，或者具有确定形状的线性单元。

（2）二维单元：壳单元、板单元、平面单元、轴对称实体单元、复合材料壳单元等。形式为一个平面或者曲面。通常所说的三角形或四边形就是二维单元，一般在做网格时，二维单元模拟表面模型或者实体模型的边界面，计算效率很高。

（3）三维单元：实体单元、厚壳单元等。形式为四面体、五面体或六面体。特点是具有空间三个方向的尺寸，在做网格时一般模拟实体模型。

2．按照插值函数多项式最高阶数对单元进行分类

（1）线性单元：插值函数是线性形式，只有角节点没有边节点，网格边界为直线或者平面，单元内位移为线性变化。单元因为节点数量比较少，存在应力不连续的特点，边界有可能发生应力突变。

（2）二次单元：插值函数是二次多项式，有角节点和边界点，网格边界为二次曲面或曲面，单元内位移为二次变化，应力为线性变化。因为节点数量较多，离散精度比线性单元高很多，单元边界应力连续，所以计算精度大大提高，相对来说计算时间也较长。

（3）三次单元及更高次单元：二次单元和三次单元及更高次单元均为高阶单元，阶次越高计算精度越高，模型规模越大，计算耗时也越长。

5.4.2.2　位移函数

在有限元法中，选择节点位移作为基本未知量时的方法称为位移法；选择节点力作为基本未知量时的方法称为力法；取一部分节点力和一部分节点位移作为基本未知量时的方法称为混合法。位移法易于实现计算自动化，所以以位移法应用范围最广。

当采用位移法时，物体或结构离散化之后，就可把单元中的一些物理量（如位移、应变和应力等）用节点位移来表示，这时可以对单元中位移的分布用一些能逼近原函数的近似函数予以描述。通常，有限元法就将位移表示为坐标变量的简单函数，这种函数称为位移模式或位移函数。位移函数是实现位移法的关键。

1．位移函数的特点

对于弹性连续体来说，其内部的位移和应力本来都是连续的，经过离散化，单元之间只在公共节点上相互连接，因而相邻单元只在公共节点上具有相同的位移，而在公共边界上，位移和应力可能会不连续。因此，采用有限元分析弹性连续体结构时，所得到的解是近似解。

采用位移法的关键步骤是位移函数的设定，位移函数设定的正确与否直接影响解的收敛性及计算结果的精确程度。位移函数设定时应满足的收敛性条件为①位移函数满足求解问题的基本方程式；②位移函数必须能反映单元的刚体位移；③位移函数必须能反映单元的常量应变；④位移函数应当尽可能反映位移的连续性。位移函数设定时不仅应该使相邻单元在公共节点上具有相同的位移数值，而且应该使它们的公共边界上也具有相同的位移数值。

2．位移函数的一般要求

将位移函数设定为多项式的形式，多项式容易写出且便于计算，特别是容易进行微积分计算。多项式是单值连续函数，可以用增加多项式项数的办法来提高位移函数的精度，应使多项式具有对称性，多项式的项数应与节点自由度数相等。多项式的项数应与整个单元各节点在该位移分量对应方向上的自由度数相等，这样，待定系数总能由节点位移唯一地确定，在单元内部要求多项式具有使应变或应力应是常值（或线性变化）的分布规律，多项式应包含刚体位移的项。

3．位移函数的构造实例

不同的单元形式有不同的位移函数。对于平面问题，如图 5-17 所示，三角形板单元的三个节点为 i、j、k，单元内任一点的位移可以用分量 u、v 描述，它们是位置坐标 x、y 的函数。

根据选择的单元类型，将三节点三角形单元的位移函数 $u(x, y)$ 和 $v(x, y)$ 均设为三项式：

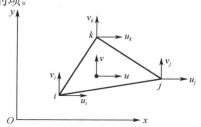

图 5-17　三节点三角形单元的位移描述

138 机电产品现代设计方法

$$\begin{cases} u(x,y) = a_1 + a_2 x + a_3 y \\ v(x,y) = a_4 + a_5 x + a_6 y \end{cases} \tag{5-45}$$

式中，$a_1, a_2, \cdots, a_6$ 为待定系数，不具有任何物理意义，称为广义坐标，式（5-45）常称为位移函数的广义坐标形式，写成矩阵形式为

$$\begin{bmatrix} u(x,y) \\ v(x,y) \end{bmatrix} = \begin{bmatrix} 1 & x & y & 0 & 0 & 0 \\ 0 & 0 & 0 & 1 & x & y \end{bmatrix} \begin{bmatrix} a_1 \\ a_2 \\ a_3 \\ a_4 \\ a_5 \\ a_6 \end{bmatrix} \tag{5-46}$$

因节点 i、j、k 也在单元内，其位移也应满足位移函数（5-45），设三个节点的位移为(u_i, v_i)、(u_j, v_j)、(u_k, v_k)，将节点坐标代入式（5-45），有

$$\begin{cases} u_i = a_1 + a_2 x_i + a_3 y_i \\ v_i = a_4 + a_5 x_i + a_6 y_i \\ u_j = a_1 + a_2 x_j + a_3 y_j \\ v_j = a_4 + a_5 x_j + a_6 y_j \\ u_k = a_1 + a_2 x_k + a_3 y_k \\ v_k = a_4 + a_5 x_k + a_6 y_k \end{cases} \tag{5-47}$$

写成矩阵形式有

$$\boldsymbol{q} = \begin{bmatrix} u_i \\ v_i \\ u_j \\ v_j \\ u_k \\ v_k \end{bmatrix} = \begin{bmatrix} 1 & x_i & y_i & 0 & 0 & 0 \\ 0 & 0 & 0 & 1 & x_i & y_i \\ 1 & x_j & y_j & 0 & 0 & 0 \\ 0 & 0 & 0 & 1 & x_j & y_j \\ 1 & x_k & y_k & 0 & 0 & 0 \\ 0 & 0 & 0 & 1 & x_k & y_k \end{bmatrix} \begin{bmatrix} a_1 \\ a_2 \\ a_3 \\ a_4 \\ a_5 \\ a_6 \end{bmatrix} = \boldsymbol{Ca}$$

求待定系数 $a_1, a_2, \cdots, a_6$，由 $\boldsymbol{a} = \boldsymbol{C}^{-1}\boldsymbol{q}$ 得

$$\begin{cases} a_1 = (a_i u_i + a_j u_j + a_k u_k)/(2A) \\ a_2 = (b_i u_i + b_j u_j + b_k u_k)/(2A) \\ a_3 = (c_i u_i + c_j u_j + c_k u_k)/(2A) \\ a_4 = (a_i v_i + a_j v_j + a_k v_k)/(2A) \\ a_5 = (b_i v_i + b_j v_j + b_k v_k)/(2A) \\ a_6 = (c_i v_i + c_j v_j + c_k v_k)/(2A) \end{cases} \tag{5-48}$$

式中，

$$\begin{cases} a_i = x_j y_k - x_k y_j, & b_i = y_j - y_k, & c_i = x_k - x_j \\ a_j = x_k y_i - x_i y_k, & b_j = y_k - y_i, & c_j = x_i - x_k \\ a_k = x_i y_j - x_j y_i, & b_k = y_i - y_j, & c_k = x_j - x_i \end{cases}$$

$$A = \frac{1}{2} \begin{bmatrix} 1 & 1 & 1 \\ x_i & x_j & x_k \\ y_i & y_j & y_k \end{bmatrix} \tag{5-49}$$

式中，A 为三角形单元的面积。

为了方便，引入以下符号：

$$\begin{cases} N_i(x,y) = (a_i + b_i x + c_i y)/(2A) \\ N_j(x,y) = (a_j + b_j x + c_j y)/(2A) \\ N_k(x,y) = (a_k + b_k x + c_k y)/(2A) \end{cases} \tag{5-50}$$

将式（5-50）代入式（5-46），得位移函数：

$$\begin{bmatrix} u(x,y) \\ v(x,y) \end{bmatrix} = \begin{bmatrix} N_i & 0 & N_j & 0 & N_k & 0 \\ 0 & N_i & 0 & N_j & 0 & N_k \end{bmatrix} \begin{bmatrix} u_i \\ v_j \\ u_i \\ v_j \\ u_k \\ v_k \end{bmatrix} \tag{5-51}$$

式中，N_i、N_j、N_k 称为插值基函数，也称为形函数，它们是坐标的函数，与节点坐标有关，与节点位移无关。

这里的基函数与第 4 章曲线表达的基函数具有同样的功能和性质。只不过曲线表达的基函数只关注几何特性，有限单元中的基函数是为了构造位移函数，这个位移函数与应变、应力有关，次数不能太高。

5.4.2.3　形函数及其特点

在不同的单元中，选择的形函数（基函数）也会不同，这里以三角形单元为例讲述形函数的构造方法。对三角形内部的任意一点，若采用传统的直角坐标表达，计算非常复杂，若采用三角形面积坐标的形式将非常方便，如图 5-18 所示。

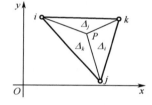

图 5-18　三角形面积坐标图

1. 形函数的推导

1）面积坐标的定义

三角形中，任一点的位置 P 可以用三角形面积坐标值来确定，即

$$L_i = \frac{A_i}{A}, \qquad L_j = \frac{A_j}{A}, \qquad L_k = \frac{A_k}{A}$$

由于 $A_i \leqslant A$，因此有 $0 \leqslant A_i \leqslant 1$（$i = i, j, k$）。同时，$A_i + A_j + A_k = A$，$L_i + L_j + L_k = 1$。

2）面积坐标与直角坐标的关系

$$u(x,y) = a_1 L_i + a_2 L_j + a_3 L_k$$
$$v(x,y) = a_4 L_i + a_5 L_j + a_6 L_k$$

分别将节点坐标代入，有

$$u_i = a_1, \qquad u_j = a_2, \qquad u_k = a_3$$
$$v_i = a_4, \qquad v_j = a_5, \qquad v_k = a_6$$

因此得

$$u(x,y) = L_i u_i + L_j u_j + L_k u_k$$
$$v(x,y) = L_i v_i + L_j v_j + L_k v_k$$

写成矩阵形式，有

$$[d(x,y)] = \begin{bmatrix} u(x,y) \\ v(x,y) \end{bmatrix} = \begin{bmatrix} L_i & 0 & L_j & 0 & L_k & 0 \\ 0 & L_i & 0 & L_j & 0 & L_k \end{bmatrix} \begin{bmatrix} u_i \\ v_i \\ u_j \\ v_j \\ u_i \\ v_j \end{bmatrix} = \boldsymbol{Lq} \tag{5-52}$$

根据三角形面积公式，有

$$A_i = [(x_j y_k - x_k y_j) + (y_j - y_k)x + (x_k - x_j)y]/2$$

设

$$a_i = x_j y_k - x_k y_j, \quad b_i = y_j - y_k, \quad c_i = x_k - x_j$$

有

$$A_i = \frac{1}{2}(a_i + b_i x + c_i y)$$

同理可得

$$A_j = \frac{1}{2}(a_j + b_j x + c_j y)$$

$$A_k = \frac{1}{2}(a_k + b_k x + c_k y)$$

3）形函数的表达

对于三角形单元，面积坐标与形函数具有同样的形式：

$$L_i = (a_i + b_i x + c_i y)/2A$$
$$L_j = (a_j + b_j x + c_j y)/2A$$
$$L_k = (a_k + b_k x + c_k y)/2A$$

这里的 L_i 就是前面位移函数中的形函数 $N_i(x, y)$，这里给出了形函数的推导过程。这种与几何形状相关的坐标系称为自然坐标系，采用自然坐标系可以使单元节点的坐标变为无量纲数（0 或 1），从而简化计算。一般来说，直角坐标系 xyz 和柱面坐标系 $r\theta z$ 称为统一坐标系，而局部坐标系（单元坐标系，采用自然坐标系）包括①一维直线自然坐标系和二维、三维正交直线自然坐标系；②二维、三维不正交直线自然坐标系；③二维、三维曲线自然坐标系；④面积坐标系；⑤体积坐标系。

2．形函数的性质

形函数的特点：当 i 节点位移为 1、其他节点位移为 0 时，位移函数与形函数相等，如图 5-19 所示。N_i 形函数表示当节点 i 在某坐标方向上发生单位位移，而其他节点的位移为 0 时，单元内部的位移分布规律。也就是说 N_i 反映了单元位移变化的形态，图 5-19 阴影部分的三角形分别表示 N_i、N_j、N_k 的几何形态，这也是形函数的由来。第 4 章曲线的基函数表示中，基函数也具有同样的性质。

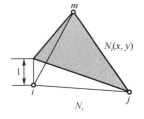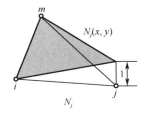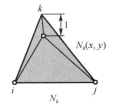

图 5-19　形函数与形状变化

性质 1：任一形函数在各节点处的值为 1 或为 0，即

$$N_i = \begin{cases} 1, & \text{在节点} i \text{处} \\ 0, & \text{在其他节点处} \end{cases}$$

性质 2：单元的各个形函数之和总是等于 1，即

$$\sum N_i = 1$$

这两个性质的意义：形状函数反映相邻单元在共同节点处位移的连续性；形函数反映单元的刚体位移。

5.4.3　网格划分方法

有限元网格划分就是将工作环境下的物体离散成简单单元的过程，常用的简单单元包括一维杆单元、二维三角形单元、四边形单元和三维四面体单元、五面体单元和六面体单元。它们的边界形状有直线型、曲线型和曲面型。对于边界为曲线（面）型的单元，有限元分析要求各边或面上有若干点，这样既可保证单元的形状的不变，又可提高求解精度、准确性及加快收敛速度。不同维数的同一物体可以划分为由多种单元混合而成的网格。网格划分应满足以下要求：①合法性，一个单元的节点不能落入其他单元内部，在单元边界上的节点均应作为单元的节点，不可丢弃；②相容性，单元必须落在待分区域内部，不能落入外部，且单元并集等于待分区域；③逼近精确性，待分区域的顶点（包括特殊点）必须是单元的节点，待分区域的边界（包括特殊边及面）被单元边界所逼近；④良好的单元形状，单元最佳形状是正多边形或正多面体；⑤良好的划分过渡性，单元之间过渡应相对平稳，否则，将影响计算结果的准确性甚至使有限元计算无法进行下去；⑥网格划分的自适应性，在几何尖角处、应力温度等变化大处网格应密，其他部位应较稀疏，这样可保证计算解精确可靠。网格划分需要考虑的内容如下。

（1）观察模型。当导入自己建立的或者 CAD 软件建立的模型到分析软件中时，先要观察、处理一下。比如，若模型是对称的，最好只留部分模型，这样网格数量较少，能减少计算时间。在边界条件设定时，设定成对称的即可。

（2）模型交界线处理。比如，对于有焊接线的，在划分的时候，要在交界处人为地切开一条边界线。这样在划分完网格后，此处自然留下一条网格线，符合实际情况。

（3）选择单元类型及阶次。最好的情况是划分成六面体网格，数量少，求解快。但有时模型复杂，划不成六面体，就只好划分成四面体。高阶的四面体单元精度也很高，但是与低阶单元对比，求解时间会比较长。这个需要进行权衡选择。

（4）网格密度。网格密度越大，网格越密，求解精度越高，但同样会使求解成本提高。在参数梯度要求大的地方，要用密的网格，如应力集中的地方。这种地方如果不用密网，结果往往不正确。

（5）网格数量。密度越大，数量越多，求解时间越长。需要将数量控制在精度范围内，在可对比的情况下，可以适当降低数量以减少计算时间。结构分析时，关键点密度要大；模态分析时，尽量统一大小。

5.4.3.1　分解法

1. 节点连接法

节点连接法在概念上较简单，所以非常流行。该方法的示意图如图 5-20 所示，包括两个主要的阶段，分别是图 5-20（a）所示的节点生成和图 5-20（b）所示的单元生成。

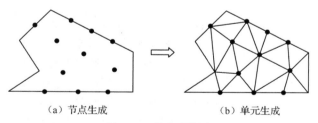

　　　　　（a）节点生成　　　　　　　　　　（b）单元生成

图 5-20　节点连接法

1）节点生成

首先节点由人工加到物体边界上，然后内部节点自动生成以满足网格密度的要求。物体被分割成许多区域，各区域所要求的单元尺寸不同。然后在区域内施加栅格，图 5-21 为基于统一网格密度的单一栅格。对于栅格的每个小方格来说，每个内部节点是随机生成的。这可以通过在 0 和 1 之间产生两次随机数来完成，一个是 x 方向的，另一个是 y 方向的，然后计算等价于 x 和 y 的值的位置。若所生成的内部节点落在物体的内部，且与边界及先前生成节点的距离大于规定阈值，则它就被接受。若不是，随机生成另外一个节点，然后进行检查。

2）单元生成

在这个阶段，将上一个阶段生成的节点连接起来形成单元，这样就没有重叠的单元，且整个物体都被覆盖。Delaunay 三角划分法是最流行的节点连接法之一，因为它把生成的所有三角形的最小角度的和进行了最大化，Delaunay 三角划分法尽可能地避免了细长单元。图 5-22 示意了在二维空间中具有 10 个节点的 Voronoi 图表和相应的 Delaunay 三角划分。每个 Voronoi 多边形（多面体）有一个与之相连的节点。生成 Voronoi 图表以后，可以通过连接与相邻 Voronoi 多边形（多面体）相关的点来创建三角形（或三维空间的四面体）单元。

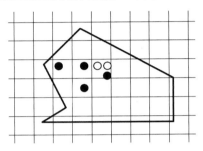 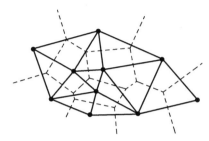

图 5-21　节点生成示意图　　　　图 5-22　Voronoi 图表和 Delaunay 三角划分

2. 拓扑分解法

在这种方法中，物体可近似地看成一个多边形，这个多边形被分解成一系列粗单元，这些单元通过连接它们的顶点来形成三角形，如图 5-23（a）所示。然后，如图 5-23（b）所示，改进这些粗单元来满足所需的网格密度分布。单元大小和形状不能从外部控制，因为这些粗单元仅由原始物体的拓扑结构所决定，特别是顶点的分布。属于同一粗单元的顶点可通过前面介绍的 Delaunay 三角划分找到。

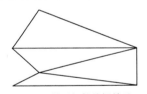 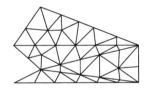

（a）基于拓扑的粗单元　　　　（b）Delaunay三角划分细单元

图 5-23　拓扑分解法

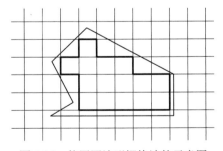

图 5-24　使用四边形栅格法的示意图

5.4.3.3　映射单元法

5.4.3.2　栅格法

基于栅格的方法（简称为栅格法）起源于每个栅格看起来像一个网格的现象。若物体边缘上的栅格可以转换成单元的话，这些栅格也可以转换成网格。用比较细的栅格通常能得到较好的网格，因为物体内部形状好的单元占多数。

在该方法中，首先用三角形栅格覆盖物体，然后去除落在物体边界外面的网格点，从而留下一个曲折的边界。移动曲折的边界，把曲折边界上的栅格点移动到物体边界上，创建出最终的网格，如图 5-24 所示。

大多数商业的网格生成器都采用映射单元法。此方法需要把要进行网格划分的物体划分成具有特定拓扑结构的区域。在二维中，这些区域有三条或四条边；在三维中，这些区域像盒子一样。在每个区域中，通过把这些区域映射到规则域（二维中的规则三角形或四边形和三维中的立方体）上自动生成网格，然后在考虑网格密度分布的情况下对这些规则的区域进行切分，再把切片域映射到初始区域上。合并各个网格区域可得到整体网格。等参数映射是超限映射的一个特例。此方法分别把四边区域

（二维）或盒状区域（三维）映射到参数空间的单位正方形或单位立方体上，如图 5-25 所示。

　　只有区域边界上的特定点（不是整个边界）能映射到参数空间边界相应的点上，换言之，边界上仅有有限个点相匹配。因此，在推导映射方程式时，可用特殊点的插值方程代替超限映射中边界曲线的精确方程。对于盒状区域，边界曲面方程将被插值曲面方程代替。举个例子，如图 5-25（a）所示，假如每个边界有三个点，将其代入二次插值方程，如图 5-25（b）所示。若每个边界有 4 个点，将其代入三次插值方程，如图 5-25（c）所示。

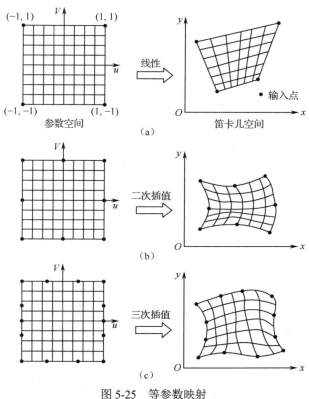

图 5-25　等参数映射

5.5　有限元软件的应用实例与二次开发

5.5.1　有限元软件的应用实例

5.5.1.1　问题与应用流程

　　以加筋板的线性屈曲为分析对象，研究加筋板在特定工况下的稳定性及确定结构发生失稳的临界载荷问题。在 ABAQUS 中建立加筋板几何模型。根据工程实际中的加筋板模型建立有限元分析模型，蒙皮和筋条初期的几何建模均采用实体模型；筋条和蒙皮之间插入 cohesive 单元，采用面间 tie 约束连接；对线性屈曲采用特征值法进行分析。算例尺寸及材料属性参数如下（单位为 mm）：蒙皮长度 $a=400$，宽度 $b=260$，厚度 $t=1$；筋条厚度 $t_1=1$，下缘条宽度 $m=24$，腹板高 $h=15$。蒙皮铺层为[0/0/0/0]s，筋条铺层为[0/90/45/-45]s。

　　以加筋板的线性屈曲分析为例，ABAQUS 的操作流程如图 5-26 所示。

5.5.1.2　具体操作过程

　　有限元软件分析的具体操作过程一般如下。

1. 几何建模

　　直接在有限元环境下建模，或者导入 CAD 模型。当 CAD 模型导入到 CAE 模型时，有些结构需要整理，不能出现尖角、缝隙、锐角等难以划分网格结构的地方。

在软件内建立相应的模型，首先是在 Part 模块下创建部件，并定义模型相应的基本特征及类型，软件中的特性包括实体、壳、线及点，根据分析的需要选择相应的类型进行建模。例如，实体是一个三维固体，由六面体、四面体或任意多边形等元素组成。将实体用于建立三维结构的有限元模型，可以模拟各种材料的力学行为，如弹性、塑性、断裂等。由于需要分析筋条和蒙皮组合下的受力情况，采用实体单元作为特征类型进行建模。利用草图定义筋条和蒙皮的形状，使用软件中的 Sketcher 工具来绘制草图，通过拉伸命令建立相应的三维模型。

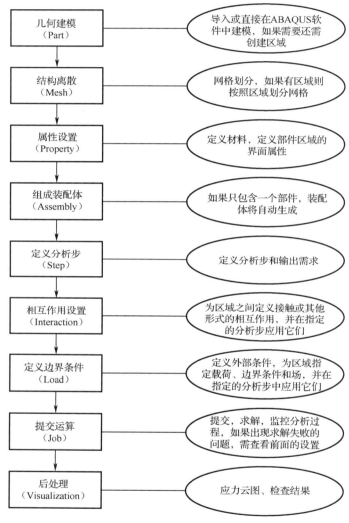

图 5-26 ABAQUS 的操作流程

2. 结构离散

ABAQUS 的网格划分方法是首先对几何模型布置种子来控制单元密度和位置，然后使用自动算法直接生成网格。首先，种子布置是指在几何模型上定义一些点或线来控制单元的密度和位置。这些点或线称为种子，它们可以手动设置或使用自动算法生成。种子的数量和位置决定了单元的大小和形状，从而影响到整个模拟的准确性和计算效率。接着，根据种子的位置和数量，ABAQUS 使用自动算法来生成网格。这个过程中会考虑多个因素，如单元形状、质量和连接性等，以保证生成的网格符合工程要求，并能够提供准确的分析结果。生成的网格可以通过可视化工具进行检查和调整，以达到最佳的分析效果。在实际的应用中，当不存在对仿真对象的关键点分析时，可以不对网格的尺寸进行细致的调整。选取单元类型与阶数后，软件即可完成网格的自动划分。

3. 属性设置

属性设置主要为模型赋予相应的材料属性，转到软件的属性模块，为对应的部件设定材料信息。蒙皮和筋条制件采用层合复合材料制作，因此在材料属性部分，需要按照复合材料的材料设定方式，对制件的材料本构及铺层信息进行设定。在软件中运行 Create Composite Layup 命令，按照前文所述的两个制件的铺层设计进行设定。

4. 组成装配体

在 ABAQUS 中，装配的目的是将几何结构、网格、属性、约束等放入到总体的分析环境中。在软件的装配模块中，通过 Create Instance 命令进行装配。

5. 定义分析步

一个模型在计算的过程中可由多个分析步（Step）组成，分析步用来描述加载过程中的各个步骤。对于线弹性问题，一个分析步由一个增量步即可分析完成；对于非线性问题，分析过程中刚度需要不断地变化，需要多个增量步来完成。在一个增量步中寻求平衡解的尝试叫作迭代，有的增量步在一次迭代中就可以获得平衡解，有的增量步则需要多次迭代才可以找到平衡解，之后再进入下一个增量步的计算。分析步定义了软件的计算分析过程及使用的求解器和求解方法。

6. 相互作用设置

蒙皮和筋条在建模阶段是分开建模的，且在实际的生产制造中，制件是由两个部件分别生产后使用固化等工艺进行装配和组装的，因此需要在软件中定义相应的相互作用类型。在 ABAQUS 中，Interaction（相互作用）是指模型中各部分之间的接触、摩擦、连接等物理现象。使用 Interaction 模块在多个几何体连接处进行属性设置。选择何种约束方法取决于实际的模拟情况和要求的精度等因素。

7. 定义边界条件

在 ABAQUS 中，边界条件是指定义模型中某些区域的物理行为，如位移、载荷等。正确设置边界条件对于得到准确的仿真结果非常重要。以下是在 ABAQUS 中设置边界条件的方法。①选择节点或面，首先选择需要施加边界条件的节点或面；②定义类型，根据实际需要，在边界条件面板中选择要设定的边界条件类型，例如，需要施加力，则应选择"载荷"类型。③输入参数，根据所选择的边界条件类型，在输入框中输入相关参数。前面选择"载荷"类型，则应输入施加的载荷大小和作用方向等信息。需要注意的是，边界条件的设置应该符合物理现象和实际情况。同时，为了得到准确的仿真结果，设置边界条件时应充分考虑其与其他因素之间的相互作用关系。

8. 提交运算

在 ABAQUS 中，提交运算是指将已经设置好的模型和边界条件等信息提交到计算机集群或单机进行求解。根据模拟的需求，在提交运算前应设置适当的参数和选项。

提交运算后，软件的计算大致为以下流程：解析输入文件，ABAQUS 首先解析用户输入的模型和边界条件等信息，生成有限元分析所需的内部数据结构；模型处理，ABAQUS 对模型进行处理，包括网格划分、材料属性赋值、定义节点和单元等；准备求解器，选择并准备所选的求解器，包括设置求解器的参数、分配计算资源等；求解方程组，根据所选的求解器，在预处理后使用数值方法求解线性或非线性方程组；获得相应的应力、应变数据。求解器有自动求解算法，可以将微分方程转化为代数方程组求解，从而获得应力、应变数值。

9. 后处理

后处理是指对仿真结果进行分析、可视化和评估的过程。对于本例所进行的静力分析，后处理通常包括以下几部分。①结果可视化：可视化工具可以对仿真结果进行可视化展示，比如，可以生成等值面、位移云图、应力云图等，可以计算应变能、最大应力等；②输出结果：将仿真结果导出为其他格式，如文本文件、图片文件等，这些数据格式可以方便地用于后续分析和处理；③结果评估：评估仿真结果的准确性和可靠性，如残差检查、收敛性分析等。

5.5.2　有限元复杂问题求解的二次开发

5.5.2.1　有限元软件的二次开发接口

虽然 ABAQUS 提供了丰富的单元库和模型库，但是由于复合材料力学行为的复杂性和多样性，ABAQUS 对复合材料力学行为的模拟往往不能满足要求。ABAQUS 为用户提供了丰富的接口，可以通过多种方式来实现与 ABAQUS 内核的交互，用户可以自定义材料本构并在计算中更新场变量，从而模拟复合材料的力学行为。

ABAQUS 的二次开发主要有以下几种方法。

（1）通过用户子程序（User Subroutines）定义新的本构模型和干预 ABAQUS 计算过程。

（2）通过内核脚本（Kernel Scripts）实现前处理、作业提交和后处理功能。

（3）通过 GUI（Graphical User Interface）脚本创建新的图形用户界面和用户交互。

这里采用内核脚本和用户子程序实现对 ABAQUS 的二次开发，实现软件各模块的交互和复合材料损伤力学模型的定义。ABAQUS 内核脚本接口是基于 Python 语言的，是一个面向对象的程序库。

ABAQUS 在 Python 脚本语言的基础上提供了约 500 个对象模型和大量的库函数，用户通过添加引用可以使用这些模型和函数。ABAQUS 内部的 Python 编译器可以对脚本进行编译，用户使用 Python 脚本就可以不用在 ABAQUS/CAE 环境下进行前处理、提交作业和后处理等工作。而且，Python 脚本具有可复用性，可以记录整个操作流程。建立结构合理的脚本可以方便地实现参数化建模和实验模板的建立。ABAQUS 脚本的编写有一定的格式，在文件的开头需要引入 ABAQUS 相关的模块，这些模块事先已经存储在 ABAQUS 系统文件中，只有引入了这些模块才能运行相应的命令。这里所涉及的 ABAQUS 脚本的结构大体包括模块声明、创建模型数据库对象、创建材料、创建铺层或赋予截面属性、创建装配体、定义部件实体间的相互作用、定义接触、创建分析步、划分网格、赋予单元属性、施加载荷、创建分析作业和提取分析结果，其先后顺序和 ABAQUS/CAE 操作一致，以方便阅读和修改。

ABAQUS 用户子程序是基于 Fortran 语言的，编写子程序应该遵循 Fortran 语言的语法。通过用户子程序，用户可以定义 ABAQUS 中没有的本构模型，并可以获取系统求解过程中的大量材料参数和求解参数，以供子程序调用。用户子程序可以独立存储编译，也可以被调用，其使用很灵活。

复合材料多尺度虚拟测试平台涉及的外部支撑软件主要有 ABAQUS、MATLAB、Fortran 和 Microsoft Office 相关软件，接口设计如图 5-27 所示。

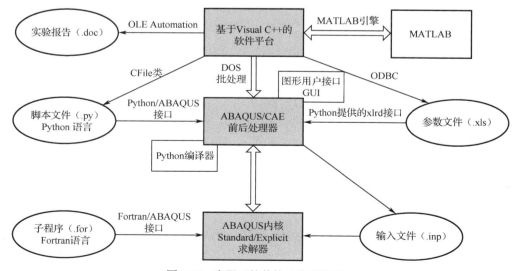

图 5-27　有限元软件的二次开发接口

在 Visual C++环境下编制的软件平台将按照用户的要求生成 Python 语言的脚本文件和电子表格形

式的参数文件，然后以 DOS 批处理的方法启动 ABAQUS/CAE 并运行脚本文件。ABAQUS/CAE 生成输入文件（.inp 文件），并提交给 ABAQUS 内核分析和计算，在求解和计算过程中可以通过用户子程序对运算进行干预。ABAQUS/CAE 对 ABAQUS 内核实时监控。

软件平台利用开放数据库互连（ODBC）和 SQL 语言实现对 Excel 和 Access 文件的读写。开放数据库互连技术是一种数据库访问接口标准，支持 SQL 语言。

5.5.2.2　有限元二次开发实例

有限元二次开发需要以现有的商用有限元软件为平台，通过集成其他算法库和软件开发环境，形成基于有限元软件的二次开发框架，如图 5-28 所示。

（1）用户操作层：又称表示层，该层是面向用户的，是软件与用户交互的窗口。用户通过用户操作层对软件进行直接的操作，可以对项目进行创建、修改、查看，进行虚拟实验并对软件系统进行维护。用户操作层主要包括虚拟实验、物理实验、结果分析和系统管理。

（2）应用层：又称业务层，该层是软件的主要部分，完成系统的主要工作。在该层中，用户操作层的每个模块下又包含了更为具体的子功能模块，系统根据用户在用户操作层的输入数据和操作完成具体的工作。

（3）支撑库层：包含实验模板库、几何模型库、力学模型库、复合材料基础数据库和软件管理支撑库，该层为多尺度虚拟测试和系统管理提供支持。

（4）支撑环境：指软件的底层支撑环境，包含代数模板库、几何模板库、优化模板库、ABAQUS 有限元环境、MATLAB 环境和 Visual C++开发环境等。

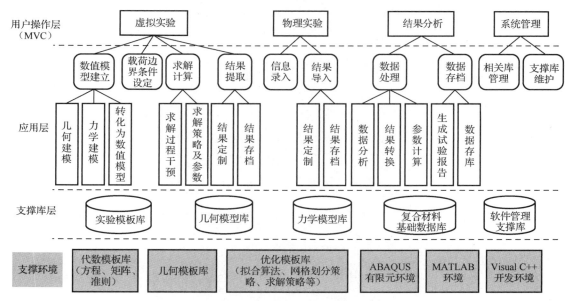

图 5-28　基于有限元软件的二次开发框架

这里的虚拟实验是基于商用软件 ABAQUS 的，因此虚拟实验的流程大体与 ABAQUS 数值分析的过程一致，此系统对 ABAQUS 前处理和后处理进行了改进和强化，使用户在不了解 ABAQUS 操作的情况下也能顺利完成虚拟实验。并且系统为用户提供了许多默认参数和准则，支持用户修改和增删，为用户在进行虚拟实验时提供一定的向导作用，使虚拟实验能更为快速、准确地完成。

复合材料虚拟测试系统软件主界面如图 5-29 所示。软件主界面采用左侧显示树列表，右侧显示窗口，下面显示临时数据列表的视图模式，树列表按照实验流程进行设计，临时数据列表实时显示当前的项目数据并支持修改操作。软件平台分为物理实验和虚拟实验两部分，虚拟实验部分有实验准备、虚拟实验、实验结果管理三个模块，虚拟实验部分实现对 CAE 模型的参数化建模和调用 ABAQUS 软件进行虚拟实验的功能。

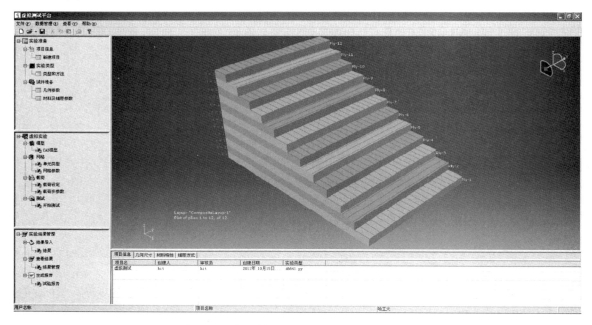

图 5-29　复合材料虚拟测试系统软件主界面

第6章 优化设计方法

机电产品的 SysML 设计、CAD 建模和有限元分析，确定了产品的功能模块、组成结构和力学特性，这些需求指标、结构参数和力学特性有多种选择，都不能保证是最优的。优化设计是从多种方案中选择最佳方案的设计方法，它以数学中的最优化理论为基础，以计算机为手段，根据设计所追求的性能目标，建立目标函数，在满足给定的各种约束条件下，寻求最优的设计方案。本章给出优化设计的框架与模型，优化模型的处理方法与求解策略，优化模型的数值求解方法、搜索求解方法、智能求解方法，最后给出多学科优化方法的实现。需要说明的是，优化设计有非常多的建模和求解方法，这里只给出优化设计的框架和主要方法。

6.1 优化设计的框架与模型

6.1.1 基于仿真的优化设计框架

6.1.1.1 优化设计的概念

优化设计是指通过不断地对设计进行改进和优化，以达到更好的性能、质量、效率或其他目标的过程。在这个过程中，设计师会使用各种工具和方法来识别和解决问题，如模拟分析、风险评估、实验测试等。同时，设计师还需要考虑多种因素，如成本、生产工艺、环境影响等，以保证设计方案的可行性和可持续性。通过优化设计，可以提高产品的竞争力，减少生产成本，提升用户满意度，推动企业发展。

在进行优化设计时，需要对需求进行定性和定量分析，基于"数学规划论"建立数学模型来描述该问题，设计合适的计算方法来寻找问题的最优解。优化设计的一般过程是首先将工程优化设计问题转化为优化设计数学模型，该模型一般由三个要素组成：设计变量、目标函数和约束条件，之后结合所建立的优化设计数学模型，选择适当、有效的优化算法，最后利用计算机的高速运算和逻辑判断能力，寻找最佳的设计方案。

6.1.1.2 优化设计的定位

优化设计在产品设计过程中的定位是通过改进和优化各个方面的设计，以提升产品性能、功能、效率、可靠性和用户体验。图 6-1 展示了优化设计在产品设计过程中的具体定位和功能。

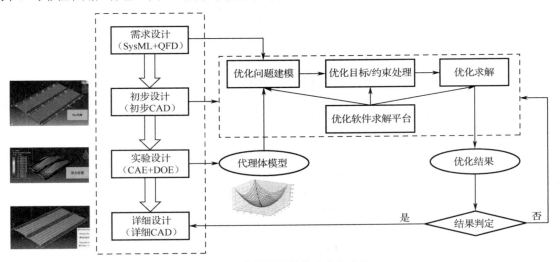

图 6-1 优化设计的具体定位与功能

如图 6-1 所示，产品设计是一个综合的过程，通常包括需求设计、初步设计、实验设计（包括物理实验和仿真实验两种）和详细设计 4 个主要阶段。这些阶段相互衔接，构建起一个完整的产品设计流程。在整个产品设计过程中，优化设计扮演着重要的角色，其贯穿于这 4 个阶段，用来协助完成产品设计任务。

需求设计阶段是产品设计的基础，通过与目标用户的交流和研究，产品设计团队收集和分析用户需求，并将其转化为明确的功能和性能要求。在需求设计阶段，通过对需求信息的分析和挖掘，产品设计团队可对需求中的实际问题进行建模，从而将其转化为优化问题模型中的目标函数和与需求相关的约束条件。

在初步设计阶段，需要根据需求设计的指导进行产品的概念构思和初步形态设计。这一阶段是关键且复杂的，因为它与所涉及的学科密切相关，并受到限制和特定条件的影响。在初步设计阶段，面临着许多参量取值问题，必须仔细考虑各个参数的范围和限制，由此产生了大量的约束条件信息，这些信息可以为优化问题模型提供有价值的约束条件。

详细设计阶段是对产品进行具体和详尽设计的重要阶段。在完成需求设计、初步设计和实验设计之后，可以构建出完整的优化问题模型。这个优化问题模型包括目标函数和约束条件。通过使用优化软件求解平台，可以处理目标函数和约束条件，并对优化问题进行求解。求解结果提供了详细的设计数据和参数，为产品的详细设计提供依据。

一般情况下，可以使用实验方法确定目标函数和约束条件的映射关系，对于真实的工程问题，由于涉及众多变量和复杂结构，以及需要进行耗时和昂贵的实验和多轮迭代，使得任务变得非常困难。实验设计阶段就是为了解决这个问题，在该阶段利用少量的实验数据，构建一个能够模拟真正的、规律的近似函数模型——代理体模型，从而进行寻优求解操作，具体的操作将在 6.1.3 节进行详细讲述。

在实际应用中，产品优化设计过程并非一次完成的，而是一个迭代的过程。可能需要多次调整建模、优化目标/约束处理和求解的过程，以逐步改进结果。参数调整、灵敏度分析和结果评估等技术可以帮助优化过程的改进和验证。

6.1.1.3　优化的核心问题分析

优化求解是一种问题求解方法，它可以帮助用户在有限的资源条件下，寻找到优化的解决方案。根据图 6-1，该过程包括优化问题建模、优化目标/约束处理和优化求解这三个核心问题。下面将详细介绍这些问题及与之相关的概念和方法。

首先，优化问题建模是指将实际问题转化为数学模型的过程。在建模阶段，需要确定设计变量、约束条件和目标函数。设计变量是需要做出的决策或选择，而约束条件规定了设计变量的取值范围，目标函数则描述了希望优化的指标，可以是最大化或最小化某个目标。建模是优化过程的基础，良好的建模能够准确地描述问题并为后续的优化求解提供基础。

在建模完成后，需要进行优化目标、约束的处理。这一步骤涉及建模结果的分析和转化。例如，若存在多个目标，则需要进行权衡和折中，从而将多目标问题转化为单目标问题。此外，对于约束条件，可能需要进行合理的处理。有时候，约束条件可能很复杂，难以直接使用传统的优化方法求解。在这种情况下，常用的方法包括罚函数法和约束转换法。罚函数法将约束条件通过惩罚项的方式引入目标函数，从而将其纳入优化过程；约束转换法则将原问题转化为无约束的问题，使得优化算法能够直接应用于求解。

最后，优化问题来到了优化求解阶段。在求解过程中，需要选择合适的优化算法或方法，以寻找使得目标函数取得最优值的设计变量。根据问题的性质和规模，可以选择不同的求解方法。一般而言，对于线性规划问题，可以使用线性规划算法（如单纯形法或内点法）。对于非线性规划问题，可以采用梯度下降法、牛顿法等迭代搜索方法。此外，启发式算法（如遗传算法、粒子群算法等）也常用于求解复杂优化问题。

综上所述，优化问题建模、优化目标/约束处理和优化求解是相互关联且不可分割的三个核心问题。通过合理的建模、灵活的目标、约束处理及适当的求解方法，可以有效地解决各种优化问题。本章将对这三个核心问题进行详细介绍。

6.1.2　优化设计的基本模型

6.1.2.1　优化模型的一般形式

工程优化设计问题通常是一个复杂的问题，需要综合考虑多种因素，如可行性、安全性、经济性、实用性等。优化设计数学模型的建立可以帮助工程师在这些因素之间找到最佳平衡点，从而实现最优方案的设计。因此，以"数学规划论"为理论基础，将工程优化设计问题转化为优化设计数学模型是优化设计过程中的重要一步，是优化设计成败的关键。

在工程优化设计问题中，通常会将目标函数表示为某些设计变量的函数，并试图通过对这些设计变量进行调整来最大程度地改善目标函数，从而找到使目标函数达到极小值或极大值的最优解。若为求极大值问题，则可看成是求 $-F(\boldsymbol{X})$ 的极小值，即 $\max[F(\boldsymbol{X})]$ 与 $\min[-F(\boldsymbol{X})]$ 是等价的。因此，优化设计数学模型的一般形式可归纳为

$$\min F(\boldsymbol{X}), \quad \boldsymbol{X} = (x_1 \quad x_2 \quad \cdots \quad x_n)^{\mathrm{T}}$$

$$\text{s.t.} \begin{cases} g_u(\boldsymbol{X}) \leqslant 0, & u = 1, 2, \cdots, p \\ h_v(\boldsymbol{X}) = 0, & v = 1, 2, \cdots, q \end{cases} \tag{6-1}$$

优化设计数学模型由三个要素组成：设计变量、目标函数和约束条件。其中，$\boldsymbol{X}$ 称为设计变量，它包含的设计参数 $x_1, x_2, \cdots, x_n$ 称为设计变量分量；设计变量的约束 $g_u(\boldsymbol{X})$、$h_v(\boldsymbol{X})$ 是设计变量 $\boldsymbol{X}$ 的函数，称为约束条件；$F(\boldsymbol{X})$ 是设计变量 $\boldsymbol{X}$ 的函数，称为目标函数。

该数学模型所表达的意义如下：在满足约束条件 $g_u(\boldsymbol{X})$ 和 $h_v(\boldsymbol{X})$ 的前提下，寻求一组合理的设计参数 $\boldsymbol{X}$，使得目标函数 $F(\boldsymbol{X})$ 的函数值达到最小。其中，s.t.是"subject to"的缩写，意为"受约束于"。

6.1.2.2　设计变量

对于实际的工程问题，其设计参数一般是相当多的，包括设计常量和设计变量。所谓的设计常量是指在优化设计过程中固定不变的参数，如材料的弹性模量、许用应力等。设计变量是指在优化设计过程中可进行调整和优选的独立参数。在进行优化设计时，可以通过调整设计变量来最小化或最大化某个目标函数，以达到设计的最优化。

设计变量的数量和类型取决于具体的问题和优化要求，对应着工程实际问题的一组特征主参数，任意一组确定的特征主参数都表示一个特定的设计方案。因此，在建立优化设计数学模型时，应首先选择能代表设计方案的一组主参数作为设计变量。设计变量可以分为离散型变量和连续型变量两类。在工程优化设计问题中，大多数的设计变量都是连续型随机变量，可以取任何实数值，如长度、宽度等；离散型变量是指只能取特定值的变量，如选择一个材料种类或特定的规格尺寸。对离散型变量的求解属于整数规划问题。

若设计变量 $\boldsymbol{X}$ 含有 n 个独立的设计变量分量 $x_1, x_2, \cdots, x_n$，则可用矩阵的形式将其表示为

$$\boldsymbol{X} = (x_1 \quad x_2 \quad \cdots \quad x_n)^{\mathrm{T}} \tag{6-2}$$

设计变量分量的个数 n 称为优化问题的维数。由线性代数可知，若 n 个设计变量 $x_1, x_2, \cdots, x_n$ 相互独立，则由它们形成的向量 $\boldsymbol{X} = (x_1 \quad x_2 \quad \cdots \quad x_n)^{\mathrm{T}}$ 的全体集合构成一个 n 维实欧氏空间，又称为设计空间，记为 $\boldsymbol{R}^n$。设计空间的维数越多，设计的自由度越大，可供选择的方案就越多，但求解难度和计算量也变得越大。因此，要合理地选取设计变量分量的个数。

6.1.2.3　目标函数

优化设计数学模型中的目标函数是需要被极小化或极大化的数学函数，它是用来评价优化问题设计方案优劣的指标。在优化过程中，通常会根据设计变量定义目标函数，然后尝试找到使得目标函数值极大或极小的设计变量的数值组合。目标函数可以是线性函数、非线性函数等各种类型的函数，具体取决于所解决的实际工程问题。

目标函数分为单目标函数和多目标函数两种，若目标函数只有一项，则优化问题被称为单目标优

化问题；若目标函数有多项，则优化问题被称为多目标优化问题，多目标优化问题是指在有限的资源限制下，需要同时通过最小化或最大化多个不同的目标函数来寻找最优解的问题。下面对这两种目标函数进行展开描述。

对单目标优化问题的目标函数求极小化的一般形式为

$$\min F(\boldsymbol{X}) = \min F(x_1, x_2, \cdots, x_n) \tag{6-3}$$

当设计变量 $\boldsymbol{X} = \boldsymbol{X}^* = (x_1^* \quad x_2^* \quad \cdots \quad x_n^*)^{\mathrm{T}}$ 时，目标函数值最小，即 $F(\boldsymbol{X}^*) = F_{\min}$，则称 $\boldsymbol{X}^*$ 为最优设计点，简称最优点；$F(\boldsymbol{X}^*)$ 为最优目标函数值，简称最优值。最优点 $\boldsymbol{X}^*$ 和最优值 $F(\boldsymbol{X}^*)$ 统称为最优解。

假设某多目标优化问题有 l 个目标函数，则对该多目标优化问题的目标函数求极小化的一般形式为

$$\min \boldsymbol{F}(\boldsymbol{X}) = \min[f_1(\boldsymbol{X}), f_2(\boldsymbol{X}), \cdots, f_l(\boldsymbol{X})]^{\mathrm{T}} \tag{6-4}$$

式中，$F(\boldsymbol{X})$ 称为向量目标函数，表示多目标极小化数学模型的向量形式；$f_1(\boldsymbol{X}), f_2(\boldsymbol{X}), \cdots, f_l(\boldsymbol{X})$ 称为分目标函数，是按照要求优化的各项指标分别建立的目标函数。

在多目标优化设计中，如果一个解所对应的各分目标函数值比另一个解所对应的各目标函数值都劣（较大），则称该解为劣解。若存在一个解 $\boldsymbol{X}^*$，且不存在 $\boldsymbol{X}$，使得其对应的向量目标函数中的各个分目标函数值不都比 $\boldsymbol{X}^*$ 对应的向量目标函数中相应的值大，并且 $F(\boldsymbol{X})$ 中至少有一个分目标函数值要比 $F(\boldsymbol{X}^*)$ 相应的值小，则称点 $\boldsymbol{X}^*$ 为非劣解。若存在一个解 $\boldsymbol{X}^*$，且不存在 $\boldsymbol{X}$，使得 $F(\boldsymbol{X}) < F(\boldsymbol{X}^*)$，则 $\boldsymbol{X}^*$ 为弱非劣解，也可称为弱有效解。

6.1.2.4 约束条件

在优化设计数学模型中，约束条件是指对设计变量的要求和限制。约束条件的一般形式为

$$\text{s.t.} \begin{cases} g_u(\boldsymbol{X}) \leqslant 0, & u = 1, 2, \cdots, p \\ h_v(\boldsymbol{X}) = 0, & v = 1, 2, \cdots, q \end{cases} \tag{6-5}$$

从式（6-5）可以看出，约束条件具有两种形式：等式约束条件和不等式约束条件。每个约束函数把设计空间分成两个区域，满足约束函数的区域称为可行域，不满足约束函数的区域称为不可行域。在可行域内的设计点称为可行点，在不在可行域内的设计点称为不可行点。

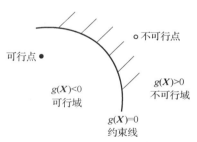

图 6-2 约束区域的划分

假定某一优化设计问题中存在约束条件 $g(\boldsymbol{X}) \leqslant 0$，式中 $g(\boldsymbol{X}) = 0$ 称为约束线，该约束线把设计空间分成两个区域：一个区域满足该约束条件，即 $g(\boldsymbol{X}) < 0$ 部分，该区域称为可行域，域内的任一点称为可行点；另一个区域不满足约束条件，即 $g(\boldsymbol{X}) > 0$ 部分，该区域称为不可行域，域内的任一点称为不可行点，如图 6-2 所示。

按照约束条件性质的不同，约束又可分为性能约束和边界约束两类。性能约束是设计变量必须满足的某些设计性能的要求，如强度、刚度等，性能约束又称为隐式约束。边界约束是对设计变量的取值范围所加的限制，即设计变量的上、下界，其表达式为 $a_i \leqslant x_i \leqslant b_i$，故又称为显式约束。

6.1.3 优化设计的代理体模型

6.1.3.1 代理体模型概述

在基本优化模型中，目标函数和约束条件的表达形式为函数之间的映射关系，我们可以使用实验设计（包括物理实验和仿真实验等）方法来了解函数之间的映射关系，具体操作如图 6-3 所示。

图 6-3 基于实验的函数映射关系构建流程

　　由于实际的工程问题通常包含众多变量和复杂结构,并且运行一次实验需要耗费很长时间或花销很大,而且为了摸清规律,需要进行多轮迭代,这也需要大量时间,因此这个任务就变得非常困难。为了解决这个问题,需要使用一种新的方法——代理体模型。利用少量的实验数据,可以构建一个近似模型(代理体模型),该近似模型能够模拟真正的规律,从而进行寻优求解操作,具体操作如图 6-4 所示。

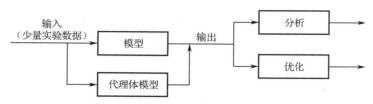

图 6-4　基于代理体模型的函数映射关系的构建流程

　　虽然近似模型会存在一定误差,但在工程问题中,技术人员最关心的不是全局最优解在哪,而是改变性能,因为对于大多数工程问题来说,改变性能就已经对模型优化有很大的提升了。基于仿真与代理体模型的优化建模框架如图 6-5 所示。

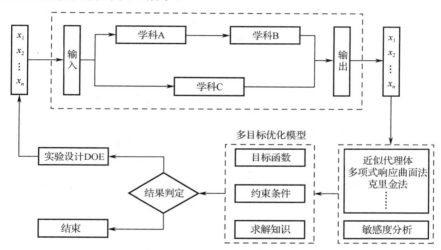

图 6-5　基于仿真与代理体模型的优化建模框架

　　由图 6-5 可知,基于仿真与代理体模型的优化建模包括仿真过程设计和代理体模型建立。下面将分别对仿真过程设计和代理体模型建立进行展开叙述。

6.1.3.2　仿真过程设计

1. 仿真过程设计的作用

　　在建立代理体模型的过程中,实验的作用非常关键。实验能够提供数据样本,以便对代理体模型进行训练和验证。这些数据可以帮助代理体模型学习真实模型中的关键特征和行为,并根据这些特征进行预测。因此,实验设计的好坏将直接影响代理体模型的准确性和可靠性。仿真是一种基于计算机模型的实验方法,可以通过模拟真实世界的情况来进行实验研究,它具有以下几个作用。

　　(1)降低成本:与真实实验相比,仿真实验无须投入大量资金、人力资源,可以在较小的成本范围内完成。

　　(2)提高效率:仿真的数据采集、处理和分析等过程都能够自动化完成,减少了操作难度,节约了时间成本。

　　(3)减少风险:对于一些危险或者难以观测的场景,如天灾、环境污染等,仿真实验能够在安全的环境下进行,避免了可能产生的风险和损失。

（4）探索未知领域：仿真实验可以模拟各种条件下的情况，包括未来预测、新技术引入等，这样可以帮助科学家们探索未知领域，预测可能的结果。

（5）优化设计：对仿真实验的结果进行分析和优化，可以有效提高系统的性能，改善系统的运行效率和安全性，从而为现实实验提供更好的设计方案。

2. 仿真采用的方法

在工程上，常用的仿真方法包括以下几种。

（1）数值仿真：数值仿真是指利用计算机数学模型和数值计算方法来模拟物理现象的过程，其优点是精度高、速度快、可重复性强，可以对不同输入条件的影响进行研究，如有限元分析、CFD（计算流体力学）等。

（2）离散事件仿真：离散事件仿真是一种将系统建模为一系列离散事件，并通过对这些事件的排队、处理等过程进行模拟来预测系统行为的方法。它适用于具有明显事件特征、随机性和复杂度较高的系统，如生产线、物流仓储等。

（3）实时仿真：实时仿真是一种原型验证技术，将物理系统的模型与计算机系统的处理能力结合起来，实现实时运行和响应。它的应用范围非常广泛，如模拟飞机、汽车、机器人等的运动控制。

（4）混合仿真：混合仿真是将不同仿真技术结合起来，以解决多个不同领域的问题。例如，将实时仿真和数值仿真相结合，可以实现虚拟实验台等应用。

总的来说，不同的仿真技术各有优缺点和适用范围，在工程设计中需要根据具体情况选择合适的仿真方法。

6.1.3.3 代理体模型的建立

1. 代理体模型的分类

对于大多数工程优化设计问题，需要模拟实验来评估采用不同设计参数时的目标函数和约束条件。代理体模型（或称为近似模型、响应曲面模型、元模型或模拟器）利用少量的实验数据，构建一个近似函数模型，该近似函数模型能够模拟真正的规律，从而进行寻优求解操作。代理体模型的计算结果与原模型非常接近，但是求解计算量较小。

代理体模型可以根据其形式进行分类，常见的代理体模型包括以下几种：多项式响应曲面法、克里金法、径向基函数法、平移最小二乘法、支持向量回归和人工神经网络，如图 6-6 所示。

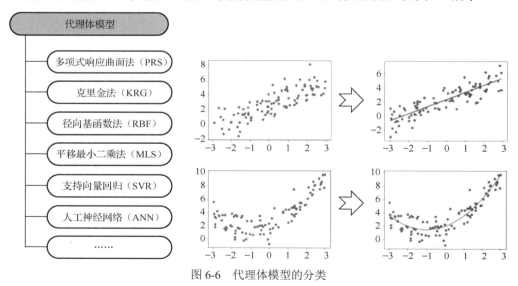

图 6-6　代理体模型的分类

（1）多项式响应曲面法（PRS）：通过将自变量的多项式函数与最小二乘拟合方法结合，来近似目标函数的输出。PRS 通常用于优化设计和控制参数设置等方面。

（2）克里金法（KRG）：一种基于样本点之间的空间相关性的统计插值方法，可以用来进行空间插值、回归和分类等。与 PRS 类似，KRG 也能够进行优化设计和控制参数设置等方面的工作。

（3）径向基函数法（RBF）：一种常用于插值和近似函数的方法。它使用一组径向基函数来构建函数模型，这些基函数以距离为自变量，通常采用高斯、多孔径等函数形式。

（4）平移最小二乘法（MLS）：一种数据拟合方法，常用于计算机图形学和几何处理中。MLS 方法通过对输入空间中的数据点进行局部加权线性拟合，来构建一个光滑的曲面或流形模型。

（5）支持向量回归（SVR）：一种基于支持向量机（SVM）的回归方法。与传统的回归方法不同，SVR 是一种非线性方法，能够适应复杂的数据和非线性模型。SVR 方法的目标是找到一个超平面，使得该平面上离原始数据最近的点与该平面之间的距离最大化。这个超平面被称为支持向量平面。在回归问题中，SVR 将输入空间中的数据映射到高维空间，并在高维空间中寻找一个最优的支持向量平面来进行拟合。

（6）人工神经网络（ANN）：一种基于生物神经系统的模型，可以用于分类、回归和聚类等。ANN 是深度学习的基础，已经在很多领域中都取得了成功应用。

这些代理体模型各有其优缺点，如表 6-1 所示，需要根据具体情况选择最适合的模型来解决相关问题。

表 6-1　部分代理体模型的优缺点汇总表

代理体模型	优　　点	缺　　点
多项式响应曲面法（PRS）	● 输出函数明确 ● 无验证点的情况下可估计模型误差 ● 适合有难以解决噪声的不确定性分析	● 难以对高非线性多模态问题建模 ● 样本处有模型误差
克里金法（KRG）	● 可以给出一个误差值 ● 能适应不规则间隔的数据 ● 能建立多峰和谷的高非线性表面模型 ● 可以准确地插值给定的样本响应值	● 样本点增加会导致相关矩阵 R 涣散 ● 若两个样本点相同，会导致 R 奇异 ● 需要对最大似然估计（MLE）进行全局优化
径向基函数法（RBF）	● 易于实现 ● 能建立多峰和谷的高非线性表面模型 ● 可以对给定样本响应值进行精确互换	● 准确度、高度依赖于基函数的选择和用户定义的参数
支持向量回归（SVR）	● 能建立多峰和谷的高非线性表面模型 ● 可以平滑数据中的出口噪声	● 计算成本相对较高 ● 需要一个优化过程
人工神经网络（ANN）	● 能建立多峰和谷的高非线性表面模型 ● 计算成本较小	● 准确度取决于权重函数的选择

2．代理体模型的建立方法

代理体模型通常基于实际模拟结果，使用统计学方法、插值方法、回归方法等技术来构建出简化的数学模型。这些模型可以是线性或非线性的，也可以是参数化或非参数化的。代理体模型通过采用一个数据驱动的、自下而上的办法来建立。一般假定原模拟过程的内部精确处理过程未知，但是该模型的输入–输出行为是确定的。通过选择的有限个输入点计算原模型的输出（响应），建立代理体模型。

代理体模型的建立步骤如下。

Step1：准备阶段。明确所需构建的代理体模型需要描述什么样的问题，并针对该问题设计实验方案。

Step2：确定输入变量和输出变量。

Step3：收集数据。收集与要建模的真实系统相关的输入数据和输出数据。

Step4：选择合适的模型类型。根据要解决的问题和数据情况选择合适的模型类型。

Step5：拟合模型。使用选定的模型类型，将输入变量和输出变量代入模型进行拟合。

Step6：验证模型。使用验证数据集检验模型的准确性和可靠性。若模型效果不佳，则调整参数或更换模型类型。

Step7：使用模型。使用已经验证好的代理体模型进行预测、控制或优化。

Step8：不断更新和改进模型。根据实际应用情况，不断更新和改进代理体模型，提高模型的精度和适用范围。

代理体模型的建立流程如图 6-7 所示。

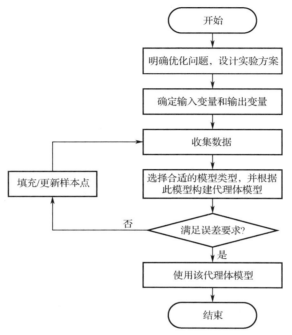

图 6-7　代理体模型的建立流程

6.1.4　优化问题的分类

优化问题是指在给定的条件下，通过调整设计变量的取值来使得目标函数达到最优的问题。为了解决这类问题，需要建立数学模型，并利用求解算法来寻找最优解。优化问题的分类如图 6-8 所示，下面从优化模型和求解方法两个层面对优化问题的类型进行描述。

按优化模型的不同，优化问题可以分为连续优化问题和离散优化问题。

连续优化问题通常涉及连续型变量，其目标函数和约束条件通常是线性或非线性的。其中常见的连续型优化有线性规划和非线性规划。

● 线性规划：线性规划是一类目标函数为线性函数，约束条件为线性等式或线性不等式的优化问题。线性规划包括单纯形法、内点法等多种求解算法。

● 非线性规划：非线性规划是一类目标函数或约束条件包含非线性项的优化问题。非线性规划包括牛顿法、拟牛顿法等多种求解算法。

离散优化问题通常涉及离散型变量，其目标函数和约束条件通常是线性的，其中，常见的离散型优化有整数规划、组合优化和动态规划。

● 整数规划：是一类优化问题，其设计变量只能取整数值。整数规划包括分支定界法、割平面法等多种求解算法。

● 组合优化：是一类优化问题，其设计变量只能取 0 或 1 二元值。组合优化包括背包问题、旅行商问题等多种求解算法。

● 动态规划：一种通过将原问题分解为子问题的方式来求解复杂问题的方法。它通常用于求解具有重叠子问题和最优子结构性质的优化问题。

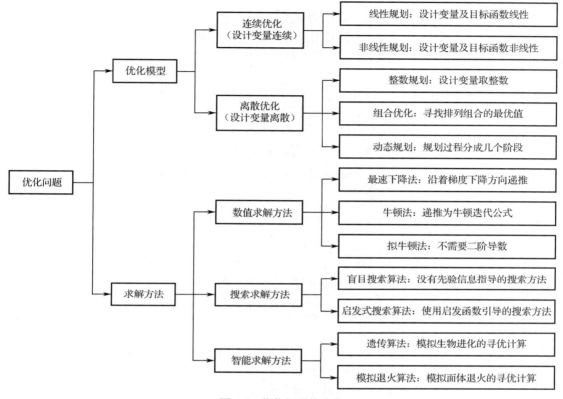

图 6-8 优化问题的分类

按求解方法的不同，优化问题可以分为可用数值求解方法求解的问题、可用搜索求解方法求解的问题和可用智能求解方法求解的问题。

数值求解方法是通过迭代公式进行迭代计算、寻找目标函数数值解的方法，该类方法包括最速下降法、牛顿法和拟牛顿法。

● 最速下降法：一种基于负梯度方向不断更新设计变量的方法，可以有效地搜索目标函数的局部最优解。最速下降法的思想是沿着当前点的梯度方向寻找损失函数下降最快的方向，并以此更新设计变量。

● 牛顿法：一种用于求解无约束优化问题的迭代算法，通过不断逼近目标函数的极值点来寻找最优解。牛顿法的基本思路是利用目标函数的一阶导数和二阶导数信息，构建一个二次近似模型来近似目标函数，并使用该模型的极小点来更新当前点的位置。

● 拟牛顿法：一种近似求解目标函数的海森矩阵的方法，它可以在不需要计算二阶导数的情况下加速收敛。拟牛顿法基于牛顿法，但是由于直接计算海森矩阵 H 太过困难，因此采用了近似的方式，通过维护一个正定对称矩阵来代替海森矩阵。初始时，通常将海森矩阵设为单位矩阵或者其他较简单的矩阵，然后在迭代过程中不断更新海森矩阵的值，使其更好地逼近真实的海森矩阵。

搜索求解方法是通过搜索状态空间或问题空间来寻找全局最优解的方法，常用的算法包括盲目搜索算法和启发式搜索算法。

● 盲目搜索算法：一种基础的搜索方法。它没有先验信息来指导搜索的方向，而是按照固定的规则对搜索空间进行遍历，直到找到目标或者搜索结束。常见的盲目搜索算法有广度优先搜索算法和深度优先搜索算法。

- 启发式搜索算法：一种使用启发函数来引导搜索过程的算法。A*算法是一种启发式搜索算法，它通过评估状态的代价和期望距离来选择下一个状态，从而有效地搜索状态空间中的最优解。

智能求解方法利用模拟生物进化的机制和智能行为来不断搜索和优化，以找到最佳解决方案。与传统的搜索求解方法不同，智能求解方法采用概率模型来模拟问题的搜索空间，并根据概率模型进行采样。通过引入概率模型，可以充分利用问题的特点来进行搜索，从而加快搜索过程。常见的智能求解方法包括遗传算法、模拟退火算法等。

- 遗传算法：遗传算法是一种计算智能技术，借鉴了自然界中生物进化的思想。它通过模拟基因遗传和自然选择的过程，对问题空间进行搜索和优化，以找到最优解决方案。
- 模拟退火算法：模拟退火算法是一种基于物理学仿真的全局优化算法，它可以在非凸、非光滑的目标函数中寻找全局最优解，并且具有较强的全局搜索能力。

6.2　优化模型的处理方法与求解策略

6.2.1　多目标处理

多目标优化问题与单目标优化问题的本质区别在于，多目标优化问题需要同时优化多个目标函数，而单目标优化问题只有一个目标函数需要被优化。在单目标优化问题中，优化目标是最小化或最大化一个特定的目标函数，而在多目标优化问题中，需要考虑两个或两个以上的目标函数，这些目标函数可能具有不同的权重和约束条件。

在单目标优化问题中，任意两个解之间的优劣关系可以容易地通过比较它们的目标函数值进行判断，而在多目标优化问题中，任意两个解之间的优劣关系并不是非常明显或直观的。这是因为一个解可能在一个目标函数上表现很好，但在另一个目标函数上表现较差，而另一个解可能恰好相反。

对于多目标优化问题，只有找到非劣解或弱非劣解才有意义。要在各分目标函数 $f_1(X),f_2(X),\cdots,f_l(X)$ 的最优解之间"协调"，相互间做出适当"让步"，以便取得整体最优方案。正是由于这种复杂性，使得多目标优化问题比单目标优化问题的求解难度大得多。

因此，在对多目标优化问题进行求解时，需要对多目标函数进行处理，常用的方法是重新构建一个评价函数来将其转化为单目标优化问题，这些方法包括统一目标法和主要目标法等。通过这些方法，可以更好地处理多个目标，同时实现更有效的优化。

6.2.1.1　统一目标法

1. 线性加权和法

线性加权和法又称为线性组合法，是一种常用的处理多目标优化问题的较简单的方法。该方法利用线性加权函数将多个目标转化为单一评价指标，从而将多目标优化问题转化为单目标优化问题。这种方法具有一定的理论基础，因此被广泛应用。在使用线性加权和法进行决策分析时，需要先确定各个指标的权重，然后将每个指标的取值乘以其对应的权重，再将所有结果相加，得到综合指标的值。

线性加权和法根据多目标优化问题中各个目标函数的重要程度，对应地选择一组权系数 $w_1,w_2,\cdots,w_l$，使

$$\begin{cases} w_i > 0 \\ \sum_{i=1}^{l} w_i = 1 \end{cases} \quad (i=1,2,\cdots,l) \tag{6-6}$$

用各个目标函数的线性组合构成一个新的评价函数：

$$F(X) = \sum_{i=1}^{l} w_i \cdot f_i(X) \tag{6-7}$$

将多目标优化问题转化为单目标优化问题，再用单目标函数优化方法进行求解。通常情况下，权

重可以通过经验判断、实验数据、统计方法等方式确定。

2. 极大极小法

极大极小法的基本思路是在各目标最不利的情况下求得最好方案，即用各个分目标 $f_1(\boldsymbol{X}), f_2(\boldsymbol{X}), \cdots, f_l(\boldsymbol{X})$ 的最大值作为目标函数，然后在可行域内进行极小化求解。因此其目标函数可以取

$$h[F(\boldsymbol{X})] = \max_{1 \leqslant i \leqslant l} f_i(\boldsymbol{X}) \tag{6-8}$$

再求解问题

$$\min h[F(\boldsymbol{X})] = \min[\max_{1 \leqslant i \leqslant l} f_i(\boldsymbol{X})] \tag{6-9}$$

该方法的特点是对各目标函数做极大值选择后，再在可行域内进行极小化，故称为极大极小法。

3. 理想点法

先分别求出各分目标函数的最优值 $f_i^*(i=1,2,\cdots,l)$ 和相应的最优点 $\boldsymbol{X}_i^*(i=1,2,\cdots,l)$，一般情况下，所有目标难以同时都达到最优解，即找不到一个绝对最优解 $\boldsymbol{X}^*$，使各分目标函数都达到各自的最优值。所以，对于向量目标函数 $\boldsymbol{F}(\boldsymbol{X}) = [f_1(\boldsymbol{X}), f_2(\boldsymbol{X}), \cdots, f_l(\boldsymbol{X})]^T$ 来说，向量 $\boldsymbol{F}^* = [f_1^*, f_2^*, \cdots, f_l^*]^T$ 这个理想点一般是找不到的。但是，若能使各分目标函数尽可能接近各自的理想值，就可以求出较好的非劣解。按照这个思想，将多目标优化问题转化为求单目标函数的极值，构造出的理想点评价函数为

$$f(\boldsymbol{X}) = \sum_{i=1}^{l} \left[\frac{f_i(\boldsymbol{X}) - f_i^*}{f_i^*} \right] \tag{6-10}$$

求此评价函数的最优解，即可求出原多目标优化问题的最优解，式中的除以 f_i^* 是使之无量纲化。

4. 平方和加权法

若在理想点法的基础上引入加权系数，则可构造评价函数：

$$f(\boldsymbol{X}) = \sum_{i=1}^{l} w_i \left[\frac{f_i(\boldsymbol{X}) - f_i^*}{f_i^*} \right] \tag{6-11}$$

求此评价函数的最优解，即平方和加权法。这个评价函数不但考虑到使各个目标函数尽可能接近各自的理想值，也反映了各个目标在整个多目标优化问题中的重要程度。与线性加权和法类似，平方和加权法的权重也可以通过经验判断、实验数据、统计方法等方式确定。

6.2.1.2　主要目标法

主要目标法是一种多目标优化方法，其基本思想是将多个设计变量视为一个整体来进行优化。在主要目标法中，设计者根据经验和需求，从几个目标函数中选择一个对实际问题起主要作用的目标函数，并将其他目标函数转化为约束条件，也就是在主要目标函数达到最优点时，其他目标函数值满足一定要求且不致太差即可。

设某优化问题有 l 个目标 $f_1(\boldsymbol{X}), f_2(\boldsymbol{X}), \cdots, f_l(\boldsymbol{X})$，求解时可以从上述多目标函数中选择其中一个目标函数 $f_k(\boldsymbol{X})$ 为主要目标函数，则多目标优化问题可转化为

$$\min f_k(\boldsymbol{X}), \quad \boldsymbol{X} = (x_1 \quad x_2 \quad \cdots \quad x_n)^T$$

$$\text{s.t.} \begin{cases} g_u(\boldsymbol{X}) \leqslant 0, & u = 1, 2, \cdots, p \\ h_v(\boldsymbol{X}) = 0, & v = 1, 2, \cdots, q \\ \{\boldsymbol{X} | f_{i\min} \leqslant f_i \leqslant f_{i\max}\}, & i = 1, \cdots, k-1, k+1, \cdots, l \end{cases} \tag{6-12}$$

式中，$f_{i\min}$、$f_{i\max}$ 表示第 i 个目标函数的上、下限，若 $f_{i\min} = -\infty$ 或 $f_{i\max} = +\infty$，则变为单边域限制。

通过这样的处理，多目标优化问题就被转化为单目标优化问题。主要目标函数的最优点就是整个设计可以接受的相对最优解。主要目标法的优点在于它简单易用，可以适用于优化各种问题。同时，它能够同时考虑多个目标函数，并把它们综合到一个主要目标中。此外，针对不同的问题，主要目标法还可以进行调整和改进，以提高优化效果。

6.2.2　约束处理

约束处理是一种将带有约束条件的优化问题转化为无约束优化问题的解决方案，其基本思路是通过特殊的加权处理将约束函数和目标函数结合成一个新的目标函数，从而将原始约束优化问题转化为一个或多个无约束优化问题，然后对这些无约束优化问题进行求解，从而搜索到原始约束问题的最优解。约束处理方法主要有两种：惩罚函数法和增广拉格朗日乘子法。

6.2.2.1　惩罚函数法

1．惩罚函数法的基本原理

惩罚函数法的基本原理是将约束优化问题中的不等式和等式约束函数经过加权转化后，和原目标函数结合形成新的目标函数，再求解新的目标函数的无约束极小值，以期得到原问题的约束最优解。这个新的目标函数称为惩罚函数，基本形式为

$$\Phi(\boldsymbol{X}, r_1, r_2) = F(\boldsymbol{X}) + r_1 \sum_{u=1}^{p} G[g_u(\boldsymbol{X})] + r_2 \sum_{v=1}^{q} H[h_v(\boldsymbol{X})] \tag{6-13}$$

式中，$r_1 \sum_{u=1}^{p} G[g_u(\boldsymbol{X})]$ 和 $r_2 \sum_{v=1}^{q} H[h_v(\boldsymbol{X})]$ 称为加权转化项。按一定的法则改变加权因子 r_1 和 r_2 的值，可以构成一系列的无约束优化问题，求得一系列无约束最优解，并不断地逼近原约束优化问题的最优解，因此惩罚函数法又称序列无约束极小化方法。

根据加权转化项在惩罚函数中作用的不同，加权转化项又分为障碍项和惩罚项。障碍项的作用是当迭代点在可行域内时，在迭代过程中阻止迭代点越出可行域；惩罚项的作用是当迭代点在非可行域或不满足等式约束条件时，在迭代过程中迫使迭代点逼近约束边界或等式约束曲面。

惩罚函数法根据惩罚项的不同形式，主要分为三种：内点惩罚函数法、外点惩罚函数法和混合惩罚函数法，下面分别进行讨论。

2．内点惩罚函数法

内点惩罚函数法中惩罚函数定义在可行域的内部，每一次迭代点都在可行域内部移动，迭代点从可行域内部逐渐逼近原约束优化问题的最优解。内点惩罚函数法只可用来求解含不等式约束的优化问题，不能求解等式约束优化问题。

内点惩罚函数法的一般形式为

$$\Phi(\boldsymbol{X}, r^{(k)}) = F(\boldsymbol{X}) - r^{(k)} \sum_{u=1}^{p} \frac{1}{g_u(\boldsymbol{X})} \tag{6-14}$$

式中，内点惩罚因子 $r^{(k)}$ 是一个递减的正值数列，即 $r^{(0)} > r^{(1)} > r^{(2)} > \cdots > r^{(k)} > \cdots > 0$ 且 $\lim_{k \to \infty} r^{(k)} = 0$；惩罚项 $-r^{(k)} \sum_{u=1}^{p} \frac{1}{g_u(\boldsymbol{X})}$ 恒为正。应当注意：在给定内点惩罚因子 $r^{(k)}$ 后，每次对惩罚函数无约束优化迭代求解时，内点惩罚因子 $r^{(k)}$ 是常量，$\boldsymbol{X}$ 为变量。

内点惩罚函数对企图从可行域内部穿越可行域边界的点施以惩罚。迭代点离约束边界越近，$g_u(\boldsymbol{X})$ 值就越小，惩罚项的值越大，惩罚力度越重。对约束边界上的点，惩罚项的值趋于无穷大，即施加无穷大的惩罚，就好像在可行域的边界上设置很高的障碍，从而保障迭代点一直在可行域内而又逐渐趋向于约束最优点。由于构造的内点惩罚函数是定义在可行域内的函数，而含等式约束的优化问题不存在可行域空间，因此，内点惩罚函数法不适用于求解含等式约束的优化问题。

实践经验证明，初始内点惩罚因子 $r^{(0)}$ 的选择对计算效率有着很大的影响，在选择初始内点惩罚因子时需要一定的经验和技巧。若 $r^{(0)}$ 选得过小，则惩罚项所起的作用很小，这就会导致在求解 $\Phi(\boldsymbol{X}, r^{(0)})$ 的极值时，如同求 $F(\boldsymbol{X})$ 本身的极值，这个极值点不太可能接近约束的极值点，且有跑出可行域的危险。若 $r^{(0)}$ 选得过大，则惩罚项所起的作用很大，使得 $\boldsymbol{X}^*$ 离开约束边界很远，需要花费很多时间才能退回到约束边界上，从而增加求解无约束优化的次数，使计算的效率降低。因此，可取

$r^{(0)} = 1 \sim 50$，一般取 $r^{(0)} = 1$。

3. 外点惩罚函数法

外点惩罚函数法中惩罚函数定义在可行域的外部，在求解系列无约束优化问题的过程中，从可行域的外部逐渐逼近原约束优化问题的最优解。外点罚函数法既可用来求解含不等式约束的优化问题，也可以求解含等式约束的优化问题。

外点惩罚函数法的一般形式为

$$\Phi(\boldsymbol{X}, M^{(k)}) = F(\boldsymbol{X}) + M^{(k)} \sum_{u=1}^{p} [\max\{0, g_u(\boldsymbol{X})\}]^2 + M^{(k)} \sum_{v=1}^{q} [h_v(\boldsymbol{X})]^2 \tag{6-15}$$

式中，外点惩罚因子 $M^{(k)}$ 是一个递增的数列，即 $M^{(0)} < M^{(1)} < M^{(2)} < \cdots < M^{(k)} < \cdots < 0$ 且 $\lim\limits_{k \to \infty} M^{(k)} \to \infty$；$M^{(k)} \sum_{u=1}^{p} [\max\{0, g_u(\boldsymbol{X})\}]^2 + M^{(k)} \sum_{v=1}^{q} [h_v(\boldsymbol{X})]^2$ 为惩罚项。应当注意：在给定外点惩罚因子 $M^{(k)}$ 后，每次对惩罚函数无约束优化迭代求解时，外点惩罚因子 $M^{(k)}$ 是常量，$\boldsymbol{X}$ 为变量。

由于外点惩罚函数法的迭代过程在可行域之外进行，因此惩罚项的作用是迫使迭代点逼近不等式约束边界或等式约束曲面。由惩罚项的形式可知，当迭代点在可行域内且满足等式约束条件时，惩罚项为零，即满足约束不受惩罚。当迭代点为不可行点时，惩罚项的值大于 0，使惩罚函数 $\Phi(\boldsymbol{X}, M^{(k)})$ 的值大于原目标函数的值，这可看成是对迭代点不满足约束条件的一种惩罚。迭代点离不等式约束边界越远，惩罚项的值越大，惩罚就越重。但当迭代点不断接近不等式约束边界或等式约束曲面时，惩罚项的值减小，且趋近于 0，惩罚项的作用逐渐消失，惩罚函数的最优解也就趋近于不等式约束边界上的最优解。

实践经验证明，外点惩罚因子 $M^{(k)}$ 的取值不可能达到无穷大，因此最后所求得的最优点不可能收敛到原问题的最优点，且会落在可行域的外部，从而导致无法严格满足约束条件。为了克服这一缺点，可对那些必须严格满足的约束引入约束裕量 δ_u，即将这些约束边界向可行域内紧缩，移动一个微量，也就是重新将这些必须严格满足的约束条件定义为

$$g_u^*(\boldsymbol{X}) = g_u(\boldsymbol{X}) - \delta_u \leqslant 0, \quad u = 1, 2, \cdots, p \tag{6-16}$$

用重新定义的约束条件来构造惩罚函数，并对其极小化，解得最优解 $\boldsymbol{X}^*$。$\boldsymbol{X}^*$ 虽在紧缩后的约束边界之外，但已进入了原约束边界的内部，从而使得原不等式约束得到满足。为了避免所得结果与最优点相差太远，δ_u 不宜选取过大，一般可取 $\delta_u = 10^{-5} \sim 10^{-3}$。

4. 混合惩罚函数法

混合惩罚函数法简称混合法，这种方法把内点惩罚函数法和外点惩罚函数法结合起来，用来求解同时含等式约束和不等式约束的优化问题。混合惩罚函数法的一般形式为

$$\Phi(\boldsymbol{X}, r) = F(\boldsymbol{X}) + r \sum_{u=1}^{p} \frac{1}{g_u(\boldsymbol{X})} + \frac{1}{\sqrt{r}} \sum_{v=1}^{q} [h_v(\boldsymbol{X})]^2 \tag{6-17}$$

式中，$r \sum_{u=1}^{p} \dfrac{1}{g_u(\boldsymbol{X})}$ 为障碍项，惩罚因子 r 按内点法选取，即 $r^{(0)} > r^{(1)} > r^{(2)} > \cdots > r^{(k)} > \cdots > 0$ 且 $\lim\limits_{k \to \infty} r^{(k)} = 0$；$\dfrac{1}{\sqrt{r}} \sum_{v=1}^{q} [h_v(\boldsymbol{X})]^2$ 为惩罚项，惩罚因子为 $\dfrac{1}{\sqrt{r}}$，当 $r \to 0$ 时，$\dfrac{1}{\sqrt{r}} \to \infty$，满足外点惩罚函数法对惩罚因子的要求。

6.2.2.2 增广拉格朗日乘子法

1. 拉格朗日乘子法

拉格朗日乘子法是一种古典的求约束极值的间接解法，它适用于只含等式约束的优化问题。拉格朗日乘子法通过引入拉格朗日乘子来将约束条件转化为目标函数的一部分，从而将原问题转化为无约束最优化问题，然后使用标准的优化算法求解。

拉格朗日乘子法的一般形式为

$$L(\boldsymbol{X}, \boldsymbol{\lambda}) = F(\boldsymbol{X}) + \sum_{v=1}^{q} \lambda_v h_v(\boldsymbol{X}) \tag{6-18}$$

式中，$\boldsymbol{\lambda} = (\lambda_1 \quad \lambda_2 \quad \cdots \quad \lambda_q)^{\mathrm{T}}$ 为拉格朗日乘子。

由无约束的极值条件 $\nabla L(\boldsymbol{X}, \boldsymbol{\lambda}) = 0$ 可得

$$\begin{cases} \dfrac{\partial L}{\partial x_i} = \dfrac{\partial f}{\partial x_i} + \displaystyle\sum_{v=1}^{q} \lambda_v \dfrac{\partial h_v}{\partial x_i} = 0, & i = 1, 2, \cdots, n \\[3mm] \dfrac{\partial L}{\partial \lambda_i} = h_v(\boldsymbol{X}) = 0, & v = 1, 2, \cdots, q \end{cases} \tag{6-19}$$

求解上述方程组可得

$$\begin{cases} \boldsymbol{X}^* = (x_1^* \quad x_2^* \quad \cdots \quad x_n^*)^{\mathrm{T}} \\ \boldsymbol{\lambda}^* = (\lambda_1^* \quad \lambda_2^* \quad \cdots \quad \lambda_q^*) \end{cases} \tag{6-20}$$

其中，$\boldsymbol{X}^*$ 为极值点，$\boldsymbol{\lambda}^*$ 为相应的拉格朗日乘子向量。

拉格朗日乘子法求解一般的约束优化问题并不是一种有效的方法。解决的办法是将拉格朗日乘子法与惩罚函数法结合起来，构造出一种有效的、便于迭代求解的方法——增广拉格朗日乘子法。

2. 等式约束的增广拉格朗日乘子法

增广拉格朗日乘子法是用于解决含等式约束的优化问题的一种方法，其基本思想是将原有的优化问题转化为一个没有约束条件的优化问题，通过引入拉格朗日乘子来消去等式约束。前已述及，用拉格朗日乘子法求解约束优化问题困难甚至可能求解失败，而用惩罚函数法求解，又因要求 $r^{(k)} \to \infty$ 而使计算效率降低。为此，可将这两种方法结合起来，即构造增广拉格朗日乘子函数。

等式约束的增广拉格朗日乘子法的一般形式为

$$L(\boldsymbol{X}, \boldsymbol{\lambda}, r) = F(\boldsymbol{X}) + \sum_{v=1}^{q} \lambda_v h_v(\boldsymbol{X}) + \frac{r}{2} \sum_{v=1}^{q} [h_v(\boldsymbol{X})]^2 \tag{6-21}$$

3. 不等式约束的增广拉格朗日乘子法

以上方法只能用来求解含等式约束的优化问题，对于含不等式约束的优化问题，需要将等式约束的增广拉格朗日乘子法推广到不等式约束的情形，首先将含不等式约束的优化问题转化为含等式约束的优化问题。因此需要引进松弛变量 $\boldsymbol{Z} = (z_1 \quad z_2 \quad \cdots \quad z_p)^{\mathrm{T}}$，将不等式约束转化为等式约束，其转化形式如下：

$$g_u(\boldsymbol{X}) + z_u^2 = 0, \quad u = 1, 2, \cdots, p \tag{6-22}$$

此时就将含不等式约束的优化问题转化为含等式约束的优化问题。不等式约束的增广拉格朗日乘子法的一般形式为

$$L(\boldsymbol{X}, \boldsymbol{\lambda}, r, \boldsymbol{Z}) = F(\boldsymbol{X}) + \sum_{u=1}^{p} \lambda_u [g_u(\boldsymbol{X}) + z_u^2] + \frac{r}{2} \sum_{u=1}^{p} [g_u(\boldsymbol{X}) + z_u^2]^2 \tag{6-23}$$

这样就可以采用等式约束的增广拉格朗日乘子法来进行求解。

由于增加了松弛变量 $\boldsymbol{Z}$，使得原来的 n 维极值问题扩充成了 $n + p$ 维问题，增加了计算量和求解难度，为了简化计算，需设法消去式（6-23）中的 z_u^2。

根据无约束极值存在的必要条件，在最优点处增广拉格朗日函数 $L(\boldsymbol{X}, \boldsymbol{\lambda}, r, \boldsymbol{Z})$ 对 z_u 的偏导数为 0，由此可得

$$\frac{\partial L(\boldsymbol{X}, \boldsymbol{\lambda}, r, \boldsymbol{Z})}{\partial z_u} = \lambda_u \cdot 2z_u + \frac{r}{2} \cdot 2[g_u(\boldsymbol{X}) + z_u^2] \cdot 2z_u = 0 \tag{6-24}$$

求解式（6-22）可得

$$z_u = 0 \ \text{或} \ \lambda_u + r[g_u(\boldsymbol{X}) + z_u^2] = 0 \tag{6-25}$$

由式（6-23）可得

$$z_u^2 = -\frac{\lambda_u}{r} - g_u(\boldsymbol{X}) = \frac{1}{r}[-rg_u(\boldsymbol{X}) - \lambda_u] \tag{6-26}$$

由于 $z_u^2 \geqslant 0$ 恒成立，故

$$z_u^2 = \frac{1}{r}[\max\{0, -rg_u(\boldsymbol{X}) - \lambda_u\}] \tag{6-27}$$

将式（6-25）代入式（6-21）可得不等式约束的增广拉格朗日乘子法的一般形式为

$$L(\boldsymbol{X}, \lambda, r) = F(\boldsymbol{X}) + \frac{1}{2r}\sum_{u=1}^{p}[(\max\{0, rg_u(\boldsymbol{X}) + \lambda_u\})^2 - \lambda_u^2] \tag{6-28}$$

对于同时含等式约束和不等式约束的优化问题，构造的增广拉格朗日乘子法的一般形式为

$$\begin{aligned}\overline{L}(\boldsymbol{X}, \lambda, r) &= F(\boldsymbol{X}) + \frac{1}{2r}\sum_{u=1}^{p}[(\max\{0, rg_u(\boldsymbol{X}) + \lambda_{1u}\})^2 - \lambda_{1u}^2] \\ &+ \sum_{v=1}^{q}\lambda_{2v}h_v(\boldsymbol{X}) + \frac{r}{2}\sum_{u=1}^{q}[h_v(\boldsymbol{X})]^2\end{aligned} \tag{6-29}$$

式中，λ_{1u} 为不等式约束函数的拉格朗日乘子；λ_{2v} 为等式约束函数的拉格朗日乘子。

6.2.3 优化模型的求解策略

6.2.3.1 策略与算法的关系

策略与算法之间的关系为策略是一种行动计划或指导思想，算法则是策略的具体实现或操作步骤。简单来说，策略是解决问题的总体思路，而算法是用来具体实现和执行这个思路的方法。策略是高层次的抽象概念，侧重目标和方法选择，而算法是具体的步骤和流程，侧重实现过程和细节。

策略可以有多种，而算法则是在特定策略下的具体实施方案。算法是策略的具体化、细化和操作化。一个策略可以对应多个算法，不同算法可以实现相同的策略，也可以在不同的情况下选择不同的策略。算法的选择关系到策略的有效性和实施效果，好的算法可以提高策略的执行效率和成功率。

总体而言，策略和算法是密切相关的概念，策略提供了解决问题的思路和目标，算法提供了具体的实现步骤和操作方法。在实际应用中，选择合适的策略并选择合适的算法来实现策略，是解决问题和达成目标的关键。

6.2.3.2 求解策略

优化模型的求解可以采用多种策略，包括目标函数导数信息策略、状态差异比较策略和概率随机策略。这些策略衍生出了三种不同的求解方法，分别是数值求解方法、搜索求解方法和智能求解方法。

1. 目标函数导数信息策略

目标函数导数信息策略的本质是通过使用目标函数的梯度或导数信息，迭代地更新参数值，以使目标函数的值逐步减小并完成优化的过程。其核心思想是利用目标函数的信息来指导参数的调整，以期在参数空间中找到局部或全局最优解。

在实际应用中，利用目标函数导数信息策略求解优化问题的步骤如下。

Step1：使用一些启发式方法来选择初始参数，例如，随机选择或基于先验知识的初始化，确定初始参数的值。

Step2：计算在当前参数值处目标函数关于参数的梯度或导数信息。

Step3：利用目标函数的信息来更新参数的值。一种常见的更新策略是使用目标函数的梯度信息进行更新，即按照梯度方向调整参数的值，以更新目标函数的值。

Step4：判断是否满足终止条件，如果满足终止条件，则停止迭代，否则返回 Step2。

通过不断重复上述步骤，目标函数导数信息策略能够逐步逼近目标函数的最大/最小值，从而在参数空间中找到局部或全局最优解。这种策略的特点是可以利用目标函数的信息来指导参数调整，从而更有效地进行优化。

利用目标函数导数信息策略所衍生出的一类求解方法称为数值求解方法，即利用迭代公式进行迭

代计算，寻找目标函数数值解的方法。数值求解方法需要利用目标函数的梯度或导数信息，因此该方法在应用于实际问题时需要满足一些前提条件。首先，目标函数必须是连续可导的，否则无法计算导数或梯度信息。其次，数值求解方法对初始值的选择非常敏感，不同的初始值可能会导致最终结果不同。此外，数值求解方法可能会陷入局部最优解，而不是全局最优解。

2. 状态差异比较策略

状态差异比较策略的本质是通过对当前状态与目标状态之间的差异比较，以达到待求解问题的目标状态，从而完成优化的过程。其核心思想是利用启发性信息引导当前状态的调整，使其逐步接近目标状态。具体的比较策略可以有多种形式，比如，计算当前状态和目标状态之间的距离或相似度等指标，并根据这些指标进行调整。

在实际应用中，利用状态差异对比策略求解优化问题的步骤如下。

Step1：使用一些启发式方法来选择初始状态，例如，通过随机选择或基于先验知识的初始化，确定初始状态的值。

Step2：计算当前状态与目标状态之间的差异，可以使用距离或相似度等指标来衡量。

Step3：根据差异指标，调整当前状态的值，以逐步接近目标状态。

Step4：判断是否满足终止条件，如果满足终止条件，则停止迭代，否则返回 Step2。

在利用状态差异比较策略进行优化问题求解时，根据搜索方向和搜索顺序的不同，可以将其分为前向搜索的状态差异比较策略和后向搜索的状态差异比较策略。前向搜索是指从初始状态开始，沿着可能的路径逐步向前搜索，直到达到目标状态。在搜索过程中，每次都选择当前状态的一个合法操作，生成一个新的状态，并将其加入搜索队列中，不断重复这一过程，直到找到目标状态或搜索空间被完全搜索。后向搜索是指从目标状态开始，通过逐步回溯的方式向后搜索，直到找到初始状态。在搜索过程中，每次都选择当前状态的一个合法操作，生成一个新的状态，并将其加入搜索队列中，反复执行这一过程，直到找到初始状态或搜索空间被完全搜索。

利用状态差异比较策略所衍生出的一类求解方法称为搜索求解方法，即利用搜索算法进行状态空间的搜索和优化。搜索求解方法需要通过对当前状态与目标状态之间的差异比较，使用合适的搜索策略来逐步调整当前状态，使其逼近目标状态。搜索求解方法主要应用于复杂的离散优化模型，包括组合优化、路径规划和排序等问题。

3. 概率随机策略

区别于状态差异比较策略中利用启发性信息引导求解目标状态，概率随机策略是指在求解的过程中引入概率论的知识，即在求解的过程中会以一定的概率进行随机的搜索，以增加对解空间的探索范围，提高搜索效率和找到更好的解。其核心思想是在搜索过程中不局限于确定性的策略，而是引入随机性来增加搜索范围和多样性。这样可以避免陷入局部最优解，提高找到全局最优解的可能性。概率随机策略具有更好的通用型、鲁棒性、综合性。

在实际应用中，利用概率随机策略求解优化问题的步骤如下。

Step1：初始化概率分布，确定每个决策的初始概率，并通过随机生成或经验确定生成初始解。

Step2：对每个解进行评估，计算目标函数值或评估指标。

Step3：根据当前解和概率分布，通过随机选择策略生成新解，对其进行评估并与当前解进行比较。根据比较结果，更新概率分布，以增大或减小选择当前解的概率。

Step4：判断是否满足终止条件，若满足终止条件，则停止迭代，否则返回 Step2。

概率随机策略允许算法在搜索过程中在探索和利用之间进行权衡。算法会根据当前的搜索状态和问题的特性，通过概率的方式确定是进行探索还是利用。当算法处于探索状态时，它会以一定的概率选择进行随机的搜索，以寻找解空间中的新可能。当算法处于利用状态时，它会以一定的概率利用已有的信息进行搜索，以加速搜索过程和找到更好的解。

利用概率随机策略求解所衍生出的一类求解方法称为智能求解方法，即引入概率模型来模拟问题的搜索空间，并根据概率模型进行采样，不断搜索和优化来找到近似最优解。智能求解方法通常模拟自然界生物演化、进化和智能，并将这些行为转化为概率模型引入问题求解中。智能求解方法的应用领域非常广泛，可以应用于各种复杂的、非线性的优化模型，包括组合优化、连续优化、多目标优化等问题。优化模型的求解策略总结如表 6-2 所示。

表 6-2　求解策略的基本思想、应用场景和衍生方法

求 解 策 略	基 本 思 想	应 用 场 景	衍 生 方 法
目标函数导数信息策略	使用目标函数的梯度或导数信息，迭代地更新参数值，完成优化过程	可以应用于连续可导的优化模型，包括连续可导的线性规划和非线性规划问题	数值求解方法
状态差异比较策略	对当前状态与目标状态之间的差异进行比较，迭代更新当前状态以达到目标状态	可以应用于复杂的离散优化模型，包括组合优化、路径规划和排序等问题	搜索求解方法
概率随机策略	以一定的概率利用已有的信息来指导搜索过程，以提高搜索效率和找到更好的解	可以应用于各种复杂的、非线性的优化模型，包括组合优化、连续优化、多目标优化等问题	智能求解方法

6.3　优化模型的数值求解方法

6.3.1　梯度法

梯度法是一种基于目标函数的梯度信息进行迭代的优化算法，通过不断更新参数使得目标函数的值逐渐减小。具体来说，在每次迭代中，梯度法计算目标函数在当前点处的梯度，并将其乘以一个步长作为搜索方向，然后更新参数。在众多梯度法中，最速下降法和共轭梯度法是两种常用的方法。

6.3.1.1　最速下降法

1. 基本原理

最速下降法是一种经典的无约束优化算法，它以目标函数在当前点处的负梯度方向作为搜索方向，并沿着该方向更新参数以逼近最优解。由于负梯度方向是函数下降最快的方向，因此该方法被称为"最速下降法"。

按照此规律进行迭代，由迭代基本公式 $X_{k+1} = X_k + t_k P_k$ 可得梯度法的迭代公式为

$$X_{k+1} = X_k - t_k \nabla F(X_k) \tag{6-30}$$

式中，$\nabla F(X_k)$ 为目标函数 $F(X)$ 在迭代点 X_k 处的梯度；t_k 为最优迭代步长，通过一维极小化 $\min_t F(X_k - t_k \nabla F(X_k))$ 求得，即

$$F(X_{k+1}) = F(X_k - t_k \nabla F(X_k)) = \min \varphi(t) \tag{6-31}$$

由 $X = X_k - t_k \nabla F(X_k)$，并根据一元函数极值的必要条件及多元复合函数求导公式可得

$$\varphi'(\alpha) = \frac{\partial F(X)}{\partial X} \frac{\mathrm{d}X}{\mathrm{d}t} = [\nabla F(X_k - t_k \nabla F(X_k))]^{\mathrm{T}} (-\nabla F(X_k)) = 0 \tag{6-32}$$

即

$$[\nabla F(X_{k+1})]^{\mathrm{T}} [\nabla F(X_k)] = 0 \tag{6-33}$$

由此可知，相邻两个搜索方向互相垂直。也就是说在最速下降法中，迭代过程呈直角锯齿形，路线曲折。对于目标函数等值线是同心圆的问题，采用最速下降法一次就可以找到无约束函数的极值点。而对于一般问题，从局部上看，在一点附近函数的下降是最快的，但从整体上看则走了许多弯路，因此搜索效率并不算高。

2. 迭代过程

最速下降法的具体迭代步骤如下。

Step1：给定初始点 X_0、迭代精度 ε、维数 n；

Step2：置 $k = 0$ ；

Step3：迭代点 $\boldsymbol{X}_k$ 的梯度为

$$\nabla \boldsymbol{F}(\boldsymbol{X}_k) = \left[\begin{array}{cccc} \dfrac{\partial F(\boldsymbol{X}_k)}{\partial x_1} & \dfrac{\partial F(\boldsymbol{X}_k)}{\partial x_2} & \cdots & \dfrac{\partial F(\boldsymbol{X}_k)}{\partial x_n} \end{array} \right]^{\mathrm{T}}$$

梯度的模为

$$\left\| \nabla \boldsymbol{F}(\boldsymbol{X}_k) \right\| = \sqrt{ \left(\dfrac{\partial F(\boldsymbol{X}_k)}{\partial x_1} \right)^2 + \left(\dfrac{\partial F(\boldsymbol{X}_k)}{\partial x_2} \right)^2 + \cdots + \left(\dfrac{\partial F(\boldsymbol{X}_k)}{\partial x_n} \right)^2 }$$

搜索方向为

$$\boldsymbol{P}_k = -\frac{\nabla \boldsymbol{F}(\boldsymbol{X}_k)}{\left\| \nabla \boldsymbol{F}(\boldsymbol{X}_k) \right\|}$$

Step4：检验是否满足迭代终止条件 $\left\| \nabla \boldsymbol{F}(\boldsymbol{X}_k) \right\| \le \varepsilon$ ，若满足，则停止迭代，输出最优解 $\boldsymbol{X}^* = \boldsymbol{X}_k$ ，$F(\boldsymbol{X}^*) = F(\boldsymbol{X}_k)$ ，否则进入下一步；

Step5：从 $\boldsymbol{X}_k$ 点出发，沿负梯度方向进行一维搜索求最优步长 t_k ，使

$$F(\boldsymbol{X}_k + t_k \boldsymbol{P}_k) = \min_{t \ge 0} F(\boldsymbol{X}_k + t_k \boldsymbol{P}_k)$$

Step6：计算新迭代点 $\boldsymbol{X}_{k+1} = \boldsymbol{X}_k + t_k \boldsymbol{P}_k$ ；

Step7：置 $k = k + 1$ ，返回 Step3 进行下一次迭代计算。

最速下降法的算法流程图如图 6-9 所示。

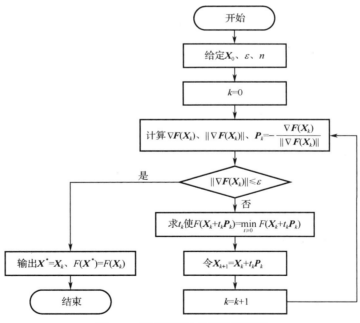

图 6-9 最速下降法的算法流程图

6.3.1.2 共轭梯度法

1. 基本原理

共轭梯度法是一种用于解决线性方程组和最小化二次函数的优化算法。它利用梯度信息和历史搜索方向的共轭性来加速迭代收敛过程。相比最速下降法，共轭梯度法通常具有更快的收敛速度和更好的数值稳定性，因此在实际应用中得到了广泛的应用。

初始方向为出发点的负梯度方向，从第二次开始，搜索方向根据共轭条件对负梯度方向进行修正，沿修正后的共轭方向逐次迭代和逼近最优点。设从任意点 $\boldsymbol{X}_0$ 出发，第一个搜索方向为 $\boldsymbol{X}_0$ 处的负梯度方向 $\boldsymbol{P}_0 = -\nabla \boldsymbol{F}(\boldsymbol{X}_0)$，当搜索得到点 $\boldsymbol{X}_{k+1}$ 后，以下按 $\boldsymbol{P}_{k+1} = -\nabla \boldsymbol{F}(\boldsymbol{X}_{k+1}) + \lambda_k \boldsymbol{P}_k$ 来产生搜索方向。为了选择 λ_k 使所产生的 $\boldsymbol{P}_{k+1}$ 和 $\boldsymbol{P}_k$ 是 $\boldsymbol{A}$ 的共轭，以 $\boldsymbol{A}\boldsymbol{P}_k$ 右乘上式的两边，于是有

$$\boldsymbol{P}_{k+1}^{\mathrm{T}} \boldsymbol{A}\boldsymbol{P}_k = -\nabla \boldsymbol{F}(\boldsymbol{X}_{k+1})^{\mathrm{T}} \boldsymbol{A}\boldsymbol{P}_k + \lambda_k \boldsymbol{P}_k^{\mathrm{T}} \boldsymbol{A}\boldsymbol{P}_k \tag{6-34}$$

因为要使 $\boldsymbol{P}_{k+1}$ 和 $\boldsymbol{P}_k$ 是 $\boldsymbol{A}$ 的共轭，应有 $\boldsymbol{P}_{k+1}^{\mathrm{T}} \boldsymbol{A}\boldsymbol{P}_k = 0$，故由式（6-34）得

$$\lambda_k = \frac{\nabla \boldsymbol{F}(\boldsymbol{X}_{k+1})^{\mathrm{T}} \boldsymbol{A}\boldsymbol{P}_k}{\boldsymbol{P}_k^{\mathrm{T}} \boldsymbol{A}\boldsymbol{P}_k}, \quad k = 0,1,2,\cdots,n-2 \tag{6-35}$$

综上所述，可以生成 n 个方向：

$$\begin{cases} \boldsymbol{P}_0 = -\nabla \boldsymbol{F}(\boldsymbol{X}_0) \\ \boldsymbol{P}_{k+1} = -\nabla \boldsymbol{F}(\boldsymbol{X}_{k+1}) + \dfrac{\nabla \boldsymbol{F}(\boldsymbol{X}_{k+1})^{\mathrm{T}} \boldsymbol{A}\boldsymbol{P}_k}{\boldsymbol{P}_k^{\mathrm{T}} \boldsymbol{A}\boldsymbol{P}_k} \boldsymbol{P}_k \end{cases}, \quad k = 0,1,2,\cdots,n-2 \tag{6-36}$$

式（6-36）中含有目标函数系数矩阵 $\boldsymbol{A}$，这对于目标函数是非二次函数的问题求解是不方便的。一般可以利用目标函数的梯度信息，来产生 n 个共轭方向，即令 $\lambda_k = \dfrac{\nabla \boldsymbol{F}(\boldsymbol{X}_{k+1})^{\mathrm{T}} \boldsymbol{A}\boldsymbol{P}_k}{\boldsymbol{P}_k^{\mathrm{T}} \boldsymbol{A}\boldsymbol{P}_k} = \dfrac{\left\|\nabla \boldsymbol{F}(\boldsymbol{X}_{k+1})\right\|^2}{\left\|\nabla \boldsymbol{F}(\boldsymbol{X}_k)\right\|^2}$，$k = 0,1,2,\cdots,n-2$，将式（6-36）转化为如下表达形式：

$$\begin{cases} \boldsymbol{P}_0 = -\nabla \boldsymbol{F}(\boldsymbol{X}_0) \\ \boldsymbol{P}_{k+1} = -\nabla \boldsymbol{F}(\boldsymbol{X}_{k+1}) + \dfrac{\left\|\nabla \boldsymbol{F}(\boldsymbol{X}_{k+1})\right\|^2}{\left\|\nabla \boldsymbol{F}(\boldsymbol{X}_k)\right\|^2} \boldsymbol{P}_k, \quad k = 0,1,2,\cdots,n-2 \end{cases} \tag{6-37}$$

2．迭代过程

共轭梯度法的具体迭代步骤如下。

Step1：给定初始点 $\boldsymbol{X}_0$、迭代精度 ε；

Step2：求初始梯度，计算 $\nabla \boldsymbol{F}(\boldsymbol{X}_0)$，若 $\left\|\nabla \boldsymbol{F}(\boldsymbol{X}_0)\right\| \leqslant \varepsilon$，停止迭代，输出 $\boldsymbol{X}_0$，否则转至 Step3；

Step3：构造初始搜索方向，取 $\boldsymbol{P}_0 = -\nabla \boldsymbol{F}(\boldsymbol{X}_0)$，令 $k = 0$，转至 Step4；

Step4：进行一维搜索，求 t_k 使得 $F(\boldsymbol{X}_k + t_k \boldsymbol{P}_k) = \min\limits_{t \geqslant 0} F(\boldsymbol{X}_k + t_k \boldsymbol{P}_k)$，令 $\boldsymbol{X}_{k+1} = \boldsymbol{X}_k + t_k \boldsymbol{P}_k$，转至 Step5；

Step5：求梯度向量，计算 $\nabla \boldsymbol{F}(\boldsymbol{X}_{k+1})$，若 $\left\|\nabla \boldsymbol{F}(\boldsymbol{X}_{k+1})\right\| \leqslant \varepsilon$，停止迭代，输出 $\boldsymbol{X}_{k+1}$，否则转至 Step6；

Step6：检验迭代次数，若 $k+1 = n$，令 $\boldsymbol{X}_0 = \boldsymbol{X}_k$，转至 Step3，否则转至 Step7；

Step7：构造共轭方向，取 $\lambda_k = \dfrac{\left\|\nabla \boldsymbol{F}(\boldsymbol{X}_{k+1})\right\|^2}{\left\|\nabla \boldsymbol{F}(\boldsymbol{X}_k)\right\|^2}$，$\boldsymbol{P}_{k+1} = -\nabla \boldsymbol{F}(\boldsymbol{X}_{k+1}) + \lambda_k \boldsymbol{P}_k$，令 $k = k+1$，转至 Step4。

从共轭梯度法的计算过程可看出，第一个搜索方向取负梯度方向，这就是最速下降法。其余各步的搜索方向将负梯度方向偏转了一个角度，即对负梯度方向进行了修正。所以共轭梯度法实质上是对最速下降法进行的一种改进，故又被称为旋转梯度法。

6.3.2　牛顿法及扩展

6.3.2.1　牛顿法

牛顿法是一种经典的优化方法，也是梯度法进一步的改进与发展，其基本思想是同时利用目标函数的一、二阶偏导数所提供的信息来构造搜索方向，从而加快收敛速度，更快地求得目标函数的极值点。

1．基本原理

牛顿法的基本原理：先将目标函数 $F(\boldsymbol{X})$ 在迭代点 $\boldsymbol{X}_k$ 处展开成二阶二次泰勒多项式 $\varphi(\boldsymbol{X})$，去近似代替 $F(\boldsymbol{X})$，再以 $\varphi(\boldsymbol{X})$ 这个二次函数的极小点 $\boldsymbol{X}_\varphi^*$ 作为原目标函数的下一个迭代点 $\boldsymbol{X}_{k+1}$，这样重复

迭代若干次后，使迭代点的点列逐步逼近原目标函数 $F(X)$ 的极小点 X^*。二次逼近函数 $\varphi(X)$ 的基本形式如下：

$$\varphi(X) = F(X_k) + [\nabla F(X_k)]^T (X - X_k) + \frac{1}{2}[X - X_k]^T H(X_k)(X - X_k) \approx F(X) \tag{6-38}$$

式中，$\nabla F(X_k)$ 为原目标函数 $F(X)$ 在点 X_k 处的梯度，$H(X_k)$ 为原目标函数 $F(X)$ 在点 X_k 处的黑塞矩阵。

$\varphi(X)$ 的极小点 X_φ^* 可由极值存在的必要条件，并令其梯度 $\nabla \varphi(X_k) = 0$ 来求得，即

$$\nabla \varphi(X_k) = \nabla F(X_k) + H(X_k)(X - X_k) = 0 \tag{6-39}$$

即 $H(X_k)(X - X_k) = -\nabla F(X_k)$。

若 $H(X_k)$ 为可逆矩阵，等号两边左乘 $[H(X_k)]^{-1}$ 可得

$$X_\varphi^* = X_k - [H(X_k)]^{-1}\nabla F(X_k) \tag{6-40}$$

将 X_φ^* 取作下一个最优化迭代点 X_{k+1}，即可得到原始牛顿法的迭代公式为

$$X_{k+1} = X_k - [H(X_k)]^{-1}\nabla F(X_k) \tag{6-41}$$

由上式可知牛顿法的搜索方向为

$$P_k = -[H(X_k)]^{-1}\nabla F(X_k) \tag{6-42}$$

该方向称为牛顿方向。牛顿法是一种无须求迭代步长的搜索迭代法。

2. 迭代过程

已知目标函数 $F(X)$ 及其梯度 $G(X)$、黑塞矩阵 $H(X)$，则牛顿法的具体迭代步骤如下。

Step1：给定初始点 X_0、迭代精度 ε，计算 $F_0 = F(X_0)$，$G_0 = G(X_0)$，置 $k = 0$；

Step2：计算 $H_k = \nabla^2 F(X_k)$；

Step3：由方程 $H_k P_k = -G_k$ 解出 P_k；

Step4：计算 $X_{k+1} = X_k + P_k$，$F_{k+1} = F(X_{k+1})$，$G_{k+1} = G(X_{k+1})$；

Step5：计算 $\nabla F(X_{k+1})$，若 $\|\nabla F(X_{k+1})\| \leqslant \varepsilon$，停止迭代，得出最优解 $X^* = X_{k+1}$，$F(X^*) = F(X_{k+1})$，否则置 $k = k+1$，转至 Step2。

3. 阻尼牛顿法

对牛顿法而言，当目标函数 $F(X)$ 是二次函数时，由于二阶泰勒展开函数 $\varphi(X)$ 与原目标函数 $F(X)$ 不是近似的而是完全相同的，黑塞矩阵 $H(X_k)$ 是一个常数矩阵，所以从任一初始点出发，用式（6-40）只需一步迭代即能到达 $F(X)$ 的极小点 X^*，因此牛顿法也是一种具有二次收敛性的算法。对于非二次型目标函数，在原始牛顿法的迭代过程中，有时会使函数值上升，即出现 $F(X_{k+1}) > F(X_k)$ 的情况，这表明原始牛顿法不能保证非二次型函数值稳定地下降，在严重的情况下可能造成迭代点列的发散而导致计算失败。

为消除原始牛顿法的上述缺陷，保证迭代点函数值稳定地下降，提出了阻尼牛顿法。阻尼牛顿法每次的迭代方向仍采用式（6-42）表达的牛顿方向 P_k，但每次迭代需沿此方向做一维搜索，求其最优迭代步长 t_k，即

$$F(X_k + t_k P_k) = \min_{t \geqslant 0} F(X_k + t_k P_k) \tag{6-43}$$

此时，将原始牛顿法的迭代公式修改为

$$X_{k+1} = X_k - t_k[H(X_k)]^{-1}\nabla F(X_k) \tag{6-44}$$

该迭代公式即阻尼牛顿法的迭代公式。式中，t_k 为阻尼因子，是通过沿牛顿方向一维搜索寻优而得的。当目标函数 $F(X)$ 的黑塞矩阵 $H(X_k)$ 处于正定时，阻尼牛顿法能保证每次迭代点的函数值均有所下降，从而保持了二次收敛的特性。

6.3.2.2 变尺度法

变尺度法也称拟牛顿法，它是在牛顿法思想的基础上进行改进的一类方法。变尺度法是一种用于

求解无约束优化问题的算法，它的提出是为了克服梯度法收敛速度慢和牛顿法计算量、存储量大的缺点。因此，它被认为是求解无约束优化问题最有效的算法之一，并已经在工程优化设计中得到广泛应用。

1. 基本原理

变尺度法（DFP 法）是在牛顿法的基础上发展起来的，无须求二阶偏导数和黑塞矩阵逆矩阵且具有较快收敛速度的一种无约束优化方法。它的基本原理是，在迭代方向中用构造的矩阵 A_k 替代牛顿法中迭代方向的黑塞矩阵逆矩阵 $[H(X_k)]^{-1}$，而且随着迭代计算的进行，A_k 逐步逼近 $[H(X_k)]^{-1}$。变尺度法的搜索方向为

$$P_k = -A_k \nabla F(X_k) \tag{6-45}$$

从而可得变尺度法的迭代计算公式为

$$X_{k+1} = X_k - t_k A_k \nabla F(X_k) \tag{6-46}$$

式中，A_k 称为变尺度矩阵，由下述公式迭代产生：

$$A_{k+1} = A_k + E_k \tag{6-47}$$

式中，当 $k=0$ 时，变尺度矩阵为单位矩阵，即 $A_0 = I$；E_k 为校正矩阵，由下式求得：

$$E_k = \frac{\Delta X_k [\Delta X_k]^{\mathrm{T}}}{[\Delta g_k]^{\mathrm{T}} \Delta X_k} - \frac{A_k \Delta g_k [\Delta g_k]^{\mathrm{T}} A_k}{[\Delta g_k]^{\mathrm{T}} A_k \Delta g_k} \tag{6-48}$$

式中，$\Delta X_k = X_{k+1} - X_k$；$\Delta g_k = \nabla F(X_{k+1}) - \nabla F(X_k)$。

理论上已证明，在迭代计算过程中，通过校正矩阵 E_k 不断地修正变尺度矩阵 A_k，可使得 A_k 逐步地逼近黑塞矩阵逆矩阵。当 $A_k = [H(X_k)]^{-1}$ 时，式（6-46）就成为阻尼牛顿法的迭代公式。

2. 迭代过程

Step1：给定初始点 X_0、迭代精度 ε、维数 n。

Step2：置 $k=0$，单位矩阵 $A_0 = I$，计算初始点梯度 $\nabla F(X_0)$。

Step3：计算搜索方向 $P_k = -A_k \nabla F(X_k)$。

Step4：进行一维搜索，计算 t_k，使

$$F(X_k + t_k P_k) = \min_{t \geq 0} F(X_k + t P_k)$$

计算新迭代点 $X_{k+1} = X_k + t_k P_k$ 和它的梯度 $\nabla F(X_{k+1})$。

Step5：检验是否满足迭代终止条件 $\|\nabla F(X_{k+1})\| \leq \varepsilon$。若满足，停止迭代，输出最优解 $X^* = X_{k+1}$，$F(X^*) = F(X_{k+1})$；否则转至 Step6。

Step6：检查迭代次数，若 $k=n$，则置 $X_0 = X_{k+1}$，转至 Step2；若 $k<n$，则进行下一步。

Step7：计算 $\Delta X_k = X_{k+1} - X_k$，$\Delta g_k = \nabla F(X_{k+1}) - \nabla F(X_k)$，$E_k = \frac{\Delta X_k [\Delta X_k]^{\mathrm{T}}}{[\Delta g_k]^{\mathrm{T}} \Delta X_k} - \frac{A_k \Delta g_k [\Delta g_k]^{\mathrm{T}} A_k}{[\Delta g_k]^{\mathrm{T}} A_k \Delta g_k}$，$A_{k+1} = A_k + E_k$，然后置 $k=k+1$，转向 Step3。

综上所述，优化模型常用的数值求解方法有最速下降法、共轭梯度法、牛顿法和变尺度法，这 4 种方法在求解基本思路、所需初值、递推条件和终止条件的对比如表 6-3 所示。

表 6-3　优化模型的数值求解方法关键点对比

方　法	求解基本思路	所需初值	递推条件	终止条件
最速下降法	以目标函数的负梯度方向为搜索方向	X_0、ε、n	搜索方向：$P_k = -\dfrac{\nabla F(X_k)}{\|\nabla F(X_k)\|}$ 步长 t_k 满足 $F(X_k + t_k P_k) = \min\limits_{t \geq 0} F(X_k + t P_k)$ 计算新迭代点：$X_{k+1} = X_k + t_k P_k$	$\|\nabla F(X_k)\| \leq \varepsilon$

方　　法	求解基本思路	所需初值	递　推　条　件	终　止　条　件
共轭梯度法	以梯度信息和历史搜索方向的共轭性来加速迭代收敛	X_0、ε	搜索方向：$P_{k+1} = -\nabla F(X_{k+1}) + \lambda_k P_k$ 其中，$P_0 = -\nabla F(X_0)$ 步长 t_k 满足 $F(X_k + t_k P_k) = \min\limits_{t \geqslant 0} F(X_k + t_k P_k)$ 计算新迭代点：$X_{k+1} = X_k + t_k P_k$	$\|\nabla F(X_k)\| \leqslant \varepsilon$
牛顿法	利用目标函数的一、二阶偏导数提供的信息构造搜索方向	X_0、ε	搜索方向：P_k 满足 $H_k P_k = -G_k$ 其中，$H_k = \nabla^2 F(X_k)$，$G_k = G(X_k)$ 计算新迭代点：$X_{k+1} = X_k + P_k$	$\|\nabla F(X_k)\| \leqslant \varepsilon$
变尺度法	构造的矩阵 A_k 替代牛顿法中的黑塞矩阵逆矩阵	X_0、ε、n	搜索方向：$P_k = -A_k \nabla F(X_k)$ 其中，$A_0 = I$，$A_{k+1} = A_k + E_k$， $E_k = \dfrac{\Delta X_k [\Delta X_k]^{\mathrm{T}}}{[\Delta g_k]^{\mathrm{T}} \Delta X_k} - \dfrac{A_k \Delta g_k [\Delta g_k]^{\mathrm{T}} A_k}{[\Delta g_k]^{\mathrm{T}} A_k \Delta g_k}$ 步长 t_k 满足 $F(X_k + t_k P_k) = \min\limits_{t \geqslant 0} F(X_k + t_k P_k)$ 计算新迭代点：$X_{k+1} = X_k + t_k P_k$	$\|\nabla F(X_k)\| \leqslant \varepsilon$

6.4　优化模型的搜索求解方法

6.4.1　搜索空间的生成

在利用搜索求解方法对优化模型进行求解时，在明确所需要求解的目标后，需要考虑两个重要的问题："在哪里搜索"及"如何搜索"。"在哪里搜索"指的是搜索空间，一般以图的形式表现出来；"如何搜索"指的是以什么样的策略在搜索空间中进行搜索，以达到求解目标。搜索空间生成有两种方式：基于状态空间的搜索空间生成和基于问题空间的搜索空间生成。本节将对这两种搜索空间生成方式进行详细介绍。

6.4.1.1　基于状态空间的搜索空间生成

1．状态空间和状态空间图

状态空间是一种描述系统状态的抽象概念。在计算机科学和工程领域中，状态空间通常用于描述计算机程序、自动控制系统、人工智能系统等的可能状态集合。

状态空间由状态和状态之间的转换组成。一个状态可以是系统在某一时间点的完整描述，它包括系统中的所有变量和参数的取值。状态之间的转换则描述了系统如何从一个状态转移到另一个状态，这些转换可以通过触发事件或执行操作来实现。状态空间具有以下重要特性。

（1）离散性：状态空间通常是离散的，即只包含有限个状态。每个状态在系统中是唯一的。

（2）完备性：状态空间必须包含系统的所有可能状态。系统在任何时间点都必须处于状态空间中的某个状态。

（3）状态转换：状态空间描述了状态之间的转换关系。通过执行操作，系统可以从一个状态转移到另一个状态。

（4）状态约束：状态空间可以包含约束条件，限制系统在特定状态下可以采取的操作或事件。

状态空间图是状态空间的一种图形化表示方式，通过图形化的方式展示和描述状态空间，以便于理解和分析系统的行为。

状态空间图通过节点和边来表示系统的状态和状态之间的转换关系。每个节点代表一个状态，每条边代表状态之间的操作算子。在状态空间图中，从初始节点到目标节点的路径或者指向目标节点的边，表示相应问题的一个解。状态空间的一般描述如图 6-10 所示。

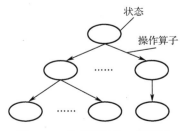

图 6-10　状态空间的一般描述

2. 状态空间表示法

状态空间表示法是指用"状态"和"操作"组成的"状态空间"来表示问题搜索空间的一种方法。

（1）状态（State）：是为了描述问题求解过程中不同时间下情况（如初始情况、事实描述等）之间的差异而引入的最小一组有序变量组合。状态的维度可以是有限的，也可以是无限的。此外，状态也可以用多元数组或其他形式来表示，主要用于表示叙述性知识。通常以向量的形式表示：

$$S = [s_0, s_1, s_2, \cdots]^{\mathrm{T}} \tag{6-49}$$

式中，s_i（$i=0,1,2,\cdots$）叫作状态的分量，当给定每个分量的值 s_{kj}（$j=0,1,2,\cdots$）时，就得到一个具体的状态 s_k：

$$s_k = [s_{k0}, s_{k1}, s_{k2}, \cdots]^{\mathrm{T}} \tag{6-50}$$

（2）操作（Operator）：也称为运算符，是指引起状态中某些分量发生变化，从而使问题由一个具体状态转变为另一个具体状态的活动。操作可以是一系列机械步骤、过程、规则或算子，用于指明状态之间的关系。操作主要用于表达过程性知识。

（3）状态空间（State Space）：是指一个由问题的全部可能状态及其相互关系（即操作）所构成的有限集合。状态空间常记为四元组：

$$(S, S_0, O, G) \tag{6-51}$$

其中，S 是问题求解过程中所有可能到达的合法状态构成的集合；

S_0 是初始状态集，是 S 的子集；

O 是操作算子的集合，操作算子的执行会导致问题状态的变迁；

G 是目标状态集，是 S 的子集。

在状态空间表示法中，问题解决的过程可以转变为在图中寻找从初始状态 S_0 到达目标状态 G 的路径问题，这也是寻找操作算子序列的问题。

例 6-1　二阶汉诺塔问题。设有 1、2、3 三根钢针，在 1 号钢针上穿有 A、B 两个金片，A 小于 B，A 位于 B 的上面。要求把这两个金片全部移到另一根钢针上，而且规定每次只能移动一片，任何时刻都不能使 B 位于 A 的上面。

设状态 $S = (SK_0, SK_1)$，SK_0 表示 A 金片所在的钢针号，SK_1 表示 B 金片所在的钢针号，则共有如下 9 种状态：

$$S_0 = (1,1), \quad S_1 = (1,2), \quad S_2 = (1,3),$$
$$S_3 = (2,1), \quad S_4 = (2,2), \quad S_5 = (2,3),$$
$$S_6 = (3,1), \quad S_7 = (3,2), \quad S_8 = (3,3)$$

设操作 $A(i,j)$ 表示把 A 金片从 i 号钢针移动到 j 号钢针，$B(i,j)$ 表示把 B 金片从 i 号钢针移动到 j 号钢针，则共有以下 12 种操作：

$$A(1,2), \quad A(1,3), \quad A(2,1), \quad A(2,3), \quad A(3,1), \quad A(3,2),$$
$$B(1,2), \quad B(1,3), \quad B(2,1), \quad B(2,3), \quad B(3,1), \quad B(3,2)$$

由此可得该二阶汉诺塔问题的状态空间图如图 6-11 所示。

3. 状态空间图的存储模式

为了解决问题，需要将相关知识存储在计算机的知识库中。有两种存储方式：显式存储和隐式存储。

（1）显式存储是将与问题有关的全部状态空间图及相应的叙述性知识、过程性知识和控制性知识直接存储在知识库中。这种方式存储的状态空间图被称为显式图。

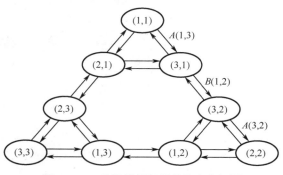

图 6-11　二阶汉诺塔问题的状态空间图

（2）隐式存储是只存储与问题求解相关的部分知识，即部分状态空间。在求解过程中，根据初始状态和相应的知识，逐步生成所需的部分状态空间图。通过搜索推理，逐步转移到目标状态。这种方式只需在知识库中存储局部状态空间图，此图被称为隐式图。

为了节约计算机的存储空间并提高搜索推理效率，通常采用隐式存储方式进行隐式图搜索推理。

6.4.1.2　基于问题空间的搜索空间生成

1. 问题空间和与/或图

问题空间是指将复杂问题进行分解和抽象，从而形成的一个概念上的空间。在这个空间中，问题被拆解成各个子问题，每个子问题都可以通过一系列的操作和变换，逐步转化为更简单的形式，并最终解决。问题空间可以看作是问题求解的领域，其中包含了问题的所有可能状态和转换规则。通过对问题空间的分析和探索，可以有效地寻找问题的解决方案和优化方法。问题空间的划分和理解是解决复杂问题的关键，它提供了一个系统性和有序的方式来思考和解决问题。

生成问题空间的常用策略是问题归约。它将复杂的问题转化为一系列相对简单的子问题，并对这些子问题进行同时处理和求解。只有当所有的子问题都得到解决时，整个问题才能算得到解决。问题的解答由子问题的解答共同构成。通过问题归约，可以逐步递归地将问题转化为一组基本的、不需要再进行变换的、简化的问题集合，这里所说的基本的问题是指那些可以直接得到解答题的问题，其被定义为本原问题。

与/或图就是用于表示此类求解过程的一种方法，它是一种树图形式，是人们在求解问题时的一种思维方法。与/或图的构建旨在展示问题求解的路径和可能的选择。在这种图形中，问题被拆分为多个子问题，每个子问题都有多个可能的解决方案。与/或图通过节点和边来表示系统问题分解的转换关系。每个节点代表一个问题，每条边代表事件的分解规则，与/或图中的节点分为"与"节点和"或"节点，定义如下。

（1）"与"节点：若节点 A 有边通向一组节点 $\{B_1, B_2, \cdots, B_n\}$，问题 A 的解决有待于 A 的子问题组 $\{B_1, B_2, \cdots, B_n\}$ 的全部解决，则称 A 为"与"节点。

（2）"或"节点：若节点 A 有边通向一组节点 $\{B_1, B_2, \cdots, B_n\}$，问题 A 的解决有待于子问题组中某一个子问题的解决，即 $B_1, B_2, \cdots, B_n$ 中的一个得到解决，则称 A 为"或"节点。

在与/或图中，问题的解是指从代表初始问题的节点出发，搜索到一个完整的与/或子图，即解图。图 6-12 给出了一个抽象的与/或图简例。

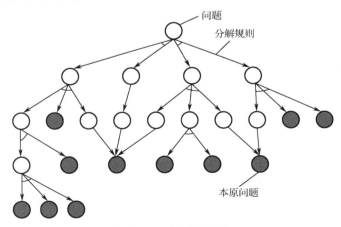

图 6-12　与/或图简例

通过与/或图，人们可以清楚地看到问题的复杂性和解决方案的多样性。它提供了一个更直观的视觉工具，帮助人们理解问题的本质并做出明智的决策。与/或图的优点在于它能够将复杂的问题分解为简单的子问题，使得求解过程更加可控和可管理。它还能够帮助人们探索不同的解决方案，并在其中进行权衡和抉择。

2．问题空间表示法

问题空间是一种广义的状态空间，其生成过程是首先将初始问题分解为子问题，而后通过解决所有子问题达到问题求解目的的方法。问题空间表示法是指用"问题"和"分解规则"组成的"问题空间"来表示问题搜索空间的一种方法。

（1）问题（Problem）：描述问题及其子问题的符号或数据结构。

（2）分解规则（Decomposition Rule）：也称为操作运算符，是一种用于解决问题的方法或策略。它基于一个原则，将复杂的问题分解成更小、更易于解决的子问题。

（3）问题空间（Problem Space）：是指一个由所有问题及其分解规则所构成的有限集合。状态空间常记为四元组：

$$(S, S_0, D, G) \tag{6-52}$$

其中，S 是问题求解过程中所有的问题和子问题组成的集合；

S_0 是初始问题，是 S 的子集；

D 是分解规则的集合，分解规则的执行会导致上级问题分解为子问题；

G 是具有平凡解的本原问题集合。

例 6-2　三阶汉诺塔问题。设有 1、2、3 三根钢针，在 1 号钢针上穿有 A、B、C 三个金片，A 小于 B，B 小于 C，A 位于 B 的上面，B 位于 C 的上面。要求把这三个金片全部移到另一根钢针上，而且规定每次只能移动一片，且任何时刻较大的金片不能压在较小的金片之上。

以三元素列表作为数据结构描述问题状态，三个元素依次指示金片 A、B、C 所在的钢针编号。此时汉诺塔问题可以描述为

$$(1,1,1) \longrightarrow (3,3,3)。$$

之后可以把该问题归约为三个子问题：

$$(1,1,1) \longrightarrow (1,2,2)，\quad (1,2,2) \longrightarrow (3,2,2)，\quad (3,2,2) \longrightarrow (3,3,3)$$

即先把金片 B、C 移动到钢针 2，再把金片 A 移动到钢针 3，最后把 B、C 盘移动到钢针 3。

第 1 个子问题再分别规约为子子问题：

$$(1,1,1) \longrightarrow (1,1,3)，\quad (1,1,3) \longrightarrow (1,2,3)，\quad (1,2,3) \longrightarrow (1,2,2)$$

即依次移动金片 C 到钢针 3，移动金片 B 到钢针 2，移动金片 C 到钢针 2；

第 3 个子问题再分别规约为子子问题：

$$(3,2,2) \longrightarrow (3,2,1)，\quad (3,2,1) \longrightarrow (3,3,1)，\quad (3,3,1) \longrightarrow (3,3,3)$$

即依次移动金片 C 到钢针 1、移动金片 B 到钢针 3、移动金片 C 到钢针 3。

现在所有子问题均为本原问题，只要依次解决就可到达目标状态。

值得注意的是，汉诺塔问题的子问题间和子子问题间有交互作用，必须注意正确的排序，其问题空间表示如图 6-13 所示，在图中已标出正确的节点生成顺序。

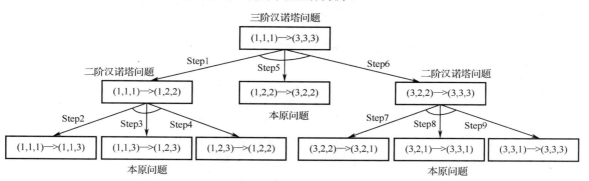

图 6-13　汉诺塔问题的问题空间表示

6.4.2　搜索求解方法

根据是否运用启发性信息，搜索被分为盲目搜索和启发式搜索两类算法，本节将对这两类算法进行详细介绍。

6.4.2.1　盲目搜索算法

盲目搜索算法，也称为无信息搜索算法，是一种基于问题规模和搜索空间进行搜索的算法。盲目搜索算法没有先验信息或启发函数来指导搜索过程，仅通过遍历搜索空间中的节点，直到找到目标节点或搜索空间被完全遍历为止。常见的盲目搜索算法包括广度优先搜索算法、深度优先搜索算法、迭代加深搜索算法和双向搜索算法等。

1. 广度优先搜索算法

广度优先搜索算法是一种用于图或树的遍历算法，其基本思想是从初始节点开始向下逐层搜索，并且在一层节点未搜索完之前不进入下一层搜索。在同一层节点中，搜索的次序可以任意排列。这种算法首先按照生成规则生成第一层节点，然后在这些节点中沿广度进行横向扫描，检查是否包含目标节点。如果目标节点不在当前层节点中，那么就将所有第一层节点逐一扩展，得到第二层节点，并逐一检查第二层节点中是否包含目标节点。按照这种方式，不断生成、检查和扩展节点，直到找到目标节点为止。

广度优先搜索算法的搜索过程如下。

Step1：创建 OPEN 表和 CLOSE 表，置两者为空。

Step2：把初始节点 S_0 放入 OPEN 表。

Step3：若 OPEN 表为空，则问题无解，求解失败并退出程序；若 OPEN 表为非空，则把 OPEN 表中的第一个节点取出放入 CLOSE 表中，按其放入顺序冠以编号 n。

Step4：判断节点 n 是否为目标节点，若是，则输出结果；若不是，则转至 Step5。

Step5：判断节点 n 是否可扩展，若节点 n 不可扩展，则转至 Step3；若节点可扩展，转至 Step6。

Step6：扩展节点 n，将其子节点放到 OPEN 表尾部，并为每个子节点都配置指向父节点的指针，然后转至 Step3。

在广度优先搜索算法中，如果问题有解，OPEN 表中必然出现目标节点 S_g，算法一定在 Step4 处停止，这表示解已经找到，从该目标节点 S_g 根据返回指针往回追溯，直到初始节点 S_0，所得到的一条路径就是问题的解。

2. 深度优先搜索算法

深度优先搜索算法是一种沿着最晚生成的子节点分支、逐级"纵向"深入搜索的策略。它从初始节点开始，根据生成规则生成下一级各子节点，并检查是否出现目标节点。如果目标节点未出现，按照"最晚生成的子节点优先扩展"的原则，再一次使用生成规则生成再下一级的子节点，并再次检查是否出现目标节点。如果目标节点仍然未出现，那么最晚生成的子节点将会被扩展。通过这样的方式，深度优先搜索算法沿着最晚生成的子节点的分支，逐级"纵向"深入搜索。

深度优先搜索算法的搜索过程如下。

Step1：创建 OPEN 表和 CLOSE 表，置两者为空。

Step2：把初始节点 S_0 放入 OPEN 表。

Step3：若 OPEN 表为空，则问题无解，求解失败并退出程序；若 OPEN 表为非空，则把 OPEN 表中的第一个节点取出放入 CLOSE 表中，按其放入顺序冠以编号 n。

Step4：判断节点 n 是否为目标节点，若是，则输出结果；若不是，则转至 Step5。

Step5：判断节点 n 是否可扩展，若节点 n 不可扩展，则转至 Step3，若节点可扩展，转至 Step6；

Step6：扩展节点 n，将其子节点放到 OPEN 表首部，并为每个子节点都配置指向父节点的指针，然后转至 Step3。

在深度优先搜索算法中，若问题具有有限状态空间且问题树没有无穷分支，则在 OPEN 表中一定会出现目标节点，算法将在 Step4 停止，搜索成功。但是深度优先搜索算法仅适用于有限状态空间类问题，缺乏普适性。它通常只是一个过程，需要进一步改进。改进方法有如下几种。

（1）使用启发式搜索算法：通过使用启发函数来指导搜索方向，以较优的方式前进，提高搜索效率。

（2）组合深度优先搜索算法和广度优先搜索算法：可以采用迭代加深搜索算法，结合深度优先搜索算法和广度优先搜索算法的优点，先进行深度搜索，在搜索深度达到限定值后，再进行广度搜索，直到找到解。

（3）引入剪枝策略：通过设置边界条件或评估函数，在搜索过程中剪去没有希望达到目标的分支，减少搜索空间。

6.4.2.2　启发式搜索算法

启发式搜索算法也称为有信息搜索算法，是一种利用问题特定的启发函数来引导搜索的搜索算法。启发函数在每个节点评估其与目标的距离或期望值，并根据评估结果选择扩展哪个节点。启发式搜索算法能够更加高效地搜索到目标，并且在搜索空间较大的情况下，通常比盲目搜索算法更有效。常见的启发式搜索算法包括 A^* 算法、迭代加深 A^* 算法等。

1. 启发性信息和评估函数

启发性信息是指在问题求解过程中，根据现有的信息和经验判断，提供一些有利于解决问题的指导性信息。这些信息并不是问题的确定性解答，而是一种推测或估计，帮助我们在解空间中有方向地搜索，快速找到可能的解。

评估函数是在问题求解过程中，对当前状态或者解的质量进行评估和打分的函数。通过评估函数的结果，可以对当前状态或者解的优劣进行比较，有针对性地选择更优的状态或者进行进一步的搜索。

启发性信息和评估函数在问题求解中起着不同的作用。启发性信息主要用于指导搜索的方向和策略，比如，启发式搜索算法中的启发函数，通过估计当前状态到目标状态的距离或者代价，来优先选择搜索方向；而评估函数主要用于评估当前状态或者解的质量，更多的是用于将解空间中的解进行排序，以便选择最优的解。

启发性信息可以作为评估函数的一部分，提供评估函数的输入或者参考，用于评估当前状态或者解的质量。同时，在设计启发函数时，也可以利用评估函数的结果进行修正和优化，提高搜索的效率和准确性。因此，启发性信息和评估函数是相辅相成、相互影响的关系。

评估函数的一般形式为

$$f(x) = g(x) + h(x) \tag{6-53}$$

式中，$g(x)$ 是从初始节点到一个节点 x 的实际代价；$h(x)$ 是这个节点 x 到目标节点的最优路径的估计代价，体现了问题的启发性信息，其形式要根据问题的特性确定，$h(x)$ 称为启发函数。

2. A^* 算法及其搜索过程

在盲目搜索算法中，节点是按照节点生成时间的先后顺序加入 OPEN 表的，即先生成的节点先加入 OPEN 表，后生成的节点后加入 OPEN 表。当需要从 OPEN 表中取出节点时，会按照先进先出（广度优先搜索）或先进后出（深度优先搜索）的原则取出最前面的节点。因此，节点进入 OPEN 表的次序会影响节点从 OPEN 表中被取出的顺序。如果在 OPEN 表中取出节点之前，将 OPEN 表中的节点按照评估函数 $f(x)$ 进行排序，找出最优出表的节点，而不是按照先进先出或先进后出的原则取出最前面的节点，就称为 A^* 算法。

A^* 算法的搜索过程如下。

Step1：创建 OPEN 表和 CLOSE 表，置两者为空。

Step2：把初始节点 S_0 放入 OPEN 表，记 $f = h$。

Step3：若 OPEN 表为空，则问题无解，求解失败并退出程序；若 OPEN 表为非空，则把 OPEN 表中具有最小 $f(x)$ 值的节点 BESTNODE 取出放入 CLOSE 表中。

Step4：判断节点 BESTNODE 是否为目标节点，若是，则输出结果；若不是，则转至 Step5。

Step5：判断节点 BESTNODE 是否可扩展，若节点 BESTNODE 不可扩展，则转至 Step3；若节点可扩展，转至 Step6。

Step6：扩展节点 BESTNODE，产生后继节点 SUCCSSOR，对每个节点 SUCCSSOR 进行下列操作。

① 建立从节点 SUCCSSOR 返回节点 BESTNODE 的指针。

② 计算 $g(\text{SUC}) = g(\text{BES}) + g(\text{BES}, \text{SUC})$。

③ 若 SUCCSSOR $\in$ OPEN，则此节点为 OLD，并把它添至 BESTNODE 的后继节点表中。

④ 比较新旧路径代价。若 $g(\text{SUC}) < g(\text{OLD})$，则重新确定 OLD 的父辈节点为 BESTNODE，记下较小代价 $g(\text{OLD})$，并修正 $f(\text{OLD})$ 值。

⑤ 若至 OLD 节点的代价较低或一样，则停止扩展节点。

⑥ 若 SUCCSSOR 不在 OPEN 表中，则看其是否在 CLOSE 表中。

⑦ 若 SUCCSSOR 在 CLOSE 表中，则转向 Step3。

⑧ 若 SUCCSSOR 既不在 OPEN 表中，又不在 CLOSE 表中，则把它放入 OPEN 表中，并添入 BESTNODE 后继节点表，然后转至 Step7。

Step7：计算 f 值，然后转至 Step3。

6.5 优化模型的智能求解方法

6.5.1 智能求解方法概述

6.5.1.1 智能求解方法的思路

智能求解方法是一类模拟自然界生物演化、行为和智能的优化方法，其主要思路是通过模拟生物的进化机制和智能行为，通过不断搜索和优化来找到最优解。与一般的搜索求解方法不同，智能求解方法引入概率模型来模拟问题的搜索空间，并根据概率模型进行采样。通过概率模型的引入，可以充分利用问题的特性来进行搜索，从而加速搜索过程。

智能求解方法的目标是在搜索过程中不断优化目标函数的值，以获得一个较好的解决方案。与传统的确定性优化算法相比，智能求解方法具有更好的全局搜索能力和鲁棒性，适用于各种复杂的问题。以下是利用智能求解方法求解优化问题的一般思路。

Step1：定义问题。明确待解决的优化问题，包括目标函数、约束条件和可行解的定义。

Step2：初始化参数。选择合适的参数来表示待求解问题的状态空间。

Step3：生成初始解集。根据初始化的参数，生成初始解集。

Step4：评估解集。对每个解进行评估，计算其适应度值（目标函数的值）。

Step5：操作定义。定义不同的操作（如交叉、突变等），用于生成后代解。

Step6：选择操作。根据适应度值，选择优秀的解作为下一轮的父代解。

Step7：生成后代解。通过交叉、变异等方式生成后代解。

Step8：合并解集。将父代解和后代解进行合并，形成新的解集。

Step9：评估新解集。对新解集进行评估，计算适应度值。

Step10：选择最优解。根据适应度值，选择最优解作为本轮的解。

Step11：终止条件检查。检查是否满足终止条件，若满足终止条件，则转至 Step12，否则回到 Step6，进行下一轮迭代。终止条件包括最大迭代次数、目标函数值收敛等。

Step12：结果输出。输出最优解或近似最优解。

不同的智能求解方法可能在操作定义和参数更新等方面有所差异，但一般的思路通常是以上述步骤为基础展开的。通过不断迭代操作，智能求解方法可以搜索问题的解空间，并逐步优化解的质量，最终找到较优的解。

6.5.1.2 典型的智能求解方法

智能求解方法是一种使用随机化策略来加速搜索过程的方法。这种方法通过引入概率模型、随机扰动等方式，在每次迭代时按照一定概率进行随机化操作，以期获得更优的解决方案。典型的智能求解方法包括遗传算法、粒子群算法、蚁群算法、模拟退火算法等。

（1）遗传算法：模拟基因的遗传传递和进化过程，以寻找问题的最优解。遗传算法将问题表示为基因编码，每个基因编码对应一个解，通过交叉、变异和选择等操作，模拟遗传进化过程，逐步优化解的质量。算法的基本思想是通过种群的逐代演化，逐步搜索解空间，通过优胜劣汰的原则逐渐趋近最优解。

（2）粒子群算法：一种基于群体智能的优化算法，模拟鸟群或鱼群等群体行为，通过群体间的信息交流和合作，不断地搜索最优解。算法的核心思想是通过个体的合作和信息共享来实现优化。

（3）蚁群算法：以模拟蚂蚁觅食行为为基础，通过信息素的交流和更新机制实现优化搜索。蚁群算法的关键是信息素更新机制，通过信息素的挥发和沉积来实现路径的自适应调整。

（4）模拟退火算法：模拟了金属退火的过程，在一定的温度下随机地搜索解空间，并以一定的概率接受比当前解更差的解，从而避免陷入局部最优解。算法的基本原理是通过不断地在解空间中进行随机扰动，来搜索更优的解。

6.5.2 遗传算法

遗传算法作为一种经典的智能求解方法，其应用面广泛，具有很多优点。相较于其他智能求解方法，遗传算法不需要对问题进行过多的先验知识和假设，且能够自适应地、全局性地搜索解空间。同时，遗传算法也可以通过选择、交叉、变异等操作来保持个体的多样性，避免陷入局部最优解。因此，在众多智能求解方法中，遗传算法备受研究者们的青睐，并被广泛应用于诸如组合优化问题、约束优化问题等复杂问题的求解当中，下面将对遗传算法的具体操作过程等进行详细介绍。

6.5.2.1 遗传算法的基本原理

遗传算法由美国密歇根大学的 Holland 教授于 1975 年首次提出，它的基本思想是基于 Darwin 的进化论和 Mendel 的遗传学。遗传算法是一种基于群体进化的计算机实现算法，它通过群体的个体之间繁殖、变异、竞争等信息交换优胜劣汰，一步步地逼近问题最优解。

在自然界中，物种的性质由染色体决定，染色体由基因按一定的规则有序排列组成，基因是细胞核中控制生物遗传特性的基本物质。在求解优化问题时，目标函数值由设计变量确定，设计变量由编码的字符串（相当于基因链）表示，字符串中的字符相当于基因。遗传算法正是人为地建立并利用了这种相似性、在计算机上模拟生物进化机制的搜索算法。

染色体的适应函数被用于表示遗传算法中优化问题的目标函数。初始的寻优群体由一组随机产生的染色体（一组解）中适应度高（性能好）的染色体所组成，这些染色体也被称为种群。自然选择的过程根据适应度（目标函数值大小）决定了染色体被选择的概率，从而反映了适者生存的原则。接下来，在种群中进行随机配对并交换各基因链之间的信息（交叉位置后的字符串对换），以产生更加优秀的染色体——下一代（子代）。性能不佳的染色体将在下一轮的选择过程中被淘汰，这一过程称为"交叉"或"交配"，相当于一种高效的搜索技术。接着进行变异，通过一定概率选取种群中若干个染色体，并随机地翻转其染色体中的某位基因。变异改变了群体中染色体的基因特性，使得解具有更大的遍历性，有助于使寻优搜索跳出局部最优点。通过选择、交叉、变异等遗传操作，一次又一次地优胜劣汰，使子代得到繁衍进化。由于新群体是上一代群体的优秀者，继承了上一代的优良性能，因此明显优于上一代。通过这样不断地迭代操作，遗传算法向着更优解的方向不断进化，直到满足预定的优化收敛精度为止。

6.5.2.2 遗传算法的关键环节

遗传算法并不直接对优化问题的实际设计变量进行操作，而是通过选择、交叉和变异等遗传操作来处理表示可行解的个体编码，以达到优化的目的。遗传算法通常包含以下 4 个关键环节：设计编码方案、设计适应度函数、设置控制参数和设计操作算子。

1．设计编码方案

编码是指将问题空间中的解映射到遗传算法空间中的过程。在遗传算法中，设计一个适合特定问题的完美编码方案一直是遗传算法应用的难点和研究方向之一。目前，已经提出了多种编码方法，包括二进制编码、浮点数编码和符号编码等。

1）二进制编码

二进制编码可以精确地表示整数，假设某一参数的取值范围是 $[a_{\min}, a_{\max}]$，编码长度 l 可按下式确定：

$$l > \log_2(a_{\max} - a_{\min}) \tag{6-54}$$

若对于某整数变量 $x \in [10, 100]$，则 $l > \log_2(100 - 10) = 6.49$，取 $l = 7$，若符号串 1001101 表示一个个体，将该二进制数列转化为十进制数 77，因此它所对应的参数值是 $10 + 77 = 87$。

若是连续型变量，则编码的长度与要求的精度有关，对于取值范围为 $[a_{\min}, a_{\max}]$ 的连续型变量，若要求精度为 10^{-n}，则至少要将区间 $[a_{\min}, a_{\max}]$ 分为 $(a_{\max} - a_{\min}) \cdot 10^n$ 个等区间，由此确定的编码长度 l 为

$$l > \log_2[(a_{\max} - a_{\min}) \cdot 10^n] \tag{6-55}$$

编码精度为

$$\delta = \frac{a_{\max} - a_{\min}}{2^l - 1} \tag{6-56}$$

假设某一个体的二进制编码为 $b_l b_{l-1} b_{l-2} \cdots b_2 b_1$，则对应的解码公式为

$$x = a_{\min} + \left(\sum_{i=1}^{n} b_i \cdot 2^{i-1} \right) \cdot \frac{a_{\max} - a_{\min}}{2^l - 1} \tag{6-57}$$

二进制编码的优点体现在以下方面：它具有简单易行的编码和解码过程，便于实现交叉、变异等遗传操作；同时符合最小字符集编码原则，使得编码长度较短；此外，利用模式定理对使用二进制编码的算法进行理论分析也更为方便。

2）浮点数编码

针对某些高精度、多维的连续函数优化问题，使用浮点数编码方法能够避免二进制编码在进行连续函数离散化时所产生的映射误差。浮点数编码是指将个体的每个基因值表示为某一范围内的浮点数，其编码长度等于设计变量的数量。这种方法也被称为真值编码方法。

例如，某个优化问题 $\boldsymbol{X} = [x_1 \quad x_2 \quad x_3]^{\mathrm{T}}$ 含有三个变量，每个变量的取值区间为 $[1, 5]$，则 $\boldsymbol{X} = [3.1 \quad 2.5 \quad 4.7]^{\mathrm{T}}$ 就表示一个基因。

为了保证浮点数编码的有效性，需要确保基因值在给定的范围内。同时，在使用遗传算法中的交叉、变异等遗传操作时，必须考虑到这个限制范围，以确保新个体的基因值也在允许的范围内。

浮点数编码具有以下优点：能够表示范围较大的数值，能够满足精度要求较高的遗传算法；能够方便地进行大规模的遗传搜索；同时，浮点数编码能够改善遗传算法的计算复杂性，提高算法的运算效率；此外，它还能够有效地处理包含复杂设计变量约束的问题。

3）符号编码

符号编码是一种个体染色体编码方式，其中基因值取自一个无数值意义而只有代码含义的符号集。这个符号集可以是字母表、数字序号表或代码表等。

例如，对于旅行商问题，假设有 n 个城市，记为 C_i（$i = 1, 2, \cdots, n$），将各个城市的代号按其被访问的顺序连接在一起，就构成一个旅行路线的个体，如 $\boldsymbol{X} = [C_1 \quad C_2 \quad \cdots \quad C_n]^{\mathrm{T}}$ 表示访问顺序为 $C_1 \to C_2 \to \cdots \to C_n$。将各个城市按其代号下标进行编号，则个体的编码也可表示为 $\boldsymbol{X} = [1 \quad 2 \quad \cdots \quad n]^{\mathrm{T}}$。

符号编码具有以下优点：遵循积木块编码原则，易于将符号表示的信息解释为有意义的部分；同

时，在使用遗传算法求解问题时，符号编码可以利用问题领域的专业知识来指导搜索。然而，符号编码也存在一些缺点。例如，在交叉和变异遗传操作中，可能会产生不符合条件的符号序列，这可能会导致搜索结果无效或效果不佳。此外，由于符号编码具有复杂性，识别不合适的符号序列和纠正错误可能会消耗大量时间和计算资源。

2．设计适应度函数

在遗传算法的群体进化过程中，个体的适应度是唯一的准则，这个适应度用于指导搜索方向。对于函数优化问题，可以直接将函数本身作为适应度函数。但是，对于复杂系统而言，需要构造适应度函数。为了保证群体多样性和后期个体之间的竞争，需要在进化初期和后期进行适当的调整。适应度的确定直接影响遗传算法的有效性，常见的适应度函数形式如下。

1）目标函数作为适应度函数

目标函数最大化问题的适应度函数：

$$f = F(X) \tag{6-58}$$

目标函数最小化问题的适应度函数：

$$f = \begin{cases} M - F(X) \\ -F(X) \end{cases} \tag{6-59}$$

这种适应度函数的构造方法简单，与目标函数直接相关。

2）适应度尺度变换法

为了在遗传算法的不同阶段中提高算法的收敛速度和精度，需要对个体的适应度进行适当的缩放。这种缩放变换称为适应度函数的尺度变换，变换的方法有线性变换、乘幂尺度变换等。设原适应度函数为 f，经尺度变换得到的适应度函数为 g。

在遗传算法的选择阶段中，通过适应度函数的线性变换来扩大或缩小个体的适应度范围，使得适应度较差的个体有更小的可能被选择，适应度较好的个体有更大的可能被选择。在交叉和变异阶段中，采用乘幂尺度变换的方法来对个体的适应度进行缩放，以便更好地探索搜索空间，并找到更优秀的解。

3．设置控制参数

1）初始种群大小

初始种群通常有两种生成方法。一种方法是完全由计算机随机产生种群，适用于对问题的解没有任何先验知识的情况。随机生成的初始种群覆盖整个解空间，但整体素质较差，需要经过几代的遗传、择优汰劣，整体素质才会得到提高。初始种群的规模指群体中包含的个体数目 N。为了确保遗传算法的有效性，应考虑初始种群规模的设定，一般在 30 到 200 个个体之间比较合适。另一种方法是通过某些先验知识选择一组解来生成初始种群，这样选出的初始种群可以让遗传算法更快地收敛到最优解。

2）终止条件

遗传算法的终止条件可以根据问题性质和执行算法的目标而定，常见的终止条件包括以下几种。

（1）达到最大迭代次数：当算法执行的迭代次数达到预设值时，算法停止。

（2）适应度函数达到阈值：当一个或多个个体的适应度函数超过某个预设阈值时，算法停止。

（3）稳定性判断：若算法在一定数量的迭代后没有进一步改善解的质量，则认为算法已经收敛并停止。

（4）时间限制：当算法执行时间超过预设的时间限制时，算法停止。

需要注意的是，在实际应用中，采用不同的终止条件会导致不同的结果，因此需要根据具体问题进行选择。

4．设计操作算子

1）选择算子

遗传算法中的选择算子是一种遗传算子，用于确定如何从父代群体中按照某种方法选取哪些个体遗传到下一代群体中。选择算子的作用是从当前群体中选择出一些相对优秀的个体，并将它们复制到下一代群体中，以使整体素质得到提高。常用的方法包括轮盘选择法、RSIS 选择法和线性比例模型法等。其中，轮盘选择法也被称为比例选择法，是最常用的选择算子之一，其基本思想是每个个体被选中的概率与其适应度大小成正比。因为这种选择方法类似于赌博中的赌盘操作，故被命名为轮盘选择法。在具体实现时，首先将所有个体的适应度作为一个轮盘，根据适应度大小将每个个体与轮盘上的部分对应起来，然后旋转轮盘上的指针，指针所在的位置对应的个体就会被选中。不断重复上述过程，直到选择到所需的个体数量为止。

设群体大小为 N，个体 i 的适应度为 f_i，具体执行过程如下。

Step1：先计算出群体中所有个体适应度的总和 $\sum_{i=1}^{N} f_i$；

Step2：计算个体 i 被遗传到下一代的概率 p_i：

$$p_i = \frac{f_i}{\sum_{i=1}^{N} f_i} \tag{6-60}$$

Step3：模拟轮盘操作，即利用随机数发生器产生 0 到 1 之间的随机数，随机数所在区域内的个体就会被选择。

2）交叉算子

交叉运算是指对两个相互配对的染色体，按照某种方式相互交换其部分基因以产生新的后代。在遗传算法中，交叉运算是一种重要特征运算，可以增加种群的多样性，帮助算法更好地探索解空间。交叉算子的设计包括以下两方面内容：第一，确定交叉点的位置，在确定交叉点时，常见的方法有随机选取、固定位置和根据问题特点进行选择；第二，如何进行部分基因交换。交叉的方式较多，常见的包括单点交叉、两点交叉、混合交叉等。

（1）单点交叉。

交叉运算的过程通常是在群体中随机选择两个个体进行配对，确定它们作为交叉操作的双方。接着，在这两个个体之间随机选择一个位置，将位于该位置之后的基因序列进行交换，从而生成两个新的个体。这个位置被称为交叉点。交叉概率决定了每对个体是否进行交叉操作。

单点交叉是最简单的交叉方式，其示例如下：假设有两个基因序列分别为 ABCDEFG 和 UVWXYZ，随机选择一个交叉点进行交叉，则可能得到两个新的基因序列：ABCVWXYZ 和 UVDEFG。在这个例子中，第三个位置被选为交叉点，因此序列中第三个位置之后的基因进行了互换。

（2）两点交叉。

两点交叉是一种常见的交叉方式，与传统的单点交叉类似，它也是在个体编码串中随机设置两个交叉点，不同之处在于，交叉操作会交换这两个交叉点之间的基因，并且可能再进行进一步的基因交换。示例如下：

父A：1101 | 10 | 10　　　　　　　　　父B：0011 | 11 | 11

子A：1101 | 11 | 10　　　　　　　　　子B：0011 | 10 | 11

（3）混合交叉。

混合交叉是将不同的交叉方式结合起来，一部分采用单点交叉，另一部分采用两点交叉或多点交叉等方式。通过这种综合技术，可以适当减少个体成员的变化范围，从而提高遗传算法的搜索效率。

除了单点交叉、两点交叉和混合交叉，还有许多其他的交叉方式可供选择，如循环交叉、顺序交叉、递位交叉等。循环交叉常用于旅行商问题的求解中，它将父代个体的多个子路径进行交叉操作，从而生成新的个体。顺序交叉被广泛应用于生产调度、排列问题等领域，它将父代个体的某些连续区间进行互换操作，生成新的个体。递位交叉则主要应用于基因重组、基因插入等问题的求解。由于篇幅有限，在这里就不对这些交叉方式进行赘述，具体操作可参阅相关的文献。

　　3）变异算子

　　变异是遗传算法中的一种操作，它通过对个体染色体中的某些基因值进行替换，生成一个新的个体。变异算子通常作为辅助算子使用，变异概率一般很小。根据编码方式的不同，变异算子可分为二进制变异算子和实值变异算子。

　　（1）二进制变异算子。

　　对于二进制编码的个体而言，变异意味着对某些基因位进行取反操作。具体来说，在二进制编码中，每个基因位上的值只有 0 或 1 两种可能性。当变异操作发生时，会根据指定的变异概率确定某些基因位是否进行取反操作。

　　例如，对于一个长度为 8 的二进制串 01011011，如果指定变异概率为 0.1，那么可能会在第 3、5、7 个位置发生变异，结果得到新的个体 01111011。

　　需要注意的是，二进制变异算子的实现方法比较简单，但其效果受到编码长度和变异概率等因素的影响，可能存在一定的局限性。因此，在使用二进制变异算子时，需要谨慎选择，并根据具体问题和实验结果进行调整和优化。

　　（2）实值变异算子。

　　实值变异是指在实数编码个体中，以一定的概率对某些基因进行微小扰动，从而产生新的个体。具体来说，实值变异通过随机生成符合某一范围内均匀分布的随机数，对个体编码串中各个基因位上的原有基因值进行替换。

　　假设有一个个体为 $X = x_1 x_2 \cdots x_k \cdots x_l$，若 x_k 为变异点，其取值范围为 $[a_k, b_k]$，在该点对个体 X 进行实值变异操作后，可得到一个新的个体 $X' = x_1 x_2 \cdots x_k' \cdots x_l$，其中，变异点的新值是

$$x_k' = a_k + \lambda(b_k - a_k) \tag{6-61}$$

式中，$\lambda \in (0,1)$ 为符合均匀概率分布的一个随机数。

　　实值变异可以帮助遗传算法在搜索空间中探索更广的范围，从而增加全局搜索能力。但需要注意的是，在进行变异操作时，需要根据问题的特点和具体的实验结果选择合适的变异概率和变异幅度，以免过度扰动导致性能下降。

6.5.2.3　遗传算法的迭代过程

　　遗传算法的迭代过程可以简化为以下几个步骤。

　　Step1：确定寻优参数，进行编码。遗传算法主要借鉴了生物进化的过程，因此，首先要将实际问题的解进行编码。具体实现方式包括计算机随机生成一个由 N 个初始解组成的初始种群，其中，N 称为初始种群的规模数。通常情况下，N 的选取需要考虑精度和计算复杂度之间的平衡，一般取值为 30～200。

　　Step2：计算初始种群中每个个体的适应度函数值 f_i（$i = 1, 2, \cdots, N$）。

　　Step3：对种群中的个体进行选择。根据种群中每个个体的适应度函数值 f_i，采取一定的选择方法，从种群中选出适应度值较大的 N 个个体，这 N 个个体的集合又称为一个匹配集。

　　Step4：进行交叉操作。由匹配集按照某种规则进行繁殖，产生 N 个新的个体——子代，即新的种群。具体操作如下。从匹配集中随机选取两个染色体，产生[0, 1]区间均匀分布的伪随机数 r_1，假如交叉概率为 p_c，若 $r_1 < p_c$，则进行交叉，交叉位置由伪随机数程序给定，将交叉后的两个个体加入新的种群中。否则，直接将这两个个体加入新的种群。重复此过程 $N/2$ 次，使新的种群仍包含 N 个个体，种群的规模不变。

　　Step5：进行变异操作。对某个个体的编码进行变异操作，具体操作如下。对上一步得到的新种群中每个个体，先产生[0, 1]区间均匀分布的伪随机数 r_2，假设变异概率为 p_m，若 $r_2 < p_m$，则进行变异，并由伪随机数程序给定变异的码位，否则不进行变异。

　　Step6：迭代终止条件判断。若满足终止条件，则停止遗传操作，否则转回 Step2。

　　例 6-3　求二次函数 $f(x) = -x^2 + 2x - 1$ 的最大值，要求自变量 x 为整数且 $x \in [-10, 20]$。

　　解：利用遗传算法来求解该优化问题时的主要步骤如下。

Step1：编码。

由于自变量 x 为整数且 $x \in [-10, 20]$，故由式（6-54）可得，编码长度 $l > \log_2[20 - (-10)] \approx 4.91$，因此取 $l = 5$，即在本例中，自变量 x 可以用 5 位二进制数来表示。由于自变量 x 共有 31 种可能取值，因此只需要使用 31 种 5 位二进制数中的 31 个即可。为了实现方便，选取 00000～11110 这 31 个二进制数来表示本例中的自变量，在后续的计算过程中，若自变量的二进制编码为 11111，则视为无效个体，需要重新生成。

Step2：初始化种群。

采用随机产生的方法产生初始种群，这里选取初始种群规模数 $N = 4$，得出由 4 个个体组成的初始种群，即

$$个体 1： 01001$$
$$个体 2： 01110$$
$$个体 3： 10001$$
$$个体 4： 11001$$

由 $x = a_{\min} + \sum_{i=1}^{n} b_i \cdot 2^{i-1} \cdot \dfrac{a_{\max} - a_{\min}}{2^l - 1}$ 可得，这些个体对应的 x 的值分别为-1、4、7、15。

Step3：构造适应度函数。

本问题的目标是使二次函数最大，由于在群体进化的过程中，适应度最大的个体即最优个体，故可以将该二次目标函数作为适应度函数，这样在进化结束时，最大适应度值的个体所对应变量 x 的值，将使目标函数达到最大。本问题的适应度函数为 $f(x) = -x^2 + 2x - 1$，在计算适应度函数值时需要对个体进行解码，由 Step2 可得这些个体对应的 x 值分别为-1、4、7、15，故初始种群相应的适应度分别为-4、-9、-36、-196。

Step4：选择运算。

选择运算就是从当前种群中选出优良个体作为父代个体，使它们有机会繁殖后代。一般选择那些适应度较高的个体，个体适应度越高，被选择的机会就越多，而适应度小的个体则被删除。选择操作的实现方法很多，这里采用排名适应度法进行选择。首先，将种群中的个体按照适应度值的大小进行排序，然后根据排名给每个个体赋予相应的选择概率 $p(x_i)$。在本例中，由于种群个体数量为 4，将适应度排名第一的个体的选择概率赋值为 0.5，排名第二的个体的选择概率赋值为 0.3，排名第三的个体的选择概率赋值为 0.2，排名第四的个体的选择概率赋值为 0。据此，初始种群的相关信息如表 6-4 所示。

表 6-4　初始种群的相关信息

个体编号	初始种群	x_i	$f(x_i)$	适应度排名	$p(x_i)$
1	01001	-1	-4	1	0.5
2	01110	4	-9	2	0.3
3	10001	7	-36	3	0.2
4	11001	15	-196	4	0

本例中，随机选择 4 个个体，其结果如下：个体 1 被选择 2 次，个体 2 被选择 1 次，个体 3 被选择 1 次。选择的次数表示传递给下一代的个体数目，故在下一代的种群中，1 号个体占 2 个，第 2、3 号个体保持为 1 个，而 4 号个体为 0，不会进行繁殖，该选择结果基本上反映了生物进化的内部机制。

新种群的 4 个个体分别是 01001、01001、01110、10001，相应的解码变量值为-1、-1、7、15，经过选择运算后，新种群的进化性能有明显改善，新种群的最小适应度由原来的-196 提高到-36，这是因为在本次种群的进化过程中，淘汰了最差个体（4 号）、增加了优良个体（1 号）的个数。

Step5：交叉运算。

选择运算使新种群的性能得到改善，但是不能使种群产生新个体。交叉运算是使种群产生新个体的操作过程，它通过仿照生物学中杂交的办法对染色体（变量编码）的某些部分进行交叉换位。简单的交叉（一点交叉）操作过程是首先对新种群中的个体（优胜者）进行随机配对，然后在配对个体中随机选择交叉点位置。

在进行选择运算之后，对新获得的种群个体进行重新编号，然后利用随机配对的方法对新种群中的个体进行配对操作，新的编号信息和配对信息如表 6-5 所示，由表 6-5 可得，1 号和 3 号个体、2 号和 4 号个体为配对交换对象，再利用随机定位的方法，确定这两对配对个体的交叉换位的位置，交叉位分别为 4 和 2。

表 6-5　配对信息

个体编号	交叉前群体	交叉前 x_i	配对	交叉点	交叉后群体	交叉后 x_i	交叉后适应度
1	01001	−1	1 号，3 号 2 号，4 号	4 2	01010	0	−1
2	01001	−1			00001	−9	−100
3	01110	4			01101	3	−4
4	10001	7			11001	15	−196

Step6：变异运算。

变异运算是指模仿生物学中基因变异的方法，对个体基因座上的基因值依概率进行改变，它将个体字符串某位符号进行逆变，即由 1 变为 0 或由 0 变为 1。例如，4 号个体的第 2 位发生变异，如式（6-62）所示，变异之后得到的新的个体如下：

$$个体 4：11001 \rightarrow 10001 \tag{6-62}$$

变异运算也是产生新个体的一种遗传操作，个体是否进行变异及在哪个部位变异都由事先给定的概率来决定，一般变异发生的概率是很小的。本例中取变异概率为 0.005，由于种群中总共有 20 位，于是发生变异的位数为 20×0.005 =0.1 位，这表明种群中没有一位可以变异。

反复执行上述的步骤 Step4～Step6，满足算法的终止条件时结束运算，从而得出满意的最优解。以上的例子反映了遗传算法的基本运算过程，它利用选择、交叉、变异等操作来模仿生物中的有关进化过程，不断迭代计算直到逐渐逼近最优解。

6.6　多学科优化方法的实现

6.6.1　多学科优化方法的软件实现框架

根据上文介绍，优化设计问题是通过调整变量的值来最大化或最小化一个目标函数，以寻找最佳解决方案，而多学科优化是指将不同学科的知识和技术综合应用到一个问题的优化中，以获得最优解或最优设计。在工程领域，多学科优化被广泛应用于设计复杂系统、结构、器件和材料等方面。实现多学科优化通常的步骤如下。

Step1：根据实际的工程问题，明确要优化的目标和限制条件。

Step2：将问题转化为数学模型，并确定各个学科间的相互作用关系。

Step3：选择适合解决该模型的优化算法，在多学科优化中常见的算法包括遗传算法、贝叶斯优化算法等。

Step4：利用软件实现问题的求解，即编写能够自动求解优化问题的软件程序，可以使用 Java、Python 等计算机语言实现。

在 6.1～6.5 节中已经详细介绍了将工程问题转化为优化问题的数学模型，并对优化问题数学模型的求解方法进行了介绍，下面对求解多学科优化问题的软件平台进行详细的介绍。

在多学科优化领域，已经发展出了许多成熟的软件，其中具有代表意义的有 modeFRONTIER、

Isight、DAKOTA 和 OpenMDAO。其中，modeFRONTIER 是由 ESTECO 公司开发的，支持多学科优化、可靠性分析、数据挖掘等功能；Isight 由达索系统公司开发，支持多学科优化、参数化建模、可视化分析等功能；DAKOTA 由美国国家能源科学计算中心开发，是一个强大的优化软件包，支持多学科优化、不确定性分析和参数研究等功能；OpenMDAO 由 NASA 开发，是一个 Python 库，支持多学科优化、高级构建模型等功能。

在这些软件中，Isight 作为一款集成多种工具的多学科优化软件，具有易用性、高效性和多样化应用等优点，是一个非常值得使用的软件平台。它可以将不同的工程仿真软件和计算工具集成起来，实现整个产品设计流程的自动化和优化。Isight 可应用于多种工程领域，包括结构力学、流体力学、声学、热学等，同时支持多种工程仿真软件和计算工具，如 ABAQUS、FLUENT、Nastran、MATLAB 等。

Isight 的核心功能是通过自动组装和调用各种工程仿真软件和计算工具，实现整个产品设计流程中的参数化建模、优化和可靠性分析等环节的自动化。使用 Isight 可以节省大量的时间和人力成本，同时能够提高产品设计的效率和质量。在工程领域，Isight 已经被广泛应用于航空航天、汽车、能源、医疗器械等行业中的产品设计和优化。

由图 6-14 可知，Isight 实现多学科优化设计的基本流程包括定义仿真、迭代过程和决策过程三个模块。首先，定义仿真是 Isight 实现多学科优化设计的关键步骤之一。在这个阶段，用户需要明确定义设计问题，并确定涉及的各个学科领域的模型和参数，从而构建出分析优化问题的工作流程。通过准确地定义仿真，可以确保考虑到所有相关的物理和工程因素。Isight 作为一种能够通过组件化集成整个仿真代码的工具，提供了广泛的接口来集成各种工具软件，并通过拖放组件构建分析工作流程，并定义不同工具之间的数据传递。目前，Isight 提供了 70 多种组件，用户可以直接使用，无须进行封装。

接下来是迭代过程，它是 Isight 优化设计的核心环节。在迭代过程中，Isight 使用定义的仿真模型进行设计评估，并根据预先设定的优化算法进行修改和改进。系统会自动调整设计变量，并利用数值模型进行仿真分析，以评估设计的性能。随着迭代的进行，迭代结果逐渐收敛于最佳解决方案，不断优化设计以达到预设的目标。

决策过程是 Isight 实现多学科优化设计的最后一步。在这个阶段，根据所定义的目标函数和约束条件，提供最佳设计解决方案。这些解决方案可以帮助用户做出决策，并确定最终的设计方案。用户可以根据自身需求进行评估和比较不同设计的性能，以选择最合适的设计。

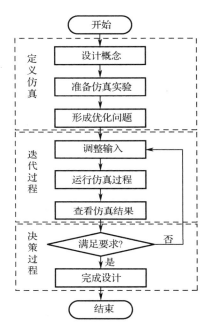

图 6-14　Isight 实现多学科优化设计的基本流程

通过整合定义仿真、迭代过程和决策过程，Isight 提供了一个全面的多学科优化设计框架。它允许工程师在复杂的设计环境中进行系统性的优化，并考虑到各种因素和约束条件。Isight 的迭代和优化算法使得设计可以逐步改进，最终达到或接近最佳解决方案。同时，Isight 的决策过程为用户提供了决策支持，可确保用户选择出最佳的设计方案。

6.6.2　多学科优化设计应用案例

下面进行悬臂梁的设计。设计变量包括悬臂梁高度和翼缘宽度，并且这些设计变量需要满足特定的取值范围。悬臂梁高度可在 10～80mm 取值，而翼缘宽度的范围为 10～50mm。此外，所设计的悬臂梁必须满足强度要求，即在悬臂梁的承压范围内，其所受应力不超过 16MPa 及形变小于 0.008mm。设计的目标是在满足约束条件的前提下使得悬臂梁的质量尽可能最小。

Step1：根据实际的工程问题，明确要优化的目标和限制条件。

优化目标：设计悬臂梁，在满足约束的条件下使其质量最小。

设计约束：悬臂梁高度的范围为 10～80mm，翼缘宽度的范围为 10～50mm，应力不超过 16MPa，形变小于 0.008mm。

Step2：将问题转化为数学模型，并确定各个学科间的相互作用关系。

将优化目标和设计约束符号化可得该问题的数学模型为

$$\min \quad Mass = \rho V$$
$$\min \quad Stress \tag{6-63}$$
$$s.t. \begin{cases} 10 \leqslant BH \leqslant 80 \\ 10 \leqslant FW \leqslant 50 \\ Stress \leqslant 16 \\ Deflection \leqslant 0.008 \end{cases}$$

式中，Mass 为悬臂梁的质量，ρ 为悬臂梁的密度，V 为悬臂梁的体积，其取值与悬臂梁高度和翼缘宽度相关，BH 为悬臂梁高度，FW 为翼缘宽度，Stress 为悬臂梁所承受的应力，其值与悬臂梁高度和翼缘宽度相关，Deflection 为悬臂梁的形变，取值也与悬臂梁高度和翼缘宽度相关。

Step3：选择适合解决该模型的优化算法，在多学科优化中常见的算法包括遗传算法、贝叶斯优化算法等。

由 Step2 中所建立的数学模型可知，该问题为多目标优化问题，故可选择多目标优化算法对其进行求解，如多目标粒子群算法等。

Step4：利用软件实现问题的求解。

选择 Isight 软件对该问题进行求解，求解流程如下。

（1）设计概念定义：利用所建立的数学模型，并结合问题所涉及的学科，对相关概念进行定义，并设定相关参数。本例以 Excel 表格的形式存储相关数据。

（2）准备仿真实验：针对仿真实验的流程，在 Isight 软件中准备仿真实验。本例利用 Isight 软件，以 Excel 组件完成优化设计的仿真实验。

（3）形成优化问题：在 Isight 软件中对优化问题进行设置，包括求解算法、设计变量取值范围、约束条件和目标函数。本问题所选取的求解算法是多目标粒子群算法，并结合问题模型对设计变量（悬臂梁高度、翼缘宽度、所承受的应力和形变）进行设置，由于本问题为多目标优化问题，故所选取的目标函数包括使悬臂梁所承受的压力最小化及使悬臂梁的质量最小化。

（4）进行迭代求解：利用 Step1～Step3 中设定的问题和求解算法，对问题进行求解。

第7章 可靠性设计方法

7.1 可靠性的研究内容与特征量

7.1.1 可靠性与可靠性的研究内容

可靠性是一门与产品故障做斗争的学问，主要关注故障的辨识、预测和预防，广义的可靠性还包括测试性、维修性和保障性，这三点关注如何快速诊断故障和修复故障。

图 7-1 所示为可靠性研究内容的分析框架，也是本章内容的概括。本章从可靠性的定义和目标出发，介绍可靠性的主要研究内容并对衡量可靠性程度的特征量进行说明，同时对采用的基础数学方法进行介绍，最后介绍可靠性技术的主要应用领域。

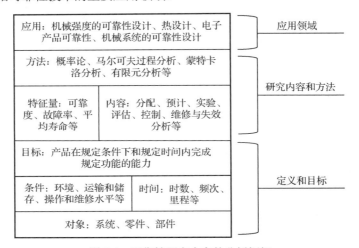

图 7-1 可靠性研究内容的分析框架

1. 可靠性的定义与目标

可靠性的定义为"产品在规定条件下和规定时间内完成规定功能"。可靠性研究首先明确可靠性问题的研究对象，可以是一种零件、部件或机器，也可以是整个系统，统称为产品。其次关注产品的使用条件，包括温度、湿度、压力、振动等环境条件，也包括运输和储存条件，另外用户的操作和维修水平也属于使用条件，这些均会对产品的可靠性产生很大影响。最后，规定时间和规定功能是产品设计所规定的寿命和需正常工作完成的功能，若不能完成功能则认为产品失效，失效可能是产品不能工作，也可能是还能工作但达不到规定的性能指标。

可靠性设计方法以确保产品在预期寿命内可靠地运行并保持稳定性能为目标，采用特定物理、数学模型和方法、计算工具等，结合可靠性实验及可靠性数据的统计分析，使得在产品设计阶段就规定出其可靠性指标或预测其零部件在规定工作条件下的工作能力。可靠性设计还可与产品的其他设计过程结合，优化产品的结构材料和制造工艺，以提高产品的可靠性和可维护性，降低产品的故障率和维修成本。

2. 可靠性的研究内容

可靠性设计不仅关注产品的功能，还关注其寿命、安全性、环境适应性等，可靠性设计的最终目的是确保产品在各种应用场景下稳定可靠地工作。可靠性研究涉及多个学科的问题，主要包括如下几个方面。

（1）可靠性理论和方法，包括可靠性设计用到的数学方法和数学模型，以及研究产品失效机理的物理模型、检测分析方法等。

（2）可靠性分配和预计：分配是将设计所规定的可靠性指标合理地分配给组成产品的各单元，预计是根据经验数据或失效机理模型预估零部件或产品可以达到的可靠性指标。

（3）可靠性实验和评估：在专用设备上进行可靠性实验，验证产品的平均寿命、故障率等可靠性指标，如高低温、电磁兼容、振动等实验。

（4）可靠性设计工具和软件：可靠性设计需用到多种工具和软件，如有限元分析软件、模拟仿真软件、数据采集分析软件、FMEA 软件等，这些软件可帮助技术人员进行可靠性分析和设计。

7.1.2　可靠性特征量

表示产品可靠性水平高低的各种可靠性数量指标称为可靠性特征量，它是度量可靠性的尺度。常用的可靠性特征量有可靠度、故障率、平均寿命、可靠寿命等。有了可靠性特征量，产品在可靠性方面就具有了明确而又统一的指标。这样在设计和生产产品时，就可以定量计算和预测它们的可靠性，在产品生产出来的时候，也可用一定的实验方法来评定其可靠性。

1．可靠度

可靠度是零部件或产品在规定条件下和预期时间内实现其预期功能的概率，记为 R。可靠度也可以理解为在规定条件下和预期时间内，零部件、机器、系统不发生故障的概率。更通俗地说，可靠度就是使用者在使用时，产品或系统能按使用者的期望发挥功能的概率。例如，人们买电视机的目的在于欣赏节目，若在 1000h 内收看 100 次，100 次都能欣赏到清晰的图像、悦耳的声音，则该电视机的可靠度就等于 100%；若在 100 次收看中有 5 次发生故障，则可靠度就等于 95%。

可靠度是衡量产品可靠程度的一个数值。从统计学的意义上来说，概率是一种特定形式的事件发生的可能性大小。要有一定数量的统计数据，才能得出计算结果。可靠度通常用百分数来表示。一般在测量产品性能时，重复测量的数据不会完全一样，而是有一定的随机性，它们的分布称为概率分布。通常以变量的一个样本（或一组实验、观测数据）的频率分布来确定概率分布。例如，在 n 次实验中，产生 r 种结果，则出现这种结果的频率为 r/n，显然 $0 \leqslant r/n \leqslant 1$。

以时间表示可靠度的变化称为可靠度函数，记为 $R(t)$。$R(t)$ 可以用在时间 t 时，残留的产品数（以投入使用过程，在时间 t 仍具备预定功能的产品数）$N(t)$ 与产品总数 $N(0)$ 的比值来近似表示，即

$$R(t) = \frac{N(t)}{N(0)} \tag{7-1}$$

式（7-1）表示投入使用产品，经过时间 t 还未发生故障而工作的概率，也称为残存率。例如，设有 1000 只轴承，使用到 2000h 后，有 80 只发生故障，尚残存（1000-80）只=920 只在使用，则 t=2000h 时的可靠度为

$$R(2000) = \frac{920}{1000} = 0.92 = 92\%$$

与可靠度相反的是不可靠度，不可靠度反映产品的不可靠程度，表示产品故障所占的比例，记为 $F(t)$，可靠度与不可靠度之间存在以下关系：

$$R(t) + F(t) = 1 \tag{7-2}$$

2．故障率

故障率是产品或系统发生故障的概率。定量描述故障率通常采用概率密度函数、失效概率函数、瞬时故障率和平均故障率。

概率密度函数是产品在某一时间内的故障发生数与初始时间拥有的产品总数之比，记为 $f(t)$。失效概率函数是截至某一时刻的故障累计数与初始时间拥有的产品总数的比值，记为 $F(t)$。瞬时故障率是到某一时刻之前已处于使用的产品在连续单位内发生故障的概率，它也是时间 t 的函数，记为 $\lambda(t)$。在只提及故障率时，大都指瞬时故障率。平均故障率是指产品在某一期间内的故障总数与工作时间的比值。

故障率的单位一般用时间的单位来表示，如每千小时的百分比或百万小时的失效数等。故障率除用时间作为单位外，也可以与时间相当的工作次数、距离为单位。

例7-1 设某厂生产 100 个减速器齿轮，运行 5 年时失效 6 个，运行 6 年时失效 10 个，那么以年为单位，求 t=5 年的故障率。

解： 因为计算故障率的起始时刻为 5 年，此时已经失效 6 个齿轮，由此到 10 年之间的失效齿轮为 10−6=4，而初始残存的产品数为 100−6=94，所以 1 年时间的故障率为

$$\lambda = \frac{10-6}{(100-6) \times 1} / 年 = 4.25 \times 10^{-2} / 年$$

如果以 h 为单位，则 1 年等于 8.76×10^3h，那么故障率为

$$\lambda = \frac{10-6}{(100-6) \times 8.76 \times 10^3} / h = 4.86 \times 10^{-6} / h$$

产品的故障率在该产品使用过程中是变化的，一般用故障率曲线来反映产品整个服役期故障率的变化情况。

3. 平均寿命

平均寿命是指产品寿命的平均值。对于不可修复产品，平均寿命是发生故障前的平均工作时间，一般记为 MTTF（Mean Time to Failure），也称为平均故障前工作时间。对于可修复产品，平均寿命是故障之间的平均工作时间，一般记为 MTBF（Mean Time Between Failure），它是指可修复产品在相邻两次故障之间的平均工作时间，也称为平均故障间隔时间。

例如，经过统计得到某矿山机械的无故障连续工作时间为 30h、45h、65h、95h、165h、265h、410h、520h、675h、925h、1250h，那么此设备的平均故障间隔时间为

$$MTBF = \frac{30+45+65+95+165+265+410+520+675+925+1250}{11}h \approx 404h$$

当掌握了某产品的平均故障间隔时间之后，就能预知该产品可以无故障地使用多长时间，以便及时把握产品维修的好时机。例如，某国产汽车的平均故障间隔时间约为行驶 50000km，那么就需要在汽车里程接近 50000km 时，进行检查和修理。

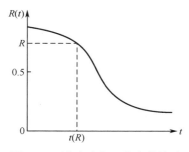

图 7-2　可靠寿命与可靠度的关系

4. 可靠寿命

可靠寿命是给定一个可靠度所对应的产品使用时间，一般记为 $t(R)$，它表示产品能够保证一定可靠度的工作寿命。

一般情况下，产品可靠度随工作时间 t 的增大而减小，给定不同可靠度 $R(t)$，则有不同的可靠寿命 $t(R)$，如图 7-2 所示。根据纵坐标的给定可靠度，从可靠度曲线就可以找出对应的横坐标上的可靠寿命。显然，给定可靠度越高，对应的可靠寿命越短。

7.2　可靠性分析方法的数学基础

7.2.1　常用概率分布

1. 正态分布

若随机变量 X 的概率密度函数定义为

$$f(x) = \frac{1}{\sigma\sqrt{2\pi}} \exp\left[-\frac{1}{2}\left(\frac{x-\mu}{\sigma}\right)^2\right] \tag{7-3}$$

式中：$-\infty < x < \infty$；σ 为随机变量的标准差，$\sigma > 0$；$-\infty < \mu < \infty$，μ 为均值。X 服从参数为 μ 和 σ^2 的正态分布，记为 $X \sim N(\mu, \sigma^2)$。图 7-3 所示为正态分布的概率密度函数曲线，即高斯曲线。

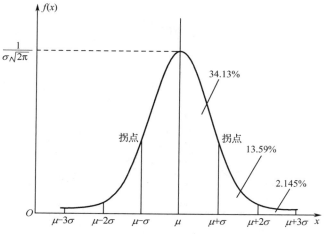

图 7-3　正态分布的概率密度函数曲线

正态分布的基本特点如下。

（1）$f(x)$ 曲线以轴 $x=\mu$ 为对称轴，在该轴两边曲线 $f(x)$ 下的面积各为 0.5，总面积等于 1。

（2）$f(x)$ 曲线的拐点为 $\mu \pm \sigma$。

（3）μ 与 $\mu+\sigma$、$\mu+\sigma$ 与 $\mu+2\sigma$、$\mu+2\sigma$ 与 $\mu+3\sigma$ 间的面积如图 7-3 所示。$\mu+3\sigma$ 以外、$f(x)$ 曲线下的面积仅占总面积的 0.27%，因此，常把 $\mu+3\sigma$ 作为参数的取值范围，即所谓的"3σ 原则"。

（4）μ 决定 $f(x)$ 曲线的位置，σ 决定 $f(x)$ 的曲线形状（如图 7-4 所示，图中 $\mu_1<\mu_2$，$\sigma_1<\sigma_2<\sigma_3$），只要确定了特征参数 μ 和 σ，概率密度函数 $f(x)$ 就完全确定了。

机械零部件许多参数的随机变化规律都可以用正态分布的概率密度函数描述，如零部件的尺寸，一般场合的工作载荷和材料的机械强度等都近似服从于正态分布。

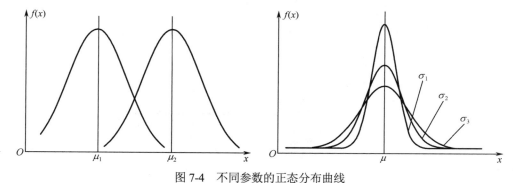

图 7-4　不同参数的正态分布曲线

2. 对数正态分布

若 $\ln X$ 服从正态分布，即 $\ln X \sim N(\mu,\sigma^2)$，则称随机变量 X 服从对数正态分布，其概率密度函数为

$$f(x) = \frac{1}{\sqrt{2\pi}\sigma x} \exp\left[-\frac{(\ln x - \mu)^2}{2\sigma^2}\right], \quad x > 0 \tag{7-4}$$

对数正态分布的分布函数为

$$F(x) = \int_0^x f(x)\mathrm{d}x = \frac{1}{\sqrt{2\pi}\sigma} \int_0^x \frac{1}{x} \exp\left[-\frac{(\ln x - \mu)^2}{2\sigma^2}\right]\mathrm{d}x \tag{7-5}$$

对数正态分布的概率密度函数曲线如图 7-5 所示。

对数正态分布是一种非对称偏态分布，适用于机械疲劳强度分布、疲劳寿命分布等方面的研究。

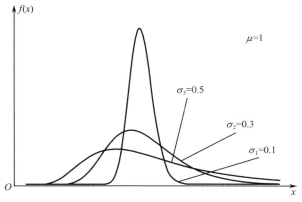

图 7-5　对数正态分布的概率密度函数曲线

3. 指数分布

指数分布的概率密度函数和分布函数分别为

$$f(x) = \lambda e^{-\lambda x}\ (x > 0,\ \lambda > 0) \tag{7-6}$$

$$F(t) = P(T \leqslant t) = \int_0^{+\infty} \lambda e^{-\lambda t} dt = 1 - e^{-\lambda t} \tag{7-7}$$

式中，λ 为常数。随机变量 X 服从单参数 λ 的指数分布，记作 $X \sim e(\lambda)$。

指数分布的概率密度函数曲线如图 7-6 所示。

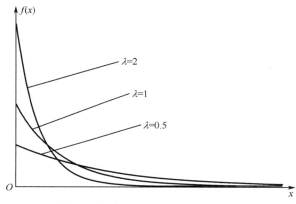

图 7-6　指数分布的概率密度函数曲线

指数分布具有以下基本特点。

（1）只有单一的分布参数 λ，只要 λ 确定，概率密度函数 $f(t)$ 和分布函数 $F(t)$ 就完全确定。

（2）指数分布具有"无记忆性"，即产品工作一段时间后的寿命分布与原来未工作时的寿命分布相同，如同新产品一样。指数分布适用于描述产品的寿命和故障率稳定的机电液系统。

7.2.2　蒙特卡罗仿真

蒙特卡罗法的基本思想是，当所求解的问题是某个事件出现的概率时，可以通过抽样实验的方法得到这种事件出现的频率，并把它作为问题的解，在电路容差分析中，当电路组成部分的参数服从某种分布时，可以采用蒙特卡罗法根据电路组成部分的参数抽样值分析电路性能参数偏差，得到直方图并作为统计结果，根据直方图可以进一步计算可靠度。

蒙特卡罗法的主要步骤有构造概率模型、实现对已知概率分布的抽样和建立各种统计量的估计。

具体做法如下：按电路包含的元器件及其他有关量的实际参数 X 的分布，对 X 进行第一次随机抽样，该抽样值记作 $(X_1, \cdots, X_m)$，并将它代入性能参数表达式，得到第一个随机值 $Y_1 = f(X_1, \cdots, X_m)$，如此

反复 n 次，得到 Y 的 n 个随机值，从而对 Y 进行统计分析，画出直方图，求出不同容许偏差范围内的出现概率。在 n 次抽样中，若系统性能值落在允许范围的次数为 m，则系统的性能可靠度 P 可按式（7-8）计算：

$$P = \frac{m}{n} \qquad (7\text{-}8)$$

随机抽样按如下方法产生：由确定的抽样次数产生伪随机数并将其变换为均匀分布伪随机数，由该均匀分布伪随机数产生网络元件参数分布的伪随机数，再由此产生电路元器件值的随机抽样值序列，计算电路性能参数。在进行电路抽样分析时，抽样次数应该满足统计分析的精度要求。蒙特卡罗法容差分析的流程如图 7-7 所示。

例 7-2　使用蒙特卡罗法分析图 7-8 所示分压器电路的分压比偏差，要求分压比 $V_r = 0.5$，允许相对偏差为 ±10%，可靠度 $P \geqslant 0.9$。已知 $R_1 = R_2 = 500\text{k}\Omega$，允许相对偏差 K 为 ±10%，R_1、R_2 的阻值偏差为正态分布，标准方差 $\sigma = \dfrac{KR}{3} = \dfrac{0.1R}{3}$，$R$ 为标称电阻值。

解：

（1）建立分压器的数学模型。描述分压器电路特性的物理量是分压比，根据图 7-8 可以把分压比的数学模型表示为

$$V_r = \frac{R_1}{R_1 + R_2} \qquad (7\text{-}9)$$

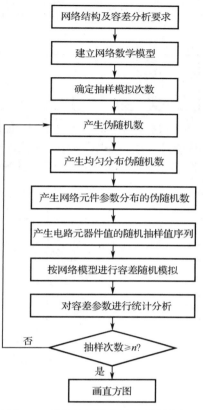

图 7-7　蒙特卡罗法容差分析的流程

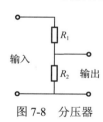

图 7-8　分压器

（2）根据容差分析精度要求，确定抽样次数 n，这里为 $n = 751$。

（3）产生伪随机数，将伪随机数变换为均匀分布伪随机数，再将均匀分布伪随机数变换为标准正态分布伪随机数（详细过程略）。因为要分别对 R_1 和 R_2 的阻值抽样，所以随机数的总数有 $2n = 1502$ 个，对 R_1 抽样所需的标准正态分布伪随机数以 X_{i1} 表示，对 R_2 抽样所需的标准正态分布伪随机数以 X_{i2} 表示，$i = 1, 2, \cdots, 751$。

（4）利用标准正态分布伪随机数赋值网络元件，以此计算出 R_1、R_2 和 V_r。

① 如果标准正态分布伪随机数用 X 表示，则电阻的抽样值为 $R + X\sigma$。因此，电阻 R_1、R_2 的统计分析式为

$$\begin{aligned} R_1 &= 5 \times 10^5 + X_{i1} \times 5 \times 10^4 / 3 \\ R_2 &= 5 \times 10^5 + X_{i2} \times 5 \times 10^4 / 3 \end{aligned} \qquad (7\text{-}10)$$

② 根据式（7-9）和式（7-10），计算得到 751 个值。部分计算值如表 7-1 所示。

表 7-1　V_r、R_1、R_2 的计算值

V_r	R_1/Ω	R_2/Ω
0.501563	496570.1589	493475. 6207
0.483125	489161.4461	523333.8168
0.503034	513787.8671	507589. 4904
0.502269	497646.7405	491968.5233
...	...	...

（5）将得到的数值范围等分为若干区间，统计落入各个区间的频率（见表 7-2）。

表 7-2　V_r频率的数值统计表

V_r	>0.39~0.41	>0.41~0.43	>0.43~0.45	>0.45~0.47	>0.47~0.49	>0.49~0.51	>0.51~0.53	>0.53~0.55	>0.55~0.57	>0.57~0.59	>0.59~0.61
频率/%	0	0.13	1.47	7.19	23.70	33.82	23.44	8.52	1.60	0.13	0

根据表 7-2 绘制出直方图，如图 7-9 所示。由表 7-2 和图 7-9 可知，用相对偏差为±10%的电阻构成的分压器，随机模拟的 751 次抽样模拟结构中分压比为 0.45~0.55 的数据有高达 96.67%的频率，即性能可靠度 $P=0.9667$。因此，满足分压比 $V_r=0.5$，允许相对偏差为±10%，性能可靠度 $P \geqslant 0.9$ 的要求。

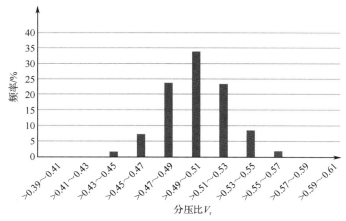

图 7-9　分压比频率的直方图

如果采用计算机仿真，可以进一步求出 V_r 的平均值和方差，并在假设 V_r 符合正态分布的条件下计算出 V_r 的置信上限和置信下限。

7.3　机械强度的可靠性设计

7.3.1　机械强度的可靠性设计框架

如图 7-10 所示，在现代机械强度的可靠性设计中，应力和强度均为服从某种概率分布的随机变量，通过对工作条件与设计材料等的分析，可获得应力和强度的概率分布，然后基于应力-强度干涉模型计算出机械强度的可靠度。机械强度的可靠性设计与传统基于安全系数的可靠性设计的区别主要在于计算出的可靠度特征量可定量地反映可靠性程度。

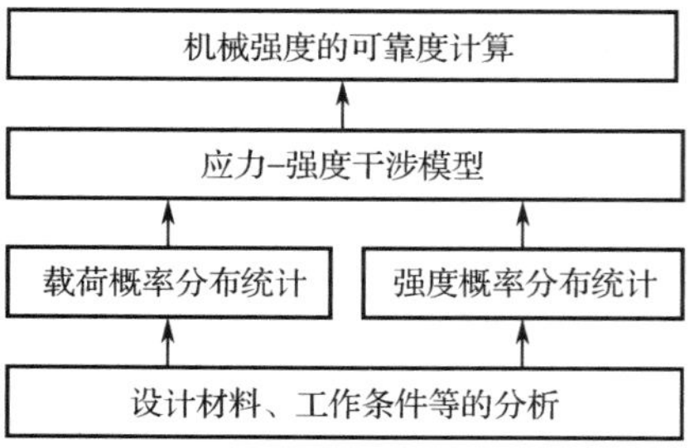

7.3.2　应力-强度干涉模型

1．机械零部件可靠性设计概述

机械零部件可靠性设计是指利用概率统计理论对零部件强度或其他性能进行设计，使其达到预定的可靠性指标，也称为概率设计，它是一种能够更客观、准确地评判机械零部件强度储备或失效概率的一种设计方法。

传统机械零部件强度的设计方法有类比法、静强度设计法和疲劳强度设计法，强度计算准则采用安全系数法（许用应力法），结构承受外载荷后，计算得到工作应力 σ 应小于该结构件的许用应力 $[\sigma]$，即

图 7-10　机械强度的可靠性设计框架

$$\sigma \leqslant [\sigma] = \frac{\sigma_{\lim}}{n} \tag{7-11}$$

式中，$\sigma_{\lim}$ 为材料的极限应力；n 为预定的设计安全系数。

式（7-11）表达的设计准则是基于各参数是确定量而进行计算的，未顾及由于各种条件的变化而导致这些参数的随机变化情况。例如，零部件材料在冶炼、锻造、焊接和热处理等工艺过程中的差异，以及取样位置、实验加载方法、实验环境、试样尺寸等因素都会导致力学性能的离散性；机械运行时的载荷、流量和受力等都呈现一定的统计特征，服从某种概率分布规律。在这种情况下常规设计方法忽略了零部件的强度和载荷的随机性质，难以准确计算零部件的安全储备。

在机械强度的可靠性设计中，所有的设计变量都是随机变量，设计的基础应是所用的设计变量都是经过多次实验测定的实际数据，或经过统计检验后得到的统计量。设计变量的随机性主要反映在如下方面。

（1）载荷：所承受的载荷都不是确定值，而是随着某种规律变化的随机变量。

（2）几何尺寸。

（3）材料的机械性能：多数呈正态分布，有的则呈对数正态分布及韦布尔分布。

（4）工况变化：环境与工作条件的变化。

（5）不确定因素的存在。

而这些随机变量统计数据的来源主要如下。

（1）真实情况的实例、观察，其特点是较真实，但耗费的人力、财力、物力很大。

（2）模拟真实情况的测试，其特点是数据的真实性稍差，但经济性则比第一种情况要好，但是仍然耗费很大。

（3）对标准试件的专门实验，其特点是主要性能与真实情况基本一致，对其进行必要的修正，一般可以近似看成真实情况。

（4）手册、产品目录或其他文献中的数据，这种方法通常是比较粗略的。

常规设计方法中选择的安全系数是一个经验数据，带有一定的主观性；同时，由于对设计参数的统计规律缺乏了解，在选用安全系数时，出于对零部件安全可靠的考虑，安全系数往往偏大，因而设计出来的零部件尺寸偏大，造成材料消耗、能源消耗和生产成本增大。与常规设计方法相比，机械零部件可靠性设计具有如下特点。

（1）在可靠性设计中，认为作用到零部件上的载荷（工作应力）和材料强度都不是确定值，而是随机变量，数据具有离散性。因此，在零部件设计计算时，须用概率分布函数来描述这些变量，用概率统计方法求解。

（2）在可靠性设计中，认为所设计的零部件存在一定的失效可能性，但失效概率应控制在允许范围内，不得超过允许值。因此，可靠性设计可以定量地按预定的故障率或可靠度设计机械零部件。

2．强度概率分布计算法的基本理论

基本出发点：认为零部件材料强度 δ 是服从于概率密度函数 $g(\delta)$ 的随机变量，而作用于零部件危险截面上的工作应力 σ 是服从于概率密度函数 $f(\sigma)$ 的随机变量，如图 7-11 所示。

如果概率密度曲线不重叠，工作应力大于零部件材料强度的概率等于零。若用安全系数的概念来表达，则计算安全系数小于 1 的概率等于零，即

$$P(\sigma > \delta) = 0$$
$$P(n_{\text{计}} < 1) = 0$$

具有这样应力-强度关系的机械零部件是安全的，不会发生强度破坏。

如果两概率密度曲线有相互重叠的部分，虽然工作应力的平均值 μ_σ 仍远小于极限应力（强度）的平均值 μ_δ，但不能绝对保证工作应力在任何情况下都不大于极限应力，如图 7-12 所示。

虽然以 $n_a = \mu_\delta / \mu_\sigma$ 为均值计算的安全系数是大于 1 的，但从上分析可见，仍不能保证 100%的安全。对于机械零部件的疲劳强度计算，零部件的承载能力将随时间而衰减，即强度降低，引起应力超过强

度后造成不安全或不可靠的问题，如图 7-13 所示。所以，为保证产品可靠性，只进行安全系数的计算是不够的，还需要进行可靠度计算。

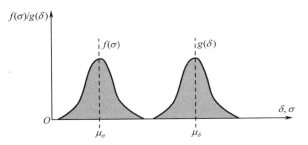

图 7-11　工作应力和材料强度分布 1

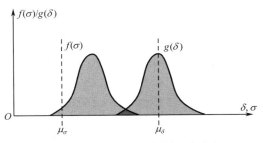

图 7-12　工作应力和材料强度分布 2

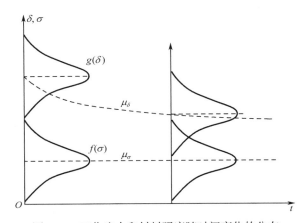

图 7-13　工作应力和材料强度随时间变化的分布

3. 概率密度函数联合积分法

如图 7-14 所示，零部件破坏的概率为 $P(\delta < \sigma)$，即当零部件材料强度 δ 小于零部件工作应力 σ 时，零部件发生强度破坏。曲线 $g(\delta)$ 以下（变量 δ 小于 σ 时）的面积 Δ，表示零部件材料强度小于工作应力 σ 的概率，它按下式计算：

$$\Delta = P(\delta < \sigma) = \int_0^\sigma g(\delta)\mathrm{d}\delta = F(\sigma) \tag{7-12}$$

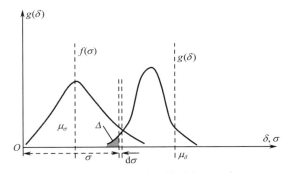

图 7-14　概率密度函数联合积分法

7.3.3　正态分布函数的零部件强度可靠性设计

1. 可靠性联结方程

机械零部件许多参数的随机变化规律都可以表示为正态分布函数，如零部件的尺寸、一般场合的

工作载荷和材料强度等都近似服从正态分布。对于正态分布函数，零部件材料强度大于工作应力的可靠度为

$$R = \int_{-\infty}^{\beta} \frac{1}{\sqrt{2\pi}} e^{-\frac{z^2}{2}} \mathrm{d}z = \varPhi(\beta) \qquad (7\text{-}13)$$

式中，$\varPhi(\beta)$ 是标准正态分布函数，在一般的概率统计或可靠性著作都列有 $\varPhi(\beta)$ 与可靠性系数 β 的对应关系的数据表，本书仅在表 7-3 列出部分可靠性系数与可靠度之间的对应关系，可供简单可靠性设计参考使用；β 是可靠性系数，它是表示应力与强度差距的一个参数，其计算公式如下：

$$\beta = \frac{\mu_r - \mu_s}{\sqrt{\sigma_r^2 + \sigma_s^2}} \qquad (7\text{-}14)$$

式中，μ_r、σ_r 分别是材料强度的均值和标准差；μ_s、σ_s 分别是零部件工作应力的均值和标准差。

根据应力和强度的概率分布参数计算出可靠性系数之后，从标准正态分布函数表查得相应的数值，根据式（7-13）即可求出可靠度。式（7-14）称为可靠性联结方程，它将材料强度、零部件工作应力分布函数特征值与可靠度三个参数的关系联结在一起，是一个反映应力、强度和可靠度之间关系的重要方程式。

表 7-3　可靠性系数与可靠度的对应值

β	0	1.288	1.645	2.326	2.576	3.091	3.719	4.265
R	0.5	0.9	0.95	0.99	0.995	0.999	0.9999	0.99999

在进行机械零部件可靠性设计时，确定可靠性系数要根据任务要求、现有技术水平及经济性等综合考虑，并可参考现有类似产品的可靠性水平。重要零部件所需的可靠性应满足系统可靠性分配的要求，一般零部件所需可靠度的大小主要取决于其重要程度。在一般机械系统中可将零部件的可靠性等级划分为 6 级，如表 7-4 所示。0 级用于不重要的零部件，1～2 级用于可靠性要求较高的零部件，3～4 级用于可靠性要求很高的零部件，5 级用于可靠性要求极高的零部件。

表 7-4　可靠性等级与可靠度要求

可靠性等级	0	1	2	3	4	5
可靠度允许值	<0.9	≥0.9	≥0.99	≥0.999	≥0.9999	≥0.99999

例 7-3　某螺栓中所受的应力为正态分布的随机变量，其均值（数学期望）μ_s=35kN/cm^2，标准差 σ_s=2.8kN/cm^2。螺栓材料的疲劳极限也为正态分布的随机变量，其均值（数学期望）μ_r=42kN/cm^2，标准差 σ_r=2.8kN/cm^2。求可靠度。

解：应用应力-强度干涉理论，按（7-14）式计算，得到

$$\beta = \frac{42 - 35}{\sqrt{2.8^2 + 2.8^2}} = 1.77$$

查标准正态分布函数表，得 β=1.77 时对应的函数值是 0.9616，该螺栓的可靠度为 R=0.9616，破坏概率为 3.84%。

如果加强螺栓材料的质量控制，降低螺栓的疲劳强度差异，例如，使其标准差降为 2.0kN/cm^2，则其可靠性系数就是

$$\beta = \frac{42 - 35}{\sqrt{2.0^2 + 2.0^2}} = 2.034$$

查得相应的可靠度为 R=0.9792。

由此例可见，在同样的载荷条件下，由于螺栓强度的一致性有所提高，标准差减小，螺栓可靠性明显提高。若用常规设计方法的安全系数评价该螺栓的安全性，因为平均安全系数 $n=\sigma_r/\sigma_s$，而上例中

两种情况都相等，所以得出的结论是两种情况的螺栓安全性相同，然而，可靠性设计计算的结果并非如此，这正说明了可靠性设计与常规设计的差别之处。

例 7-4　某制动器连杆机构在工作时连杆受拉力，其均值为 F=120000N，标准差 σ_F 为 12000N，连杆钢材的抗拉强度均值为 μ_r=238N/mm²，变异系数 c=0.08；已知应力、强度服从正态分布，连杆剖面为矩形，若要求连杆具有 0.9999 的可靠度，试设计连杆的剖面尺寸。

解：设连杆的剖面面积均值为 A，其截面积标准差为 $0.001A$，则连杆的拉应力均值和标准差分别为

$$\mu_s = \frac{F}{A} = \frac{120000}{A}$$

$$\sigma_s \approx \frac{1}{A^2}\sqrt{F^2(0.001A)^2 + A^2F^2} = \frac{12000}{A}$$

变异系数的定义是标准差除以均值，因此材料强度的标准差是 0.08×238=19.04N/mm²。设计要求的可靠度为 0.9999，查出相应的可靠性系数为 β=3.719。于是，根据式（7-14）得

$$\beta = \frac{\mu_r - \mu_s}{\sqrt{\sigma_r^2 + \sigma_s^2}} = \frac{238 - (120000/A)}{\sqrt{19.04^2 + (12000/A)^2}} = 3.719$$

整理后，可得方程

$$A^2 - 1106A + 240333 = 0$$

求解得到 A=809mm²，因此在对制动器连杆进行可靠性设计时，所取的剖面面积为 810mm²。

在机械零部件可靠性设计中，经常会遇到应力和强度的分布与分布参数确定的问题。只有获得准确的分布参数，才能借助于应力-强度干涉关系完成可靠性设计任务。

2．应力的概率分布与分布参数确定

零部件的工作应力受载荷和几何尺寸的影响，它可以用应力函数，即零部件在截面上的工作应力随载荷与截面形状和尺寸的变化关系来表达。例如，直径为 d 的圆形轴，受拉力 F 作用，应力函数 σ_F 为

$$\sigma_F = \frac{4F}{\pi d^2} \tag{7-15}$$

可见，由于载荷和截面特性都是随机变量，因此应力函数是随机变量的函数。当知道应力函数中每个变量的分布参数之后，就可以按随机变量函数的简化运算来间接求得应力的分布参数。当然，在少数条件具备时，也可以直接测得应力值，然后通过统计方法推断其分布类型与分布参数，这种直接方法可减少中间环节产生的误差。

零部件承受的载荷应根据零部件工作时的实际受载工况确定，也就是应采集和编制载荷谱。在缺乏详细资料时，可按正态分布处理，静强度的均值计算按危险截面上的最大载荷取值，疲劳强度的均值计算按等效载荷取值。标准差可由实验确定或根据经验估计，通常取均值的 2%～9%。

零部件的几何尺寸一般服从正态分布，经大批实测数据的统计处理可求出其均值和标准差，若条件不允许，在仅给出名义尺寸公差的情况下，可用 $\delta = \Delta/3$ 的近似关系进行估计。例如，直径 d=50mm±0.5mm，则均值取为 50mm，标准差为 0.5mm/3≈0.167mm。

3．强度的概率分布与分布参数确定

材料静强度可通过有关手册给出的金属材料静强度的均值和标准差获得。实验证明，材料静强度一般服从正态分布，其分布参数（均值和均方差）可用下面的公式估算：

$$\begin{cases} \mu_r = \dfrac{\varepsilon_1}{\varepsilon_2}\sigma_0 \\[2mm] \sigma_r = \dfrac{\varepsilon_1}{\varepsilon_2}\sigma_0' \end{cases} \tag{7-16}$$

式中，σ_0 为材料的拉伸力学性能（塑性材料为屈服强度 σ_s，脆性材料为强度极限 σ_b）；σ_0' 为拉伸力

学性能的标准差，常取（0.1～0.15）σ_0；ε_1 为特性转换系数，当拉伸获得的力学性能转为弯曲或扭转时应考虑此转换系数，参考表 7-5 选取；ε_2 是零部件材料制造方法的影响系数，考虑材料制造中存在的不均匀及内部缺陷，锻件的 $\varepsilon_2 = 1.1$，铸件的 $\varepsilon_2 = 1.3$。

　　材料疲劳强度分布参数的确定比较复杂，因为疲劳强度受载荷性质、加载方式、加载次数、环境和材料特性等因素的影响。实验结果表明，材料强度一般服从韦布尔分布或对数正态分布，仅在变异系数小于 0.3 时，取正态分布才是可以被接受的。在可靠性设计时，疲劳强度的分布参数需要查阅相关资料获取。

表 7-5　特性转换系数的参考数值

载 荷 特 性	零部件截面的形状与材料	ε_1
弯曲	圆形和矩形截面的碳钢	1.2
	非圆形和矩形截面的碳钢、各种截面的合金钢	1.0
扭转	圆形截面的碳钢和合金钢	1.6

7.3.4　差变系数和安全系数

　　问题：在机械设计中，大量函数形式常包含多个随机变量之间的乘除关系，对于这个函数的统计特征值，特别是标准差，即使利用了偏导数求近似解，也是相当烦琐的，但利用变差系数，可以解决这个问题。

1. 随机变量函数的变差系数

1）变差系数的定义

具有平均值 μ_x 和标准差 S_x 的随机变量 x 的变差系数 C_x 可定义为

$$C_x = \frac{S_x}{\mu_x} \tag{7-17}$$

2）变量为乘除关系函数的变差系数

设两个随机变量 x、y 的函数 $z = xy$，当 x、y 为互相独立的随机变量时，由概率统计理论可知，其标准差为

$$S_x = \sqrt{\mu_x^2 S_y^2 + \mu_y^2 S_x^2} = \mu_x \times \mu_y \sqrt{\left(\frac{S_x}{\mu_x}\right)^2 + \left(\frac{S_y}{\mu_y}\right)^2} = \mu_x \times \mu_y \sqrt{C_x^2 + C_y^2}$$

所以

$$C_z = \frac{S_z}{\mu_z} = \frac{S_z}{\mu_x \times \mu_y} = \sqrt{C_x^2 + C_y^2}$$

$$C_z^2 = C_x^2 + C_y^2$$

　　变差系数可用于在给定可靠度条件下对零部件进行可靠性综合设计，以确定零部件必要的强度及基本结构尺寸；也可根据已知的设计变量对现有产品或设计方案进行可靠性设计，以评价及预测零部件在强度上所具有的可靠程度。

2. 安全系数的统计分析

　　常规状态下的安全系数定义为材料强度与载荷产生的应力之比。一般情况下用材料的平均强度与零件危险截面的平均应力之比表示安全系数：

$$n_c = \frac{\overline{\delta}}{\sigma} = \frac{\mu_r}{\mu_s} \tag{7-18}$$

利用传统的安全系数设计的不足之处在于以下几点。

（1）把各种参数都视为定值，没有分析参数的随机变化。

（2）没有与定量的可靠性相联系。由于把设计参数视为定值，没有分析参数的散布度对可靠性的

影响，使结构的安全程度具有不确定性。

（3）由于安全系数根据经验确定，难免有较大的主观随意性，如选取较大的安全系数会不必要地增加结构质量以至资源的浪费。

根据式（7-18）表达的安全系数，将联结方程（7-14）变换形式，得

$$\beta = \frac{\mu_r - \mu_s}{\sqrt{\sigma_r^2 + \sigma_s^2}} = \frac{\dfrac{\mu_r}{\mu_s} - 1}{\sqrt{\left(\dfrac{\sigma_r}{\sigma_s}\right)^2 c_r^2 + c_s^2}} = \frac{n_c - 1}{\sqrt{n_c^2 c_r^2 + c_s^2}} \tag{7-19}$$

式中，c_r 是材料强度的变差系数，c_s 是零部件应力的变差系数。从式（7-19）中解出安全系数 n_c，有

$$n_c = \frac{1 + \beta\sqrt{c_r^2 + c_s^2 - \beta^2 c_r^2 c_s^2}}{1 - \beta^2 c_r^2} \tag{7-20}$$

显然，式（7-20）表达的安全系数与材料强度、零部件应力的离散性（体现在 c_r、c_s）和零部件的可靠度（体现在 β）联系在一起，赋予了安全系数新的含义。

7.4　机械系统的可靠性设计

7.4.1　机械系统的可靠性设计框架

图 7-15 所示为机械系统的可靠性设计框架，根据产品的使用需求和性能设计要求等制定出可靠性设计要求和准则，作为可靠性设计的输入数据，同时产品设计所形成的设计参数、失效机理分析也作为可靠性设计的输入数据。第一步通过可靠性建模，确定系统及其组成单元之间的可靠性逻辑关系，对各单元的可靠性指标进行分配，并基于经验对系统各级单元可靠性进行评估；第二步进行产品的故障模式及影响分析，识别和确定产品所有可能的故障，通过优化、改进设计消除或控制故障的影响来提高产品的可靠性。第三步，通过可靠性实验，来验证、评估产品的可靠性，给出评估结果，根据结果反馈进行产品的迭代设计或失效机理分析。

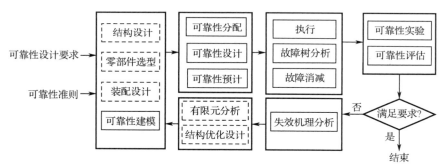

图 7-15　机械系统的可靠性设计框架

7.4.2　机械系统的可靠性模型

机械系统一般由一些子系统或组件（单元）构成，从可靠性角度考虑，这些子系统或组件之间的关系可分为串联关系或并联关系，即形成串联或并联系统。

1. 串联系统

当系统中的下属几个组件全部工作正常时，系统才正常；当系统中有一个或一个以上的组件失效时，系统就失效，这样的系统就称为串联系统。串联系统的可靠性框图，就是下属几个组件的串联图，如图 7-16 所示。设系统下属组件的可靠度分别为

$$r_1, r_2, \cdots, r_n$$

串联系统的可靠性框图如图 7-16 所示。

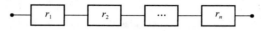

图 7-16　串联系统的可靠性框图

用 S_s 和 S_i（$i=1,2,\cdots,n$）分别表示系统和单元的正常工作状态，则依据串联系统的定义，串联系统中正常事件是"交"的关系，逻辑上为"与"的关系，系统要正常工作，必须各子系统都正常工作，则有

$$S_s = S_1 \cap S_2 \cap S_3 \cap \cdots \cap S_n$$

系统正常工作的概率为各单元概率之积，因此

$$P_s\{S_s\} = \prod_{i=1}^{n} P_i\{S_i\} \tag{7-21}$$

由于 $P_s = R_s(t)$，$P_i(S_i) = r_i(t)$，因此

$$R_s = r_1 \cdot r_2 \cdots r_n = \prod_{i=1}^{n} r_i \tag{7-22}$$

2．并联系统

系统中的几个下属组件，只要其中一个工作正常，则系统就正常工作，只有全部组件都失效时，系统才失效，这样的系统就称为并联系统。并联系统的可靠性框图为 n 个组件的并联图，如图 7-17 所示，设组成组件的可靠度分别为

$$r_1, r_2, \cdots, r_n$$

相应组件的失效（故障）率分别为

$$q_1, q_2, \cdots, q_n$$

并设并联系统的失效（故障）率为 Q_s。

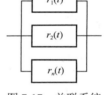

图 7-17　并联系统的可靠性框图

用 S_s 和 S_i（$i=1,2,\cdots,n$）分别表示系统和单元的正常工作状态，用 F_s 和 F_i（$i=1,2,\cdots,n$）表示系统和单元的不正常工作状态，则依据并联系统的定义，并联系统中不正常事件是"交"的关系，逻辑上为"与"的关系，系统要不正常工作，必须各子系统都不正常工作，则有

$$F_s = F_1 \cap F_2 \cap F_3 \cap \cdots \cap F_n$$

系统不正常工作的概率为各单元不正常工作概率之积，因此

$$F_s\{S_s\} = \prod_{i=1}^{n} F_i\{S_i\} \tag{7-23}$$

由于 $F_s = Q_s(t)$，$F_i(S_i) = q_i(t)$，因此

$$Q_s = q_1 \cdot q_2 \cdots q_n = \prod_{i=1}^{n}(1-r_i)$$

可靠度为

$$R_s = 1 - Q_s = 1 - \prod_{i=1}^{n}(1-r_i) \tag{7-24}$$

7.4.3　可靠性分配

可靠性指标的分配是可靠性预计的逆过程，即在已知系统可靠性指标值时，如何考虑和确定其组成单元的可靠性指标值。在进行可靠性指标分配时主要考虑的因素如下。

（1）子系统复杂程度的差别；

（2）子系统重要程度的差别；

（3）子系统运行环境的差别；

（4）子系统任务时间的差别；

（5）子系统研制周期的差别。

对于个别研制周期长的单元，允许反复改进设计的时间较短，在分配指标时应适当放宽。作为一项设计，除了满足性能和可靠性指标，还应满足质量、体积和成本等要求。因此，如何在质量、体积和成本等一些限制条件下，使产品的可靠性分配方案更为合理，也是可靠性分配要考虑的问题之一。确定了机械系统的可靠性指标值后，就要将指标值合理地分配到各单元上，下面介绍三种常用的可靠性分配方法。

1. 等分配法

这是最简单的一种分配方法，它对系统中所有单元都分配相等的可靠度，出发点在于机械系统的任何零部件失效都会引起系统失效，即系统的失效取决于系统中的最弱单元。

设系统由 n 个单元组成，给定的系统可靠度为 R，若单元失效是独立的，则系统的可靠度等于所有单元可靠度的乘积，如果每个单元都分配相同的可靠度，那么单元分配的可靠度为

$$R_i = R^{1/n} \tag{7-25}$$

例 7-5 某机械系统由三个部件构成，若系统要求的可靠度为 $R=0.84$，按等分配法求每个单元的可靠度。由式（7-25）可得 $R_i=(0.84)^{1/3}=0.9436$。等分配法计算比较简单，它的主要缺点是没有考虑单元的重要性和各单元现有的可靠度水平。

2. 比例因子分配法

比例因子分配法的基本原则是每个单元所分配的故障率（容许故障率）与预测的故障率（现有可靠度水平）成正比。换言之，预测故障率越高的单元，分配给它的故障率也越高。

如果已知系统的故障率为 λ_s，而设计要求系统达到的故障率为 $[\lambda_s]$，若出现 $\lambda_s > [\lambda_s]$，则在可靠性指标再分配时，可将各元件容许的失效率按比例缩小，即

$$[\lambda_i] = \lambda_i[\lambda_s]/\lambda_s \tag{7-26}$$

各单元分配到的可靠度为

$$[R_i] = 1 - [F_i] \tag{7-27}$$

例 7-6 已掌握某空气压缩机的 2000h 故障率预测结果：气阀组件 $F_1=0.045$，气缸活塞组件 $F_2=0.024$，运动机构 $F_3=0.028$，级间设备 $F_4=0.0195$，空气压缩机整机 $F_s=0.1165$；以上各组件（单元）构成串联系统。现规定空气压缩机容许的可靠度 $[R_s]=0.92$，试进行可靠性指标分配。

因为 $R(t)=1-F(t)\approx\lambda t$，故可以认为 $F(t)=\lambda t$，因此，当各单元工作时间与系统工作时间一致时，有

$$[\lambda_s]/\lambda_s = [F_s]/F_s = (1-[R_s])/F_s = (1-0.92)/0.1165 = 0.6867$$

求得各单元分配的故障率为

$$[F_1]=0.6867\times0.045\approx0.0309$$
$$[F_2]=0.6867\times0.024\approx0.0165$$
$$[F_3]=0.6867\times0.028\approx0.0192$$
$$[F_4]=0.6867\times0.0195\approx0.0134$$

得到的各单元的可靠度分配值为

$$[R_1]=1-0.0309=0.9691$$
$$[R_2]=1-0.0165=0.9835$$
$$[R_3]=1-0.0192=0.9808$$
$$[R_4]=1-0.0134=0.9866$$

于是，系统的可靠度为

$$[R]=[R_1][R_2][R_3][R_4]\approx0.9222>0.92$$

3. 按相对失效率和重要度分配

每个单元在系统中的可靠性重要度不同，重要单元应该分配较高的可靠度，而次要单元可以分配较低的可靠度，从相对失效率和重要度角度考虑可靠度分配问题就可以顾及各单元在系统中的重要性。

设系统由 n 个单元组成，系统工作时间与单元工作时间相同，要求分配后的系统可靠度高于或等于规定的可靠度，即

$$[R_1]\,[R_2]\,[R_3]\cdots[R_n]\geq[R_s] \tag{7-28}$$

定义相对失效率 ω_i 是第 i 个单元故障率与系统故障率之比，即

$$\omega_i=\frac{\lambda_i}{\lambda_s}=\frac{\lambda_i}{\sum\limits_{i=1}^{n}\lambda_i} \tag{7-29}$$

单元的重要度 E_i 的表达式为

$$E_i=\text{由元件 } i \text{ 的故障引起系的故障数/元件 } i \text{ 的故障数}$$

因此，按相对失效率和重要度分配给各单元的故障率为

$$[\lambda_i]\leq[\lambda_s]\omega_i/E_i \tag{7-30}$$

对于串联系统，通常取 $E_i=1$，则有

$$[\lambda_i]\leq\omega_i[\lambda_s] \tag{7-31}$$

$$[R_i]\geq[R_s]^{\omega_i} \tag{7-32}$$

例 7-7　汽车起重机属于一个复杂的多部件（系统）组成的串联系统，据以往的经验及实验可知，各系统（部件）的可靠性失效规律服从故障率为常数的指数分布，且各系统之间可视为相互独立，故在给定整机可靠性指标值后，即可进行整机可靠性分配以确定各子系统（零部件）的可靠性指标值。设起重机整机要求平均故障间隔时间（平均无故障工作时间）MTBF=150h 时的可靠度为 R_s=0.80，按相对失效率分配各部件的可靠度，如表 7-6 所示。

表 7-6　汽车起重机的可靠度分配

子　系　统	故障频次/次	相对失效率 ω_i	可靠度 R_i
底盘	476	0.292	0.937
吊臂	8	0.005	0.998
底架与支腿	50	0.031	0.993
伸缩机构	19	0.012	0.997
起升机构	134	0.082	0.982
电气系统与仪表	546	0.334	0.928
液压系统	219	0.134	0.971
回转机构	90	0.055	0.988
变幅机构	26	0.016	0.997
转台	65	0.039	0.991
合计	1633	1.00	

7.4.4　可靠性预计

可靠性预计是指基于系统的可靠性模型和应用环境，参考以往的实验数据及统计的可靠性参考值来定量估计和预测当前系统中单元或整体的可靠性。其主要目的是预测产品是否能达到所设计的可靠性指标，另外，还能起到如下作用。

（1）验证可靠性指标分配的合理性；

（2）比较不同方案的可靠性水平，为方案选择和优化提供依据；

（3）发现系统可靠性的薄弱环节，为改进设计、提高可靠性水平提供依据；

（4）为开展可靠性实验、验证等提供依据；

（5）为元器件、零部件的选择和设计提供依据。

可靠性预计可作为一种设计手段，为设计决策提供依据，因此，要求该项工作具有及时性，在决策之前做出预计，才能为产品设计决策提供有用信息。可靠性预计与可靠性分配两项工作相辅相成，

前者是自下而上的归纳过程，而后者是自上向下的分析分解过程，都基于可靠性模型展开。合理的可靠性分配是可靠性预计的目标，可靠性预计的结果又可作为可靠性指标分配与调整的基础，在产品设计的各个阶段，两项工作相互交替进行。可靠性预计的主要方法包括以下几种。

1．相似产品法

相似产品法是利用与该产品相似的已有成熟产品的可靠性数据来预计该产品的可靠性，成熟产品的可靠性数据主要来源于现场统计和实验结果。

相似产品法考虑的相似因素一般包括如下几种。

（1）产品结构、性能的相似性；

（2）设计的相似性；

（3）材料和制造工艺的相似性；

（4）使用剖面（保障、使用和环境条件）的相似性。

该方法简单、快捷，适用于系统研制的各个阶段，可应用于各类产品的可靠性预计，如电子、机械、机电等产品，其预计的准确性取决于产品的相似性，成熟产品的详细故障记录越全，数据越丰富，比较的基础越好，预计的准确度越高。

2．应力分析法

应力分析法用于产品设计中电子元器件的故障率预计，应用该方法首先需要对某种元器件在标准应力和环境下进行大量实验，并应用概率方法对实验数据进行统计得出该种元器件的故障率（称为基本故障率）。在进行元器件的故障率预计时，根据元器件的质量等级、应力水平、环境条件等因素对其基本故障率进行修正。电子元器件的应力分析法可根据相关的标准手册开展，不同类别的元器件有不同的故障率计算模型，例如，普通二极管的模型为

$$\lambda_{\mathrm{p}} = \lambda_{\mathrm{b}}(\pi_{\mathrm{E}}\pi_{\mathrm{Q}}\pi_{\tau}\pi_{\mathrm{A}}\pi_{\mathrm{S2}}\pi_{\mathrm{C}}) \tag{7-33}$$

式中：λ_{p}——元器件的工作故障率（1/h）；

$\qquad\lambda_{\mathrm{b}}$——元器件的基本故障率（1/h）；

$\qquad\pi_{\mathrm{E}}$——环境系数；

$\qquad\pi_{\mathrm{Q}}$——质量系数；

$\qquad\pi_{\tau}$——电流额定值系数；

$\qquad\pi_{\mathrm{A}}$——应用系数；

$\qquad\pi_{\mathrm{S2}}$——电压应力系数；

$\qquad\pi_{\mathrm{C}}$——结构系数；

公式中各个 π 值是根据元器件可靠性的应用环境及其参数对基本故障率进行修正的系数，可查阅 GJB/Z 299C 得到，人工应用应力分析法进行可靠性预计烦琐且费时，目前可利用已有商用的软件工具来完成此项工作。

3．修正系数法

机械零部件的故障种类繁杂，很难建立通用的故障率数据库，其故障特点主要表现为单一零部件需完成多种功能，故障率与疲劳、磨损等时间因素相关，也与应用领域密切相关等几个方面。可参考美国水面作战中心 NSWC-11 手册中提供的方法，进行机械零部件的可靠性预计。手册中依据确定的故障模式和原因建立可靠性模型。建模的第一步是收集设计信息和实验数据，推导每个故障模式的公式。对这些公式进行简化，仅保存由外场经验数据证明的、确会影响可靠性的变量，同时在故障率模型中为每个变量设定了修正系数，以反映其对独立零部件故障率的定量影响。

以提升阀为例，根据提升阀的功能，其首要的故障模式是阀不能完全关闭导致阀座周围泄漏。产生该故障模式可能的原因是提升阀和阀座之间存在污染物，使提升阀座磨损，以及产生提升阀座结合处的腐蚀。根据该模式可能的影响因素，手册中给出了故障率计算公式（注：公式中的常数均为在英制单位下经实验数据确定的，请读者在运用这些公式时注意英制单位的转换，后面出现的公式中涉及英制单位时，与此相同）：

$$\lambda_{\mathrm{P}} = \lambda_{\mathrm{P,B}} \frac{2 \times 10^{-2} D_{\mathrm{MS}} f^3 (P_1^2 - P_2^2) K_1}{Q_{\mathrm{f}} V_{\mathrm{a}} L_{\mathrm{w}} S_{\mathrm{s}}^{1.5}} \tag{7-34}$$

式中：λ_{P}——提升阀组件的故障率（1/百万工作循环）；

　　　$\lambda_{\mathrm{P,B}}$——提升阀组件的基本故障率（1/百万工作循环）；

　　　D_{MS}——平均底座直径（in）；

　　　f——相对表面的粗糙度（in）；

　　　P_1——进口压力（lb/in²）；

　　　P_2——出口压力（lb/in²）；

　　　K_1——考虑污染物尺寸、硬度和颗粒数量的常数；

　　　Q_{f}——可认定阀失效的泄漏率，即故障判据（in³/min）；

　　　V_{a}——绝对流体黏度（lb·min/in³）；

　　　L_{w}——径向底座占地宽度（in）；

　　　S_{s}——表面机座压力（lb）。

故障率公式中的参数可以通过工程图纸、设计信息或实际测量获得。其他对故障率有次要影响的参数都包含在了由外场数据确定的基本故障率中。

在工程应用上，故障率的计算公式又可写成基本故障率和相应系数的乘积，即

$$\lambda_{\mathrm{PO}} = \lambda_{\mathrm{PO.B}} \cdot C_{\mathrm{P}} \cdot C_{\mathrm{Q}} \cdot C_{\mathrm{F}} \cdot C_{\mathrm{V}} \cdot C_{\mathrm{N}} \cdot C_{\mathrm{S}} \cdot C_{\mathrm{DT}} \cdot C_{\mathrm{SW}} \cdot C_{\mathrm{W}} \tag{7-35}$$

式中：λ_{PO}——提升阀组件的故障率（次/百万次运行）；

　　　$\lambda_{\mathrm{PO.B}}$——提升阀组件的基本故障率（次/百万次运行）；

　　　C_{P}——流体压力对基本故障率的影响系数；

　　　C_{Q}——允许泄漏率对基本故障率的影响系数；

　　　C_{F}——表面粗糙度对基本故障率的影响系数；

　　　C_{V}——流体黏度对基本故障率的影响系数；

　　　C_{N}——污染物对基本故障率的影响系数；

　　　C_{S}——底座应力对基本故障率的影响系数；

　　　C_{DT}——底座直径对基本故障率的影响系数；

　　　C_{SW}——底座宽度对基本故障率的影响系数；

　　　C_{W}——流体流动速率对基本故障率的影响系数。

4. 系统的可靠性预计

系统的可靠性预计是指根据可靠性模型，以组成系统的各单元（零部件）为基础，对系统的可靠性进行预计。系统的可靠性预计的一般方法参考 7.4.3 节中根据单元可靠度计算整体系统可靠度的方法。

5. 组成部件/器件计数法

若产品中组成部件/器件的种类和数量大致已经确定，但具体的工作应力和环境尚未确定时，可采用计数法对系统的基本可靠性进行预计，其计算公式为

$$\lambda_{\mathrm{s}} = \sum_{i=1}^{n} N_i \cdot \lambda_{\mathrm{G}i} \cdot \pi_{\mathrm{Q}i} \tag{7-36}$$

式中：λ_{s}—系统总的故障率（1/h）；

　　　$\lambda_{\mathrm{G}i}$—第 i 种部件/器件的通用故障率（1/h）；

　　　$\pi_{\mathrm{Q}i}$—第 i 种部件/器件的质量系数；

　　　N_i—第 i 种部件/器件的数量；

　　　n—系统所有部件/器件的种类数目。

部件/器件的通用故障率 $\lambda_{\mathrm{G}i}$ 和质量系数 $\pi_{\mathrm{Q}i}$ 可以查 GJB/Z 299C—2006 得到；而机械零部件的通用

故障率可以查 NPRD（Non-Electronic Parts Reliability Data）——2011《非电子零部件可靠性数据库》数据手册。NPRD 中包含了电气、机械、机电、液压及旋转装置的故障率数据。查找时，需要首先确定零部件类型、使用环境，以及是军用的还是民用的等信息，然后依据这些信息在标准手册中查找对应的故障率估计数值，若未找到该类型零部件的故障率数据，可查找相似零部件或相似环境的数据，在修正后使用。

7.5　故障分析技术

7.5.1　故障模式与故障分析

在机械产品中，凡不能完成其规定功能，或其性能指标恶化至规定范围以外的现象，均称为故障，产品不可修复则称为失效。减速器的磨损超限、密封不良和焊缝开裂属于不能完成规定功能的故障；发动机起动困难、功率下降和油耗上升等现象属于性能指标恶化的故障；齿轮断齿、传动带断裂等均为不可修复的故障，它们属于产品失效。

1. 故障分类

故障分类的方法很多，主要取决于故障分类的目的与用途及产品结构的复杂程度。常见的故障分类如下。

1）按故障发生的基本原因分类

（1）本质故障。它是指产品在规定条件下使用时，由于产品本身固有弱点而引起的故障。例如，由于结构强度、材质、加工和装配工艺等原因所引起的过度变形、断裂、过度磨损、黏结、腐蚀、老化、紧固件松动、"下漏"及性能恶化等。本质故障是反映产品可靠性高低的基本故障，是影响可靠性指标的主要原因。

（2）从属故障。它是指产品发生某一故障而引发的派生故障，或外界偶然事故引起的故障。例如，变速箱内某一紧固件损坏，导致齿轮损坏或引起一系列其他零件损坏；主要零件损坏为本质故障，由此引起的其他零件损坏均属于从属故障。

（3）误用故障。它是指不按规定条件使用产品而引起的故障，如超负荷、误操作等。

2）按故障的严重性及后果分类

（1）致命故障。它是指危及或导致人身伤害的故障。例如，电梯钢丝绳断裂，汽车制动器失灵，引起系统报废或造成重大经济损失的事故，如车轮脱落、转向系或发动机总成报废及传动系总成报废等。

（2）严重故障。它是指严重影响产品的正常使用或者规定的重要性能指标恶化至规定范围以外，必须停机修理，修理费用较高，在较短时间内无法排除的故障。例如，汽车发动机烧瓦、曲轴断裂、箱体裂纹、齿轮或轴承损坏等。

（3）一般故障。它是指明显影响产品正常使用、修理费用中等、在较短的有效时间内可以排除的故障，即只需要更换或修理产品外部零件的故障。例如，传动带断、限位链断、钣金件开裂或开焊、灯泡损坏等。

（4）轻度故障。它是指轻度影响产品正常使用，暂时不会导致工作中断的故障，即在日常保养中能用随机工具轻易排除的故障。例如，轻微渗漏、修理费用低廉的一般紧固件松动、非重要塑料件出现裂纹等。

3）按失效程度分类

（1）完全失效。它是指产品性能超过某种规定的界限，以致完全丧失规定功能的失效。

（2）部分失效。它是指产品性能超过某种规定的界限，但没有完全丧失规定功能的失效。

4）按照失效的时间特性分类

可分为早期失效、偶然失效和损耗失效 3 种。

2. 故障分析

故障分析是指为了确认与鉴定潜在故障与显在故障，分析故障的发生概率、发生原因与后果，对产品或其相关事件而进行的逻辑的、系统的调查活动。

产品发生故障往往是人们对产品的规划开发、设计、制造以至销售、使用等过程的某些环节认识不足的反映。从这些阶段的工作内容来看，故障分析是根据故障现象，进一步认识产品行为和进一步完善产品可靠性的过程；从故障分析的预防功能来看，故障分析是产品质量与可靠性问题的早期报警或早期信息反馈的方式之一。

故障分析的目的在于预防与消除故障，提高产品可靠性。一个产品或系统发生故障会引起事故或灾害，造成经济损失，影响产品市场。通过故障分析，能够弄清故障原因，便于采取事前对策，避免故障损失。故障分析有多种形式，主要的分类方法有 4 种。

（1）按故障分析的时机分，故障分析可分为事前分析、事后分析和事中分析。

（2）按故障分析的连续性分，故障分析可分为间歇分析、连续分析。

（3）按分析方式分，故障分析可分为个别分析和统计分析。

（4）按产品管理阶段分，故障分析可分为设计中的故障分析、制造中的故障分析、使用中的故障分析。

3．故障模式

故障模式就是故障的表现形式，它类似于医疗方面的疾病症状，产品不同，故障模式也不同。机械零部件常见的故障模式如表 7-7 所示。

表 7-7　机械零部件常见的故障模式

序　号	故 障 模 式	说　　明
1	断裂	具有有限面积的几何表面分离现象，如轴类、杆类、支架、齿轮等的断裂
2	碎裂	零部件变成许多不规则形状的碎片的现象，如轴承、摩擦片、齿轮等的碎裂
3	开裂	零部件产生的可见缝隙
4	龟裂	零部件表面产生的网状裂纹，如摩擦片表面的龟裂
5	裂纹	在零部件表面或内部产生的微小间隙
6	异常变形	零部件在外力作用下超出设计允许的弹塑性变形的现象，如轴、杆的弯曲
7	点蚀	零部件表面由于疲劳而产生的点状剥落，如齿轮表面、轴承的点蚀等
8	烧蚀	零部件表面因高温局部熔化或改变了金相组织而发生的损坏，如轴瓦的烧蚀等
9	锈蚀	零部件表面因化学反应而产生的损坏
10	剥落	零部件表面的片状金属块与原基体分离的现象
11	胶合	两个相对运动的金属表面，由于局部黏合，而又撕裂的损坏，如齿轮齿面的胶合
12	压痕	零部件表面产生凹状痕迹
13	拉伤	相对运动的金属表面沿滑动方向形成的伤痕，如缸筒的拉伤等
14	异常磨损	运动零部件表面产生的过快的非正常磨损
15	脱扣	螺纹紧固件丧失联接的损坏

常见机电产品的故障模式举例如下。

（1）容器的故障模式：泄漏、不能降温、加热、断热、冷却过分等。

（2）热交换器、配管类的故障模式：闭塞、流路扩大、变形、振动等。

（3）支承结构的故障模式：变形、松动、缺损、脱落等。

（4）水泵、涡轮机、发电机的故障模式：误起动、误停机、速度过快、反转、异常的负荷振动、发热、线圈漏电、运转部分破损等。

（5）电力设备的故障模式：电阻变化、放电、接地不良、短路、漏电、断开等。

（6）计测装置的故障模式：信号异常、劣化、示值不准等。

（7）阀、流量调节装置的故障模式：不能开或不能闭、错误开关、泄漏、闭塞、破损等。

（8）汽车的故障模式：排气管放炮、车桥异响、转向盘回位不良、发动机熄火、制动跑偏等。

（9）轴承的故障模式：腐蚀、变形、疲劳、磨耗、破裂等。

（10）继电器的故障模式：腐蚀、变形、疲劳、绝缘不良、耗损、折断等。

（11）电动机的故障模式：磨耗、变形、腐蚀、绝缘破坏、破损等。

7.5.2　故障树分析方法

1．故障树定义

故障树分析（Fault Tree Analysis，FTA）方法是一种图形演绎方法，是失效事件在一定条件下的逻辑推理方法。在系统分析中，对可能造成系统失效的各种因素（包括硬件、软件、环境和人为因素）进行分析，画出逻辑框图（故障树），可确定系统失效原因的各种可能组合方式或发生概率，以计算系统失效概率，采取相应的预防纠正措施，从而提高系统可靠性水平。

FTA方法具有以下特点。

（1）具有很大的灵活性，即不局限于对系统可靠性做一般分析，而是能够分析系统的各种失效状态；不仅可分析某些零部件失效对系统的影响，而且也可以对导致这些零部件失效的特殊原因进行分析，并予以统筹考虑。

（2）FTA方法是一种用图形表达的逻辑推理过程，它可以围绕某些特定的故障树状态做层层深入的分析，通过清晰的故障树图形，表示系统的内在联系，并指出元件与部件之间的逻辑关系，找出系统的薄弱环节。

（3）进行FTA分析的过程也是对系统更深入认识的过程，它要求分析人员把握系统的内在联系，弄清各种潜在因素对故障发生影响的途径和程度，以便在分析的过程中发现问题并及时解决，从而提高系统的可靠性。

（4）故障树的建立可以定量地计算复杂系统的失效概率及其他可靠性参数，为改善和评估系统可靠性提供定量数据。

（5）故障树建成后，对不曾参与系统设计的管理和维修人员来说，相当于一个形象的管理和维修指南。

在系统服务寿命期的早期阶段，可用FTA方法来判明失效形式，并在设计中进行改进；在样机生产之后、批量生产之前的阶段，用FTA方法可以查明所制造系统是否满足可靠性和安全性的要求。在这两个阶段，采用FTA方法是最为有效的。

FTA方法的步骤通常根据评价对象、分析目的和精细程度的不同而有所不同，但一般可按下面的步骤进行。

Step1：故障树的构造。

Step2：建立故障树的数学模型。

Step3：故障树的定性分析。

Step4：故障树的定量分析。

故障树分析的主要用途如下。

（1）系统的可靠性分析，可靠性参数的定性分析和定量计算。

（2）系统的安全性分析和事故分析。

（3）系统的风险评价。

（4）系统的重要度分析。

（5）故障诊断与检修表的制订。

（6）失效过程的仿真。

2．故障树构造与符号

所谓构造故障树，就是指找出系统失效和导致系统失效的各因素之间的逻辑关系，并将这种关系用特定的图形表示，该图形看似一棵倒置的分叉树，故称其为故障树。

1）事件定义及符号

在进行系统可靠性的故障树分析时，必须首先明确什么状态是正常的，什么状态是故障的。系统的故障状态往往不止一个，例如，提升电梯可能出现"制动器不灵""电器故障""钢丝绳断丝超限"等故障状态。因此，应选择最主要的一种系统故障状态加以分析，从而构成相应的故障树。

在故障树分析中，把需要分析的系统失效事件称为顶端事件，简称顶事件。顶事件确定后，作为故障树的根，画在上面，然后在下一排画出引起顶事件发生的直接原因，可以包括设备故障、软件失效、环境影响和人为失误等，这种原因称为失效事件或二次事件。在顶事件和紧接着的二次事件之间，根据它们之间的逻辑关系，画上适当的逻辑门，把它们连接起来。以同样的方法画出第三排，如此进行下去，一直追溯到那些原始的或失效规则已掌握的原因为止。这些最基本的原因称为基本事件，它们是无法再分解或不必再分解的失效事件，为了简化故障树，可将故障树中的独立部分用一个省略事件代替，它表示那些可能发生，但概率很小的事件，有时也表示一个原因不明或故意没有讨论下去的事件。上述事件的表达符号如图 7-18 所示。

中间事件　　　　基本事件　　　　省略事件　　　　转移符号

图 7-18　FTA 事件的表达符号

2）逻辑门定义与符号

逻辑门是用来表示上下层事件之间的基本逻辑关系的符号，在逻辑门符号和电路中所用的逻辑门符号相同。在故障树中只有成功和失败两种状态，因此一般只有几种基本的逻辑门。

（1）逻辑或门。把 $B_1, B_2, \cdots, B_n$ 作为输入事件，A 作为输出事件，若 $B_1, B_2, \cdots, B_n$ 至少有一个事件发生，必然导致 A 发生，称这种逻辑关系为事件的和，定义为逻辑或门（简称"或门"），符号如图 7-19 所示。在该图中，电动机线圈故障和断电两个事件中任意一个发生，都会导致电动机不转的事件，因此它们之间构成或门。逻辑或门的关系式为

$$A = B_1 + B_2 + \cdots + B_n$$

（2）逻辑与门。将 $B_1, B_2, \cdots, B_n$ 作为门的输入事件，A 作为输出事件，如果 $B_1, B_2, \cdots, B_n$ 同时发生，必然导致 A 事件发生，这种逻辑关系为事件的积，定义为逻辑与门（简称"与门"），符号如图 7-20 所示。在该图中，电梯超速过卷或过放与安全保护失灵同时发生时，才发生轿厢过卷断绳事故，因而它们构成与门关系。逻辑与门的关系式为

$$A = B_1 B_2 \cdots B_n$$

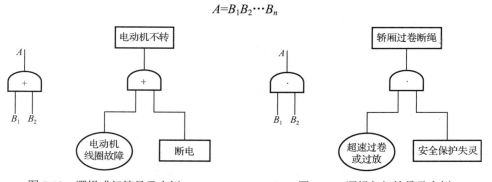

图 7-19　逻辑或门符号及实例　　　　　　　图 7-20　逻辑与门符号及实例

（3）逻辑异或门。当或门的输入事件是相互排斥的，即一个输入事件发生，其余输入事件都不发生，但输出事件发生时，则称这种逻辑关系为"异或"关系，符号如图 7-21 所示，其相应的数学表达式为

$$A = B\overline{C} + \overline{B}C$$

图 7-21　逻辑异或门符号

3）构造故障树的基本原则

故障树反映系统故障的内在联系，能使人一目了然，形象地掌握这种关系并进行正确分析是十分重要的。构造故障树时，应遵循如下基本原则。

（1）建树者在事前应对所分析的系统有深刻的了解，广泛收集有关系统的设计、运行、流程图，设备技术规范等描述系统的技术文件及资料，并进行深入细致的分析研究。

（2）故障事件（失效模式）应精确定义，指明故障是什么，在何种条件下发生，切忌模棱两可、含糊不清。

（3）选好顶事件，若顶事件选择不当，就无法分析和计算。

（4）合理确定系统的边界条件，有了边界条件就明确了故障树建到何处为止。边界条件包括确定顶事件、确定初始条件、确定不许可的事件，做出一些必要的假设，不考虑人为失误等因素，这些都是建树时的一些边界条件。

（5）对系统中各事件的逻辑关系及条件必须分析清楚，不能有逻辑上的紊乱及相互矛盾的情况发生。

图 7-22 所示是以矿井提升机过卷事故为例构造的故障树。

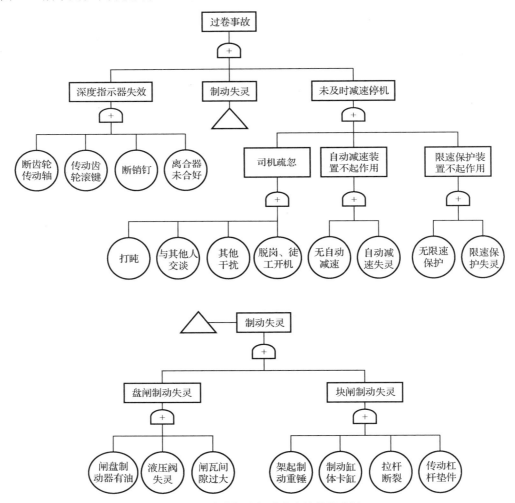

图 7-22　矿井提升机过卷事故的故障树

3．故障树的定性分析

故障树的定性分析的主要任务是寻找故障树的全部最小割集和最小路集。

1）最小割集和最小路集的定义

所谓割集，是能使顶事件发生的一些底事件的集合，即基本事件的集合。当这些底事件同时发生时，顶事件必然发生。如果割集中的任一底事件不发生，顶事件就不发生，这些底事件构成的集合便是最小割集。

所谓路集，也是一些底事件的集合，当这些底事件同时不发生时，顶事件必然不发生。如果路集中的任一底事件发生时，顶事件一定会发生，这就是最小路集。

割集和路集的意义可用图 7-23 说明。这是一个由三单元组成的串并联系统，该系统共有三个底事件，它们的割集为$\{x_1\}$、$\{x_1, x_3\}$、$\{x_1, x_2, x_3\}$。因为当这三个割集中的底事件同时发生时，顶事件必然发生。然而在$\{x_1\}$、$\{x_1, x_3\}$两个割集中，如果任意除去一个底事件，它们就不再成为割集，所以它们是最小割集。

图 7-23 所示的故障树的三个路集是$\{x_1, x_2\}$、$\{x_1, x_3\}$、$\{x_1, x_2, x_3\}$。因为三个路集中底事件同时不发生时，顶事件必然不发生。在路集$\{x_1, x_2\}$和$\{x_1, x_3\}$中，若去掉任意一个底事件，则不再构成为路集，因而$\{x_1, x_2\}$和$\{x_1, x_3\}$是最小路集。

从上面的分析及各个路集与割集的构成看，一个最小割集代表系统的一种失效模式，一个最小路集代表系统的一种正常模式。因为一个系统的失效模式和正常模式都有多种，所以一个故障树的最小割集和最小路集也都不止一个。对最小割集和最小路集进行研究，其意义在于可以发现系统的最薄弱环节（或称最关键部位），因此可以集中力量对最小割集或最小路集所指出的关键部位进行强化，而不至于盲目地在众多单元中花费力量。由此可见，在故障树中寻找最小割集和最小路集是非常重要的工作。

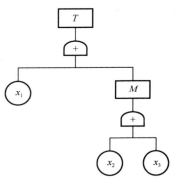

图 7-23　求割集与路集的串并联故障树

2）求最小割集的方法

求最小割集的方法有下行法（又称富塞尔-凡斯列法）和上行法（又称西门德勒斯法）。下面介绍上行法，该算法由下向上进行，每做一步都要利用集合运算规则简化吸收。

以图 7-24 所示的故障树为例，故障树的最下一级为

$$M_4 = x_4 \cup x_5, \quad M_5 = x_5 \cup x_7, \quad M_6 = x_6 \cup x_8$$

往上一级递推，有

$$M_2 = M_4 \cap M_5 = (x_4 \cup x_5) \cap (x_5 \cup x_7), \quad M_3 = x_3 \cup M_6 = x_3 \cup (x_6 \cup x_8)$$

再往上一级，有

$$M_1 = M_2 \cup M_3 = (x_4 \cup x_5) \cap (x_5 \cup x_7) \cup x_3 \cup x_6 \cup x_8 = (x_4 \cap x_5) \cup (x_4 \cap x_7) \cup (x_5 \cap x_7) \cup x_3 \cup x_6 \cup x_8$$

最上一级为

$$T = x_1 \cup x_2 \cup M_1 = x_1 \cup x_2 \cup (x_4 \cap x_5) \cup (x_4 \cap x_7) \cup (x_5 \cap x_7) \cup x_3 \cup x_6 \cup x_8$$

由此得到的最小割集为$\{x_1\}$、$\{x_2\}$、$\{x_4, x_5\}$、$\{x_4, x_7\}$、$\{x_5, x_7\}$、$\{x_3\}$、$\{x_6\}$、$\{x_8\}$。

4．故障树的定量计算

故障树的定量计算是指利用故障树的逻辑图形作为模型，在底事件发生概率已知的情况下，计算出顶事件发生（系统失效）的概率。

在可靠性设计中，可采用粗略的方法来近似计算顶事件发生的概率。若失效事件 A、B 的失效概率 $P(A)$、$P(B)$ 都比较小，并假定最小割集中失效事件相互独立，则近似计算公式为

$$P(A \cup B) = P(A) + P(B) \tag{7-37}$$

$$P(AB) = P(A)P(B) \tag{7-38}$$

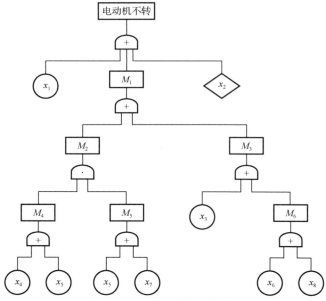

图 7-24   求割集示例的故障树

图 7-25 所示是提升机过放事故的故障树，从多起事故中近似统计图中底事件的概率为
$$P(x_1)=0.05，P(x_2)=0.01，P(x_3)=0.20，P(x_4)=0.08，P(x_5)=0.06，P(x_6)=0.04$$
采用近似算法，得
$$P(G_4)=P(x_1 \cup x_2)=P(x_1)+P(x_2)=0.05+0.01=0.06$$
$$P(G_5)=P(x_3 \cup x_4)=P(x_3)+P(x_4)=0.20+0.08=0.28$$
$$P(G_3)=P(x_5 \cup x_6)=P(x_5)+P(x_6)=0.06+0.04=0.10$$
向上递推计算，便有
$$P(G_2)=P(G_4 \cup G_5)=P(G_4)+P(G_5)=0.06+0.28=0.34$$

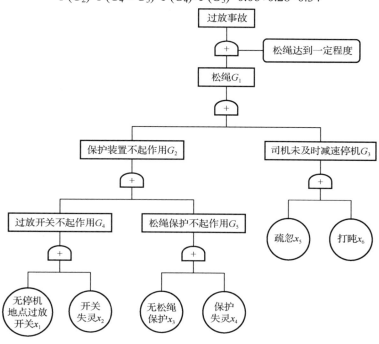

图 7-25   提升机过放事故的故障树

最后，过放事故的发生概率为

$$P(G_1)=P(G_2 \cap G_3)=P(G_2)P(G_3)=0.34×0.10=0.034$$

即提升机不发生过放的可靠度为 $R=1-0.034=0.966$。

7.5.3　故障模式和影响及危害性分析

1．FMECA 简介

故障模式和影响及危害性分析（Failure Mode，Effects and Criticality Analysis，FMECA）是指针对产品中所有可能的故障，根据对故障模式的分析确定每种故障模式对产品的影响，并按故障模式的严重程度及其发生概率确定其危害性。

20 世纪 40 年代末，美国军方致力于从"发现故障并修复它"的方法转变为"预测故障并防止故障发生"，从而开发出 FMECA 方法，侧重于定性和定量地识别风险，以防止故障发生。FMECA 是一种定量的故障分析方法，目的是在潜在故障、对任务的影响和故障原因之间建立一系列联系。实施FMECA 的目的是从不同角度发现产品的各种缺陷和薄弱环节，并采取有效的改进和补偿措施以提高可靠性水平，其作用是可以为维修性、测试性、安全性和保障性工作提供支撑，进而节省成本、提升质量。

2．FMECA 的实施步骤

FMECA 方法主要包含两项活动：故障模式和影响分析（FMEA）及危害性分析（CA），其实施过程如图 7-26 所示，包含的主要步骤有 FMECA 准备、系统分析与定义、故障模式分析、故障原因分析、故障影响及严酷度分析、设计改进措施或使用补偿措施分析、危害性分析、输出报告等。

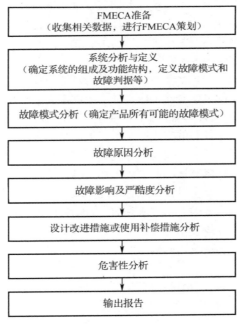

图 7-26　FMECA 实施过程

3．实施 FMECA 的注意事项

（1）强调"谁设计，谁分析"的原则，认为产品设计人员应负责完成该产品的 FMECA 工作，可靠性专业人员应提供必要的技术支持。

（2）重视 FMECA 工作的策划，对 FMECA 活动进行完整、全面、系统的策划，保证其目的性、有效性并且与研发工作同步展开，另外，对于复杂系统，高层级别的 FMECA 需要低层次分析结果作为输入，并且需要进行提前策划。

（3）重视 FMECA 数据的采集，故障模式数据是 FMECA 的基础，获得准确的故障模式相关信息是决定 FMECA 工作有效性的关键。需要通过实验获得相关数据并进行统计分析，整理之后形成故障信息数据库，供 FMECA 使用。

（4）FMECA 应与其他分析方法结合使用，FMECA 一般是静态的、具有单一因素的分析方法，可与其他分析方法（如故障树分析、事件树分析等）相结合使用。

7.6　电子系统和软件系统的可靠性设计

7.6.1　电子系统的可靠性设计方法

电子系统的可靠性总体设计与机械系统类似，需要进行可靠性分配和可靠性预计。而其机械结构的可靠性设计也可参考前述机械系统方法。本节主要简单介绍电子或电气系统在降额设计、散热设计和电磁兼容设计时主要考虑的问题。

1. 降额设计

降额是指元器件在使用中承受的应力低于其额定值，以达到延缓其参数退化、提高使用可靠度的目的。在电子系统设计中，通过降额设计可避免激发元器件缺陷，并通过测试发现产品隐患，因此降额设计是提升产品可靠性最有效、最简单、最低成本的手段之一。降额后，即使电路设计有些缺陷，但余量较大，元器件的耐受力较强，在突发应力时也能避免故障，而且降额设计不需要特殊的实验仪器，只需在选定某一件元器件后，通过工程计算，挑选余量较大的元器件型号。降额设计已经成为，也应该成为电子工程师的一个设计习惯。

降额设计按照参数所降额的程度不同分为 I 级降额、II 级降额和III级降额。

（1）I 级降额是最大降额，超过它之后，元器件的可靠性增长有限，而且使设计难以实现。I 级降额适用于下述情况：设备的失效将严重危害人员的生命安全，可能造成重大的经济损失，工作任务失败，失败后无法维修或维修在经济上不合算等。

（2）II 级降额，元器件在该范围内降额时，设备的可靠性增长是急剧的，且设备设计较 I 级降额易于实现。II 级降额适用于设备的失效会使工作水平降级或需支付不合理的维修费用等场合。

（3）III级降额，元器件在该范围内降额时设备的可靠性增长效益最大，且在设备设计上实现困难最小，它适用于设备的失效对工作任务的完成影响小、不危及工作任务的完成或可迅速修复的情况。

降额等级的分类为系统设计和设计管理提供了思路，在项目设计开始，对系统整机的各组成部分确定出适宜的降额等级；然后根据降额标准的要求，查找出各类元器件在不同降额等级时所对应的降额因子。如果系统应用于特定行业，在设计上就有特殊要求，如煤矿井下设备的防爆要求、手持设备的低功耗要求、医疗设备低漏电流要求。一些特殊的安规指标可以根据专门安规技术标准要求单独确定；对通用型应用，即没有专门安规技术标准要求的，推荐参考《GJB/Z 35—93 元器件降额准则》，尤其是关键部件、功率元器件、驱动执行机构元器件、易坏元器件，其降额因子需要给出明确的等级要求和参考值。

在实施降额设计的工作中，需要注意以下问题。

（1）降额参数选择得不对，该降的没降或降得不够，比如，功率器件的结温是降额的关键点，而不是电压。

（2）在同一个嵌入式系统中，各组成元器件的降额不协调，如都按降额因子为 0.5 对功率降额，对薄膜电阻属于 I 级降额，而对线绕电位器则属于III级降额。

（3）一个系统中的不同部分，根据安全性、可靠性、重要程度要求等级的不同，可以采用不同的降额等级。常规民用地面设备推荐选择III级降额。

（4）可调元器件降额幅度应大于定制元器件，如对于薄膜定值电阻的功率，在III级降额时，降额因子为 0.7；对于薄膜电位器，在对功率III级降额时，降额因子为 0.6。

（5）金属导线单根使用与多匝使用时，降额因子不同，多匝使用时的降额幅度大于单根使用时的降额幅度，即多匝使用时的降额因子值小。

（6）对于开关元器件，在带不同型负载的情况下，降额幅度有所不同，如继电器的触点电流，当带电感性负载时，取Ⅲ级降额，额定电流指标的降额因子为 0.9；当带电阻负载时，额定电流指标的降额因子为 0.5；当带电动机负载时，取Ⅲ级降额，电动机额定电流指标的降额因子为 0.9，电阻额定电流指标的降额因子为 0.35。

（7）同类特征但不同生产工艺的元器件，对同一指标的降额因子也不同，如钽电解电容和铝电解电容，Ⅲ级降额时，直流耐压指标的降额因子分别是 0.75（电解电容）和 0.7（电解电容，实际应用中考虑电解电容耐冲击能力较差，降额因子会选择在 0.5 以下）；膜式电阻与线绕电阻Ⅲ级降额时，功率指标的降额因子分别是 0.7（膜式电阻）和 0.6（精密型线绕电阻）。

（8）对于大规模集成电路和高集成度元器件，主要降额参数为结温。

（9）元器件负载特征曲线与降额的关系不容忽视。

2. 散热设计

在普通的数字电路设计中，我们很少考虑集成电路的散热，因为低速芯片的功耗一般很小，在正常的自然散热条件下，芯片的温升不会太大。随着芯片速率的不断提高，单个芯片的功耗也逐渐变大，例如，Intel 的奔腾 CPU 的功耗可达到 25W。当自然条件的散热已经不能使芯片的温升控制在要求的指标之下时，就需要使用适当的散热措施来加快芯片表面热的释放，使芯片工作在正常温度范围之内。通常条件下，热量的传递包括三种方式：传导、对流和辐射。

传导是指直接接触的物体之间的热量由温度高的一方向温度较低的一方的传递。对流是指借助流体的流动传递热量，而辐射无须借助任何媒介，发热体直接向周围空间释放热量。在实际应用中，散热的措施有散热器和风扇两种方式或者二者同时使用。散热器通过和芯片表面的紧密接触使芯片的热量传导到散热器，散热器通常是一块带有很多叶片的热的良导体，它充分扩展的表面使热的辐射大大增加，同时流通的空气也能带走较大的热能。

风扇的使用也分为两种形式：一种是直接安装在散热器表面；另一种是安装在机箱和机架上，提高整个空间的空气流速。

3. 电磁兼容设计

电磁兼容（Electro Magnetic Compatibility，EMC）是指设备或系统在其电磁环境中运行时，不会因为其他设备的合理电磁干扰而影响本机的功能和安全性，也不会对其环境中任何设备产生不合理的电磁干扰的能力。因此，它包括 EMI（Electro Magnetic Interference，电磁干扰）和 EMS（Electro Magnetic Susceptibility，电磁敏感性）两个方面的要求：一个方面是指设备在正常运行过程中对所在环境产生的电磁干扰不能超过一定的限制（EMI）；另一个方面是指器具对所在环境中存在的电磁干扰具有一定程度的抗扰度（EMS）。

测试标准的规定里共有 11 项测试内容：4 项 EMI 指标，包括辐射发射（RE）、传导发射（CE）、谐波电流（Harmonics）、闪烁（Flicker）；7 项 EMS 指标，包括辐射抗扰度（RS）、传导抗扰度（CS）、静电抗扰度（ESD）、电快速瞬变脉冲群（EFT/B）、电压跌落与短时中断（DIP）、工频磁场抗扰度（PMS）、浪涌抗扰度（Surge）。

电磁兼容的发生机理和解决措施总结起来是两个"三点"推论。电磁兼容问题的发生机理是"干扰源、传播路径、敏感设备"，解决措施是"接地、屏蔽、滤波"。因此，所有的电磁兼容设计措施无不是从干扰源、传播路径、敏感设备三部分入手，并用处理接地、壳体屏蔽、线路滤波的技术手段来解决的。

传播路径中的耦合方式有两种，分别是传导和辐射。干扰的类型也是两种，分别是电场干扰和磁场干扰。变化的电压产生电场干扰，变化的电流产生磁场干扰，恒定不变的电流和电压产生静电场。

7.6.2 软件系统的可靠性设计方法

软件系统的可靠性指的是在规定的一段时间内和规定的条件下，软件维持在其性能水平的能力，它包括如下性能。

（1）成熟性：与由软件故障引起失效的频度有关的软件属性。

（2）容错性：与在软件错误或违反指定接口的情况下，维持指定的性能水平的有关能力的属性。

（3）易恢复性：与在故障发生后，重新建立起性能水平并恢复直接受影响数据的能力及为达到此目的所需的时间和努力有关的软件属性。

软件系统的其他质量要素有软件的功能性（实现指定功能的实用性、准确性、互操作性、一致性和安全性）、易用性、效率、可维护性（可分析性、可修改性、可测试性）、可移植性。

软件系统的可靠性设计主要包括防错性设计、健壮性设计、容错设计等几个方面。

1．防错性设计

防错性设计包括简化设计、算法与数据管理、慎用易错编码机制、使用监错技术、多任务设计。

1）简化设计

复杂性高则可靠性低，复杂的软件会导致代码规模更大、缺陷更多，交互关系更多、缺陷更多，更难测试，不充分的可能性更大，设计、实现、配置、使用的难度更大，用户更难理解。

（1）控制模块的复杂性。

① 单元的理论最佳长度为 66 到 132 行。

② 清晰定义模块的所有输入、输出并进行范围检测（架构设计）。

③ 模块有唯一的入口和出口。

④ 模块中的循环有正常的退出条件。

⑤ 保持模块的控制流从顶到底。

⑥ 尽量降低模块的圈复杂度（不大于 10）。

（2）控制软件的复杂性。

① 模块具有强内聚。

内聚性是指模块相对功能密度的度量，其依赖于一个单元中各种操作之间互相联系的紧密程度。

耦合性是指两个模块之间联系的紧密程度，其依赖于模块间接口的复杂性、引用或进入模块的点、通过接口传递的数据。

② 避免模块之间紧耦合，包括控制耦合、公用耦合、内容耦合。

控制耦合：通过传入一个模块数据来控制该模块的行为；公用耦合：两个模块共同使用并修改了相同的数据源；内容耦合：一个模块修改了另外一个模块的数据。

③ 模块的扇入、扇出数量适中，嵌套层数避免过多。

模块的扇出数量是指模块的直属下层模块的个数，模块的扇入数量是指有多少个上级模块调用本模块。一般情况下扇入、扇出数量不大于 7，单元调用嵌套层数不大于 7。

2）算法与数据管理

（1）算法选择。

应采用在规定时间能得出结果的算法，算法所使用的存储空间应具有完全确定性。

（2）数据管理。

① 参数化。

在软件设计中，用统一的符号来表示参数、常量和标志，以便在不改变源程序逻辑的情况下，对它们进行修改。

② 寻址方式的选用。

尽量不使用间接寻址方式，在确实有必要采用间接寻址方式时，应慎重考虑和充分论证，并在执行之前验证地址是否在可接受的范围内。

③ 文件。

文件必须唯一且用于单一目的；文件在使用前必须成功地打开，在使用结束后必须成功地关闭；文件的属性应与对它的使用相一致。

④ 在使用前对关键下标进行范围检查。

⑤ 使用数据前，应采取措施保证所有所需的数据都是可用的。

⑥ 应采取措施，对关键数据进行保护。

⑦ 对数据的非法组合进行检查。

3）慎用易错编码机制

典型的易错编码机制包括以下几种。

（1）指针。

指针引用错误的内存区域可能存在数据误用。

（2）递归。

错误的递归容易导致内存溢出；当使用递归时，应有明显的判据，并可预测递归的深度。

（3）中断。

有可能导致关键操作的终止；使程序难以理解，类似 goto 语句；使用时，应仔细考虑寄存器和共享变量的内容、中断优先级、中断发生的时机、中断发生的最大可能频率、中断处理时间等。

（4）继承。

代码非局部化，代码的修改可能导致无法预估行为，产生难以理解的问题。

（5）别名。

使用多个变量名来访问相同状态变量，会使程序的理解和修改变得困难。

（6）无界数组。

如果不进行任何数组边界检查，可能出现缓冲区溢出失效。

（7）动态内存分配。

在某些场景下，软件运行时内存块的大小不能在代码编译时确定，需要根据代码的运行环境来确定；在软件执行过程中，根据需要分配或回收存储空间；在 C/C++程序中，应正确使用 malloc、calloc、realloc、new、alloca、free、delete 管理动态内存。

发生不当的动态内存分配的后果：内存泄漏、内存碎片。

内存泄漏的原因：忘记回收，回收前失去了对内存的追踪（如存储指针值的变量被移出了作用域、指针值被重写、没有保存地址指针），库函数存在内存泄漏缺陷，对库函数接口的误解。

（8）全局变量。

全局变量不好控制，不利于程序的结构化，应不用或少用全局变量。

（9）公用数据和公共变量。

公用数据和公共变量指由两个或多个模块公用的数据和公共变量。应尽量减少对公共变量的改变，以减少模块间的副作用。

（10）慎用不检查输入参数长度的库函数。

这些函数直接把输入参数的内容复制到缓冲区中，只要输入参数长度大于缓冲区长度，就会造成缓冲区溢出，使程序运行出错，如 strcpy()、strcat()、sprintf()、vsprintf()、gets()、scanf()等。

4）使用监错技术

（1）使用条件判断。

程序代码如下。

```
int z;
If(y != 0)
{
    Z=x/y;
}else{
    //deal with the solution when y==0
}
```

在开发和维护阶段，使用监错技术提示相互矛盾的假设、传入程序的不良数值等。

（2）断言。

断言是一个在假设不正确时会预警的函数或宏指令，可使用断言监错。在开发阶段，断言可以提示相互矛盾的假设、传入程序的不良数值等；在维护阶段，断言可以表明改动是否影响到了程序的其他部分。

例如：

```
assert(y != 0);
int z = x / y;
```

（3）异常情况处理。

异常是在运行时发生的，是无法在设计时预料到的"非常"事件，这种事件通常与具体的运行环境和资源分配有关。应仔细分析软件运行过程中各种可能的异常情况，预先设计相应的保护措施，或者利用异常处理做一些必需的善后工作。在开发阶段，可以利用异常情况产生一个警告，这使异常情况的出现变得非常明显；在运行阶段，异常情况处理措施应该能使出现的异常情况得到修复。

5）多任务设计

多任务设计是软件应用的新趋势，但是多任务之间可能存在难以预知的交互，导致同步错误。多任务设计的原则如下。

（1）注意函数的可重入性。

为避免多任务访问的不确定性，函数中不定义和使用静态变量；不返回指向静态数据的指针，所有数据都由函数的调用者提供；需使用本地数据或者通过制作全局数据的本地拷贝来保护全局数据；如果必须访问全局变量，需要利用互斥信号量来保护全局变量；应不调用任何不可重入函数。

（2）避免死锁与活锁。

当两个或者更多的进程停下来相互等待对方完成某个动作时，就造成了死锁，死锁通常表现为系统挂起。活锁与死锁类似，只是活锁时的系统仍然能够进行一些计算，但永远无法转到其他状态。死锁与活锁的发生常常是因为很难预期和重现的罕见条件组合的出现。

2．健壮性设计

软件健壮性（Robustness）是指软件系统在遭遇异常的情况下，仍然能够正常且安全运行的能力。它主要关注外部异常。

1）考虑硬件异常

异常情况举例：相连的软硬件系统发生了故障或性能降级、输入错误、有意的攻击、其他非正常情况。

软件设计必须考虑所涉及的硬件潜在失效模式，包括：

（1）电源失效防护；

（2）电磁干扰；

（3）系统不稳定；

（4）干扰信号。

2）人机接口设计

可选择的方法如下。

（1）接受错误输入，留给系统处理；

（2）接受错误输入，什么也不产生；

（3）接受错误输入，输出错误提示信息；

（4）不允许错误输入进入。

较完善的设计如下。

（1）软件能判断出操作员的输入操作正确性（或合理性）；

（2）在遇到不正确（或不合理）的输入和操作时，软件拒绝该操作的执行；

（3）软件提醒操作员注意错误的输入或操作；

（4）软件指出错误的类型和纠正措施。

3）程序接口设计

对输入参数进行合法性检查，对非法参数进行处理，常用方法如下。

（1）返回错误代码；

（2）返回中间值；

（3）使用下一个合法数据代替；

（4）使用上一个合法数据代替；

（5）使用最接近的合法值；

（6）调用异常情况处理程序进行处理；

（7）调用显示错误信息程序并打印出来；

（8）关闭程序。

4）硬件接口设计

硬件接口设计必须考虑：

（1）使用握手信号保证通信的连通性；

（2）预先确定数据传输信息的格式和内容；

（3）每次传输都包含一个字或字符串来指明数据类型及信息内容；

（4）使用奇偶校验、循环冗余校验（CRC 校验）、海明码来验证数据传输的正确性；

（5）充分估计接口的各种可能故障，并设计相应的处理措施；

（6）对非法的外部中断的处理，软件应能够识别合法和非法的外部中断；

（7）对传感器故障的考虑，反馈回路中的传感器有可能出现故障并导致反馈异常信息，软件应能预防将异常信息当作正常信息处理而造成反馈系统的失控情况发生；

（8）对输入/输出信息的考虑，软件对输入/输出信息进行加工处理前，应检验其是否合理（最简单的方法是极限量程检验），对不合理的输入进行正确的处理，通过设计保证输入/输出符合精度要求。

3．容错设计

1）容错策略

容错是指在发生故障的情况下，系统不失效仍然能够正常工作的特性。容错软件在一定程度上，对自身故障具有屏蔽能力，具备能从错误状态自动恢复到正常状态的能力，而且当因缺陷发生故障时，仍然能在一定程度上完成预期的功能。

（1）故障探测。

故障（不正确的系统状态）发生时，系统必须能够探测到。

（2）危害诊断。

必须弄清楚受故障影响的系统范围。

（3）故障恢复。

系统必须恢复到已知的安全状态。

（4）故障修复。

可以对系统进行改进，防止故障再次发生。

2）监控定时器

提供监控定时器或类似措施，以确保微处理器或计算机具有处理程序超时或死循环故障的能力。监控定时器的设计原则如下。

（1）监控定时器应力求采用独立的时钟源，用独立的硬件实现。

（2）在采用可编程定时器实现时，应统筹设计计数时钟频率和定时参数，力求在外界干扰条件下，定时器受到干扰后，定时参数的最小值大于系统重新初始化所需的时间值，最大值小于系统允许的最长故障处理时间值。

（3）与硬件状态变化有关的程序设计应考虑状态检测的次数或时间，无时间依据的情况下可用循环等待次数作为依据，超过一定次数则作超时处理。

3）冗余设计

（1）空间冗余。

空间冗余是指在某一运行空间出现问题时，可以启用另外的空间来工作。典型的空间冗余包括存储空间冗余（数据库日志等）、处理器空间冗余（多个 CPU 协同工作）、网络空间冗余、进程冗余（Apache 服务器）。

（2）时间冗余。

时间冗余是指为了获得成功的结果，多次尝试相同的操作。典型的时间冗余包括外部接口数据的传输、传感器数据的采集、磁盘数据的读取、不稳定服务的重启。

（3）结构冗余。

结构冗余的典型方式为 TMR（Triple-Modular Redundancy，三模块冗余），TMR 能成功地容错两个基本假设：组件不能包含相同的设计缺陷；组件的失效是随机的，多个组件同时失效的概率极低。对于相同的软件而言，两个假设都无法满足，简单复制的软件将包含相同的设计缺陷，对于相同的软件，同时失效不可避免。

7.7　可靠性设计分析软件介绍

用于可靠性设计分析的专用软件具有可靠性设计、可靠性预计、FTA 分析、FMECA 分析等功能，此外，为完成可靠性中薄弱环节的分析识别，在可靠性设计分析中还会用到前面章节介绍的有限元分析软件和优化仿真软件等。本节以 IsoGraph 软件系统为例介绍可靠性设计分析专用软件系统的基本组成和功能。

1．IsoGraph 软件系统的简介

Isograph 软件系统是由英国 Isograph 公司开发的可靠性、可用性、安全性、维修性和保障性工程设计分析软件，在航空航天、电子、国防、能源、通信、石油、化工、铁路、汽车等众多行业及多所大学科研机构中得到广泛应用，其包括可靠性工作平台（实现可靠性和安全性分析）、可用性工作平台（实现可用性仿真和可维护性优化）、攻击树（实现安全性分析和受威胁评估）、网络可用性预测、风险等级和易操作性研究等模块。本节介绍该软件的可靠性工作平台（Reliability Workbench）模块。

2．IsoGraph 系统的可靠性工作平台模块

可靠性工作平台模块是一个集成的可靠性设计分析平台，可以完成可靠性分析的基础工作，包括以下几个分析工具。

（1）可靠性预计（Reliability Prediction）；

（2）故障模式和影响及危害性分析（FMECA）；

（3）可靠性框图（Reliability Block Diagram，RBD）分析；

（4）故障树分析；

（5）事件树分析（Event Tree Analysis，ETA）；

（6）马尔可夫过程分析。

1）可靠性预计的特征

电子产品的可靠性预计标准包括 MIL-HDBK-217F、GJB/299B、RDF2000 等，机械产品的可靠性预计标准包括 NSWC-98/LE1。

软件严格按照预计标准将元器件组织分类，同时在报价的时候，按不同的预计标准分开报价，保护用户投资。配合不同的标准，软件提供相应的元器件库，并对库做定期更新。

　　IsoGraph 的预计工具中附带维修性预计功能。参照 MIL-HDBK-472 标准，用户可以对系统和子系统的平均故障前工作时间进行预计分析，其修复时间包括准备时间、故障隔离时间、分解时间、更换时间、重装时间、调准时间、检验时间、启动时间。

　　2）FMECA 特征

　　依据的标准有 MIL-STD-1629A、GJB 1391—92、工艺 FMECA、设计 FMECA、商用飞机 FMECA，或者根据用户需求定制的 FMECA。FMECA 模块在可视化界面下构建框图，以表示构成设备或系统的部件或子系统的内在逻辑关系。该框图可以扩展开来以表示不同层次水平的失效模式。

　　软件能够在整个系统中自动跟踪故障影响、严酷度等级和故障原因。故障率和严酷度由软件自动计算得到。FMECA 工具能够在报告中过滤可监测和不可监测的故障，并决定可监测故障和总故障的比例。

　　FMECA 工具还提供了丰富的、可以扩充的数据库，包括故障模式库、严酷度库和短语库。这样可以节省大量的录入时间并保持术语的一致性。

　　FMECA 工具提供的分配库工具允许用户创建常用零部件和故障模式组。组中每种故障模式都有一个指定百分比，当用户在 FMECA 框图中添加元器件时，可以通过在分配库中选择合适的条目并同时加入失效模式，这样极大地提高了使用效率。

　　3）RBD 特征

　　RBD 工具在一个集成的环境中进行可靠性框图分析。RBD 工具能分析大规模、复杂的可靠性框图，处理指定系统或子系统的所有最小割集。RBD 工具能完成大量度量标准的计算，如系统或子系统的不可用度、不可靠度和预计故障数等。RBD 工具允许用户构造单一的工程数据库，包含一个或多个系统的失效模式数据和框图。一个大的框图可以分割成几个子系统（工程的层次数没有限制）。通过改变页和查找工具很容易实现子系统之间的导航。RBD 工具利用有效的最小割集生成算法来分析大型复杂的 RBD。

　　4）故障树分析

　　故障树分析是进行系统可靠性、安全性分析的一种重要方法，其最大特点是可以考虑人为因素、环境因素对顶事件的影响，还可以考虑多种原因相互影响的事件组合。

　　软件能够在可视化环境下快速建立故障树并进行综合分析。建树时可以按照产品层次结构，将故障树划分为多个小型故障树进行分析。通过"分页"功能，可将故障树的不同结构在同一个页面或各自独立的页面中进行设计分析，并支持分页显示和打印。

　　软件支持的逻辑门类型有与门、或门、非门、禁止门、转移门、表决门、优先与门、异或门。事件类型有基本事件、未展开事件、房形事件、条件事件。

　　软件在建树时可以迅速检索、定位逻辑门或事件，可以对图形和数据进行动态管理。

　　软件支持共因故障分析和人因故障分析，并能设置多种共因故障模型。

　　软件可以对故障树进行精确计算和简化计算，并提供多种优化计算功能。用户可以从割集阶数、割集发生概率、故障后果发生概率和成功事件概率因子等角度进行设置，以简化计算结果，节省分析时间。

　　软件具有运行速度快、占用内存少等技术特点，并能分析多达 20000 个逻辑门和 20000 个底事件的大型故障树。

　　软件可以计算故障树顶事件的不可用度、故障发生概率、平均故障间隔时间（MTBF）、平均维修间隔时间（MTTR）、总停工时间等可靠性参数，还可以计算底事件的重要度、出现频数，以及最小割集的不可用度、故障发生频数、重要度等。

　　软件在对复杂系统的系统级进行故障树分析时，可使用马尔可夫模型对关键子系统或设备进行动态分析。

　　5）事件树分析

　　事件树分析用于分析给定初因事件和后续事件的后果和影响，可以有效地分析复杂系统的可靠性和安全性。尤其适用于具有冗余设计、故障监测与保护设计的复杂系统的安全性和可靠性分析，同时兼顾对人为失误的考虑。

软件可以在可视化环境中快速建立事件树，软件支持大型事件树分页设计，并在分析报告中分页输出。

事件树中各事件的故障模型可以由用户直接输入，或者直接引用故障树中的逻辑门或事件分析结果，或者直接调用马尔可夫模型进行动态分析。

软件具有后果影响分析与风险评价的功能，后果影响分析可分类定义，可以从安全性、经济性、环境性和使用性等多方面进行定量计算。

在事件树分析工具中，完全事件树序列中的每个事件都包含了两个分支（成功和失败），用户根据工程实际情况对事件树分支进行简化，或指定局部故障树逻辑或门事件。

6）马尔可夫过程分析

马尔可夫过程分析工具用于描述连续时间变化下具有离散状态的随机过程，用来分析可修系统的可靠性和可用性。IsoGraph 公司的 Markov 工具采用马尔可夫过程分析方法，使用系统状态转移图进行可用性分析。

马尔可夫分析结果包括可靠度、可用度、故障发生频率、平均故障间隔时间、平均故障前工作时间、平均维修间隔时间等。

第8章　基于知识的产品设计方法

8.1　基于知识的产品设计概念与框架

机电产品设计是以设计知识为基础、以新知识获取为中心的。设计是典型的知识密集型工作，产品设计创新本质上是知识的创新，产品及其制造工程中的信息和知识要素的增加将成为主宰新产品竞争力的决定性因素。因此，在机电产品设计的各个方面，设计知识都起着关键的作用。同时，新产品的设计开发大多根据已有的设计知识，所以设计人员需要了解相关的背景知识和设计经验，才能快速地进行产品开发。因此，对已经或正在产生的设计知识要及时地提炼、管理，充分利用经过实践考验的产品设计知识，不仅可以大大缩短生产周期，还可避免设计失误，提高产品的一次成功率，有效地降低成本，提高产品的开发速度，最终增强企业的竞争力并赢得市场。

产品设计知识要素的增加与目前动态多变的市场，以及以计算机技术为核心的信息革命迫使制造业在产品设计方式、制造模式及相关技术方面进行变革。这种变革在设计方面主要表现在以下几个方面。①知识化。产品设计已从传统的数据、资料密集型转化为信息、知识密集型，成为面向市场、功能驱动、基于知识的设计，知识的运用成了设计过程的核心。设计的重心也由传统的基于经验的设计转变为基于知识的设计，设计更多依赖于新知识的获取而不是经验。②个性化。激烈的市场竞争和个性化的需求要求企业的设计和制造方式必须以用户为中心，实现产品的定制设计。③敏捷化。为了缩短产品的交货期和上市时间，以便在激烈的市场竞争中占据主动地位，企业在相应市场上必须具有敏捷性。

制造业竞争的日益全球化对产品设计制造提出了更高的要求。基于知识的产品设计方法在理论、技术、系统和应用方面都得到了发展，已经成为实现产品设计制造自动化、增强企业竞争能力、加速国民经济发展和国防现代化建设的一项重要高新技术。

"知识工程"一词最初是由斯坦福大学的 E. A. Feigenbaum 教授在 1977 年"第五届人工智能国际会议"上提出的。知识工程研究如何利用计算机获取、表达并利用人类的知识和经验，进行分析、决策、规划、设计，以期在现有的条件和规定的时间合理地解决问题。基于知识工程进行的信息处理是以知识为对象的，它比通常以数据为主的信息处理涉及的问题要广泛得多、复杂得多，从而更适用于非结构化问题的处理。知识工程研究的主要问题包括知识获取、知识表达、知识利用（推理问题）。

知识工程是人工智能在信息处理方面的发展，也是当前人工智能领域的研究热点。知识工程的研究使人工智能技术从理论转向了应用，从基于推理的模型转向基于知识的模型，是新一代计算机的重要理论基础。

本章首先介绍基于知识的产品设计概念与框架，然后介绍设计信息的表达方法与设计知识的概念，在此基础上，重点讲解基于专家系统的产品设计方法，最后给出一个基于知识的产品设计综合实例。

8.1.1　基于知识的产品设计概念

产品设计可以描述为将一组功能需求转化为一个具体实现结构的过程，是由一个包含多学科知识应用的分析与综合系统，系统的输入是能量、材料、信号等，输出是符合特定要求的物理实体。机械产品涉及技术、经济、社会、环境等诸多因素，需要个人经验和灵感的广泛参与，是一个复杂的系统工程，目前对设计系统中间的变化规律还没有十分有效的描述方法。一般认为，产品设计是一个问题求解（Problem-Solving）过程，它利用已有知识、资源和现有产品来创造新的产品（Product）和过程（Process）。

在基于知识的设计系统中，经常需要区分数据、信息和知识三个概念。

数据（Data）是记录客观事物的、可以鉴别的符号；信息（Information）是指关于客观事物的、可通信的知识；所谓知识（Knowledge），就其反映的内容而言，是客观事物的属性与联系的反映，是客观世界在人脑中的主观映像。

数据、信息与知识有其内在的联系。数据在使用中提升为信息，转化为知识，继而积累为企业智力资产，指导产品设计——基于知识的产品设计。

基于知识的产品设计系统开发是一个综合的过程。开发者将搜集到的产品设计、分析和制造方面的一切信息（包括设计规则、标准及设计制造对象的要求）和专家的知识与经验，集成到设计系统中，使得设计人员能在设计的不同阶段得到系统在不同程度的在线设计支持。它是 CAD/CAM/CAE 系统、知识库、数据库等的集成，不仅体现了并行工程思想，而且强调专家知识和经验的继承、传递和共享。

8.1.2　基于知识的产品设计框架

基于知识的产品设计系统开发包括以下内容。

（1）知识获取。项目开发者首先获得该领域的知识，主要获取途径是该领域的专家和数据库。与传统设计不同，基于知识的产品设计将获得的知识形成规则库和数据库，而不是在每次设计时分别获得每位专家的指导。

（2）知识表达：获得的知识要表达成计算机能够识别的符号，并具有某种机制，以便进行修改、删除、添加等管理活动。被表达的知识可被不同的软件共享并允许重复使用。知识的表达方法依据所表达的对象而有所不同。工程设计中常用的表达方法有产生式规则（Production Rule）和框架模式（Frame Work）。

（3）知识推理：也称为知识运用。这一过程将建立起与知识库分离的推理机，依据所表达的知识进行逻辑推理，以解决设计中出现的各种问题。

（4）输出：通常基于知识的产品设计系统开发都基于一个 CAD 软件，并给出一个带有知识库、数据库和推理功能的设计支持软件。

基于知识的产品设计系统的体系结构如图 8-1 所示。

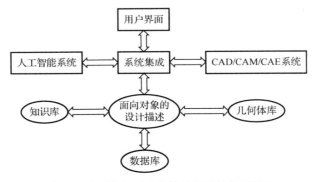

图 8-1　基于知识的产品设计系统的体系结构

8.2　设计信息与设计知识

8.2.1　产品设计过程中的信息

构成一个产品的基本要素包括三个：材料、能量和信息。不同尺度、不同材质的材料（包括金属材料、非金属材料、复合材料、碳纤维材料、功能梯度材料、压电材料、磁致伸缩材料）组成产品的机构和结构；产品驱动或者能量转换则需要能量，包括机械能、电能、核能、风能、水能、光能；而输入/输出（I/O）、数/模（D/A）转换，即产品功能实现、产品状态监控（软硬兼施来控制振动、噪声、疲劳、断裂）、产品性能改进、产品全生命周期管理（希望产品节能、环保、美观、舒适——赏心悦目或得心应手）则是三个要素中容易忽视却不可或缺的信息。材料、能量和信息三者自身和它们之间的关系如图 8-2 所示。

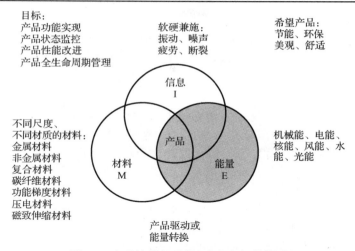

图 8-2　产品的基本要素和它们之间的关系

现代机械产品在智能化、个性化、生态化、极限化（巨型或微型化）、集成化、模块化、信息化、网络化等方面有更高的要求，相应地强化了对现代设计理论与方法的需求，要求产品的设计开发进程向知识化、分布化、协同化、虚拟化和定制化方向转变。

1. 产品设计的基本流程

工程技术是人类征服自然、改造世界的强大武器，而工程设计则是对工程技术系统进行构思、计划，并把设想变成现实的技术实践活动。设计系统是为了创造性能好、成本低（物美价廉）的产品的技术系统。图 8-3 以流程图的方式展示了产品设计的基本流程。

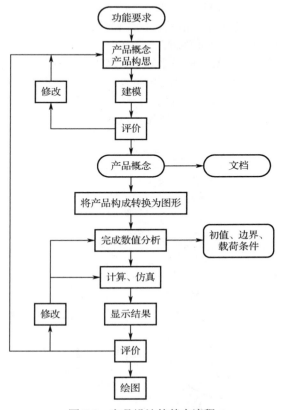

图 8-3　产品设计的基本流程

2．产品设计中的信息处理

设计分析、设计综合与参数化工程设计是产品设计中的几种主要的信息处理方法。

设计分析是指在产品的方案、结构、材料、尺寸、制造及装配工艺大体上确定以后，对产品的性能做较深入的分析，如运用优化设计、有限元分析、动态性能分析和 CAD 系统中的二维工程图的参数化处理等手段来完成。

设计综合是指在产品设计初期，设计者想完成某一功能，而将各种与产品有关的事物综合在一起以便确定方案的过程。设计综合是在完成一定功能的前提下，对产品拟定或选择方案、结构、材料、尺寸、制造及装配工艺的创造性过程。设计综合强调产品设计初期阶段的创造性。

设计分析和设计综合的目的是提高设计效率及提高设计方案的可行性。

3．产品设计的信息处理特点

产品设计具有信息处理密集的特点，在产品设计过程中，对知识和信息的处理贯穿整个设计过程。例如，功能需求信息、设计参数信息、组成结构信息等，将这些信息通过计算机进行建模、分析和处理，可辅助设计人员完成产品的设计。在实际的产品设计过程中，还必须考虑设计规模的大小及信息的复杂程度，因为这都将直接影响产品后续的开发及应用，包括设计变量的数目及响应的数目、计算时间的代价、产品设计的目标及不确定因素。

产品设计具有将功能向产品物理结构转换的特点，设计过程指将所要求功能的一些现象，向实际产品的具体化进行综合和高效率转移，通过市场信息分析和发掘所要求的功能，创造产品的概念，进行产品的构思，将其具体实现、最优化、生成记录等，并进行综合，使抽象的概念具体化。

产品设计的解具有模糊性的特点，在产品设计中，不需要一味地像求解数学问题那样追求唯一解。同一个设计要求往往可以得到多个解，有必要从这些解中进行选择，此外，也不可能得到绝对的最优解。也就是说，即便在某个时期是最优解，也并非能与技术的进步同步最优。

4．基于知识的计算机辅助设计中的三个侧面

设计问题全都用计算机来处理是不可能的，因此如何让计算机来辅助设计人员进行创造性的活动，也是基于知识的产品设计系统研究所面临的主要问题。

图 8-4 所示为设计中充分应用计算机的三个侧面。这三个侧面概括为概念方面、理论方面及经验方面。其中，在理论方面和经验方面，多数的范畴可以以计算机为主要手段来进行信息处理。随着数字计算机的进步，计算机在科学计算方面已得到广泛的应用，随着信息网络的进步，在经验方面也迅速达到了可应用的阶段。设计人员是信息处理的主体，他们的想象决定了产品开发的方向。因此，概念方面的设计是最有创造性的。

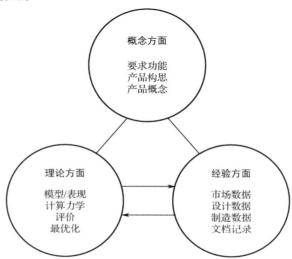

图 8-4　基于知识的计算机辅助设计中的三个侧面

5．计算机辅助设计中的信息综合

图 8-5 表示对计算机辅助设计中的主要技术进行综合的核心问题是信息综合，需要解决好以下三个问题。

（1）人机接口：人机接口是将设计技术引入设计人员一方，将其置于设计助手/伙伴位置的技术。设计人员头脑里描述的产品及修正产品的构思，可通过网络在计算机图形表示的可视化窗口内表达和交互，给设计者的创造性活动以有力的帮助，这种技术十分重要。

（2）数值计算/仿真：主要有数值计算的精细化和复合化两方面的研究。在数值计算的精细化方面，可广泛应用有限元法、差分法、边界元法等。在数值计算的复合化方面，往往将各领域中的计算力学问题连接起来计算，即形成所谓的组合计算系统。

（3）数据库：数据库集中了规范化的知识、图样、统计数据、制造数据、文件数据、记录等设计工作中所必需的基础数据。传统意义上的计算机最擅长的是科学计算，而现如今的计算机从计算软件和数据的有效灵活应用的观点出发，计算机的应用变得更广泛了。可以预料，将设计分为三个侧面的理论和经验将成为设计技术的两个"车轮"，数据库领域里特别重要的问题是数据库的结构、更新和灵活应用。知识工程让数据库和数值计算紧密地结合起来，评价产品的性能和可靠性，以达到最优化的目的。

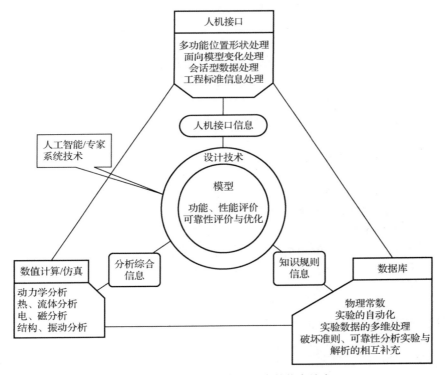

图 8-5　基于知识的产品设计中的信息综合

6．设计信息表示的主要数据模型

数据元素以数据为基本单位，是考察集合中数据间关系的基本个体。合理选择数据元素有利于使描述的对象清晰化，数据元素的选择也与设计者的思维方式有关。在设计产品时，把产品的每个部件看作一个相对独立的单元，即一个数据元素。进一步，在设计一个部件时，把部件的每个零件看作一个相对独立的单元，即一个数据元素。零件还可以分解成为若干有过程意义的基本形体，如长方体、圆柱体等。因此，数据元素本身可以是简单的基本数据，如整型数、浮点数、数值型数等，也可以是复杂的复合体。

数据元素及其相互间关系组成产品的数据模型。数据模型是数据高度结构化的表现。常见的数据模型有三种：关系型、层次型和网络型，如图 8-6 所示。

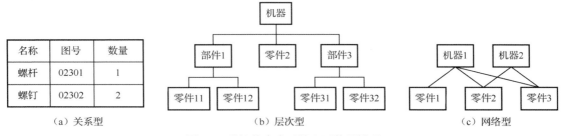

图 8-6 设计信息表示的主要数据模型

8.2.2 设计信息模型

设计过程是指对大量设计信息的分析、综合及评价，形成满足用户需求、具有特定功能的产品物理结构。因此，采用计算机进行产品辅助设计的关键是建立合理的设计信息模型，将设计过程中不同侧面、不同阶段的信息采用一定的数据结构表示出来，以便于计算机进行计算、分析和推理。为有效支持基于知识的计算机辅助设计过程，设计信息模型应具备如下特征。

1）支持产品功能表达

产品设计过程是根据用户提出的功能要求来得到系统方案的过程，功能是机电系统的出发点，也是归宿，因此产品设计信息模型应以功能表达为核心。

2）支持产品多层次抽象表达

产品设计过程是一个渐进的、逐步完善的、不断细化的过程，因此产品设计过程中的各个阶段的信息抽象程度不同。采用多层次抽象表达，将会有利于产品设计的步步深入，达到功能要求。

3）支持自顶向下的设计过程模式

产品设计过程一般是自顶向下（Top-Down）进行的，经历的过程为定义产品的功能表达—进行功能分解—寻求功能的物理实现—进行方案评价。若不能满足要求，则需重复上述过程。产品设计信息模型应能支持 Top-Down 式的设计过程，具有向下信息的可扩充性。

4）支持产品设计信息的共享和重用

产品设计过程需要得到多个方面的设计资源和信息的支持，一方面可以加快设计过程，另一方面可以完善设计结果。因此，信息的共享和重用对产品设计十分重要。

5）减少信息的冗余

在产品设计信息模型的建立过程中，要充分注意减少信息的冗余，以及避免同一种信息在多个地方的表达。这样可很好地维护产品设计过程中信息的一致性，并有利于提高产品的自动设计效率。

下面介绍一种通用的产品设计信息模型：功能-行为-结构（FBS）模型。FBS 模型描述了设计过程的三个要素或三个视图，即功能、行为和结构。功能代表了用户需求，在产品设计信息中起到引领作用，而一项功能则通过特定的行为来实现，进而产品的某项行为由一定的物理结构完成。例如，自动洗衣机具有"甩干"功能，此功能是通过"滚筒的高速旋转"行为来实现的，而该行为由电动机、轴系和滚筒组成的物理结构完成。如图 8-7 所示，功能、行为和结构形成产品设计信息的三个不同视图，反映了产品不同阶段或不同侧面（如不同部门）所要处理的信息，功能视图反映产品的若干功能特征，主要被销售、市场部门所关注；而行为视图主要涉及产品技术特性方面的信息，采用若干技术参数来表征，被设计部门重点考虑；而结构视图主要涉及产品的可制造性，用部件/总装配层次结构来表达，是制造、服务部门所关注的对象。

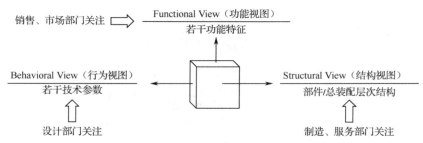

图 8-7　设计信息的 FBS 模型

基于 FBS 模型进行产品设计过程，主要是从功能到行为再到结构的映射过程，也称为功能求解。这种映射在计算机的辅助下实现，也就是基于知识的产品设计。前提是需要分别对功能、行为和结构信息进行描述，下面分别叙述三种信息的描述方法。

1）功能信息描述

对产品特定工作能力的抽象化描述可以确定它们的核心功能。例如，飞机场的核心功能是飞机起落。但只有飞机起落还不能形成完备、高效的机场，应该把其他辅助核心功能完成，其他一系列相关功能称为辅助功能，如旅客输送、安检登机、行李托运、通信联络等。把核心功能和辅助功能的总和称为总功能。

进行功能求解前需要将总功能分解为若干分功能，分解时一般采用以下两种方法：

（1）按解决问题因果关系或手段目的关系来分解出各个分功能；

（2）按产品的工作流程先后顺序来分解得到相应的分功能。

功能分解一般采用层次数据模型的功能树进行表达，功能树模型可清晰地表达各分功能的层次和相互关系，一般来讲，顶层和中间层的功能节点对应一定的用户设计意图，而低层的节点是上层节点的分解，一般可对应一个或几个行为。图 8-8 为全自动洗衣机的功能树模型。

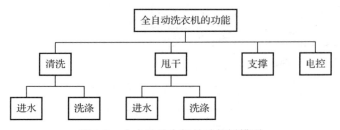

图 8-8　全自动洗衣机的功能树模型

2）行为信息描述

一方面，产品的功能通过特定的行为或行为集合来完成；另一方面，一个完整的产品设计可能包含大量的行为，包括一些不反映原来设计意图的行为，如轴承完成支撑轴的行为伴随着轴承磨损的行为。此外，产品的行为之间具有顺序或因果关系，如机床异常导致报警行为、轴承旋转导致磨损。行为之间具有分解关系，一个大的行为可以通过子行为组合完成，如全自动洗衣机的"旋转滚筒"行为，可以分解为"电动机轴旋转"和"减速器轴旋转"两个行为组合。行为又分为内部行为和边界行为，内部行为是为了完成相应功能而没有与环境交互的行为，而边界行为则是具有与周围环境的交互行为，如自动洗衣机的"排水"行为。因为行为之间具有因果关系，又有组合层次关系，所以采用网络数据模型的有向图来（网络图模型）进行表达，节点表示行为或子行为，而边则表示行为之间的关系，如顺序因果关系或组合关系。图 8-9 为描述洗衣机行为信息的网络图模型。

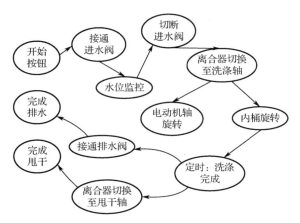

图 8-9　洗衣机行为信息的网络图模型

3）结构信息描述

产品结构信息模型是描述产品的结构组成及各组成元素相互关系的信息总和，如图 8-10 所示。构成产品的组成元素包括部件、组件和零件。部件的父件是产品，其子件可以是组件也可以是零件，需要有装配工艺完成其装配工作；组件的父件是部件也可以是组件，其子件可以是组件也可以是零件，组件在进行装配以后，还可能需要进行机械加工；零件的父件是组件，无子件，不需要进行装配而仅需进行诸如毛坯铸造、机械加工、热处理、冷冲压等机械加工。

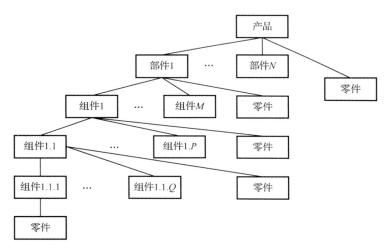

图 8-10　产品结构信息模型

产品结构信息模型应包含以下三类信息。①工程图形信息。产品、部件、组件对应的是装配图，零件对应的是零件图；②基本属性信息。描述了产品、部件、组件及零件的图号、名称、规格、来源（自制件、标准件、外协件、外购件等）、质量、数量、计量单位等；③装配信息。用以描述产品与部件、部件与组件、组件与零件之间的装配结构关系。

产品结构信息模型可以用产品明细（BOM）表进行描述，BOM 表不仅反映了产品结构组成，还能清楚地包含产品各组成元素间的层次关系。在设计产品零部件 BOM 表时，用父件代码字段来识别零部件在产品结构中的层次，还要考虑制造企业信息化系统中所需的零部件基本信息，所以BOM 表的每个条目包含的内容有零部件代码、零部件基本信息（图号、材料、规格、来源）、父件代码等。

8.2.3 设计知识的概念

在以计算机为工具进行辅助设计的过程中,将设计信息按照一定的规范进行表达,形成可以应用的设计知识,能够便于计算机处理。本节主要对设计中要用到的知识进行归纳。

在产品设计中,设计知识是指能用于产品设计与决策的各种信息与经验的总和。设计知识种类繁多,从逻辑抽象的角度来分,有设计对象属性及其关系的知识、对象发展规律及设计控制进程的知识、技巧或经验类的知识、设计常识和设计知识的组织。从知识属性来分,有描述设计对象的静态知识和描述设计过程的动态知识。从获取途径来分,有工程示例知识、工程规范知识和设计经验知识等。总体而言,设计知识包括以下几个方面的内容。

(1)设计原理。设计原理是指在产品设计领域长期发展形成的领域设计知识。设计原理内容形式确定了产品设计过程中的结构原理、组织原理、具体设计方法等。

(2)设计经验。设计经验是设计人员经过长期实践后总结出来的最宝贵的知识财富,对它的使用贯穿于产品设计的整个活动。设计经验有助于得出设计雏形,确定设计重点、难点,较快解决设计中的某些问题。设计经验主要包括经验公式、经验数据、叙述性经验等。

(3)设计规范。包括各种设计手册、公式和标准。这些设计知识是一些相对形式化和标准化的设计指南和参考,是设计人员在产品开发时广泛使用和遵循的规范依据。遵循这些标准有利于产品的系列化和标准化,提高与同类产品之间的兼容性和互换性。

(4)设计过程。设计过程实际是一系列相连问题的求解过程,包括用户需求的分析,概念设计的完成,最后形成完整的产品信息。此过程记录了整个产品设计中所包含的推理和映射。

(5)已有的产品及模型。包含了大量关于现有产品结构和功能等方面的设计知识,这些设计知识一般用图纸、说明书等文档来表示和传递。另外,还包含了已有产品在原设计时的各种方案、选择原则、执行解、方法评估、仿真结果、实验记录、制造记录、应用记录和总体评价及表现等,这些对新产品的设计和开发具有重要的借鉴价值,是构成设计知识的主要组成部分。

(6)实验与检测数据。主要指产品在工作状态下获取的运行数据,包括产品自身的变化(产品结构、产品特性及产品状态)和产品周围环境的变化。通过这些数据的采集与分析,有利于更深刻地认识产品及完善产品设计。

(7)市场信息和用户需求。市场信息和用户需求的获取主要是为了得到准确的产品设计规范,以便更好地为产品的开发和设计服务,同时,产品设计中用到的许多参数信息也来源于此。特别是在当前的买方市场下,对用户信息的掌握程度就显得尤为重要,用户信息和市场信息的准确程度成为决定新产品是否适应市场需求及设计成败的重要因素。

在传统产品设计过程的角度上,已经研究总结了产品设计各个阶段大量可能的信息(知识)源。谢友柏院士将设计知识的来源划分为 6 个方面:已有知识、市场信息、数字仿真或虚拟现实、物理模型实验、样机实验及已有产品在运行中的表现(用户反映)。设计经验是非正式的设计知识(或称为隐性知识),通常包含在设计人员的笔记、记忆(大脑)中。鉴于隐性知识(专家设计经验)难于进行显性编码,有学者认为可以通过知识地图实现专家导航,知识地图可标明企业在何处、何人采用何种知识,员工通过知识地图可迅速找到咨询专家。但这种方法回避了隐性知识的显性化问题,因此有一定的局限性。这种方法可以尽量不干扰设计人员获得设计知识。隐性知识的获取可以通过非正式交流、会议、个人交流、设计总结等形式显性化,以便于设计经验的共享和重用。显性化的隐性知识可以以回答问题的形式,也可以以文档、数据库的形式来保存建议知识、最佳时间、失败案例知识等。

从产品设计知识的表现形式上,可以将设计知识分为三种类型:数据型、过程型与模型型,如图 8-11 所示。

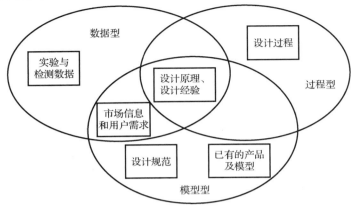

图 8-11　产品设计知识的表现形式

8.3　基于专家系统的产品设计方法

8.3.1　专家系统的概念

专家系统是人工智能中非常具有实用价值的研究领域，其开发技术也基本成熟。

8.3.1.1　专家系统的定义

专家系统是利用大量的专门知识，通过知识推理来解决特定领域中实际问题的计算机程序系统。也就是说，专家系统中已经存在了大量的专家知识，这些知识在特定领域中已经解决了很多实际问题，对于那些不具备这些知识的人，专家系统可以帮助你针对实际问题中出现的现象（已知事实）推断出产品产生这种现象的本质原因。例如，医疗诊断专家系统能够通过病人的症状，推断出病人得了什么病，需要进行什么样的治疗。从出现的现象（已知事实）推断出产生这种现象的本质原因是运用知识推理的方法来完成的。

8.3.1.2　专家系统的特点

专家系统需要大量的知识，这些知识属于规律性的知识，它可以用来解决千变万化的实际问题。它使计算机应用得到更大的推广。

计算机的应用发展概括为数值计算（算法）、数据处理（数据库）、知识处理（知识推理）。

用一个通俗的例子来说明。例如，求解微积分问题，是利用 30～40 条微积分公式来求解千变万化的函数的微积分问题，得出各自的结果。其中，微积分公式就是规律性的知识，求解微积分问题就是对不同的函数反复地利用微积分公式进行公式推导，最后得出该问题的结果。这个推理过程是一个不固定形式的推理，即前后用哪个公式、调用多少次这些公式都随问题的变化而变化。

由于函数和微积分公式都是用符号表示的，故知识处理属于符号处理。知识处理完全不同于数据处理和数值计算。知识处理与它们之间区别如下。

1）对比数据处理

数据处理主要对数据库进行操作，数据库中存放的记录可以看成事实性知识。也可以把检索数据库记录看成知识推理。它与专家系统的不同在于知识只包含事实性知识，不包含规律性知识。

知识推理是对已有记录的检索，若记录不存在，则检索不到。不能适应变化的事实，推理不出新事实。

2）对比数值计算

数值计算用算法解决实际问题，对不同的数据可以算出不同的结果。如果把数据看成知识，算法看成推理，它也是一种知识推理。它与专家系统的不同在于以下两点。

（1）算法（推理过程）是固定形式的。算法一经确定，推理过程就固定了。而专家系统的推理是不固定形式的，问题不同，推理过程也不一样。

（2）数值计算只能处理数值，不能处理符号。

从上面的分析可见，数值计算、数据处理是知识处理的特定情况，知识处理则是它们的发展。知识处理的特点：知识包括事实和规则（状态转变或者是因果关系）两种形式；适合于符号处理；推理过程是不固定形式的；能得出未知的事实。

8.3.2　专家系统的结构和原理

专家系统的结构包括知识库、推理机、知识获取和人机接口 4 个基本模块。专家系统的结构如图 8-12 所示。

知识获取是把专家的知识按一定的知识表示形式输入到专家系统的知识库中。专家一般不懂计算机，需要知识工程师将专家的知识翻译和整理成专家系统需要的知识。

人机接口是根据用户的咨询去搜索知识库中的知识，找到相应的知识后进行推理，得出结论，该结论可能要继续在知识库中反复地去搜索新知识和推理，一直推理到问题的目标结论，再反馈给用户。

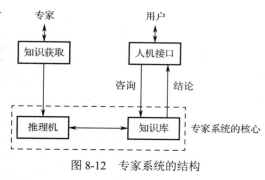

图 8-12　专家系统的结构

专家系统的核心是知识库和推理机，这样就可以把专家系统概括为专家系统=知识库+推理机。

1．知识库

知识库中有两个主要问题：知识的表示形式、知识的精确程度。

1）知识的表示形式

目前，知识的表示形式较常用的有产生式规则（If-Then）、谓词逻辑（真假二值）→模糊逻辑（[0,1] 连续值）、框架、语义网络、剧本、本体。

2）知识的精确程度

知识的精确程度包括精确知识——公式、公理（原理性），不精确知识（经验性）。不精确知识的表示方法有可信度、概率、证据理论、模糊数学。

2．推理机

不同的知识表示形式有不同的推理机制，具体说明如下。

（1）产生式规则的推理机制是假言推理，即 $p \to q \mid -q$。

（2）谓词逻辑的推理机制是归结原理（反证法）。后来发展的模糊逻辑的推理机制是模糊推理（模糊集的合成运算）。

（3）框架的推理机制是填槽。

（4）语义网络的推理机制是联想。

（5）剧本的推理机制是对情节的解释。

（6）本体的推理机制是对概念的细化。

8.3.3　专家系统应用与开发的困难

1．专家系统的应用领域

（1）翻译系统：根据获得的数据，用已设定的含义来解释它，如语言翻译、语言理解、化学结构说明、信号翻译等。

（2）预测系统：在给定条件下推理出可能的结果，如天气预报、人口预测、交通预测、军事预报等。

（3）诊断系统：从可观测的现象中推出系统的故障，即从所观测的不正常行为找出潜在的原因，如医学诊断、电子学诊断、机械诊断、软件诊断等。

（4）设计系统：制定满足设计要求的目标方案，即根据各自目标间的相互关系，构成目标方案，并证明这些方案和提出的要求相一致，如电路设计、建筑设计及预算的编制。

（5）规划系统：设计行为动作，即利用对象的行为特征模型来推断出对象的行为动作，如自动程序设计、机器人、计划、通信、实践和军事等规划问题。

（6）监控系统：通过对系统行为的观测指出规划行为中的不足之处，如计算机辅助监控系统可用于原子能工厂、航空、医疗等部门。

（7）调试系统：指出故障的补救方法。它依靠规划设计和预测来产生正确处理某个诊断问题的提示或推荐方案。

（8）维修系统：执行一个规划来完成某一个诊断问题的解决方法。这类系统综合了调试、规划和执行的能力。

（9）控制系统：一个专家控制系统能自动控制系统的全部行为。它反复解释当前情况，预测未来，诊断和预测到问题的产生原因，做出处理计划及监督系统运行，并保证正常的操作。控制系统已应用在航空控制、商务管理、战场指挥等方面。

2．专家系统应用概况

1965 年，E. A. Feigenbaum 与化学领域专家合作，研制出世界上第一个专家系统 DENDRAL，为用户提供有机化学分子结构的解释服务。具有使用价值的 PROSPECTOR 矿藏勘探专家系统，在华盛顿州发现了一个钼矿，获利一亿美元。对后来影响较大的有 MYCIN 治疗细菌感染疾病专家系统。

现在，专家系统及专家系统工具已经越来越多，已经成为人工智能的基础技术。例如，中国科学院合肥智能所承担的国家"863"重大项目——中国农业专家系统，包括水稻、棉花、小麦等的施肥、灌溉等生产管理专家系统，鸡、鸭、猪、鱼病等防治专家系统等，该专家系统已经在全国 27 个省和直辖市、500 多个县推广应用，应用土地面积超过了 1 亿亩。

3．专家系统开发的困难

1）知识获取困难

建造专家系统的主要任务是知识的形式化和知识库的实现。这是一个重要而困难的问题。许多专家系统所需的成百条规则和大量事实往往是靠访问有关领域专家来获取的。把专家的知识表示为事实和规则是枯燥而费时的过程。知识获取是专家系统构成的"瓶颈"。主要困难在于以下几点。

（1）专家陈述知识的方法和计算机程序表达之间存在差异。有些问题连专家自己也无法表示。专家总是用可以理解的方式陈述知识，这些知识包含背景、概念、关系、问题等，这很难用计算机程序形式进行描述。

（2）专家知识又存在主观性、不确定性（部分正确）等问题，为专家系统带来困难。对于同一问题的解决方式，不同的专家有不同的看法。知识的不一致性主要包括知识的冗余、蕴含、矛盾、遗漏等。这对专家系统来说是不可忽视的问题。

目前，专家系统的知识表示主要集中在产生式规则、谓词逻辑、语义网络、框架、本体等几种形式。后来兴起了"神经网络"模型，这也是一种新的知识表示，它将扩大专家系统的应用范围。

知识获取的一种有效方法：根据产生式规则之间的关系，按逆向推理方式（下面将讲到）连接有关知识，形成推理树（知识树）。由知识工程师向专家进行启发式提问，从问题的总目标节点开始，逐层向下扩展树的分支和下层节点，从中提取规则知识。这种向下扩展知识树的方法，能有效地获取解决该目标问题的全部规则知识。

2）专家系统解决问题的能力受知识库中知识范围的约束

专家系统解决问题的能力取决于知识库中的知识范围，专家系统解决不了知识库中知识范围以外的问题。

专家系统除需扩充知识库中的知识外，还应该增加常识。更广泛的知识能使专家系统解决问题的能力更强。

8.3.4 产生式规则专家系统

目前，用产生式规则知识形式建立的专家系统是非常广泛和流行的，原因在于产生式规则知识表示形式容易被人理解，它是基于逻辑推理中的演绎推理的，保证了推理结果的正确性。产生式规则所连成的推理树（知识树）可以是多棵树。树的宽度反映了实际问题的范围；树的深度反映了问题的难度。

8.3.4.1 产生式规则知识的特点

产生式规则知识一般表示为 if A then B，即若 A 成立则 B 成立，简化为 $A \rightarrow B$。

产生式规则知识有以下特点。

（1）相同的条件可以得出不同的结论，如

$$A \rightarrow B, \ A \rightarrow C$$

注意：这样的规则有时允许，有时不允许。

（2）相同的结论可以由不同的条件来得到，如

$$A \rightarrow G, \ B \rightarrow G$$

（3）条件之间可以是"与"（AND）连接和"或"（OR）连接，如

$$A \wedge B \rightarrow G, \ A \vee B \rightarrow G（相当于 A \rightarrow G, \ B \rightarrow G）$$

（4）一条规则中的结论，可以是另一条规则中的条件，如

$$F \wedge B \rightarrow Z, \ C \vee D \rightarrow F$$

其中，F 在前一条规则中是条件，在后一条规则中是结论。

由于以上特点，规则集能做到以下两点。

（1）能描述和解决各种不同的、灵活的实际问题（由前 3 个特点形成）。

（2）能把规则集中的所有规则连成一棵"与""或"推理树（知识树），即这些规则集之间是有关联的（由后 2 个特点形成）。

8.3.4.2 产生式规则知识推理

推理是从已知事实出发，通过运用相关知识逐步推出目标结论的过程。

在进行产生式规则知识推理时，需要在大量的规则知识中进行搜索，找到所需要的规则知识，这种搜索的代价远超过了对规则知识的匹配（假言推理），搜索就成了推理机中的重要组成部分。更明确地说就是

推理机=搜索+匹配（假言推理）

在推理过程中，是一边搜索一边匹配的。产生式规则中的匹配是利用已知的事实来完成一条规则的假言推理，这条规则需要在规则库中去搜索并找到。已知的事实来自用户提问，或来自假言推理的结论。搜索和匹配可能会成功或不成功，对于不成功的匹配将引起搜索中的回溯，重新向另一条路径搜索。可见，搜索过程包含了回溯。

对于推理中的搜索和匹配过程，如果进行跟踪并显示，就形成了向用户说明的解释机制。好的解释机制不显示那些失败路径的跟踪。

产生式规则知识推理有正向和反向两种推理，推理前需要把已知的事实放入事实库中，推理后得到的结论也要放入事实库中。

1）正向推理

逐条搜索规则库，检查事实库中是否存在每一条规则的前提条件。若前提条件中各子项在事实库中不是全部存在的，则放弃该条规则。若在事实库中是全部存在的，则执行该条规则，并把结论放入事实库中。反复循环执行上面的过程，直至推出目标，并存入事实库中为止。

2）逆（反）向推理

逆向推理是从目标开始，寻找以此目标为结论的规则，并对该规则的前提进行判断，若该规则的前提中某个子项是另一个规则的结论时，再找以此为结论的规则，重复以上过程，直到对某个规则的

前提能够进行判断。按此规则进行前提判断（"是"或"否"）得出结论的判断，由此回溯到上一个规则的推理，一直回溯到目标的判断。逆向推理用得较多，主要是因为它目标明确、推理快。

8.3.4.3 推理树（知识树）

规则库中的各条规则之间一般都是有联系的，即某条规则中的前提是另外一条规则中的结论。按逆向推理思想，把规则的结论放在上层，规则的前提放在下层，将规则库的总目标（它是某些规则的结论）作为根节点，按此原则从上向下展开，连接成一棵树。这棵树一般称为推理树或知识树，它把规则库中的所有规则都连接起来。由于连接时有"与"关系和"或"关系，从而构成了"与或"推理树。可以通过示意图的形式画出。该推理树是逆向推理树，是以目标节点为根节点展开的。例如，若有规则集为

$$A \vee (B \wedge C) \to G$$
$$(I \wedge J) \vee K \to A$$
$$X \wedge F \to J$$
$$L \to B$$
$$M \vee E \to C$$
$$W \wedge Z \to M$$
$$P \wedge Q \to E$$

其中，目标为 G，按逆向推理画出"与或"推理树，如图 8-13 所示。

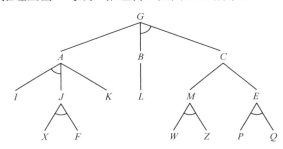

图 8-13 "与或"推理树

用规则的前提和结论形式画出一般的逆向推理树，如图 8-14 所示。

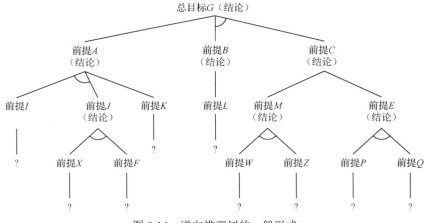

图 8-14 逆向推理树的一般形式

逆向推理树的叶节点的取值（yes，no）对不同的问题是不同的，需要向用户提问并根据用户的回答，反推出目标根节点的结果（yes，no）。

该"与或"推理树的特点如下。

（1）每条规则对应的节点分支有与（AND）关系、或（OR）关系。

（2）树的根节点是推理树的总目标。

（3）相邻两层之间是一条或多条规则连接。

（4）每个节点可以是单值（yes，no），也可以是多值（如优、良、中、可、劣）。若节点是多值，搁置对应的规则将不同。

（5）所有的叶节点都安排向用户访问的过程，或者把它的值直接放在事实库中。

8.3.4.4　推理树的逆向推理过程

逆向推理过程在推理树中的反映为推理树的深度优先搜索过程。以上面的推理树为例，其搜索过程如图 8-15 所示。

从根节点开始搜索，经过 A 节点到 I 节点，I 是叶节点，向用户提问，若回答为 yes，则继续搜索 J 节点，再到 X 节点，X 是叶节点，向用户提问，若回答为 yes，再搜索 F 节点，向用户提问，若回答为 no，由于是"与"关系，回溯 J 节点为 no，再回溯 A 节点暂时为 no。由于 A 节点还有分支，则搜索 K 节点，若回答也是 no，则此时 A 节点为 no（因已没有其他分支）。向上回溯时 G 暂时为 no，搜索其他分支，到 B 节点，再到 L 节点，提问回答为 yes，回溯到 B 节点为 yes，再到 G 节点，由于是"与"关系，搜索另一分支 C 节点到 M 节点，再到 W 节点，提问回答若为 yes，再搜索 Z 节点，提问回答也是 yes 时再回溯到 M 节点，若为 yes（由于是"与"关系），再回溯到 G 节点，为 yes，结论已求出，E 分支就不再搜索了。

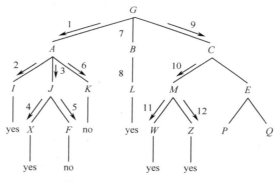

图 8-15　逆向推理的搜索过程

8.3.4.5　计算机中的逆向推理过程

在计算机中实现逆向推理过程时，并不把规则连成推理树，而利用规则栈来完成逆向推理过程。当调用此规则时，把它压入栈内（相当于对树的搜索），当此规则的结论已求出（yes，no）时，需要将此规则退栈（相当于对树的回溯）。对规则栈的压入和退出过程，相当于完成了推理树的深度优先搜索和回溯过程。规则栈的结构如图 8-16 所示。

规则号	前提表	结论
		I
3	I、J	A
1	A	G

图 8-16　规则栈的结构

8.3.4.6　节点的否定

由上述可见，每个节点有两种可能的结果，即 yes 和 no，叶节点为 no 是由用户回答形成的。中间节点为 no 是因为叶节点为 no，回溯时引起该节点为 no。对中间节点的否定需要注意的是，若当该节点还有其他"或"分支时，不能立即确定该节点为 no，必须再搜索另一分支，当另一分支回溯为 yes 时，该节点仍为 yes。中间节点只有所有"或"分支的回溯值均为 no 时，才能最后确定该中间节点为 no。

8.3.4.7　目标的多值求解

当目标取多值时，目标求解分两种情况。

1）多值间互斥

这种情况是当目标可取多值时（如成绩优、良、中、可、劣），这些值之间是互斥的，即目标只能取其中一个值。这种情况下对目标的搜索求解，是按顺序搜索目标的各个取值。前一个目标值不成立时，搜索后一个目标值，直到搜索求解出一个目标值成立为止。

2）多值间不互斥

这种情况是当目标取多值时，这些值之间不互斥。这样，对目标搜索求解取得一个值后，搜索不能停止，还需继续进行，对目标的所有取值都必须搜索求解到，当目标取值采用可信度时，所有目标取值（如肺炎、肺结核等）都是不互斥的，必须对所有取值都搜索求解到，得到每个取值的可信度（如"肺炎"可信度 0.8、"肺结核"可信度 0.6），然后，按可信度大小排序。当目标取某值的可信度为 100（或 1）时，将排斥目标取其他值。

8.3.5 不确定性推理

1. 不确定性推理的概念

不确定性推理主要研究由于知识具有不确定性（包括事实的不确定性和规则的不确定性），导致在推理过程中引起结论的不确定性的传播情况。人类专家大部分决策都是在知识不确定的情况下做出的，如对病人的诊断。专家系统也必须具备在信息不完全的情况下进行推理的能力。

1）事实的不确定性

"事实"有时称为"证据"，它有不确定性因素，如含糊性（事实的意义不明确或有歧义，需要上下文才能确定）、不完全性（如变化的市场，获得完整的信息是不可能的）、不正确性与不精确性（事实的观测结果与真实情况有差别）、随机性、模糊性等。

事实不确定一般用可信度 CF（Certainty Factor）值表示，它的取值范围为

$$0 \leqslant CF \leqslant 1 \ \text{或} \ 0 \leqslant CF \leqslant 100$$

例如，"肺炎 CF=0.8"表示某病人患肺炎的可信度为 0.8。

2）规则的不确定性

规则反映了客观事物的规律性。在大量的实际问题中，专家掌握的规则大多是经验性的，而不是精确的。精确规则主要是公式、公理及定律、定理等。经验性规则是不确定性的。规则的不确定性也用可信度 CF 值来表示。

例如，"如果听诊=干鸣音，则诊断=肺炎，CF=0.5"表示对病人的听诊是干鸣音而诊断该病人患肺炎的可信度只有 0.5（50%）。

2. 推理的不确定性计算

推理是利用事实（证据）和规则结合得出结论。由于事实和规则具有不确定性，从而产生了结论的不确定性。推理反映不确定性的传播过程。在进行推理的不确定计算时，用得最多的是可信度方法。

规则中事实（证据）之间的连接有两种形式，即"与"（AND）连接和"或"（OR）连接。

1）AND（与）连接时结论可信度的计算公式

规则形式：　　　　　　　　IF　$E_1 \wedge E_2 \wedge \cdots \wedge E_n$　THEN　H　CF(R)

结论 H 的可信度为

$$CF(H) = CF(R) \times \min\{CF(E_1), CF(E_2), \cdots, CF(E_n)\} \tag{8-1}$$

式（8-1）表示，每个证据 E_k 具有不确定性，可信度为 $CF(E_k)$，$k=1,2,\cdots,n$。规则具有不确定性，可信度为 CF(R)，利用该规则的推理，得到结论 H 具有不确定性，可信度为 CF(H)。

2）OR（或）连接时结论的可信度计算公式

规则形式：　　　　　　　　IF　E_1 OR E_2　THEN　H　CF(R)

对于 OR 连接的规则，需要把它转化成等价的两条规则，分别单独计算，然后合并，即

$$\text{IF}\quad E_1\quad \text{THEN}\quad H\quad \text{CF}(R)$$
$$\text{IF}\quad E_2\quad \text{THEN}\quad H\quad \text{CF}(R)$$

此两条规则可信度均为 $\text{CF}(R)$，这是一条规则拆开后形成的。如果一开始就是单独的两条规则，而且有不同的可信度，如

$$\text{IF}\quad E_1\quad \text{THEN}\quad H\quad \text{CF}(R_1)$$
$$\text{IF}\quad E_2\quad \text{THEN}\quad H\quad \text{CF}(R_2)$$

则它们不能合并成一条规则（用 OR 连接）。因为可信度不能合并成一个。

对于两条规则的情况，结论 H 的可信度分别为

$$\text{CF}_1(H) = \text{CF}(R_1)\times\text{CF}(E_1)$$
$$\text{CF}_2(H) = \text{CF}(R_2)\times\text{CF}(E_2)$$

合并为

$$\text{CF}(H) = \text{CF}_1(H) + \text{CF}_2(H) - \text{CF}_1(H)\times\text{CF}_2(H) \tag{8-2}$$

对于 3 条规则，如

$$\text{IF}\quad E_1\quad \text{THEN}\quad H\quad \text{CF}(R_1)$$
$$\text{IF}\quad E_2\quad \text{THEN}\quad H\quad \text{CF}(R_2)$$
$$\text{IF}\quad E_3\quad \text{THEN}\quad H\quad \text{CF}(R_3)$$

先按两条规则合并，并计算出：

$$\text{CF}_{12}(H) = \text{CF}_1(H) + \text{CF}_2(H) - \text{CF}_1(H)\times\text{CF}_2(H)$$

再将它和第三条规则合并：

$$\text{CF}(H) = \text{CF}_{12}(H) + \text{CF}_3(H) - \text{CF}_{12}(H)\times\text{CF}_3(H)$$

其中，$\text{CF}_3(H) = \text{CF}(R_3)\times\text{CF}(E_3)$。

对多于 3 条规则的情况，与上面方法类似，逐步合并直到包含所有规则（所有规则中前提不相同而结论相同）。这些规则有不同的可信度，如果这些规则有相同的可信度，它们可能合并成一条以 OR（或）连接的复合规则。

3）不确定性计算公式的讨论

由于可信度 CF 值在 0 到 1 之间，前提中 AND（与）连接时可信度计算公式为式（8-1），会使结论的可信度小于前提的可信度，累积计算会使可信度的值越来越小。而前提中 OR（或）连接时结论的可信度计算公式（8-2）会使结论的可信度增加，累积计算不会使可信度的值超过 1，可以证明公式（8-2）具有以下性质。

（1）$\text{CF}(H) \geqslant \text{CF}_1(H)$，$\text{CF}(H) \geqslant \text{CF}_2(H)$；

（2）$\text{CF}(H) \leqslant 1$。

可见，不确定性计算公式（8-1）和公式（8-2）是合理的。

4）推理过程中的阈值

一般规定，阈值为 0.2。当 CF<0.2 时，置 CF=0；当 CF≥0.2 时，CF 才有意义。

3. 推理过程说明

不确定性推理和确定性推理是有区别的。除可信度有差别外，推理过程也有差别。对于不确定性推理，当某个结论的可信度不为 1（CF≠1）时，对于相同结论的其他规则仍然要进行推理，求该结论的可信度，并和已计算出该结论的可信度进行合并。

例如，有两条相同的结论的规则：

R_1：$A \rightarrow G$。

R_2：$B \wedge C \rightarrow G$。

确定性推理过程如下。

先引用规则，提问 A，当回答为 yes 时，推得结论 G 成立（yes），这样就不再搜索规则对结论的推理。

对于不确定性推理，该两条规则均含可信度。

R_1：$A \rightarrow G$，CF(0.8)。

R_2：$B \wedge C \rightarrow G$，CF(0.9)。

推理时，先引用规则 R_1，提问 A，当回答为 yes 时，还必须给定可信度，按公式求得的可信度为

$$CF_1(G) = 0.8 \times 0.7 = 0.56$$

由于 G 的可信度不为 1，还必须对结论 G 的其他规则进行推理。再引用规则 R_2，提问 B 和 C。

设回答 B 为 yes，可信度为 0.7，回答 C 为 yes，可信度为 0.8，计算 G 的可信度为

$$CF_2(G) = 0.9 \times \min\{0.7, 0.8\} = 0.63$$

合并后 G 的可信度为

$$CF(G) = CF_1(G) + CF_2(G) - CF_1(G) \times CF_2(G) = 0.56 + 0.63 - 0.56 \times 0.63 \approx 0.84$$

要说明一点，当某个证据用户回答为 no 时，不用给出可信度，它的可信度 CF=0。

8.3.6　事实库和解释机制

8.3.6.1　事实库

事实库中每个事实，除该命题本身，还应该包含更多内容，每个事实均有表 8-1 所示的属性，每个事实之间构成了关系型结构。

表 8-1　事实库

事　　实	y/n 值	规　则　号	可　信　度
A_{11}	n	0	
A_{12}	y	0	
A_{13}	y	4	

"事实"栏中放入命题本身；"y/n"表示是 y（yes）还是 n（no）。对 no 值事实，记录它是为了减少重复提问。"规则号"表示该事实取 y 或 n 的理由，规则号为"0"表示向用户提问得到结果。具体规则号表示由该规则推出事实是 y 或 n。"可信度"表示该事实的可信度，它是一个度量值。

若事实可以取多值，则事实栏就为变量栏，"y/n 值"栏就是"值"栏，当同一个变量取多个值时，就应该建立多条记录，每个记录表示一个特定值。

事实库在推理过程中是逐步增长的，对不同的问题，事实库的内容也不相同，故也称事实库为动态库。

8.3.6.2　解释机制

解释机制是专家系统中的重要内容。它把推理过程显示给用户，让用户知道目标是如何推导出来的，以消除用户对目标结论的疑虑。

解释机制有两种实现方法：一种是推理过程的全部解释；另一种是推理过程中成功路径的解释。下面分别介绍。

1）推理过程的全部解释

解释随推理过程同步进行，即在推理过程中同时进行解释。

（1）每当提取一条规则，并压入规则栈时，就是显示"引用"该规则和"正在寻找"该规则前提中的某项事实。推理按规则前提中所寻找的该项事实为结论，压入规则栈顶，继续搜索规则。

（2）当栈顶目标在规则库中找不到以此目标为结论的规则，它就是叶节点，需要向用户提问。

用户回答如下。

① 该变量的值。当它是逻辑值时，回答是 yes（y）或者是 no（n）。当它是具体值时，要显示该变量的合法值，可以回答多值，每个值以一个事实表示，即记入事实库（动态库）中，同时记入该值的可信度。

② why，即用户不明白为什么问这个问题，此时系统要说明和显示规则栈中次栈顶的规则，搜索栈顶的结论。

（3）当规则栈中退出一条规则时，就要说明和显示该规则是"成功"的还是"失败"的。

若规则前提中所有的事实都成立，则该规则是成功的，结论事实就成立。它将被记入事实库中。若规则前提中有某项事实不成立，则该规则是失败的。

（4）当求得最后结果（目标）并做最后说明时，需要把事实库中所有取值为"y"的事实提出来逐个显示。

这些事实中规则号为 0 者，显示"因为你说过"，表示是用户回答的（它是叶节点）；规则号非 0 者，显示"引用 RULE*"，表示是由该规则推导出来的结果（*表示规则号）。

2）成功路径的解释

该方法不随推理机同步进行，而是在推理机找到目标完成推理之后，再进行一次成功路径的搜索和推理。这次推理不需要大范围地搜索规则库，只需要利用事实库（动态库）中保留的各中间事实的结果进行推理。此时，要求事实库增加一个标记项，表示推理过程中是否对该事实验证过，标记"？"表示该事实已验证过。具体算法如下。

（1）把总目标压入规则栈的结论中。

（2）按规则栈中的结论找事实库中该事实的规则号（可能多个）。

① 当规则号为非 0 时，按顺序查找各条规则，把该规则前提中可信度不为 0 的事实和该规则号压入规则栈中（可信度为 0 的事实和该规则号不压入规则栈中），转（3）。

② 当规则号为 0 时，转（4）。

（3）逐一把栈顶前提表中未做标记的事实压入规则栈的结论中（新目标），转（2）循环（递归循环）。

（4）由于规则号为 0，取出该事实并显示该事实名、可信度和"用户回答的事实"。从此栈顶退栈，在事实库中将该事实做标记"？"，转（5）。

（5）检查栈顶中前提事实是否都做标记"？"。

① 若栈顶前提中，还有未做标记的事实，转（3）循环。

② 若栈顶前提中所有事实都做了标记"？"，则把事实取出，显示该事实名、可信度和"由 RULE* 推出"（多个规则时显示"由 RULE*，*……推出"）。从栈顶退栈，退栈后：

● 若栈空，则停止处理，解释完毕；

● 若栈非空，则在事实库中对刚处理的结论事实做标记"？"，转（5）循环。

注：① 规则栈的规则号栏中可以存放多个规则号。

② RULE*是规则栈的规则号栏中的规则号，其中的*表示具体的规则号。

8.3.7　专家系统的开发与实例

8.3.7.1　专家系统的开发

1. 开发过程综述

专家系统的开发一般是由知识工程师和专家共同配合研制完成的。知识工程师是懂专家系统原理并具有编制专家系统能力的人。专家可以不懂计算机，但他一定是在某个实际领域经验丰富的人。知识工程师和专家会进行讨论，例如，采用知识获取的一种有效的方法——由知识工程师向专家进行启发式提问，从问题的总目标节点开始，逐层向下扩展知识树的分枝和下层节点，从中提取规则知识，即按逆向推理方式连接有关知识，形成知识树的思想。这种向下扩展知识树的方法，能有效地获取解决该目标问题的全部规则知识。

专家提供解决实际领域问题的基本知识和经验，知识工程师则按专家系统中知识的要求对上述知识进行整理，形成专家系统中的知识库，再利用开发专家系统的高级语言（如 PROLOG 语言、C 语言）编制推理机及人机交互界面等有关模块，形成专家系统，如图 8-17 所示。

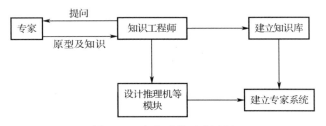

图 8-17　专家系统开发过程

目前，大部分获取知识的方式仍是人工方式。在专家不熟悉计算机专家系统如何工作的情况下，知识工程师要付出很大的代价来完成知识的收集、整理和形式化，这是开发专家系统的瓶颈问题。没有知识，专家系统也无从搞起。

随着人工智能技术的发展，利用机器学习和数据挖掘技术来完成知识的自动获取，这将是一条知识获取路径。知识工程师在获取知识的同时，要进行专家系统的开发，即把知识和推理与有关的动态库、人机交互界面等组合起来形成计算机程序系统，即专家系统。

2．开发专家系统的程序设计语言

利用程序设计语言来开发专家系统是通常采用的一种方法。程序设计语言又分为两类：第一类是面向问题的语言，如 C 语言等，它们具有递归功能，可以用来开发专家系统；第二类是符号处理语言，如 PROLOG 语言、LISP 语言。PROLOG 符号处理的特点是它更便于开发专家系统。

1）第一类语言（C 语言等）

这类语言具有很强的计算能力，有丰富的图形功能，递归效果也很好，用它来开发有大量数值计算、人机交互和图形显示的专家系统比较有优势。由于专家系统需要一个很强的推理机，因此需要专门对它设计，在这一点上第一类语言要比第二类语言复杂一些。目前不少专家系统的开发是用 C 语言来完成的，且用 C 语言开发专家系统的趋势日益明显，主要在于它的运行速度较快，人机交互和图形显示功能很强，它和其他语言的接口，特别是与汇编语言的接口很好，这样扩大了它的适用范围。

2）第二类语言（PROLOG 语言、LISP 语言）

这类语言是为人工智能而设计的，它们具有以下共同功能。

（1）搜索和匹配功能。智能问题需要进行大面积的搜索和匹配。这种搜索过程需要用递归方式来完成。

（2）回溯功能。回溯过程是在搜索过程中进行的，当搜索某值不成功或求解多值时，需要具有回溯功能。

（3）解释说明功能。在推理过程中，需要对推理进行解释说明。

国外很多专家系统是用 PROLOG 语言或 LISP 语言来完成的。

3．专家系统开发工具

专家系统开发工具是专门为开发专家系统而设计的软件。目前，国外专家系统开发工具已有了不少商品软件，如 OPS5、M.1、CLIPS、KEE、LOOPS 等，在国内这些软件也较为流行。我国自行研制的专家系统开发工具也逐渐增多，如 ZDEST、KMIX 和 TOES 等。

各种专家系统开发工具的差异在于以下两个方面。

（1）知识表示形式的差异。现在大部分专家系统开发工具都以规则知识为主体，再根据实际问题的不同增加其他的知识表示形式，如语义网络、框架、剧本、过程性知识等。

（2）开发环境中功能模块的差异。各种工具根据自身需要增加和减少某些功能模块，同样一个功能模块在各种工具中支撑能力也有差异。

这里介绍的是一种比较实用的外壳型专家系统开发工具，它是专家系统骨架，开发者只要把获取的领域知识按工具要求的知识表示形式填入知识库，即可形成一个面向具体领域的专家系统。在美国，绝大多数专家系统是使用外壳型专家系统开发工具实现的。

例如，EMYCIN 专家系统开发工具就是一个典型的专家系统骨架，在输入肺病诊断医疗知识后，就形成了肺病诊断医疗专家系统 PUFF；在输入地下岩石标识知识后就形成了地下岩石标识专家系统 LITHO。EMYCIN 专家系统开发工具还生成了玉米虫害预测专家系统 PLANT/CDP、工程结构分析专家系统 SACON 等。

专家系统开发工具一般包括两部分：开发环境和运行环境。

开发环境由知识编辑、知识编译模块，知识库查询、知识库维护模块，数据库查询、数据库维护模块组成。知识编辑完成知识的输入，输入的知识称为外部知识，它适合人去理解。知识编译把外部知识变换成内部知识（计算机运行便利的知识形式）。知识库查询指对知识库中的知识进行查询。知识库维护能完成知识库中知识的增加、删除、修改。数据库查询指对数据库中数据查询的能力，专家系统的数据库是动态数据库，即它是在不断变化的，在推理前要放入已知的事实，推理后放入推出的结果，随着推理的深入，数据库中的事实在不断增加。数据库维护能完成数据库中数据的增加、删除、修改。

运行环境由推理机、解释器、人机交互等模块组成。这三个模块都是预先做好的，推理机完成对知识的搜索和匹配，由已知事实推出结论事实。解释器完成推理过程的解释，使用户知道结果是怎样推理出来的。人机交互完成专家系统与用户的对话，包括推理前已知事实的输入、推理中叶节点的提问和用户的回答，最后输出专家系统的推理结果。

知识库和事实库都是空着的，但知识库和事实库都有一定的格式要求，它们是由开发环境输入的，当知识库和事实库充实后，它们和专家系统的运行环境一起就形成了一个具体领域的专家系统，具体结构如图 8-18 所示。

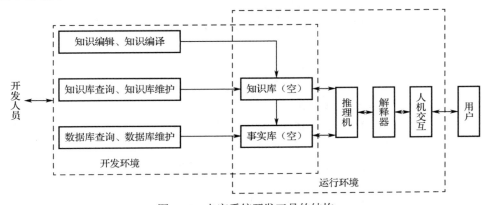

图 8-18 专家系统开发工具的结构

8.3.7.2 弹簧振动建模专家系统实例

该专家系统是解决弹簧在不同受力情况下（包括冲力、摩擦力等）应该满足哪种类型的微分方程模型。对弹簧振动建模专家系统进行如下简化说明。

模型：12 种；

规则：20 条。

规则为

$$R_1 : A \wedge B \wedge C \wedge D \longrightarrow M_1$$

$$R_2 : A_1 \longrightarrow A$$

$$R_3 : A_{11} \longrightarrow A_1$$

$$R_4 : A_{12} \longrightarrow A_1$$

$$R_5 : A \wedge B \wedge E \wedge F \wedge D \longrightarrow M_2$$

$$R_6 : C_1 \longrightarrow C$$

$$R_7 : E_1 \longrightarrow E$$

$$R_8 : A \wedge B \wedge E \wedge F \wedge G \longrightarrow M_3$$

$$R_9 : A \wedge B \wedge C \wedge G \longrightarrow M_4$$

$$R_{10} : B_1 \longrightarrow B$$

$$R_{11} : H_1 \longrightarrow H$$

$$R_{12} : A_2 \longrightarrow A$$

$$R_{13} : H \wedge B \wedge C \wedge D \longrightarrow M_5$$

$$R_{14} : H \wedge B \wedge C \wedge G \longrightarrow M_6$$

$$R_{15} : H \wedge B \wedge E \wedge F \wedge D \longrightarrow M_7$$

$$R_{16} : H \wedge B \wedge E \wedge F \wedge G \longrightarrow M_8$$

$$R_{17} : A \wedge B \wedge E \wedge I \wedge D \longrightarrow M_9$$

$$R_{18} : A \wedge B \wedge I \wedge G \longrightarrow M_{10}$$

$$R_{19} : H \wedge B \wedge E \wedge I \wedge D \longrightarrow M_{11}$$

$$R_{20} : H \wedge B \wedge E \wedge I \wedge G \longrightarrow M_{12}$$

各模型微分方程为

$$M_1: \quad X'' + (C_2/M)X = 0$$

$$M_2: \quad X'' + (C_1/M)X' + (C_2/M)X = 0$$

$$M_3: \quad X'' + (C_1/M)X' + (C_2/M)X = F(T)/M$$

$$M_4: \quad X'' + (C_2/M)X = F(T)/M$$

$$M_5: \quad X'' + F(X)/M = 0$$

$$M_6: \quad X'' + F(X)/M = F(T)/M$$

$$M_7: \quad X'' + (C_1/M)X' + F(X)/M = 0$$

$$M_8: \quad X'' + (C_1/M)X' + F(X)/M = F(T)/M$$

$$M_9: \quad X'' + (G/M)X' + (C_2/M)X = 0$$

$$M_{10}: \quad X'' + (G/M)X' + (C_2/M)X = F(T)/M$$

$$M_{11}: \quad X'' + (G/M)X' + F(X)/M = 0$$

$$M_{12}: \quad X'' + (G/M)X' + F(X)/M = F(T)/M$$

式中，X'' 表示 X 对 t 的二阶导数，X' 表示 X 对 t 的一阶导数。

规则中各项英文字母含义如下。

A：弹簧满足胡克定律；

B：弹簧质量可以忽略；

C：可以忽略摩擦力；

D：没有冲力；

A_1：弹簧有线性恢复力；

A_{11}：弹簧与位移成正比；

A_{12}：位移量很小；

E：要考虑摩擦力；

F：摩擦力与速度之间为线性关系；

C_1：振动为自发时振幅为常数；

E_1：振动为自发时振幅是递减的；

G：有冲力 $F(T)$；

B_1：弹簧具有质量 N 并且 N/M 远远小于 1；

H_1：弹簧势能不是关于平衡位置对称的；

H：弹簧不满足胡克定律；

A_2：弹簧势能与函数 $X(T)$ 成正比；

I：摩擦力与速度之间为非线性关系。

将推理树画成标准形式（单推理树），如图 8-19 所示。

每个叶节点提问的回答：y——yes，n——no。

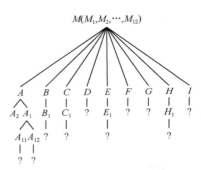

图 8-19　弹簧振动推理树的标准形式

当用户不明白专家系统为什么要提该问题时，可以回答 w——why，专家系统将解释为证实某条规则而安排的提问。

对于任意一个实际弹簧，要了解它满足 12 个模型（微分方程）中哪个模型时，可利用该专家系统进行逆向推理。当推理进入叶节点提问时，要回答该叶节点的事实是否成立，若"弹簧与位移成正比（A_{11}）"叶节点提问时，需要回答 y 或者 n，对多个叶节点提问回答完后，该专家系统在推理回溯时，能得出该实际弹簧满足的模型（微分方程）是哪一个。

例如，在专家系统推理过程中，对叶节点 H_1（弹簧势能不是关于平衡位置对称的）、B_1（弹簧具有质量 N 并且 N/M 远远小于 1）、C_1（振动为自发时振幅为常数）、G（有冲力 $F(T)$）提问均回答为 y，而其他叶节点提问回答为 n 时，专家系统会告诉你该弹簧满足模型 6（M_6）的微分方程。

8.3.7.3　轴承设计专家系统实例

轴承种类繁多，设计过程需要大量的推理，采用应用程序方式难以完成轴承设计任务，在设计中引入专家系统，它是在环境控制下进行推理的，能更及时、更灵活地反映环境变化。以规则为表现形式的推理性知识占有很大的比重，比如，轴承型号的查询，拟采用产生式规则对推理性知识进行描述，同时在本系统中还存在着大量的静态知识，如轴承的类型。本书拟采用框架结构来表示静态知识及知识库的层次。

1. 轴承型号知识的规则表达方式

如前文所述，一个规则可抽象地描述为一个包含两个元素的对偶。其中，一个元素是相关前提的描述，另一个是对应的结论或动作的描述。这种由条件和相应的结论组成的对偶可表示为

〈结论或动作〉〈前提条件〉

或者

IF P　THEN Q

其中，P 为一组前提条件或状态，Q 为若干结论或动作。

由于在具体类型型号的查询中有大量的表格，因此为更简单地表达上述规则，可以将它们转换为表的结构，构成产生式规则表达形式。于是大量的图表可以通过如下规则识别。

Rule 1：

If（转速高）and（载荷小）

Then（球轴承）

Rule 2：
If（径向载荷比轴向载荷小）
Then（角接触轴承）
Rule 3：
If（径向载荷比轴向载荷大）
Then（向心轴承）
Rule 4：
If（支点跨距大）
or（轴变形大）
or（多点支撑）
Then（调心轴承）
Rule 5：
If（球轴承）and（角接触轴承）
Then（角接触球轴承）
Rule 6：
If（球轴承）and（调心轴承）
Then（调心球轴承）
Rule 7：
If（球轴承）and（向心轴承）
Then（向心球轴承）
Rule 8：
If（角接触轴承）and（碾子轴承）
Then（圆锥碾子轴承）
Rule 9：
If（碾子轴承）and（向心轴承）
Then（向心碾子轴承）
Rule 10：
If（碾子轴承）and（调心轴承）
Then（调心碾子轴承）
Rule 11：
If（载荷大）and（转速低）
Then（碾子轴承）

2．轴承类型知识的框架表示

在本系统中，由于存在轴承类型等静态知识，因此本节针对这种情况采用自顶向下、逐步细化的方法，把复杂的轴承类型知识分解为一些最基本的对象，这样的知识表示既有层次性，又实现了模块化，符合结构化程序设计思想。

其中，轴承类型知识的框架表示示例如下。

frame（"主框架"
　　　　　slot（"afo"，[value["球轴承"]]），
　　　　　slot（"afo"，[value["调心轴承"]]），
　　　　　slot（"afo"，[value["碾子轴承"]]），
　　　　　slot（"afo"，[value["角接触轴承"]]），
　　　　　slot（"afo"，[value["向心轴承"]]））
frame（"球轴承"，

　　　　　slot（"转速"，[value["高"]]），
　　　　　slot（"转速"，[value["高"]]），
　　　　　slot（"载荷"，[value["大"]]），
　　　　　slot（"afo"，[value["角接触球轴承"]]），
　　　　　slot（"afo"，[value["调心球轴承"]]），
　　　　　slot（"afo"，[value["向心球轴承"]]））
　　frame（"角接触轴承"，
　　　　　slot（"径向轴向载荷比"，[value["大"]]）
　　　　　slot（"afo"，[value["角接触球轴承"]]）
　　　　　slot（"afo"，[value["圆锥碾子轴承"]]））

3．轴承设计专家系统的推理机

　　推理机是专家系统的灵魂。推理机常用的控制策略有正向推理、反向推理和正向反向混合推理。实现方式通常有继承推理、过程推理和规则推理。

　　在本系统中，类型知识由框架来描述，轴承的具体型号知识由规则来描述，因此推理机是以框架处理为向导、规划推理为核心的模式来实现的。在型号选择时由于用户对系统所输入的条件并不完全清楚，因此在类型选择的过程中，该系统采用反向推理的控制策略，帮助用户提出目标。先假设一类轴承，然后在知识库中找到其后件部分可能导致这个目标为真的规则集，然后进行提问，如果能够通过人机会话得到满足，或者能被用户已经提供的数据所匹配，则该目标被证实。否则，重新设定目标。当类型选定以后，在进行具体型号选择时，所需提供的参数已经确定，因此系统要求用户提供所有必要的参数，然后正向地使用规则知识，完成具体型号的查询。系统采用过程推理、继承推理、规则推理相结合的方法，提高推理能力。解释文本形成采用继承推理，类型选择采用规则推理，型号选择采用过程推理。通过数据库查询可完成关系数据库中查询具体轴承型号的任务。其中，轴承类型选择与或树如图 8-20 所示。

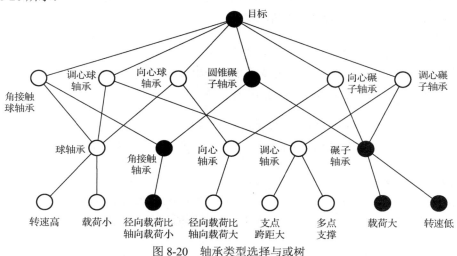

图 8-20　轴承类型选择与或树

　　在本例中，框架中轴承类型的选择通过继承推理来实现，框架知识与规则知识通过过程调用程序发生联系，具体型号查询通过规则推理来实现。

　　继承推理及推理过程的解释实现方法如下：在进行轴承选择时，使用框架描述轴承的使用场合，框架中引入 AFO（A Feature of）槽来描述框架之间的关系，即父框架由子框架组成。通过 AFO 槽定义的关系，将较高层框架中槽的特征值传到较低层框架中，父框架由子框架组成。通过 AFO 槽定义的关系，将较高层框架中槽的特征值传到较低层的子框架中，并作为继承值描述子框架。

继承推理和过程推理的实现方法如下。

通过 VALUE、DEFAULT 和 AFO（或 IS-A）检索子（父）辈框架实现继承推理。

通过激活 IF_NEEDED、IF_ADDED、IF_REMOVED 等附加知识实现过程推理。考虑到推理效率和设计效果，在主框架中按照轴承使用的频度依次设立球轴承、调心轴承、碾子轴承、角接触轴承、向心轴承等。

使用此专家系统进行机器设计时，主设计人员输入设计中支承的载荷、跨距、转速、径向载荷、轴向载荷等参数。推理机从规则集中提取规则，完成推理，给出具体轴承型号和选择该型号的解释文本。相关设计人员根据设计结果进行检验，对设计提出修改意见。

4．系统开发

根据以上原理和方法选择轴承设计的专家系统。该系统采用 B/S 结构，推理机和知识库放置于服务器端，设计人员输入 URL 后，通过身份验证，即可进入本系统主页，之后输入设计条件，通过将设计条件发往服务器端，服务器端通过提出问题与用户交互的方式完成类型选择，然后用户输入相关参数实现轴承型号的选择，并在用户端进行解释。

8.4　基于知识的产品设计综合实例

电站给水加热设备以往的设计过程是富于经验的工程师人工设计：热力计算、分析校核、二维绘图和反复修改。即使参照以往成功案例，完成设计最少也需要 3 个月左右的时间，工作量巨大。概念和详细设计阶段是设计人员通过笔杆完成的；绘图阶段也是手工点击鼠标反反复复完成的。由于传统二维 CAD 系统对设计结果的更新、修改方面存在不足，以及对设计资料的保存和更新较麻烦，设计人员正在逐步使用更高效、快捷的设计手段，比如，广泛使用 UG、Pro/E 等大量三维 CAD 设计软件。当然主要还是将其作为绘图的工具。

提升传统 CAD 的应用水平并辅助设计人员利用以往成功案例进行计算、分析、决策等服务，是现代 CAD 技术的应用前景之一。因此基于 UG、Pro/E、SolidWorks 等通用的三维软件进行二次开发，通过提供的底层 CAD 技术，结合具体产品或领域，开发外围的设计管理系统，建立专用智能设计系统越来越受到重视。

本节基于前面介绍的基于知识的产品设计方法，在三维 CAD 平台上开发了针对电站给水加热设备的智能设计系统，详细叙述了该系统的知识表示方法和开发技术。

8.4.1　电站给水加热设备知识分类与获取

按照电站给水加热设备的设计过程可将其知识分为以下几类。

（1）设计原理、方法知识。主要包括电站给水加热设备的换热面积的算法，工作介质在传输过程中压力变化的计算等。该类知识主要存在于各类设计手册、专著、企业资源文档中，属于事实性知识。

（2）选型和构型设计知识。主要是规则性和经验性知识。设计者能够依据设计原理计算的结果，按照这种知识，选择合适的机构布置等；或者在相应的设计成功实例库中按照一定的要求搜寻合适的或相似的案例。设计经验和规则是定型化产品设计的重要知识源。该类知识主要存在于企业资源文档和设计专家的头脑中，属于控制性知识。

（3）尺寸综合知识。用于确定机构的基本尺寸，包括设计公式、校核公式、手册、图表等。主要存在于各类设计手册和设计专家的头脑中，属于事实性和控制性知识。

（4）实例知识。以往成功的设计案例，是知识的集合，也是最有参考价值的知识之一。它们存在于企业的产品库中，通过检索相关案例可进行产品修改设计。

通过对知识的简单分类，可以看出电站给水加热设备的知识具有多样性。从比较模糊的设计经验知识，到比较严格的计算方法理论，从确定的设计规则，到比较抽象的设计理论、方法，各种知识交织在一起，构成了对加热设备设计过程的支持。因此其知识的获取方法主要是查阅、收集设计文献、企业以往设计资源。要花大力气获取的是专家的知识和经验，主要方式是在面谈中提问，将问题细致研究并事先整理。可按表 8-2 的方式提问并获取知识。最后将自然语言的描述经过语义转化为相应的知识形式。

表 8-2　经验知识获取

序　号	问 题 模 板	意　义
1	你为什么会这样做？	将断言转换成一条规则
2	你怎样做？	生成较低级的规则
3	你什么时候做？任何情形都这样做吗？	揭示规则的一般性
4	对于指定的决策是否有其他替代方法？	生成更多的规则
5	如果遇到条件无法满足的情况怎么办？	当前条件不满足时生成新规则
6	你能进一步提供该主题的情况吗？	专家无话可谈时，将进行进一步的谈话

8.4.2　电站给水加热设备的知识规范化表示

知识表示的目的就是知识要最终在计算机中得以应用。所以，如何选择合适的知识表示方法对知识进行逻辑表示，即采用哪种数据结构显式表示并存储到计算机中，以便灵活地操作所存储的知识是至关重要的，包括对知识的存储、检索、使用和管理。

电站给水加热设备的设计主要包括产品概念和详细设计：如何根据用户要求确定产品组成结构形式是产品设计的第一步；其次是对某零部件的设计，要完整描述该零部件的类型、与其他零部件的关联等，还要动态地操作该零部件以获取和传递数据。这些操作方法包括零部件设计原理的数值计算、设计规则经验的判断，还要根据相应情况做出不同的处理和控制。

显然单一的知识表达方式很难满足表达这种知识的要求，这时需要通过采用两种或者多种知识的集成表示来处理实际中的复杂问题，以达到更加准确合理的处理知识的目的。考虑各种知识表示的特点，结合电站给水加热设备设计知识的多样性、多类性特点，主要采用三种表示方法。当然不同的知识的表示方法在不同的设计问题上有所侧重。

1. 基于规则的知识表示

此方法主要用于表示产品的选型和零部件结构的判断推理性知识。规则知识在计算机中的存储的方式形如 R=（前提，结果），内存中的形式为 map<String，String>，便于系统直接搜索。表 8-3 为获取到的选型和构型设计知识。

表 8-3　规则知识

规 则 号	IF（前提 1）AND（前提 2）（…）	THEN
$R1$	RE1="疏水容积大 AND 布置合理，维修方便"	FIX1="卧式布置"
$R2$	RE2="传热效率高 AND 压力降受限"	FIX2="取多管程"
$R3$	DS1="单壳程"	DSF1="加入折流板"
$R4$	DS2="水室可拆卸 AND 便于检修和换管"	DSF2="圆柱形水室和法兰"
$R5$	DS3="管程数>=4"	DSF3="2 号顶板"
…	…	…

2. 面向对象的知识表示

此方法是以知识所描述或针对的对象为单位来组织知识，并用对象之间的关系来表示关系型和层次型知识的一种混合型知识表示方法，可以表示基于规则和基于框架的知识。代码如下：

```
Class（知识类名）[:（超类名）（变量表）]
{
    Properties（对象知识定义）
    Methods（对象方法知识定义）
```

Restraint（对象知识的限制条件）

}

上述这种定义方式用于表示零部件的信息模型和系统的组织。例如，在零部件的类定义中，零部件本身作为对象，其结构参数等作为对象的属性，把控制性知识和规则性知识作为处理对象的方法和信息。通过有关方法的操作，实现零部件的设计和参数的传递。在零部件的类定义中，属性定义了所包含的零部件和装配约束关系，方法可定义内部下层零部件的装配方式和装配参数，实现装配知识的表示。

3．实例知识表示方法

实例是相对完整的知识集合，所以对于实例知识的表示只能在相对高层的概念中描述，主要描述产品或零部件的技术要求、属性、特征。电站积水加热设备的实例模型可表示为

$$\text{Case}(F, P) = \text{Case}[(f_1, f_2, \cdots, f_n), (p_1, p_2, \cdots, p_n)] \tag{8-3}$$

式中：$F = (f_1, f_2, \cdots, f_n)$，为产品或零部件的实例特征集，指的是能区别于其他实例的主要功能和结构的浓缩特征，如换热面积、管程数目等；n 为特征数；$P = (p_1, p_2, \cdots, p_n)$ 为对应实例特征的取值。

8.4.3　电站给水加热设备的设计平台框架

电站给水加热设备知识库和推理机所组成的设计知识库系统（Knowledge System，KS），可根据不同的情况采用不同的方案。

1．设计知识库

设计知识库主要采用面向对象的封装和表达，将产品设计知识、设计规则知识及相应的操作方法都融入程序并作为统一的整体，进而处理零部件的设计和装配。面向对象的知识表示法非常适合于表示装配关系的零部件间的相互关系，通过定义相应的方法能够实现装配的自动化。数据的传递方式是部件与部件之间的传递而不是零件与零件之间数据的传递，即部件管理其包含的所有零件。

2．配置知识库

包括配置设计规则和推理机。通过基于规则的推理，在产品设计方案阶段实现平台中各参数化模块的配置，是产品方案设计的智能化体现。

3．实例库

按照式（8-3）的表示方法实现实例的存储和检索，采用数据库技术进行存储和管理，此方案属于知识库和推理机相分离的方案。

按照上述分析，电站给水加热设备的设计平台框架如图 8-21 所示。

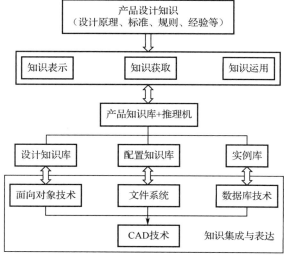

图 8-21　电站给水加热设备的设计平台框架

8.4.4　参数化和变型设计方法

产品设计系统主要实现产品零部件的参数化和变型设计，并最终实现产品的总装。它依据集成的信息模型、模块规划的结果，调用各个零部件设计子模块和标准件库，有机地组成最终产品。产品设计系统的功能模块如图 8-22 所示。

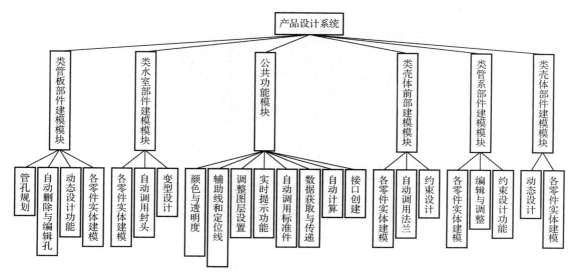

图 8-22　产品设计系统的功能模块

下面简要介绍主要技术的实现方法。

（1）参数化和变型设计。产品零部件分为三类：公用件、普通件、变型件。前两种参数化实现方式都是传统的参数化程序绘图方法。而变型件的设计则还需要结合 UG 的特征抑制表达式。实现过程如图 8-23（a）所示。特征包括孔、圆台、凸垫、键槽、加强筋、特征实例等。

（2）自动装配技术。实现过程如图 8-23（b）所示。其中，接口面的类型包括平面、圆柱面等。

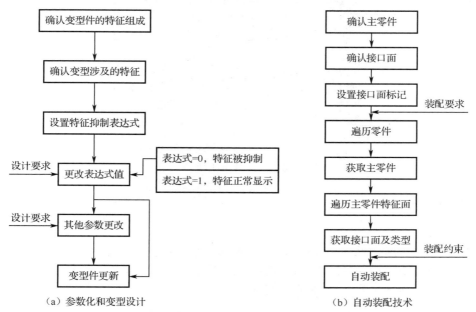

（a）参数化和变型设计　　　　　（b）自动装配技术

图 8-23　参数化和变型设计与自动装配技术实现过程

（3）耦合零件设计。一般参数的传递方式是串行，耦合设计的零件参数传递是交互的。为此，先设计耦合设计活动内优先级高的零件，并将耦合的设计参数设置表达式，待下级零件设计好后，再将下级零件的设计情况信息传递给上级零件，同时更新上级零件。

该设计系统运行时，只要在图文并茂的对话框中对应输入部分设计参数即可。系统能检测输入数据的有效性和设计结果的正确性，并根据工艺规则自动圆整部分尺寸值。同时对用户可能的错误操作给予相关的提示。部分设计界面如图 8-24、图 8-25 所示。

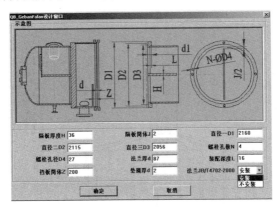

图 8-24　零件设计界面一

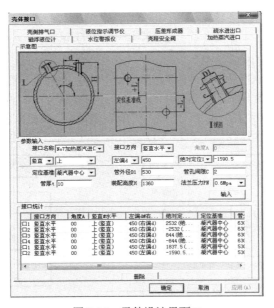

图 8-25　零件设计界面二

8.4.5　产品设计过程

1. 部件创建

不同的配置对应的设计结果有所不同，图 8-26（a）为一种配置的管板对话框，图 8-26（b）为对应的设计结果。图 8-26（c）和图 8-26（d）则对应另一种配置和设计结果。系统中利用了基于规则的推理机制来实现不同配置下管板上不同孔分布特征的创建。

（a）设计菜单 1

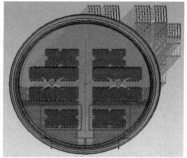
（b）设计结果 1

（c）设计菜单 2

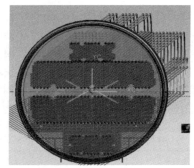
（d）设计结果 2

图 8-26　不同类型管板的创建实例

2. 总装设计

在设计过程中，为了便于设计选取，对每个设计部件都划归了一个设计图层，并在进入下一设计流程时根据实际情况，将该上级图层设置为不可选的或部分可选的，以增强操作的简洁性和准确性。另外，由于设计过程的往复，在设计壳体内部时系统自动将外部壳体隐藏，而在设计壳体外部时又自动恢复显示。同时对部分外部零件设置了透明度，以方便设计检查。系统能够依据主零件的几何型面并结合对若干产品装配规则的自动推理实现管口、法兰等的自动装配。两种不同配置产品的总装图如图 8-27 和图 8-28 所示。

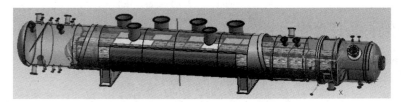

图 8-27　产品配置一总装图

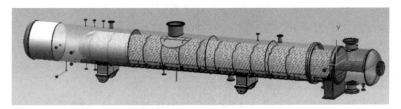

图 8-28　产品配置二总装图

第9章 网络化协同设计方法

9.1 网络化协同设计的概念和特点

9.1.1 网络化协同设计的概念和体系结构

　　网络化协同设计是实现设计资源共享、设计活动高效协作的现代产品设计模式，其以设计对象的全生命周期需求为基础，通过基于网络的信息交换、知识共享、相互协作、设计人员互相合作完成设计任务和目标。在产品协同设计平台上，主要展开设计相关需求和约束信息的共享、设计方案的讨论、产品的设计计算、设计结果的检查和修改等活动。图 9-1 所示为网络化协同设计的体系结构，其以设计机构的组织模型、资源模型和知识模型为基础，以产品模型、功能模型、过程模型为核心，实现产品设计活动和设计交互的协同，最终实现共享、提高效率、缩短周期、增强竞争力等设计目标。组织模型和资源模型对设计机构的组织机构、人员构成、设计资源等的属性信息、关系信息、约束信息等进行描述；知识模型对产品设计相关的公用模块、技术方案、设计经验、设计实例等与某领域产品设计相关的知识要素进行描述建模，可采用基于规则的方法、基于案例描述的方法等表示。产品模型描述了其零部件的组成结构和关系、零部件的形态、特征构成、加工制造工艺等全生命周期信息，有面向结构的产品模型、面向几何的产品模型、面向特征的产品模型、面向知识的产品模型和面向集成的产品模型；功能模型刻画了产品各阶段的设计目标及指标，其对产品完成的功能进行分解，可采用 IDEF0 或结构树的形式进行表示；过程模型对设计活动中各任务执行的状态、约束等进行描述和驱动，可采用工作流建模方法进行表示。设计活动属于过程模型中预定义的节点，由指定的设计人员采用某种设计工具完成指定的设计任务，在此过程中，可能与其他设计人员或者协同设计平台进行交互。

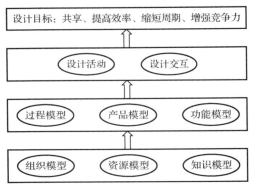

图 9-1　网络化协同设计的体系结构

9.1.2 网络化协同设计实例

1. 波音公司的协同工作模式

首先来看一则对波音公司商业模式的报道。

　　拥有 550 亿美元资产的波音公司坐落于芝加哥，是全球航空制造业的巨擘。在新一代的787 飞机设计和制造上，波音与其全球伙伴达成了史无前例的协同，是波音史上完工最快、造价最低的一次。这一切都源于波音公司新的商业之道：波音不再是一家单纯的飞机生产商，还是一家高端的系统集成商。波音公司副总裁兼 CIO 斯科特·格里芬（以下简称格里芬）一语中的："我们是一家技术型公司。"波音公司商业模式的巨变，不仅在于提升生产效率，削减制造成本，还将新一代机型的设计和开发成本分摊至其遍布全球的合作伙伴，并建立了全球性的合作体系，由此也推动了波音飞机在全球的销售。

　　一直以来，航空制造业的商业模式大抵如此：由飞机制造商（如波音公司）制定总体的设计图，再由全球各地的合作伙伴提供相关的材料零部件。制造飞机所需零部件从四面八方运至靠近西雅图的波音装配工厂。然后，由来自世界各地的工程师对所有零部件进行工序烦琐的校验、装配、测试和改善。

对于 787 飞机，波音公司摒弃了原有商业模式。在新的模式下，所有的零部件依然由全球合作伙伴制造，但以后的生产步骤不同：通过一个由波音公司维护的计算机模型（于波音公司内部防火墙之外）进行虚拟装配。格里芬说："我们有不同的人员制造不同的零部件，每种零部件均产生相应数据。利用这些数据，零部件的组装和校验工作得以实时进行。"最后，组装完成的各机体部分被放入三架 747 专机，运送至波音公司在华盛顿西北部的埃弗雷特工厂。由于采用了在线商业制造模型，波音公司如今可以放心地将整个制造流程交给其全球伙伴完成，包括从最初的设计创意到最终的机体制造。

787 飞机的设计由日本、俄罗斯、意大利和美国共同完成。格里芬说："这不只是简单的 PowerPoint 或是 SharePoint 协同，或是查看二维图纸以确认是否进行合同投标。这是诸多方面的有效协作，包括日本的大型重工、俄罗斯的设计中心及波音的埃弗雷特工厂。这才是我们的竞争优势所在。"

对于 787 飞机而言，高水平的全球化协同是其代表元素。

尽管波音公司仍然生产飞机零部件，但其最近发生的商业模式巨变却是毋庸置疑的。"虽然我们还做制造业务，但是我们的目标是成为一家大型的系统集成商。"格里芬如是说。

成立于 1916 年的百年老店波音公司，实现今朝的商业模式转变绝非一朝一夕，此前的许多准备工作已经悄然进行。在 2004 年，格里芬对波音公司的 IT 小组进行了整合。2005 年 9 月，该 IT 小组并入波音公司技术部，由 CIO 直接对波音公司总部的首席技术官詹姆斯·詹麦臣报告。"我们将全部系统成员抽离原 IT 小组，因为在波音公司，IT 功能远非后台支持。"格里芬说："对我们的商业模式而言，IT 实在是太重要了。"

波音公司此前的开发项目，譬如 757 飞机，建立于 20 世纪 80 年代，实现了波音公司与全球伙伴的大幅协同。格里芬说："最初的突破是在 20 世纪 80 年代，当时我们开始邀请世界各地的合作伙伴来埃弗雷特。"直到最近几年，波音公司的许多合作伙伴仍将他们的现场技术队伍保留在华盛顿。一些公司甚至仍在西雅图（原波音公司总部）安营扎寨。但到今天，随着 IT 技术的发展，物理距离变得无足轻重。

沃特飞机工业公司（简称沃特公司）即一例。沃特公司是波音公司的长期合作伙伴，负责 787 飞机机身两大部分的制造，并与意大利阿莱尼亚航空公司合作，负责将南加州和意大利生产的零部件加以组装。沃特公司的质量、工程与技术副总裁弗恩·布鲁莫尔对此深有感触，"在生产波音 787 飞机之前，我们从未接手任何一个像 787 这样职责明晰、步调如一的工程项目。"

"就商业实践而言，波音公司此举的意义非同小可。波音公司的作用更像是一个集成商、整合商，其合作伙伴负责主要零部件的生产，甚至包括飞机设计。"布鲁莫尔说："我们直接与波音公司在日本和意大利的合作伙伴共事，并与他们建立了良好的合作关系。整个过程中，波音公司更像是合作的促进者。"在波音公司的要求下，所有合作伙伴均使用法国达索系统公司（Dassault Systemes）的设计和协同软件。

波音公司技术小组与公司之间的协同关系按不同的合作程度分为三级，三级之间可以相互转换。具体而言，第一层级的协同关系为基础协同，即合作双方主要靠信息流软件进行交流，如微软 Office 和 SharePoint。格里芬说："每人均可以调用相关文件，并在上面做出修订，以蓝色字体标明。以此方式，项目小组实现协同工作。"第二层级的协同涉及供应商与其供应链的合作，以及波音公司与其供应商的紧密合作。这一层级主要涵盖了航空工业的很大一部分，包括波音公司的竞争对手和不同层级的供应商。

波音公司和其他航空制造商主要使用 Exostar 公司的套件产品共享二维图纸，进行正向拍卖和反向拍卖，并对集中采购做出回应。"我们使用全球性事业来描述这一软件。"格里芬说，"对于我们的全球伙伴而言，他们不仅是战略供应商，更是在实现一项全球性事业。这套软件工具将让我们实现更多的有效交流。"

事实上，这正是使用协同能解决的问题。在生产 787 飞机之前，波音公司主要通过建造木质飞机实装模型的方式，来检验由世界各地合作伙伴制造的零部件能否有效组装。如今，即使在飞机零部件生产之前，人们也可以通过计算机轻易找到飞机组件与部件之间的"冲突"之处。沃特公司的布鲁莫尔表示："如果发现两个零部件装在同一处或零部件之间不相匹配，电脑屏幕就会显示红色的斑点加以警示。我们再也不需要像以前那样误将他们组装在一起，然后遗憾地抱怨，'该死，不行。'"

完工的设计被保存在达索系统公司的另一软件产品 ENOVIA 上，该系统也由波音公司负责维护。"我们使用了大量的数字来描述所有的零部件。"布鲁莫尔说，"这是一项工程浩大的数据维护任务。"

困难不仅限于此。"协同的另一大技术难题是如何提供无懈可击的数据信息安全。"格里芬说，"在航空业，我们与一家公司往往在这一项目携手合作，却在另一项目互为竞争。数据安全问题的重要性不言而喻。但近年来，安全技术日趋成熟，信息安全已能够得到有效的保障。"

2. 波音公司的协同数字化工具

波音公司的数字化应用创造了航空工业上一个又一个里程碑，引领世界航空工业的发展趋势，而波音公司飞机的数字化产品开发，大致经历了 4 个发展阶段：部件数字样机阶段（1986—1992 年），代表型号有波音 747-400、波音 767-200、波音 757-500 等；全机数字样机阶段（1990—1995 年），代表型号是波音 777 等；数字化生产方式阶段，代表型号是波音 767-X 等；虚拟生产方式阶段（2003 年至今），代表型号是波音 787。

如图 9-2 所示，波音公司数字化设计技术体系的核心包括 DMU、MDO、CAE、CAPP、PLM/PDM 等。其中，CATIA V5 作为飞机设计建模工具可进行零部件的数字化预装配，及早发现零部件干涉问题，降低设计风险。ABAQUS、ANSYS、NASTRAN、FLUENT 等数值分析软件为飞机的结构优化、动力学分析、力学和性能仿真等提供支撑。DELMIA 作为数字化设计和制造解决方案，主要用于工艺规划和设计，并用于工艺设计的验证和仿真。ENOVIA 和 Teamcenter 为产品全生命周期的数据管理软件，可保持产品数据的一致性和可跟踪性。

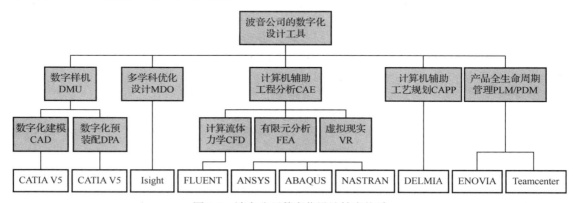

图 9-2 波音公司数字化设计技术体系

飞机数字化设计/制造/管理一体化技术在波音公司的大型飞机研制过程中取得了显著的成效。波音 777 飞机的研制采用三维全数字化定义、数字化预装配（Digital Pre-Assembly，DPA）和并行工程（Concurrent Engineering，CE），是世界上第一次实现无纸设计，打通了从设计、生产到管理的全数字化信息流，该飞机从立项到首架交付只花了 4 年半的时间，比波音 757/767 的研制周期 10/10 年缩短了 1/2，用户交货期也从 18 个月缩短到了 12 月，产品成本降低了 50%，废品率降低了 80%，错误率降低了 97.9%。

9.1.3　网络化协同设计的特点

网络化协同设计是指基于分布式网络环境、将地理位置上分散的各个设计组织和各种设计资源集成在一起，形成一个逻辑上集中、物理上分布的产品设计系统，并通过系统的运作，实现对市场需求的快速响应，从而提高参与产品网络化协同设计企业群体的市场竞争能力。因此，网络化协同设计机理具有以下特点：从位置分散走向逻辑集中、从设计无序走向协同有序、从独立自治走向协同合作及从单元支持走向集成统一。

1．从位置分散走向逻辑集中

产品设计活动的执行主体在时间和空间上处于分散状态，因为参与网络化协作的每个企业都有其特定的市场定位和企业目标。但是在针对一个特定的市场需求时，这些通过网络连接在一起的企业又具有一个共同的目标，可通过组建虚拟企业赢得市场竞争。因此，产品网络化协同设计首先是将地理位置上分散的企业组建成一个逻辑上集中的企业联盟。

2．从设计无序走向协同有序

每个独立企业的运行模式和运行状态是不同的，这些不同的运行状态构成的状态空间，整体上呈现一种混沌的形态。但是，当这些企业通过网络构成一个虚拟联盟时，联盟的运行呈现有序的状态，并且整个联盟将朝着提高质量、缩短开发周期、降低产品成本的方向进化。因此，网络化协同设计是将处于无序状态的产品设计活动组织成为有序的产品协同设计过程。

3．从独立自治走向协同合作

参与网络化协同设计的每个企业都有可能是一个独立的实体。每个企业都有自己独立的组织体系、决策机制、运作方式和管理方法，在决定企业的行为和行为方式上每个企业都是高度自治的。但是，当这些企业参与到产品网络化协同设计过程中时，它们又必须是协同的，它们需要采用相同的方法来参与协同联盟的经营决策，需要制订一个共同的计划来协调各方的设计周期，需要采用相同的数字化模型来交换信息，需要采用相同的标准和语义来理解同一个术语，甚至需要采用相同的或者相容的软件来共同完成一个产品的设计。参与产品网络化协同设计的企业在上述方面表现出高度的协同。因此，网络化协同设计将企业产品开发由独立模式转变至协同模式。

4．从单元支持走向集成统一

不同的制造企业由于业务侧重不同而拥有不同的产品设计工具，如 CAD、CAPP、CAE、CAM 等计算机辅助设计技术，ERP、SCM、CRM 等企业应用信息管理系统。但是，这些单元技术是独立存在的，网络化协同设计有助于整合这些单元技术，基于统一的应用平台对产品的设计、开发、工艺、制造等进行集成，实现对产品相关的数据、过程、资源的一体化管理。

9.2　并行协同设计的标准数据模型

9.2.1　初级图形交换规范（IGES）

IGES 模型是指通过实体对产品的形状、尺寸及相关几何信息进行描述。实体是 IGES 的基本信息单位，它可能是单个的几何元素，也可能是若干实体的集合。实体可分为几何实体和非几何实体。在 IGES 中，每个实体都被赋予一个特定实体类型号。

几何实体定义与物体形状有关的信息，包括点、线、面、体及相类似结构的实体集合。

非几何实体提供将有关实体组合成平面视图的手段，并用注释和尺寸标注来丰富这个模型。

1．IGES 文件结构

IGES 文件采用 ASCII 码格式和两种替代格式，即压缩 ASCII 码格式和二进制格式。IGES 文件包括 6 段。

（1）标志段，用来指明 IGES 文件所采用的格式。对于传统的 ASCII 码格式可以不设标志段，二进制格式用字母 B 标识，压缩 ASCII 格式用字母 C 标识。

（2）开始段，为人们提供可读的文件序言，至少必须有一个记录。该段用字母 S 标识。

（3）全局参数段，包含描述处理器的信息及处理该文件的后处理器所需要的信息。全局参数段用字母 G 标识。

（4）目录条目段，IGES 文件中的每个实体在目录条目段中都有一个目标条目，它为文件提供一个索引，并含有各个实体的属性信息。目录条目段用字母 D 标识。

图 9-3　不同系统通过 IGES 进行数据交换的原理

（5）参数数据段，该段包含与实体相关联的参数数据，第一个域存放实体类型号，参数数据段用字母 P 标识。

（6）结束段，结束段是文件的最后一行，并用字母 T 标识。结束段的各个域含有前述各段的标识字母（S、G、D、P）及其最末一行的序号。

2．IGES 的前、后置处理程序

IGES 是一种中性文件，通过该中性文件在不同的 CAD/CAM 系统之间进行数据交换的原理如图 9-3 所示，即将某系统的输出经前置处理程序转换成 IGES 文件，经后置处理程序读入另一系统。因此，利用 IGES 文件传递产品的信息一般要求各种应用系统必须具备相应的前置处理器、后置处理器。前置处理器、后置处理器一般由 4 个模块组成：①输入模块，用于读入由 CAD/CAM 系统生成的 IGES 文件；②语法检查模块，对读入的文件数据进行语法检查并生成相应的内存表；③转换模块，该模块具有语义识别功能，能将一种模型的数据映射成另一模型；④输出模块，把转换后的模型转换成输出格式，即 IGES 文件格式或某个 CAD/CAM 系统的数据模型格式。

综上所述，IGES 只是传输几何图形及相应的尺寸标准和说明，而无法描述产品信息模型中完整的数据信息，因而它不能完全满足 CAD/CAM 系统集成的需要。

9.2.2　产品模型数据交换标准（STEP）

1．STEP 概述

产品模型数据交换标准（Standard for the Exchange of Product Model Data，STEP）是一套关于产品整个生命周期中产品数据的表达和交换的国际标准，它提供一种不依赖于具体系统的中性机制，能够描述生命周期中的产品数据，同时保证数据的完整性和一致性。

数字化产品数据必须包括足够的信息来表达产品的整个生命周期，即从设计到分析、制造、质量控制、测试检验和产品支持等功能。为做到这一点，STEP 必须涵盖几何、拓扑、公差、约束、属性、装配、尺寸和其他许多方面的内容。

STEP 非常重要的关键原因在于以下三点。

（1）STEP 是一个能拓展的标准。它建立于 EXPRESS 语言之上，能拓展到任何工业。一个能拓展的标准一旦发布，就不会过时。

（2）EXPRESS 语言除描述数据结构外还描述约束，而一致性准则将防止二义性。

（3）STEP 是国际性的，由用户开发而不是供应商。用户驱动的标准是面向结果的，而供应商驱动的标准是面向技术的。因此，STEP 可用于产品数据长期存档。

2．STEP 的结构

图 9-4 给出了 STEP 的结构。从图中可以看出 STEP 的结构有三层：应用层、逻辑层和物理层。

最上层是应用层，包括应用协议及对应的一致性测试，这是面向具体应用、与应用有关的一个层次。第二层是逻辑层，包括集成资源（通用资源和应用资源），是一个完整的产品模型，从实际应用中抽象出来，并与具体实现无关。最底层是物理层，包括实现方法，给出在计算机上的具体实现形式。

应用层支持以 IDEF0 方法为基础的功能分析，并在此基础上设计产品数据模型。逻辑层用来生成形式化规格说明（STEP 数据模型的形式化规格说明相当于定义概念模式，它独立于数据结构模型），

EXPRESS 语言就是支持形式化规格说明的建模语言。物理层用于导出和指明形式化规格的实施机制。目前已定义了该层物理文件和对数据库的标准数据存取接口（SDAI）。

图 9-4　STEP 的结构

3. STEP 的组成

STEP 由 7 大部分组成，即概述、语言描述方法、实现方法、一致性测试、通用资源、应用资源和应用协议，如表 9-1 所示。

表 9-1　STEP 的组成

系　　列	系　列　名	系　列　号	内　　容	说　　明
0	概述	1	概况与基本原因	
10	语言描述方法	11	EXPRESS 语言	提供支持 STEP 开发所需的方法与工具
		12	EXPRESS-1 语言	
20	实现方法	21	物理文件	指明产品模型将被用于哪些数据处理任务
		22	SDAI	
30	一致性测试	31	一致性测试方法和框架	用以检查软件对本标准的符合程度
		32	对测试库和一致性评估人员的需求	
		33	抽象测试套件规范	
		34	针对不同实施方法的抽象测试方法	
40	通用资源	41	产品描述和支持基础	用 EXPRESS 语言描述的产品概念模型
		42	几何与拓扑表示	
		43	特征	
		44	产品结构配置管理	
		45	材料	
		46	直观表示	
		47	形状公差	
		48	形状特征	
		49	产品生命周期支持	
100	应用资源	101	绘图	指明产品模型的哪些部分将付诸实施
		102	工程设计 AEC（未定）	
		103	电子/电气连接	
		104	有限元分析	
		105	运动学	

系　列	系　列　名	系　列　号	内　　容	说　　明
200	应用协议	201	显式绘图	描述特定应用领域的信息要求,规定无二义性的信息描述方法,提供一致性测试需求与目标
		202	相关绘图	
		203	配置管理设计	
		204	使用边界表达的机械设计	
		205	使用曲面的机械设计	
		206	使用线框的机械设计	
		207	钣金冲模规划与设计	
		208	生命周期产品变动过程	
		209	构件和金属结构的分析与设计	
		210	电子印刷电路的装配、设计与制造	
		211	电子器械的测试、诊断与返修	
		212	电工设备	

1）EXPRESS 语言

EXPRESS 是一种形式化信息语言,用以描述 STEP 中其他部分的信息需求。EXPRESS 不是一种程序设计语言,它不包含输入、输出、信息处理、异常处理等语言元素。

EXPRESS 是面向对象、基于模式的语言。每种信息模型由若干模式组成。模式分为类型说明、实体、规划、函数与过程。其中,实体是重点,由数据元素、约束与其他性质组成,并由它们定义产品数据表示的正确格式。这些实体由属性定义而成,属性可以是简单的数据类型（如整型）,也可以是其他实体类型。实体中有约束,还有父类与子类的说明。

2）信息结构的图形表示

信息结构的图形表示是指使用图形和符号来表示信息模型中的对象,图形上标注对象的名字,图形之间的连线表示它们的关系。STEP 中有 4 种模型使用了图形表示:集成资源中的资源构件、应用活动模型（AAM）、应用参考模型（ARM）和应用解释模型（AIM）。STEP 中使用的图形表示有以下 4 种。

① EXPRESS-G 是 EXPRESS 定义的图形表示,如实体用方框表示,实体和属性之间用线相连,连线上标注属性名和基数约束;实体和属性之间的关系是隐含的;EXPRESS-G 图支持父类/子类层次结构。

② IDEF0 方法用于描述应用协议中的应用活动模型。IDEF0 模型是由一系列图形组成的,是对一个复杂系统的抽象和规范化描述。按照结构化方法自顶向下逐步分解细化。根据 IDEF0 方法,一个系统的功能模型可以用一组递阶分解的活动图形来表示,其递进关系可以表示成树状结构,底层的详细图是顶层较抽象图的一个分解,顶层较抽象的图称为父图,底层详细图称为子图。

③ IDEF1x 方法中的图形表示用于描述信息模型。IDEF1x 方法是语义数据的模型化技术,采用图形化表示方式描述数据的基本模式及其联系,主要包括的元素有①数据的有关事物,称为实体,用图形方框表示;②实体之间的联系,用图形方框之间的连线来表示;③实体的特征,用图形方框中的属性名来表示。

④ AIM 数据建模方法中的图形表示用于描述信息模型。

3）集成资源

集成资源是 STEP 推荐使用的概念模型,是 STEP 的核心部分。集成资源属于 STEP 体系结构中的逻辑层,相当于概念模式。每个集成资源均是一个由 EXPRESS 描述的产品数据的集合,这些数据描述称为资源构件。一个集成资源的定义可能依赖于其他集成资源的定义。一个资源构件可经过修改,增加约束、关系和属性来支持特殊的应用,不同应用中相似的信息可以用一个资源构件来表达。

集成资源定义了产品数据的全局信息模型,要支持某一应用的信息要求,必须对集成资源增加许多特定的约束和关系。STEP 中定义的应用协议通过解释集成资源来满足特定应用的信息要求。

4）应用协议

应用协议对所使用的子集进行完整而准确的描述。它实际上是一份文件，用以说明如何用标准的 STEP 集成资源来解释产品数据模型文本，以满足工业需求。也就是说，根据不同应用领域的实际需要，认定标准的逻辑子集，或加上必须补充的信息作为标准，强制地要求各应用系统在交换、传输与存储数据时应符合应用协议的规定。

5）实现方法

实现方法是指用什么方法或形式在具体领域中实现信息交换，即实现 STEP 数据系统的方式。STEP 数据系统是指符合 STEP 概念模型并满足其一致性标准的数据系统。STEP 数据系统的实现可以划分为由低到高的 4 个层次：文件交换、工作格式交换、共享数据库交换和知识库交换。

文件交换是指通过 STEP 交换格式文件（STEP 物理文件）实现数据的交换。在这一层，进行标准化的只是文件格式和数据的 EXPRESS 模型。工作格式是用 EXPRESS 描述的产品模型在内存中的映像，是以二进制格式给出的公共文件。不同的应用程序可以依次存取或改变这些数据而无须像文件交换那样移动文件，这就是所谓的工作格式交换。它的实现需定义标准的数据存取机制。共享数据库交换是较高层次上的交换，包括存取数据的数据库管理系统的使用，它适应数据共享的要求。应用程序通过标准的数据库管理系统语言（如 SQL）或标准数据存取接口来访问数据。数据库管理系统的其他功能，如数据字典等也被用来为应用系统解释 EXPRESS 模型。该层交换可实现多应用程序、多用户对数据的同时存取，即实现数据的共享。

6）一致性测试

一致性测试的目的是确定被测的某项实施是否满足有关应用协议中提出的一致性要求。在 STEP 相关环境中，若某项实施与 STEP 相应部分的一致性需求相符，则称该项实施具有一致性。

对应每个应用协议，STEP 均有一个标准的抽象测试集，STEP 实施的一致性要用从抽象测试集产生的可运行测试集来判定。标准的一致性要求可以分为强制性要求、条件性要求和任选性要求三种。一致性测试可以分为两类：基本测试和能力测试。基本测试与能力测试在抽象测试集中都是标准化的。基本测试提供被测实施具有一致性的初步证据。能力测试检查被测实施的可见功能是否和实施的说明功能相一致。

4．STEP 标准的应用

STEP 标准的应用主要集中在以下 4 个方面。

（1）在 CAD/CAM 系统中，用于数据交换。

（2）可把企业各个领域的应用程序集成到企业的一个公用数据库上，利用 STEP 定义产品数据库的好处是，在一个地点就可以定义或找到制造产品所需的数据，也可以在制造的应用程序和产品数据之间建立联系，并且可以控制 ISO 标准来定义产品数据。

（3）大型项目需要若干不同学科的专业组协同工作。每个专业组都有自己的数据库和应用系统，STEP 及有关工具可把这些各不相同的系统组成一个统一的并行工程环境。

（4）产品数据可以长期存档。

STEP 在 CAD/CAM 集成环境下的应用如图 9-5 所示。

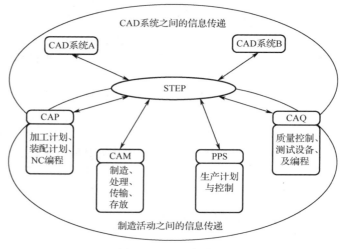

图 9-5　STEP 的应用

9.3 并行工程和基于 DFX 的协同设计方法

9.3.1 并行工程简介

并行工程（Concurrent Engineering，CE）是面向产品协同设计的一种集成化产品开发模式，同时也是一门综合的自动化制造技术。并行工程是对产品设计及其相关过程（包括制造过程和支持过程）进行并行、一体化设计的一种系统化的工作模式，是一种指导新产品开发的哲理。这种工作模式力图使开发者从一开始就考虑到产品生命周期中的所有因素，包括质量、成本、进度和用户需求等。其运行机理的要点表现在两方面：一方面突出人的作用，强调团队的协同工作；另一方面，要求一体化、并行地进行相关过程的设计，尤其是强调概念设计阶段的并行与协调。

如图 9-6 所示，产品的并行开发与传统的串行开发的根本区别在于：并行工程把产品开发的各个活动看成是一个整体、集成的过程，并从全局优化的角度出发，对集成过程进行管理与控制，使产品设计一次性成功。

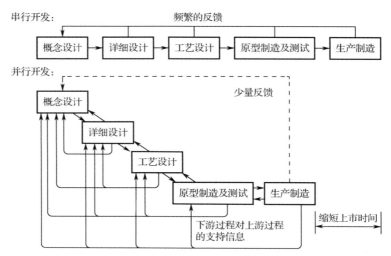

图 9-6 串行和并行开发过程

并行工程是对传统产品开发模式的一种变革，这种变革体现在三个方面：在组织方面，通过组建多学科小组来促进设计过程的协作与并行；在管理方面，通过改革管理方式和机构重组，建立扁平化的生产管理模式，实现跨时域、跨功能、多目标的决策与协调；在技术方面，不仅继承和发展了传统的 CAD/CAM 技术，而且采用了多种并行工程的使能工具（如 DFX 工具）及集成技术。

基于并行工程的产品开发具有如下特点。

（1）在产品设计期间，并行地处理产品生命周期中各个环节的关系，消除了传统串行过程中的孤立、分散式的作业方式。

（2）组织跨部门多学科的集成产品开发团队。在产品开发过程中，开发人员被划分为许多小组，通过并行规划，将设计工作最大程度地集中起来做并行处理，因此缩短了产品开发周期。开发团队的构成应包括市场和销售人员、产品开发与设计人员、工程分析人员、工艺设计人员、质量保证人员、制造和装配人员、采购与外协人员、供货和支持人员、财务人员等。

9.3.2 面向集成的 DFX 技术

1. 基本概念

产品生命周期是指从产品开发、产品使用到产品报废和回收的全过程。DFX（Design for X）是面向产品生命周期设计的缩写，X 可以代表产品生命周期的某个环节，如加工、装配、维修等；也可以代表决定产品竞争力的因素，如质量、成本、研制周期等，这里的 Design 不仅是产品的设计，也指系统设计和产品开发过程设计。

DFX 是一种哲理，也是一种设计方法，它强调产品设计与过程设计同步进行，要求所有的产品开发人员都应该在产品的设计阶段尽量考虑产品整个生命周期的各项因素的影响，只有这样才能提高产品的竞争力。如图 9-7 所示，DFX 方法不仅用于改进产品本身的设计，而且也用于改进产品的相关过程（如加工过程、装配过程等）和系统的设计。

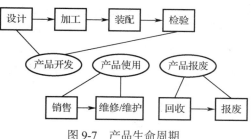

图 9-7　产品生命周期

2. DFX 的分类

DFX 的分类取决于 X 的分类。X 有两层意义：①X 代表决定产品竞争能力的因素，如成本、质量等，这种分类方法称为面向产品竞争力的设计（Design for Competitiveness，DFC）。这种分类方法必须要面向产品整个生命周期，如面向成本、质量的设计，都与生产和销售过程中的很多环节有关系。②X 代表产品生命周期中的某一个环节，如加工、装配等，这种分类方法称为面向产品生命周期某环节的设计 DFL（Design for Life Cycle）。更详细的分类可以将 X 分解为生产环节+影响的竞争力的因素，即 X+Ability，如表 9-2 所示。

表 9-2　DFX 的分类

产品生命周期中的环节		影响竞争力的因素（Ability）						
		质量 Q	成本 C	时间 T	可靠性 R	生产率 P	……	综合能力
X	加工	DFM_q	DFM_c	DFM_t	DFM_r	DFM_p		DFM（M 为 Manufacturing）
	装配	DFA_q	DFA_c	DFA_t	DFA_r	DFA_p		DFA（A 为 Assembly）
	检验	DFI_q	DFI_c	DFI_t	DFI_r	DFI_p		DFI（I 为 Inspection）
	维修	DFS_q	DFS_c	DFS_t	DFS_r	DFS_p		DFS（S 为 Service）
	……							
	全周期	DFQ	DFC	DFT	DFR	DFP		DFX

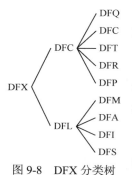

图 9-8　DFX 分类树

表中的 Q 为质量（Qulity）、C 为成本（Cost）、T 为时间（Time）、R 为可靠性（Relibility）、P 为生产率（Productivity）。用分类树来表示，如图 9-8 所示。

实施 DFX 应该根据企业自身的特点和信息化的基础。面向产品生命周期的因素很多，环节也很多，因此，大多数企业强调与产品设计、产品质量与成本密切相关的关键环节的并行设计，比较重视面向制造的设计，即 DFM（面向制造的设计）。

3. 面向集成的 DFM 技术

对 DFM 的理解有广义和狭义之分。狭义的 DFM 是指零部件的 DFM，零部件的 DFM 是对零部件设计的优化分析技术，指在零部件设计过程中就应该考虑制造过程中的各种因素，实现零部件设计与零部件制造过程的集成。制造过程要考虑的相关约束有材料成本的最小化、加工工艺的最优化、可制造性等。在零部件设计的同时，对制造过程的相关约束进行预分析，避免在设计中出现无法加工的现象，或尽量减少在设计中出现成本高的零部件特征，以便达到提高加工效率和降低成本的目的。

广义的 DFM 是指产品的 DFM，产品的 DFM 是对整个产品设计方案的优化分析技术，产品的 DFM 要求在并行工程思想的指导下，将产品设计过程与产品制造和装配过程相集成，它包含三部分内容。

（1）零部件的 DFM。

（2）面向装配的设计（DFA），DFA 从装配的角度对产品结构进行优化设计，它包括对组成产品零部件的分析和对零部件之间装配关系的分析。

① 产品零部件的分析十分重要，主要遵循零部件数量精减、零部件设计标准化的原则。零部件精减主要从功能、结构和相对运动关系及可制造性等方面对组成产品的零部件进行综合分析，减少不必要的冗余零部件。这样不仅提高了产品的可靠性，也会降低制造费用。

② 零部件装配关系分析主要考虑可装配性、装配顺序规划及装配的精度与可靠性，通过对装配过程中的费用进行评估确定优选的装配工艺。

（3）成本早期预估（Early Cost Evaluating，ECE）。

从成本最低的角度，在产品设计的同时对多种设计方案的制造费用和装配费用进行分析与比较，对制造与装配中的材料、工艺、工具、工装、设备及各种有关的加工活动费用进行早期的预估，以便确定最优方案。

4. 集成化 DFM 系统的体系结构

DFM 的关键在于把产品设计和工艺设计集成一个活动，目的是使设计的产品易于制造、易于装配。所以说 DFM 在产品设计过程中就充分考虑与制造有关的约束，全面评价产品设计和工艺方案设计，及时提供反馈信息，以便优化产品的总体性能，保证其可制造性和可装配性。

集成化 DFM 系统的体系结构如图 9-9 所示。

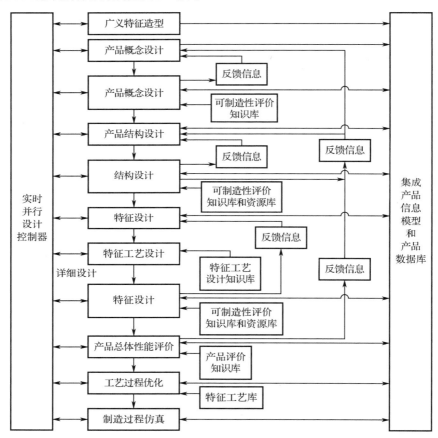

图 9-9　集成化 DFM 系统的体系结构

从体系结构中可以看出，在产品设计过程中，可以分 4 个阶段进行产品设计和评价。

1）产品概念设计及其评价

产品概念设计是指对产品设计进行分级描述与表达，也就是方案设计。在此阶段设计实体的类型、性质、属性，进行实体之间的关系描述和设计约束描述等。产品概念设计首先要求对产品进行功能建模，在产品功能模型的基础上进行方案设计。

产品概念设计评价主要包括方案优选、产品批量与类型评价、可制造性评价和可装配性评价等。

2）结构设计及其评价

结构设计是指将产品概念设计中获得的最佳方案结构化，确定产品的总体结构形式，确定零部件的主要形状、数量和相互位置关系，选择材料，确定产品的主要结构尺寸等。

结构设计评价是指对产品的各种结构设计的可制造性、可装配性、成本和功能等进行评价，从而确定最佳的结构设计。

3）特征/特征工艺设计及其评价（详细设计及其评价）

根据结构设计（产品装配图）对零部件进行详细设计。任何一个零部件都是由许多特征组合而成的，在进行零部件特征设计的同时，可以并行地进行特征工艺设计（包括加工方法、削切参数、刀具设备选用、装夹方式等）。

4）产品总体性能评价

产品总体性能评价是指对产品功能、性能、可制造性、成本等采用价值工程的方法进行总体评价，并及时反馈信息，从而指导产品的概念设计、结构设计和详细设计。

9.4　网络化协同设计的支撑软件

9.4.1　产品数据管理系统功能介绍

1. 产品数据管理的概念

随着计算机技术和信息技术在制造业的应用，产品信息、设计信息和设计工作的管理与产品开发的自动化之间出现了矛盾。各个自动化孤岛之间的信息不能充分共享，经常出现数据文件传递的滞后、信息一致性无法保证、文件检索和管理困难等问题。产品数据管理正是为解决这一困扰而发展起来的技术。目前，产品数据管理（Product Data Management，PDM）技术的应用已逐渐扩展到产品开发过程中的三个领域：工程图样和电子文档的管理，材料明细表和设计过程的管理，面向产品设计、生产管理、产品制造的集成平台。

到目前为止，PDM 尚无一个确切而又完整的定义。通常认为 PDM 是一门管理所有与产品相关的信息和所有与产品相关的过程的技术。与产品相关的信息包括 CAD/CAE/CAM 文件、材料清单、产品配置、事务文件、产品订单、电子表格、生产成本、供应商状况等；与产品相关的过程包括设计的组织者、设计人员、加工工序、加工路线、权限的审批与分配、安全、工作标准和方法、工作流程、机构关系等。

PDM 以软件为基础，在逻辑上将各个 CAx 信息化孤岛集成起来，利用计算机系统控制整个产品的开发设计过程，通过逐步建立虚拟的产品模型，最终形成完整的产品描述、生产过程描述及生产过程数据控制。

2. PDM 系统的特点

PDM 进行信息管理的两条主线是静态的产品结构和动态的产品设计流程，基本上所有信息组织和资源管理都是围绕产品设计展开的，这也是 PDM 系统有别于其他信息管理系统的关键所在。PDM 系统具有如下特点。

（1）PDM 在系统工程思想的指导下，用整体优化的观念对产品设计数据和设计过程进行描述，规范产品生命周期，保持产品数据的一致性和可跟踪性；

（2）PDM 采用面向对象的开放式体系结构，提供系统功能扩展和标准接口；

（3）采用客户/服务器结构（C/S），为多用户协同工作提供了一个方便灵活的运行方式；

（4）支持多种数据存储，如分布式数据存储、元数据存储等；

（5）可实现与 CAD/CAM 软件的无缝集成；

（6）支持多种硬件平台、多操作系统及多种通信协议；

（7）PDM 已经逐渐成为支持业务过程重组（BPR）、实施并行工程、计算机集成制造系统（CIMS）工程和 ISO 质量认证等系统工程的使能技术。

3. PDM 系统的体系结构

PDM 系统的体系结构可以分为三层，如图 9-10 所示。

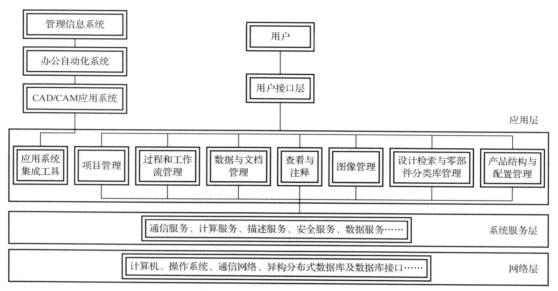

图 9-10　PDM 系统的体系结构

第一层是网络层。相当于物理层，由计算机、操作系统、通信网络、异构分布式数据库及数据库接口等组成。目前流行的通用商业化的关系型数据库是 PDM 系统的支持平台，关系型数据库提供了数据管理的最基本功能。由于商用关系型数据库侧重管理事务性数据，不能满足产品数据动态变化的管理要求。因此，在 PDM 系统中，通常采用若干个二维关系表格来描述产品数据的动态变化。PDM 系统将其管理的动态变化数据的功能转换成几个，甚至几百个二维关系型表格，实现面向产品对象管理的要求。

第二层是系统服务层。相当于逻辑层，由通信服务、计算服务、描述服务、安全服务、数据服务等功能模块组成。它通过一致的接口提供一种与实际地点无关的方式访问分布式网络层的功能，还提供访问存储在不同物理设备上的数据的功能，以及描述整个系统的产品信息的管理数据的公共视图。

第三层是应用层。根据 PDM 系统的管理目标，在应用层建立相应的功能模块。一类是基本功能模块，包括数据与文档管理、产品结构与配置管理、过程和工作流管理、图像管理、设计检索与零部件分类库管理和项目管理等。另一类是系统管理模块，包括系统管理和工作环境。系统管理主要是针对系统管理员如何维护系统、确保数据安全与正常运行的功能模块。

PDM 系统完成产品协同设计开发过程中的产品数据和流程任务等管理，主要功能有数据与文档管理、产品结构与配置管理、过程和工作流管理、设计检索与零部件分类库管理和项目管理等。

1）数据与文档管理

PDM 管理产品整个生命周期中所包含的全部数据，所有数据可归纳为 5 种类型的文档：①图形文件，是由不同 CAD 系统所产生的描述几何图形的文件。②文本文件，是描述产品或部件、零件性能的文件。③数据文件，是优化部件、零件的设计所进行的各种有限元分析、机构运动模拟、实验测试等产生的数据文件。④表格文件，包括有关产品、部件、零件的产品定义信息和结构关联信息。产品定义信息包括基本属性和特征参数；结构关联信息描述了零件、部件、产品之间的关联信息。⑤多媒体文件，描述产品及产品各部位的真实形象，可以是逼真的图像照片等。

电子仓库（Data Vault）是 PDM 系统的核心，利用电子仓库可方便、直观地实现文档的分布或管理与全局共享。电子仓库一般建立在关系数据库系统的基础上,有的系统扩展了面向对象的功能,其功能是保证数据的安全性和完整性,并支持各种查询和检索功能。

数据与文档的基本功能包括:

(1)产品数据对象、有关文件的检入/检出(Checkin/Checkout)和引用;

(2)分布式文件管理/分布式数据库管理,包括远程登录管理、互联的电子仓库管理及具有元数据和物理文件功能的虚拟电子仓库的管理;

(3)安全保密功能,包括限制用户权限、防止合法用户误操作等;

(4)动态浏览和导航机制;

(5)属性管理,包括数据相关属性的创建、删除、修改和查询机制;

(6)数据和文档的版本管理。

图 9-11 给出了工程图档管理系统的体系结构。

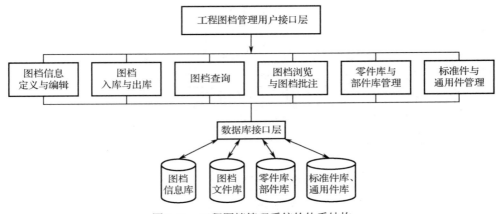

图 9-11　工程图档管理系统的体系结构

工程图档管理系统的主要功能如下。

(1)图档信息定义和编辑模块,为用户提供图档信息的配置功能,并根据用户定义的信息项完成图档基本信息的录入与编辑。

(2)图档入库与出库模块,建立图档基本信息与图档文件的连接关系,实现图档文件的批量入库和交互入库,或将指定的图档文件从数据库中释放出来,传送到客户端进行操作。对于数据库中的图档文件,支持 check_in/check_out 操作,保证文件的完整性和一致性。

(3)图档浏览与图档批注模块,图档浏览模块可以浏览和显示多种常见格式文件(如 DWG、DXF格式的图形文件,IGES 标准格式的图形文件,STEP 文件等),并提供缩放和平移功能。图档批注模块,为用户提供快速、方便的批注功能。

2)产品结构与配置管理

产品结构管理(Product Structure Management)允许用户定义所有与产品相关的数据,建立数据与数据之间的关联,提供建立和编辑产品结构树的基本功能,还能控制相关数据的更改,从而保证产品数据的一致性和完整性。

产品配置管理(Product Configuration Management)以电子仓库为底层支持,以材料明细表为其组织核心,把定义最终产品的所有工程数据和文档联系起来,对产品对象及其相互之间的联系进行维护和管理。产品配置管理能够建立完善的材料明细表,并实现其版本控制,高效、灵活地检索与查询最新的产品数据,实现产品数据的安全性和完整性控制。此外,产品配置管理能够使企业的各个部门在产品的整个生命周期内共享统一的产品配置,并且对应不同阶段的产品定义,生成相应的产品结构视图。

产品结构以树状形式描述,树中各个节点分别表示部件或组件,叶节点表示零件,一般以图示方式直观地反映产品、部件与零件之间的层次关系。有了结构树后，管理者可分层地展开并直观地找到所需的数据。由于电子仓库是一个逻辑单元，它连接着数据和文件系统，使描述部件、零件的文件信息与节点上的相关部件、零件有机地连接在一起，形成完整的产品结构化信息树。

产品结构与配置管理模块的主要功能包括：

① 材料明细表的创建、自动生成和编辑；

② 产品结构的查询和图示化浏览；

③ 产品结构的多视图建模和管理；

④ 支持产品数据的版本管理；

⑤ 基于规则的配置管理；

⑥ 提供与 MRP、MRPⅡ、ERP 等系统的集成接口。

产品结构与配置管理模块的体系结构如图 9-12 所示。

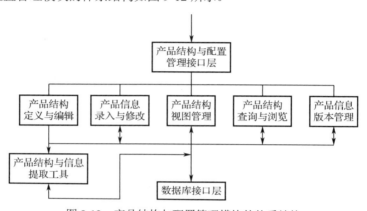

图 9-12　产品结构与配置管理模块的体系结构

3）过程和工作流管理

过程和工作流管理主要实现产品的设计与修改过程的跟踪与控制，它主要管理当一个用户对数据进行操作时会发生什么，人与人之间的数据流动及在一个项目的生命周期内跟踪所有事务和数据的活动。这一模块为产品开发过程的自动管理提供了保证，并支持企业在产品开发过程中的重组，以获得最大的经济效益。

过程和工作流管理模块的主要功能包括：

（1）面向任务的工作流管理；

（2）图示化工作流的定义和编辑器的修改；

（3）工作流的异常处理和过程重组；

（4）具有触发、警告和提醒机制；

（5）提供与电子邮件的应用接口。

工作流管理有两种形式：审批流程管理、更改流程管理。

（1）审批流程，是指对每项任务进行不同级别的审批过程的控制。在审批过程中提供审批任务的自动驱动和跟踪，能为产品从设计到完成提供一种闭环的审批信息反馈的环境。

（2）更改流程，是对完成设计的文件进行更改所用的一种控制过程。更改过程和管理相当复杂，一个简单的设计更改可能会涉及许多部门的工作，它的主要功能有建立工程更改单，找出工程更改所影响的设计及制造部门，提出工程更改的原因，确定工程更改的有效性（时间、批/架次号），收集与工程更改有关的资料，进行审批、发放，对工程更改的版本进行管理。

4）设计检索与零部件分类库管理

PDM 的设计检索与零部件分类库管理就是最大限度地利用现有设计资源，为新产品开发提供支持。

设计检查与零部件分类库管理模块的主要功能包括：

（1）按照购买信息、工程信息、库存信息等不同规则组织零部件的分类结构；

（2）支持现有的各种零部件标准；

（3）支持新标准定义功能，由于企业往往存在自己的特殊分类标准，因此必须提供用户自定义新标准的功能；

（4）零部件图示化查询功能；

（5）支持对各种技术文档的分类，文档包括二维图纸、三维模型、工程分析文件及各种技术规格说明等。

5）项目管理

项目管理是指在项目实施过程中实现其计划、组织、人员及相关数据的管理与配置，进行项目运行状态的监控，完成计划的反馈。项目管理是建立在工作基础之上的一种管理。功能很强的项目管理器能够为管理者提供每时每刻的项目和活动的状态信息，通过 PDM 与流行的项目管理软件包接口，还可以获得对资源进行规划和对重要路径进行报告的能力。到目前为止，项目管理在 PDM 系统中考虑得还不多，许多 PDM 系统只能提供工作流活动的状态信息与过程监控功能。

项目管理模块的主要功能包括：

（1）项目的创建、删除和属性修改；

（2）项目参与人员的机构组织定义及角色指派；

（3）项目基本信息及进展情况的浏览；

（4）项目所需资源的规划与管理；

（5）项目有关工作活动的审查，审计项目进度管理与进度报告。

PDM 除提供上述 5 大类功能外，通常还包括 4 类系统化功能，分别是分布式通信功能（提供系统与 Internet/Intranet 的接口、支持网络数据的 Web 浏览、支持电子协作、电子邮件功能），数据转换功能（支持 IGES、STEP、SGML、XML、HTML 等国际标准或主流工业标准，图形服务功能（常见格式的图像文件的浏览、图像的缩放与平移、不同格式图形数据之间的相互转换、多种圈阅和标注实体的创建与删除、标注实体的属性管理、标注文件的存储和打印等）和系统集成功能（提供 API 接口函数、提供外部应用程序定制工具、提供与第三方系统的集成接口等）。

9.4.2　产品全生命周期管理平台功能简介

产品全生命周期管理（Product Life-Cycle Management，PLM）是一种理念和思想，而不是具体的一个系统或产品。PLM 平台通过对产品整个生命周期（包括调研立项、设计开发、生产制造、使用维护、报废回收等各阶段）进行全面管理，使企业在产品初期的研发成本最小化、产品后期的利润最大化，以达到企业降低成本、提高效率和增加利润的目的。PLM 融合了数字化技术和网络化协同技术，将产品的设计开发流程与企业的 ERP、SCM、CRP 等系统有机地集成在一起，使企业从以功能任务为核心的孤岛式流程管理转为以产品模型为核心的一体化管理方式。如图 9-13 所示，PLM 集成了产品的设计、制造、使用和报废等过程中的数字化系统，通过一系列的方案和工具来协同化实现产品信息的定义、流转和使用。

PLM 所涉及的范围从空间上横跨了整个企业及其供应链，从时间上覆盖产品的整个生命周期，包括从产品的概念设计阶段到结束使用的报废阶段。从数据模型上，PLM 包含了产品的全部定义信息，包括各技术专业方面（如机械、电控）等信息，生命周期各阶段信息，如设计阶段的功能结构信息和制造阶段的工艺工装信息。所以，PLM 通过一套网络化协同技术和工具，将产品设计、制造、使用等各阶段的业务和软件工具集成起来，实现设计制造一体化，最终达到企业的数字化协同设计，显著提升设计开发效率，增强企业的核心竞争力。

基于 PLM 思想的 PLM 平台软件系统在 PDM 系统的基础上，增加了对产品制造、使用和报废等过程中的数据管理和功能集成。PDM 系统主要对产品设计开发过程中的数据及流程进行建模和管理，而 PLM 平台的范围延伸至制造、维护等过程，对产品全生命周期进行管理，所以 PLM 平台是在 PDM

系统功能基础上，具有和企业 ERP、MES、SCM 等数字化系统的接口并对这些系统进行整合集成，完成产品全生命周期的数字化系统设计制造。当前，商品化 PLM 平台因其侧重功能的不同可分为以下两类。

1）以 PDM 为中心的 PLM 平台

这类 PLM 平台由 PDM 系统扩展而来，其核心是 PDM 系统的功能，通常以产品 BOM（物料清单，Bill of Material）为中心进行产品管理。需注意的是，PDM 系统关注的是研发设计共享，而 PLM 关注的是以产品全生命周期为轴的各业务之间的信息传递。该类 PLM 平台一般在设计 BOM 基础上增加工艺制造等信息，扩展为工程 BOM，基于此产品全生命周期的数据模型，并且与企业的 ERP、SCM 等系统集成，实现产品的一体化协同设计。这类 PLM 平台适用于离散制造行业，尤其是机械制造业，其核心是产品研发过程数据的管理。这类 PLM 平台商业化系统主要有德国西门子公司的 Teamcenter、法国达索公司的 ENOVIA、北京艾克斯特公司的 EXTECH PLM 等。

2）以 ERP 为中心的 PLM 平台

这类 PLM 平台由 ERP 系统扩展而来，主要关注的是企业经营能力，通过实现经营信息的可视化，把用户需求的产品信息与企业的经营战略结合起来。ERP 通常以财务系统为中心，其范围涉及生产管理、销售管理、采购管理等，是企业的基础系统。PLM 平台进一步对产品开发相关的资源进行项目管理，并使企业系统（生产管理、销售管理、采购管理等）具有柔性。这类 PLM 平台适用于流程类型或大型工程项目类型的企业，主要侧重于对产品生产和营销过程数据的集成管理。这类 PLM 平台的商业化系统主要有德国 SAP 公司的 PLM 解决方案、北京用友公司的 PLM 解决方案等。

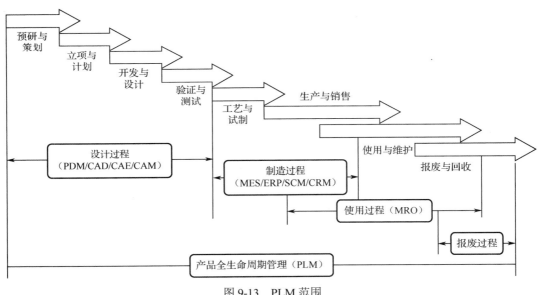

图 9-13　PLM 范围

9.4.3　基于 PLM 软件平台 Teamcenter 实现工程协同设计

Teamcenter 是西门子公司推出的 PLM 平台，支持企业确认、捕捉和共享各种不同形式的产品知识，并作为企业的信息资产在其自动化流程中进行运用，从而对产品全生命周期过程中的各个重要阶段进行优化。Teamcenter 具备全面的产品全生命周期管理的功能，它能帮助企业完成以下的建模和管理功能。

（1）基于 Web 建立广义企业，来支持产品全生命周期中的所有参与者——企业的供应商、合作伙伴及企业信任的用户来捕捉、控制、评估和利用各种不同的产品知识。用户能够随时随地从任何地方访问 Teamcenter 环境，他们可以使用虚拟的 Web 接入存取的设备，包括笔记本电脑、个人数字助理及移动电话。

（2）在整个企业中，跨越完整的产品全生命周期，维护产品信息进行平稳的流动。Teamcenter 把深陷在企业的各种孤立的应用系统中的产品信息解放出来，并且将这些信息财富统一到了一个公共的以产品为中心的框架之下，这样就消除了产品全生命周期中的屏障。

Teamcenter 支持连接不同类型的信息，包括产品需求信息、项目数据、流程信息、设计几何、供应数据、产品文档及其他来自企业异构的商用系统和企业应用系统中各种形式的产品数据。

（3）利用完全开放的、基于标准的、具有前瞻性的 Web-Native 技术，帮助企业超越地理、部门及技术的疆界。Teamcenter 全面支持互联网和 Web 技术，帮助企业进行完整的产品全生命周期管理。Teamcenter 的应用系统和解决方案采用了 Java 2 企业版（J2EE）、Microsoft. NET 框架、UDDI、XML、SOAP、JSP、.JT 及 Web 服务技术。

利用这些技术，Teamcenter 能够促使多学科团队及团队的每个成员群策群力，将产品的构思转变成实际的方案，并进一步将这些方案转变成确定的产品定义，从而能够在企业范围内管理、共享、检验和确认它们。

Teamcenter 包含的主要模块有需求协同、企业协同、工程协同、制造协同、项目协同、社区协同、可视化协同等。

Teamcenter Engineering（工程协同与管理模块）是 Teamcenter 中用于产品协同设计开发的模块，其实现的主要功能如下。

（1）允许工程和制造团队在以工作流驱动的过程中共同设计数据、共享设计模型，并通过全数字环境进行协同。通过整合这些能力，企业就能够改进产品质量、缩短加工时间、降低成本，以加速产品全生命周期过程。

（2）通过牢固集成多个相异的 CAD 系统（包括 UG NX、Solid Edge、Pro/E、CATIA 和 AutoCAD，Teamcenter Engineering）在实施过程中有效地保护用户在 CAD 方面的投资。由于 Teamcenter Engineering 可管理异构 CAD 环境，因此所有的团队成员，无须学会如何使用特定 CAD 系统，就能查看和了解数字化虚拟产品。

（3）能够帮助用户在不同地域通过相同的本地系统操作远程数据库。Teamcenter Engineering 允许地理上分散的多个产品设计团队协同设计，允许团队成员参与设计工程和制造过程。

（4）集成的可视化能力增进了团队成员之间的交流，也加强了参与产品全生命周期的其他团队之间的协同。在确保用户的设计意图被正确体现并达到完全一致时，就能在产品中注入更多的设计创意。

（5）能够捕捉所有的产品定义数据，允许用户自动配置，以便利用这些信息来自动操作和加速下游产品全生命周期的过程。

参考文献

[1] 谭建荣. 机电产品现代设计：理论、方法与技术[M]. 北京：高等教育出版社，2009.

[2] 房亚东，陈华. 现代设计方法与应用[M]. 北京：机械工业出版社，2013.

[3] JANSCHEK K. Mechatronic systems design: methods, models, concepts[M]. Berlin: Springer-Verlag Berlin Heidelberg, 2012.

[4] BIRKHOFER H. The future of design methodology[M]. London: Springer-Verlag London Limited, 2011.

[5] 田村坦之. 系统工程[M]. 北京：科学出版社，2001.

[6] 叶佩军，王飞跃. 人工智能——原理与技术[M]. 北京：清华大学出版社，2020.

[7] ULLMAN D U. The mechanical design process[M]. 4th ed. New York: McGraw-Hill Higher Education, 2010.

[8] HOLT J, PERRY S. SysML for systems engineering: a model-based approach[M]. London: The Institution of Engineering and Technology, 2013.

[9] 皮尔，特莱尔. 非均匀有理 B 样条[M]. 赵罡，穆国旺，王拉柱，译. 北京：清华大学出版社，2010.

[10] 李建雨. CAD/CAM/CAE 系统原理[M]. 袁清珂，张湘伟，译. 北京：电子工业出版社，2006.

[11] 耿卫停. 基于特征的复杂型面数字化检测系统研制[D]. 哈尔滨工业大学，2011.

[12] 曾攀. 有限元分析及应用[M]. 北京：清华大学出版社，2004.

[13] 卓家寿. 力学建模导论[M]. 北京：科学技术出版社，2007.

[14] 许鑫华，叶卫平. 计算机在材料科学中的应用[M]. 北京：机械工业出版社，2008.

[15] 周凯. 树脂基复合材料多尺度虚拟测试技术研究[D]. 哈尔滨工业大学，2012.

[16] 董文永. 最优化技术与数学建模[M]. 北京：清华大学出版社，2010.

[17] 陈立周，俞必强. 机械优化设计方法[M]. 北京：冶金工业出版社，2014.

[18] 宋宝维. 系统可靠性设计与分析[M]. 西安：西北工业大学出版社，2008.

[19] 张根保. 现代质量工程[M]. 北京：机械工业出版社，2015.

[20] 曾声奎，任羿. 可靠性设计分析基础[M]. 北京：北京航空航天大学出版社，2015.

[21] 蔡自兴. 人工智能基础[M]. 北京：高等教育出版社，2005.

[22] 谭建荣，等. 设计知识建模、演化与应用[M]. 北京：国防工业出版社，2007.

[23] 陈文伟，等. 知识工程与知识管理[M]. 北京：清华大学出版社，2009.

[24] 肖人彬，陶振武，刘勇. 智能设计原理与技术[M]. 北京：科学出版社，2006.

[25] 朱小燕，李晶，郝宇，等. 人工智能：知识图谱前沿技术[M]. 北京：电子工业出版社，2020.

[26] 千学明，朱育权，王丽君. 轴承设计专家系统研究[J]. 微电子学与计算机，2004, 21（12）.

[27] 郭银章. 网络化产品协同设计过程动态建模与控制[M]. 北京：科学出版社，2013.

[28] 刘文剑. 现代制造业信息化技术[M]. 北京：高等教育出版社，2010.

[29] 童秉枢. 产品数据管理（PDM）技术[M]. 北京：清华大学出版社，2003.

[30] 李善平. 产品数据标准与 PDM[M]. 北京：清华大学出版社，2002.

[31] 崔剑，陈月艳. PLM 集成产品模型及其应用：基于信息化背景[M]. 北京：机械工业出版社，2014.